国家电网
STATE GRID

电网企业专业技能考核题库

架空线路工

国网宁夏电力有限公司　编

中国电力出版社
CHINA ELECTRIC POWER PRESS

内 容 提 要

本书编写依据国家职业技能鉴定、电力行业职业技能鉴定与国家电网有限公司技能等级评价（认定）相关制度、规范、标准，立足宁夏电网生产实际，融合新型电力系统构建及新时代技能人才发展目标要求。本书主要内容为电网企业技能人员技能等级认定与评价实操试题，包含技能笔答及技能操作两大部分，其中技能笔答主要以问答题形式命题，技能操作以任务书形式命题，均明确了各个环节的考核知识点、标准答案和评分标准。

本书为电网企业生产技能人员的培训教学用书，可供从事相应职业（工种）技能人员学习参考，也可作为电力职业院校教学参考书。

图书在版编目（CIP）数据

架空线路工 / 国网宁夏电力有限公司编. —北京：中国电力出版社，2022.9
电网企业专业技能考核题库
ISBN 978-7-5198-6933-5

Ⅰ. ①架… Ⅱ. ①国… Ⅲ. ①架空线路–检修–职业技能–鉴定–习题集 Ⅳ. ①TM726.3-44

中国版本图书馆 CIP 数据核字（2022）第 133262 号

出版发行：中国电力出版社
地　　址：北京市东城区北京站西街 19 号（邮政编码 100005）
网　　址：http://www.cepp.sgcc.com.cn
责任编辑：马　丹
责任校对：黄　蓓　郝军燕　马　宁
装帧设计：郝晓燕
责任印制：钱兴根

印　　刷：三河市百盛印装有限公司
版　　次：2022 年 9 月第一版
印　　次：2022 年 9 月北京第一次印刷
开　　本：880 毫米×1230 毫米　16 开本
印　　张：27.25
字　　数：779 千字
定　　价：105.00 元

《电网企业专业技能考核题库　架空线路工》

编　委　会

《电网企业专业技能考核题库　架空线路工》

编　写　组

主　　编　陈　明

副 主 编　苏艳萍　龙光军　代兴业　宋学春

编写人员　周　飞　马少波　王秀峰　王　飞　李国栋
王　坤　常　士　马　健　高夏斌　祁雷雷
李智旺　高学博　李克寅　王学啸　田克兵
罗宏宁　闫登峰　郭少华　冯永忠　周文苏

审稿人员　和江平　虎久栋　王建军　巩鑫龙　南　阳
万　华　李　宁

前言

国网宁夏电力有限公司以国家职业技能鉴定、电力行业职业技能鉴定与国家电网有限公司技能等级评价（认定）相关制度、规范、标准为依据，主要针对电网企业各类技能工种的初级工、中级工、高级工、技师、高级技师等人员，以专业操作技能为主线，立足宁夏电网生产实际，结合新型电力系统构建要求，编写了《电网企业专业技能考核题库》丛书。丛书在编写原则上，以职业能力建设为核心；在内容定位上，突出针对性和实用性，涵盖了国家电网有限公司相关政策、标准、规程、规定及现代电力系统新设备、新技术、新知识、新工艺等内容。

丛书的深度、广度遵循了“适应发展需求、立足实践应用”的工作思路，全面涵盖了国家电网有限公司技能等级评价（认定）内容，能够为国网宁夏电力有限公司实施技能等级评价（认定）专业技能考核命题提供依据，也可服务于同类电网企业技能人员能力水平的考核与认定。本套丛书可供电网企业技能人员学习参考，可作为电网企业生产技能人员的培训教学用书，也可作为电力职业院校教学参考用书。

由于时间和水平有限，难免存在疏漏之处，恳请各位专家和读者提出宝贵意见。

目　录

第一部分
初级工

第一章　架空线路工初级工技能笔答

Jb0001511001　三级安全教育培训包括哪三级？（5分）

考核知识点：安全教育培训

难易度：易

标准答案：

（1）公司级。

（2）项目部级。

（3）班组级。

Jb0001511002　特种作业种类主要包括哪些（至少列举五项）？（5分）

考核知识点：特种作业种类

难易度：易

标准答案：

特种作业包括：

（1）电工作业。

（2）金属焊接切割作业。

（3）起重机械（含电梯）作业。

（4）企业内机动车辆驾驶。

（5）登高架设作业。

（6）压力容器操作。

（7）爆破作业。

（8）经国家安全生产监督管理部门批准其他作业。

Jb0001511003　班组站班会“三交”和“三查”的内容规定是什么？（5分）

考核知识点：“三交”和“三查”

难易度：易

标准答案：

（1）三交：交任务、交安全、交技术。

（2）三查：查衣着、查三宝（安全帽、安全带、安全围绳）、查精神状态。

Jb0001511004　简述一张施工作业票的可用条件。（5分）

考核知识点：作业票

难易度：易

标准答案：

（1）不同地点。

（2）同一类型。

（3）依次进行。

Jb0001511005 紧线的准备工作应遵守哪些规定？（5分）

考核知识点：紧线

难易度：易

标准答案：

（1）杆塔的部件应齐全，螺栓应紧固。

（2）紧线杆塔的临时拉线和补强措施以及导线、地线的临锚应准备完毕。

Jb0001511006 安全检查分类及主要内容是什么？（5分）

考核知识点：安全检查

难易度：易

标准答案：

（1）分类：安全检查可分为一般性检查、阶段性检查、专业性检查和季节性检查等。

（2）内容：安全大检查的主要内容应以查领导、查管理、查隐患、查反事故措施为主，同时环境保护、环境卫生、生活卫生和文明施工亦应纳入检查范围。

Jb0001511007 电力安全工器具可分为哪四大类？（5分）

考核知识点：安全工器具

难易度：易

标准答案：

（1）个体防护装备。

（2）绝缘安全工器具。

（3）登高工器具。

（4）安全围栏（网）和标示牌。

Jb0001511008 输变电工程建设施工安全风险分为哪几级？（5分）

考核知识点：安全风险等级

难易度：易

标准答案：

（1）一级：极高风险。

（2）二级：高度风险。

（3）三级：显著风险。

（4）四级：一般风险。

（5）五级：稍有风险。

Jb0001511009 机械牵引放线连接应遵守的规定有哪些？（5分）

考核知识点：机械牵引放线

难易度：易

标准答案：

（1）导引绳或牵引绳的连接应用专用连接工具。

（2）牵引绳与导线、地线（光缆）连接应使用专用连接网套或专用牵引头。

Jb0001511010　拉磨尾绳作业人员应遵守哪些规定？（5分）

考核知识点：拉磨尾绳

难易度：易

标准答案：

（1）不得少于两人。

（2）应位于锚桩后面、线圈外侧，不得站在线圈内。

（3）距离绞磨不得小于2.5m。

（4）磨绳上油脂较多时需清除。

Jb0001511011　绞磨操作时应遵守哪些规定？（5分）

考核知识点：绞磨操作

难易度：易

标准答案：

（1）卷筒应与牵引绳保持垂直。

（2）牵引绳应从卷筒下方卷入，且排列整齐。

（3）牵引绳通过磨芯时不得重叠或相互缠绕，在卷筒或磨芯上缠绕不得少于5圈。

（4）绞磨卷筒与牵引绳最近的转向滑车应保持5m以上距离。

Jb0001511012　张力放线时的接地有何规定？（5分）

考核知识点：接地要求

难易度：易

标准答案：

（1）架线前，放线施工段内的杆塔应与接地装置连接，并确认接地装置符合设计要求。

（2）牵引设备和张力设备应可靠接地。操作人员应站在干燥的绝缘垫上且不得与未站在绝缘垫上的人员接触。

（3）牵引机及张力机出线端的牵引绳及导线上应安装接地滑车。

（4）跨越不停电线路时，跨越档两端的导线应接地。

（5）应根据平行电力线路情况，采取专项接地措施。

Jb0001511013　挖掘机开挖时应遵守哪些规定？（5分）

考核知识点：挖掘机

难易度：易

标准答案：

（1）应避让作业点周围的障碍物及架空线。

（2）人员不应进入挖斗内，不应在伸臂及挖斗下面通过或逗留。

（3）不得利用挖斗递送物件。

（4）暂停作业时，应将挖斗放到地面。

（5）挖掘机作业时，在同一基坑内不应有人员同时作业。

Jb0001511014　抗弯连接器出现哪些情况严禁使用？（5分）

考核知识点：抗弯连接器使用

难易度：易

标准答案：

裂纹、变形、磨损严重、连接件拆卸不灵活。

Jb0001511015 可能发生骨折的症状有哪些？（5 分）

考核知识点：骨折

难易度：易

标准答案：

（1）某部位剧痛。

（2）发生畸变。

（3）肿胀。

（4）功能受限。

Jb0001511016 施行人工呼吸法之前应做好哪些准备工作？（5 分）

考核知识点：急救

难易度：易

标准答案：

（1）检查口、鼻中有无妨碍呼吸的异物。

（2）解衣扣，松裤带，摘假牙。

Jb0001511017 简要说明 1121 灭火器的灭火特点及适用火灾情况。（5 分）

考核知识点：灭火器原理

难易度：易

标准答案：

（1）特点：1121 灭火剂具有灭火后不留痕迹、不污染灭火对象、无腐蚀作用、毒性低、绝缘性好、久存不变质的特点。

（2）使用火灾场合：可用于扑灭油类、易燃液体、气体、大型电厂变压器及电子设备的火灾。

Jb0001512018 事故处理中“四不放过”原则的内容是什么？（5 分）

考核知识点：“四不放过”原则

难易度：中

标准答案：

（1）原因未查清不放过。

（2）责任人员未处理不放过。

（3）整改措施未落实不放过。

（4）有关人员未受到教育不放过。

Jb0001512019 现场停工“五条红线”包括哪些内容？（5 分）

考核知识点：五条红线

难易度：中

标准答案：

（1）现场关键人员配置严重不到位。

（2）现场“一措施一方案一张票”存在严重错误。

（3）现场施工装备存在重大安全隐患。

（4）现场安全风险管控严重不到位。

（5）现场过程质量管控严重不到位。

Jb0001512020　人力放线应遵守哪些规定？（5 分）

考核知识点：人力及机械牵引放线

难易度：中

标准答案：

（1）领线人应由技工担任，并随时注意前后信号。拉线人员应走在同一直线上，相互间保持适当距离。

（2）通过河流或沟渠时，应由船只或绳索引渡。

（3）通过陡坡时，应防止滚石伤人，遇悬崖险坡应采取先放引绳或设扶绳等措施。

（4）通过竹（树）林区时，应防止竹桩或树桩尖扎脚。

Jb0001512021　器材堆放应遵守哪些规定？（5 分）

考核知识点：器材堆放要求

难易度：中

标准答案：

（1）器材堆放应整齐稳固。长、大件器材的堆放应有防倾倒的措施。

（2）器材距普通铁路轨道最小距离不得小于 2.5m。

（3）袋装水泥堆放的地面应垫平，架空垫起不小于 0.3m，堆放高度不宜超过 12 包。临时露天堆放时，应用防雨篷布遮盖。

（4）圆木和毛竹堆放的两侧应设立柱，堆放高度不宜超过 2m，并有防止滚落的措施。

（5）钢管堆放的两侧应设立柱，堆放高度不宜超过 1m。

（6）钢筋混凝土电杆堆放的地面应平整、坚实，杆段下方应设支垫，两侧应掩牢，堆放高度不得超过 3 层。

（7）绝缘子应包装完好，堆放高度不宜超过 2m。

（8）线盘放置的地面应平整、坚实，滚动方向前后均应掩牢。

Jb0001512022　施工现场及周围的哪些危险场所均采取可靠的防护设施及安全标志？（5 分）

考核知识点：现场危险场所防护设施及安全标志

难易度：中

标准答案：

悬崖、陡坎、深坑、高压带电区。

Jb0001512023　按国标，火灾可分为几类？（5 分）

考核知识点：火灾

难易度：中

标准答案：

按国标，火灾可分为如下几类：

（1）A 类火灾：指固体物质火灾。这种物质通常具有有机物质性质，一般在燃烧时能产生灼热的余烬。如木材、干草、煤炭、棉、毛、麻、纸张等火灾。

（2）B 类火灾：指液体或可熔化的固体物质火灾。如煤油、柴油、原油、甲醇、乙醇、沥青、石蜡、塑料等火灾。

（3）C 类火灾：指气体火灾。如煤气、天然气、甲烷、乙烷、丙烷、氢气等火灾。

（4）D 类火灾：指金属火灾。如钾、钠、镁、钛、锆、锂、铝镁合金等火灾。

（5）E 类火灾：指带电火灾。物体带电燃烧的火灾。

（6）F 类火灾：指烹饪器具内的烹饪物（如动植物油脂）火灾。

Jb0002511024　架空输电线路施工有哪些分部工程？（5 分）

考核知识点：分部工程

难易度：易

标准答案：

（1）土石方工程。

（2）基础工程。

（3）杆塔组立工程。

（4）架线工程。

（5）接地工程。

（6）线路防护工程。

Jb0002511025　力的三要素内容是什么？（5 分）

考核知识点：力的概念

难易度：易

标准答案：

力的三要素是指力的大小、方向和作用点。

Jb0002511026　三视图指的是什么？（5 分）

考核知识点：三视图

难易度：易

标准答案：

主视图、俯视图、左视图。

Jb0002511027　杆塔基础的作用是什么？（5 分）

考核知识点：杆塔基础

难易度：易

标准答案：

（1）将杆塔固定在地面。

（2）保证杆塔在运行中不出现倾斜、下沉、上拔及倒塌。

Jb0002511028　何为架空地线的防雷保护角？其大小对线路防雷效果有何影响？（5 分）

考核知识点：防雷保护角

难易度：易

标准答案：

（1）架空地线的防雷保护角：是指架空地线悬挂点处，地线的铅垂线与地线和外侧导线连线间的夹角。

（2）影响：防雷保护角越小，架空地线对导线的保护效果越好。

Jb0002511029　架空线路导线常见的排列方式有哪些类型？（5 分）

考核知识点：导线排列方式

难易度：易

标准答案：

（1）单回路架空导线：水平排列、三角形排列。

（2）双回路架空导线：鼓形排列、伞形排列、垂直排列和倒伞形排列。

Jb0002511030　架空线的振动是怎样形成的？（5 分）

考核知识点：架空线振动原因

难易度：易

标准答案：

（1）架空线受到均匀的微风作用时，会在架空线背后形成一个以一定频率变化的风力涡流。

（2）当风力涡流对架空线冲击力的频率与架空线固有的自振频率相等或接近时，会使架空线在竖直平面内因共振而引起振动加剧，架空线的振动随之出现。

Jb0002511031　什么是混凝土的和易性？和易性对混凝土构件质量有何影响？（5 分）

考核知识点：混凝土的和易性

难易度：易

标准答案：

（1）混凝土的和易性是指混凝土经搅拌后，在施工过程中干稀均匀的合适程度。

（2）质量影响：

1）和易性差的混凝土影响构件内部的密实性。

2）和易性差的混凝土影响构件表面的质量。

3）和易性差的混凝土影响构件棱角的质量。

Jb0002531032　耐张塔挂点处受到导线的不平衡张力 30kN，拉线对地夹角 45°，请计算该拉线的受力。（5 分）

考核知识点：力学

难易度：易

标准答案：

$$F = 30/\sin 45^\circ = 42.4\text{kN}$$

答：该拉线的受力为 42.4kN。

Jb0002533033　一物件受两根绳子的拉力 $F_1 = 25\text{kN}$ 及 $F_2 = 25\text{kN}$ 的作用，两力夹角为 $\varphi = 75^\circ$，则此二绳拉力的合力为多少？（计算结果保留小数点后两位）（5 分）

考核知识点：受力计算

难易度：难

标准答案：

$$F=\sqrt{F_1^2+F_2^2+2F_1F_2\cos\varphi}=39.67\text{kN}$$

答：此二绳拉力的合力为 39.67kN。

Jb0003511034　如图 Jb0003511034 所示用直尺测量物体的长度是多少？（5 分）

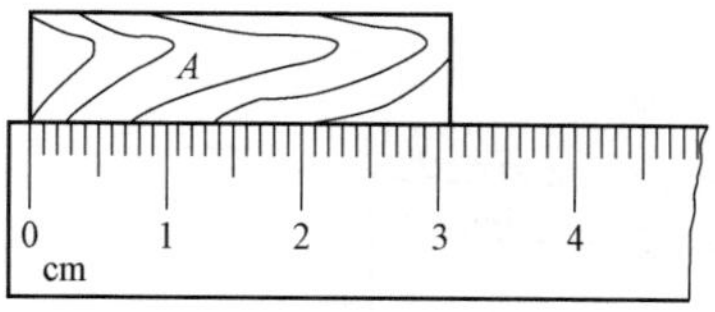

图 Jb0003511034

考核知识点：基本测量知识

难易度：易

标准答案：

31mm。

Jb0003511035　简要说明四端钮接地电阻测量仪 P2、C2、P1、C1 端钮的用途。（5 分）

考核知识点：接地电阻测量

难易度：易

标准答案：

（1）P2、C2 短接与被测接地体相连。

（2）P1、C1 与一端钮测量仪连接相同。

Jb0003511036　线路复测有哪些情况时应查明原因并予以纠正？（5 分）

考核知识点：线路复测

难易度：易

标准答案：

（1）以相邻两直线桩为基准，其横线路方向偏差大于 50mm。

（2）杆塔位中心桩或直线桩的桩间距离相对设计值的偏差大于 1%。

（3）转角桩的角度值，用方向法复测时对设计值的偏差大于 1′30″。

（4）转角杆塔中心桩位移未满足设计要求。

（5）塔基断面与设计文件不符。

Jb0003511037　常用的线路金具有哪几类？（5 分）

考核知识点：线路金具

难易度：易

标准答案：

线夹类金具、连接金具、接续金具、保护金具、拉线金具。

Jb0003512038　架空输电线路施工中常用的地锚有哪几种？（5 分）

考核知识点：地锚分类

难易度：中

标准答案：

（1）地锚的种类主要有钢板地锚和地钻式地锚。

（2）按其受力情况又分为垂直受力地锚和斜向受力地锚。

Jb0003522039　图 Jb0003522039 中所示的金具的名称是什么？（5 分）

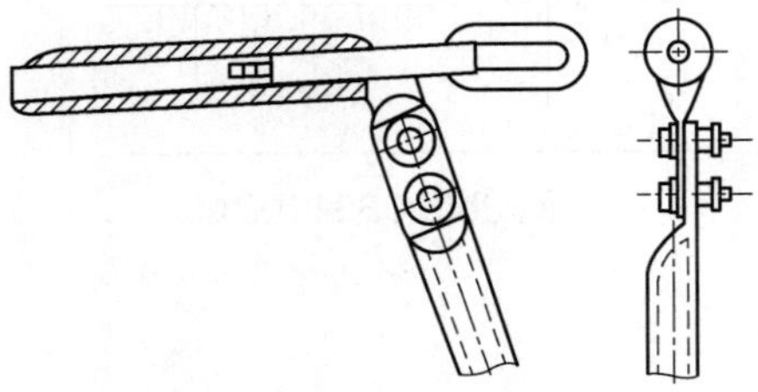

图 Jb0003522039

考核知识点：金具识别

难易度：中

标准答案：

压缩型耐张线夹。

Jb0003522040　如图 Jb0003522040 所示绳结，其正确的名称及用途是什么？（5 分）

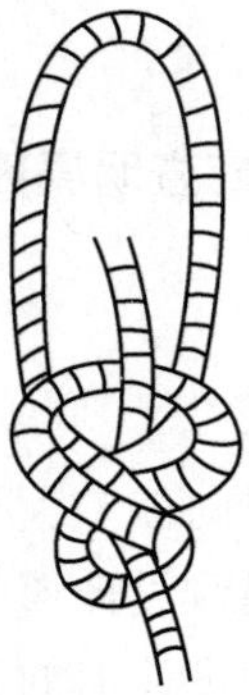

图 Jb0003522040

考核知识点：绳结

难易度：中

标准答案：

牛鼻结用于钢丝绳扣，系自紧式。

Jb0003522041　试写出图 Jb0003522041（牵引场平面布置图）中设备的名称。（5 分）

考核知识点：牵引场布置

难易度：中

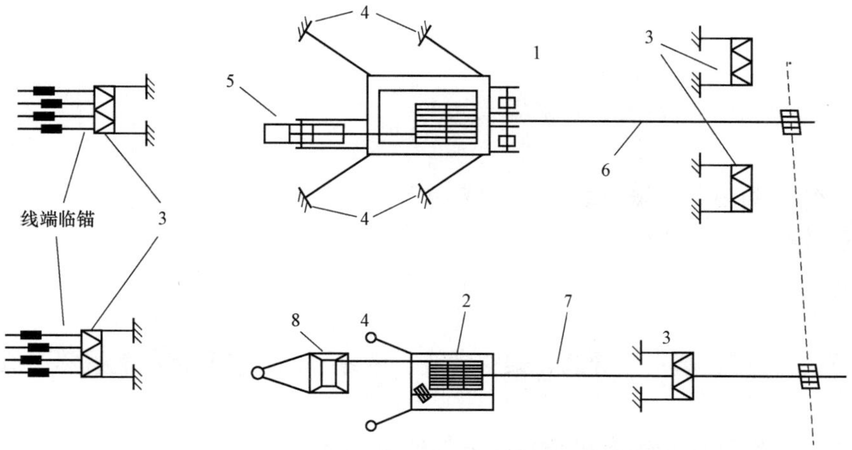

图 Jb0003522041

标准答案：

1—主牵引机；2—小张力机；3—锚线架；4—牵张机地锚；5—钢绳卷盘；6—牵引绳；7—导引绳；8—钢绳卷盘。

Jb0003531042 用四桩柱接地电阻测量仪测量土壤电阻率，四个电极布置在一条直线上，极间距离 a 为 10m，测得接地电阻 R 为 10Ω。问土壤电阻率 ρ 是多大？（5 分）

考核知识点：土壤电阻率

难易度：易

标准答案：

$$\rho = 2\pi aR = 2\times3.14\times10\times10 = 628\ (\Omega\cdot m)$$

答：土壤电阻率 ρ=628Ω·m。

Jb0004511043 输电线路拉线由哪几部分构成？（5 分）

考核知识点：拉线组成

难易度：易

标准答案：

（1）镀锌钢绞线。

（2）拉线棒。

（3）拉线盘。

（4）楔形线夹。

（5）UT 型线夹。

（6）拉线绝缘子。

（7）拉线抱箍。

（8）U 型环。

（9）镀锌铁件。

（10）连接螺栓。

Jb0004511044 工程中土分为哪几类？（5 分）

考核知识点：土的分类

难易度：易

标准答案：

岩石、碎石土、砂土、黏性土、人工填土。

Jb0004511045　简述架空输电线路的组成。（5分）

考核知识点：输电线路组成

难易度：易

标准答案：

架空输电线路由杆塔、基础、导线、架空地线、绝缘子、金具和接地装置等组成。

Jb0004511046　简述架空输电线路各部分的作用。（5分）

考核知识点：输电线路各部分作用

难易度：易

标准答案：

（1）杆塔：支持导线、架空地线，使其对地及线间保持足够的安全距离。

（2）基础：用来固定杆塔，以保证杆塔不发生倾斜、上拔、下陷和倒塌的情况。

（3）导线：用于传输负荷电流，是架空线路最主要的部分。

（4）架空地线：保护导线，防止导线受到雷击，提高线路耐雷水平。

（5）绝缘子：用于支承或悬挂导线，并使导线与接地杆塔绝缘。

（6）金具：用于导线、架空地线的固定、接续和保护，绝缘子固定、连接和保护，拉线的固定和调节。

（7）接地装置：连接架空地线与大地，把雷电流迅速泄入大地，降低雷击时的杆塔电位。

Jb0004511047　试述混凝土施工的注意事项。（5分）

考核知识点：混凝土施工注意事项

难易度：易

标准答案：

（1）使用合格的原材料。

（2）严格控制水灰比。

（3）正确掌握砂、石配合比。

（4）合理地搅拌、振捣。

（5）正确养护。

Jb0004511048　现浇基础隐蔽工程验收包括哪些内容？（5分）

考核知识点：基础隐蔽工程验收

难易度：易

标准答案：

（1）基础坑深、岩石及掏挖基础的成孔尺寸、孔深及地基处理。

（2）钢筋和预埋件的规格、尺寸、数量、位置、底座断面尺寸、混凝土的保护层厚度及浇筑质量。

（3）防腐处理。

Jb0004511049　钢筋混凝土结构的优点是什么？（5分）

考核知识点：钢筋混凝土

难易度：易

标准答案：

（1）造价低。砂、石、水等不仅价格低，而且还可就地取材。

（2）抗压强度高，近似天然石材，且在外力作用下变形较小。

（3）强度可根据原材料和配合比的变化灵活掌握。

（4）容易做成所需形状。

（5）稳固性和耐久性好。

Jb0004511050 钢筋混凝土结构的缺点是什么？（5分）

考核知识点：钢筋混凝土

难易度：易

标准答案：

（1）自重大。

（2）混凝土抗拉强度较低，易裂。

（3）费工、费模板周期长。

（4）施工受季节影响。

（5）补强修复困难。

Jb0004511051 混凝土试块制作数量应符合哪些规定？（5分）

考核知识点：混凝土试块制作

难易度：易

标准答案：

（1）耐张塔和悬垂转角塔基础每基应取一组。

（2）一般线路悬垂直线塔基础，同一施工队每5基或不满5基应取一组，单基或连续浇筑混凝土量超过$100m^3$时应取一组。

（3）按大跨越设计的直线塔基础及拉线基础，每腿应取一组，但当基础混凝土量不超过同工程中大转角或终端塔基础时，则每基应取一组。

（4）当原材料变化、配合比变更时应另行制作试块。

Jb0004511052 混凝土结构工程钢筋接头的设置有哪些要求？（5分）

考核知识点：钢筋接头

难易度：易

标准答案：

（1）钢筋接头宜设置在受力较小处。

（2）有抗震设防要求的结构中，梁端、柱端箍筋加密区范围内不宜设置钢筋接头，且不应进行钢筋搭接。

（3）同一纵向受力钢筋不宜设置两个或两个以上接头。

（4）接头末端至钢筋弯起点的距离，不应小于钢筋直径的10倍。

Jb0004511053 掏挖基础钢筋骨架制作允许偏差应符合哪些规定？（5分）

考核知识点：钢筋焊接

难易度：易

标准答案：
（1）主筋间距允许偏差应为±10mm。
（2）箍筋间距允许偏差应为±20mm。
（3）钢筋骨架直径允许偏差应为±10mm。
（4）钢筋骨架长度允许偏差应为±50mm。

Jb0004511054　对插接钢丝绳套有什么规定？（5分）
考核知识点：杆塔组立
难易度：易
标准答案：
（1）钢丝绳插接的环绳或套，其插接长度应不小于钢丝绳直径的15倍且不得小于300mm。
（2）插接的钢丝绳套应做125%允许负荷的抽样试验。

Jb0004511055　简述振捣对现浇混凝土的作用。过长时间对现浇混凝土进行机械振捣有何危害？（5分）
考核知识点：混凝土振捣理解
难易度：易
标准答案：
（1）对现浇混凝土进行振捣的作用在于增强混凝土的密实性、减小水灰比，以提高混凝土的强度。
（2）若过长时间进行振捣，易使混凝土内部出现分层的离析现象，反而影响混凝土的强度。

Jb0004511056　何为接地装置的接地电阻？其大小由哪些部分组成？（5分）
考核知识点：接地电阻
难易度：易
标准答案：
（1）接地装置的接地电阻是指加在接地装置上的电压与流入接地装置的电流之比。
（2）接地电阻的构成：① 接地线电阻；② 接地体电阻；③ 接地体与土壤的接触电阻；④ 地电阻。

Jb0004511057　计量器具登记主要内容包括什么？（5分）
考核知识点：计量器具
难易度：易
标准答案：
检定有效期、检定单位、出厂编号、型号规格。

Jb0004511058　脚手架式跨越架架体应具有哪些特点？（5分）
考核知识点：跨越架特点
难易度：易
标准答案：
足够的强度、足够的刚度、足够的稳定性、搭拆方便。

Jb0004511059　简述金具上使用开口销、闭口销的注意事项。（5分）

考核知识点：开口销、闭口销使用

难易度：易

标准答案：

（1）开口销、闭口销的直径必须与孔径相配合，且弹力适度。

（2）开口销、闭口销不应有折断和裂纹等现象。

（3）当采用开口销时应对称开口，开口角度为 60°～90°。

（4）不得用线材和其他材料代替开口销和闭口销。

Jb0004511060　简述钢筋除锈方法。（5分）

考核知识点：钢筋除锈方法

难易度：易

标准答案：

（1）大量钢筋除锈可通过钢筋冷拉或钢筋调直机调直过程中完成。

（2）少量的钢筋局部除锈可采用电动除锈机或人工用钢丝刷、砂盘以及喷砂和酸洗等方法进行。

Jb0004511061　常见杆塔基础类型有哪些？（5分）

考核知识点：杆塔基础类型

难易度：易

标准答案：

岩石嵌固基础、掏挖基础、大板基础、斜柱插入式基础、人工挖孔基础。

Jb0004512062　导、地线升空有哪些要求？（5分）

考核知识点：对导、地线升空

难易度：中

标准答案：

（1）导、地线升空作业应与紧线作业密切配合并逐根进行，导、地线的线弯内角侧不得有人。

（2）升空作业应使用压线装置，不得直接用人力压线。

（3）压线滑车应设控制绳，压线钢丝绳回松应缓慢。

（4）升空场地在山沟时，升空的钢丝绳应有足够长度。

Jb0004512063　现场浇筑混凝土的养护应符合哪些规定？（5分）

考核知识点：混凝土的养护

难易度：中

标准答案：

（1）在终凝后 12h 内开始浇水养护，当天气炎热、干燥有风时，应在 3h 内开始浇水养护，养护时应在基础模板外侧加遮盖物，浇水次数应能够保持混凝土表面始终湿润。

（2）外露的混凝土浇水养护时间不宜少于 5 昼夜，输电线路大体积混凝土基础养护还应符合国家现行相关标准的规定。

（3）基础拆模经表面质量检查合格后应及时回填，并在基础外露部分加遮盖物，并应按规定期限继续浇水养护，养护时应使遮盖物及基础周围的混凝土始终保持湿润。

（4）采用养护剂养护时，应在拆模并经表面检查合格后立即涂刷养护剂，涂刷后不得再浇水。

（5）日平均气温低于 5℃时，不得浇水养护。

Jb0004512064　弧垂观测档的选择应符合哪些规定？（5分）

考核知识点：紧线弧垂观测

难易度：中

标准答案：

（1）紧线段在5档及以下时应靠近中间选择一档。

（2）紧线段在6～12档时应靠近两端各选择一档。

（3）紧线段在12档以上时应靠近两端及中间可选3～4档。

（4）观测档宜选档距较大和悬挂点高差较小及接近代表档距的线档。

（5）弧垂观测档的数量可根据现场条件适当增加，但不得减少。

Jb0004512065　在张力放线过程中，牵引板过放线滑车时应该注意哪些事项？（5分）

考核知识点：牵引板通过滑车注意事项

难易度：中

标准答案：

（1）牵引板在过放线滑车时，减慢牵引速度，调整牵引板角度，便于通过。

（2）牵引板在过放线滑车后，平衡锤不应搭在导线上。

（3）导线不应跳槽。

Jb0004512066　悬垂线夹安装后，绝缘子串应符合哪些要求？（5分）

考核知识点：绝缘子串偏移范围

难易度：中

标准答案：

（1）悬垂线夹安装后，绝缘子串应垂直地平面。

（2）顺线路方向与垂直位置的偏移角不应超过5°，且最大偏移值不应超过200mm，连续上、下山坡处杆塔上的悬垂线夹的安装位置应符合设计规定。

Jb0004512067　铁塔保护帽的制作要注意哪些事项？（5分）

考核知识点：保护帽制作

难易度：中

标准答案：

（1）混凝土强度要达到设计要求。

（2）结构尺寸符合设计要求。

（3）与基础接触面要清洗干净。

（4）混凝土面要平整，无蜂窝、麻面、裂纹，顶面做散水坡度。

Jb0004512068　架空送电线路的导线、地线在哪些跨越档内不得接头？（5分）

考核知识点：导地线接头要求

难易度：中

标准答案：

（1）铁路。

（2）高速公路和一级公路。

（3）一、二级通航河流。

（4）110kV 及以上电力线路。

（5）特殊管道、索道等。

Jb0004512069 钢丝绳在什么情况下应报废或截除？（5 分）

考核知识点：钢丝绳

难易度：中

标准答案：

（1）钢丝绳的断丝数超过规定的数值时。

（2）绳芯损坏或绳股挤出、断裂。

（3）笼状畸形、严重扭结或金钩弯折。

（4）压扁严重，断面缩小，实测相对公称直径减小 10%（防扭钢丝绳 3%）时，未发现断丝也应予以报废。

（5）受过火烧或电灼，化学介质的腐蚀外表出现颜色变化时。

（6）钢丝绳的弹性显著降低，不易弯曲，单丝易折断时。

（7）钢丝绳的钢丝磨损或腐蚀达到钢丝绳实际直径比其公称直径减少 7%或更多者。

Jb0004512070 现浇基础施工时如何浇筑？如遇特殊情况中途中断混凝土浇灌，应如何处理？（5 分）

考核知识点：混凝土浇灌

难易度：中

标准答案：

（1）现浇每个基础的混凝土应一次连续浇成，不得中断。

（2）在浇制同一基础混凝土时遇到特殊情况中断超过 2h，不得继续浇灌。

（3）继续浇灌必须待混凝土的强度达到 1.18MPa 后，将连接面打毛，并用水清洗，然后浇一层厚为 105mm 与原混凝土同样成分的水泥砂浆，再继续浇灌。

Jb0004512071 采用楔形线夹连接好的拉线应符合哪些规定？（5 分）

考核知识点：杆塔拉线

难易度：中

标准答案：

（1）线夹的舌板与拉线紧密接触，受力后不应滑动。线夹的凸肚应在尾线侧，安装时不应使线股损伤。

（2）拉线弯曲部分不应有明显的松股，其断头应用镀锌铁丝扎牢，线夹尾线宜露出 300～500mm，尾线回头后与本线应采取有效方法扎牢或压牢。

（3）同组拉线使用两个线夹时，其线夹尾端的方向应统一。

Jb0004512072 采用楔形线夹连接的拉线，架线后对全部拉线进行检查和调整，应符合哪些规定？（5 分）

考核知识点：杆塔拉线

难易度：中

标准答案：

（1）拉线与拉线棒应呈一直线。

（2）X 形拉线的交叉处应留有足够的空隙，避免相互磨碰。

（3）拉线的对地夹角允许偏差应为 1°，个别特殊杆塔拉线需超出 1°时应符合设计规定。

（4）NUT 型线夹带螺母后及花篮螺栓的螺杆必须露出螺纹，并应留有不小于 1/2 螺杆的螺纹长度，以供运行时调整。在 NUT 型线夹螺母上应装设防盗罩，并应将双螺母拧紧，花篮螺栓应封固。

（5）组合拉线的各根拉线受力应一致

Jb0006511073　工程竣工预验收应包括什么？（5 分）

考核知识点：竣工预验收

难易度：易

标准答案：

（1）施工单位三级自检发现问题的闭环。

（2）监理单位初检发现问题的闭环。

（3）工程设计、施工质量。

（4）工程档案资料。

Jb0006511074　接地工程验收包括哪些内容？（5 分）

考核知识点：接地工程验收

难易度：易

标准答案：

（1）接地电阻值及埋深。

（2）接地引下线（圆钢、铜覆钢、柔性石墨等）与铁塔、接地网连接质量。

（3）检查接地引下线（圆钢、铜覆钢、柔性石墨等）规格、材质及防腐质量。

Jb0006512075　中间验收的开展时间有哪些规定？（5 分）

考核知识点：中间验收规定

难易度：中

标准答案：

线路工程分为杆塔组立前、导地线架设前、投运前三个阶段。原则上基础完成大于等于 70%方可组织杆塔组立前的验收，杆塔组立完成大于等于 70%方可组织导地线架设。

Jb0006512076　进行首次质量监督检查应具备的条件有什么？（5 分）

考核知识点：质量监督检查

难易度：中

标准答案：

（1）工程建设单位已按规定办理了质量监督注册手续。

（2）责任主体单位项目组织机构已建立，人员已到位。

（3）施工组织设计已编制完成，审批手续齐全。

（4）工程项目已开工。

Jb0006512077　工程竣工后应移交哪些资料？（5 分）

考核知识点：竣工资料移交

难易度：中

标准答案：

（1）工程施工质量验收记录。

（2）竣工图。

（3）设计变更通知单及工程联系单。

（4）原材料和器材出厂质量合格证明和试验报告。

（5）代用材料清单。

（6）工程试验报告和记录。

（7）未按设计施工的各项明细表及附图。

（8）施工缺陷处理明细表及附图。

（9）相关协议书。

Jb0006512078 施工单位的质量责任和义务有哪些？（5分）

考核知识点：质量责任和义务

难易度：中

标准答案：

（1）施工单位应当依法取得相应等级的资质证书，并在其资质等级许可的范围内承揽工程。

（2）禁止施工单位超越本单位资质等级许可的业务范围或者以其他施工单位的名义承揽工程。

（3）禁止施工单位允许其他单位或者个人以本单位的名义承揽工程。

（4）施工单位不得转包或者违反分包工程。

Jb0006512079 焊接与切割工作的安全规定是什么？（5分）

考核知识点：焊接与切割

难易度：中

标准答案：

（1）从事电、气焊的工作人员，应熟悉专业安全知识，并经考试合格，取得合格证后，方可独立进行焊接工作。

（2）进行焊接与切割作业时，作业人员应穿戴专用劳动防护用品。

（3）作业点周围5m内的易燃易爆物应清除干净。氧气瓶与乙炔气瓶的距离不得小于5m，气瓶距离明火不得小于10m。

（4）在进行焊接及切割操作的地方必须配置足够的灭火设备。

Jb0006512080 高处焊接与切割作业应遵守哪些规定？（5分）

考核知识点：焊接与切割

难易度：中

标准答案：

（1）应遵守高处作业的有关规定。

（2）作业前应对熔渣有可能落入范围内的易燃易爆物进行清除，或采取可靠的隔离、防护措施。

（3）严禁携带电焊导线或气焊软管登高或从高处跨越。

（4）应在无电源或无气源情况下用绳索提吊电焊导线或气焊软管。

（5）地面应有人监护和配合。

Jb0006512081 简述OPGW光缆悬垂串的安装工艺标准。（5分）

考核知识点：OPGW 光缆的安装工艺

难易度：中

标准答案：

（1）悬垂串安装完毕后要垂直于地面，偏差小于5°，且偏移量小于100mm。

（2）预绞丝的末端整齐，分布均匀，误差不大于10mm，同层预绞丝无重叠现象。

（3）预绞丝缠绕完毕后应整齐美观，无缝隙和压股现象。

（4）内层预绞丝末端的光缆无划伤现象。

第二章　架空线路工初级工技能操作

Jc0001541001　正确使用检查防毒面具。（100 分）

考核知识点：防毒面具检查及使用

难易度：易

技能等级评价专业技能考核操作工作任务书

一、任务名称

正确使用检查防毒面具。

二、适用工种

架空线路工初级工。

三、具体任务

（1）正确检查防毒面具。

（2）正确装配滤毒盒。

（3）正确佩戴防毒面具。

（4）正确测试防毒面具密合性。

四、工作规范及要求

（1）要求 1 人操作，由监考人员监护，考生着装规范，穿工作服、工作胶鞋，戴安全帽。

（2）安全文明生产，工器具、材料、设备摆放齐整，现场操作熟练、连贯、有序，正确规范地使用工器具及安全用具。不发生危及人身和设备安全的行为，否则可取消本次考核成绩。

五、考核及时间要求

（1）考核时间为 10 分钟。

（2）工作前，考生检查着装，检查防毒面具是否完好。

（3）许可开工后记录考核时间。

（4）现场清理完毕后，汇报工作终结，记录考核结束时间。

技能等级评价专业技能考核操作评分标准

<table>
<tr><td>工种</td><td colspan="6">架空线路工</td><td>评价等级</td><td>初级工</td></tr>
<tr><td>项目模块</td><td colspan="5">安全知识—电力建设安全工作规程</td><td>编号</td><td colspan="2">Jc0001541001</td></tr>
<tr><td>单位</td><td colspan="3"></td><td>准考证号</td><td colspan="2"></td><td>姓名</td><td></td></tr>
<tr><td>考试时限</td><td colspan="2">10 分钟</td><td>题型</td><td colspan="3">单项操作</td><td>题分</td><td>100 分</td></tr>
<tr><td>成绩</td><td></td><td>考评员</td><td></td><td colspan="2">考评组长</td><td></td><td>日期</td><td></td></tr>
<tr><td>试题正文</td><td colspan="8">正确使用检查防毒面具</td></tr>
<tr><td>需要说明的问题和要求</td><td colspan="8">（1）要求 1 人操作，由监考人员监护，考生着装规范，穿工作服、工作胶鞋，戴安全帽。
（2）安全文明生产，工器具、材料、设备摆放齐整，现场操作熟练、连贯、有序，正确规范地使用工器具及安全用具。
（3）现场提供检修所需的工器具、仪器、材料及安全防护用具</td></tr>
</table>

续表

序号	项目名称	质量要求	满分	扣分标准	扣分原因	得分
1	防毒面具的检查	防毒面具使用前需检查面具无裂纹、破口	10	未检查面具表面扣 10 分		
		检查呼气阀片无变形、破裂及裂缝	10	未检查呼气阀片扣 10 分		
		检查带头弹性良好	10	未检查带头扣 10 分		
		检查滤毒盒座密封圈完好	10	未检查滤毒盒座密封圈扣 10 分		
		检查滤毒盒在使用期内	10	未检查滤毒盒座在使用期内扣 10 分		
2	防毒面具的使用	滤毒盒装配：将滤毒盒的密封层去掉，并将滤毒螺口对准滤盒座，顺时针方向拧紧，压扣滤线盒对准盒座压紧	10	未去掉密封层扣 5 分； 未压紧滤线盒扣 5 分		
		防毒面具佩戴： （1）将面具盖住口鼻，然后将头带框套拉至头顶。 （2）用双手将下面的头带拉向颈后，然后扣住	10	未将头带框套拉至头顶扣 5 分； 未将下面的头带拉向颈后并扣住扣 5 分		
		防毒面具佩戴密合性测试良好： （1）用手掌盖住呼气阀并缓缓呼气，若面部感到有一定压力，但没感到空气从面部及面罩之间泄漏，表示佩戴密合性良好。若面部与面罩之间有泄漏，则需重新调节头带与面罩排除漏气现象。 （2）用手掌盖住滤毒盒座的连接口，缓缓吸气，若感到呼吸有困难，则表示佩戴面具密闭性良好。若感觉能吸入空气，则需重新调整面具位置及调整头带松紧度，消除漏气现象	20	未使用呼气试验检查密合性良好扣 10 分； 未使用吸气试验检查密合性良好扣 10 分		
3	其他要求	应在规定时间内完成相关操作	5	未在规定时间完成操作，每延时 1 分钟扣 1 分，扣完为止		
		操作完成后将相关用具摆放于指定位置	5	操作完成后未将用具摆放于指定位置扣 5 分		
合计			100			

Jc0001542002 使用心肺复苏法在心肺复苏假人模型上进行紧急救护操作。(100 分)

考核知识点： 心肺复苏法

难易度： 中

技能等级评价专业技能考核操作工作任务书

一、任务名称

使用心肺复苏法在心肺复苏假人模型上进行紧急救护操作。

二、适用工种

架空线路工初级工。

三、具体任务

某人因低压电触电倒地，目前电源已脱离。针对此项工作，考生须在10分钟内完成救护操作。

四、工作规范及要求

（1）救护操作。被救人员侧卧，手臂放置于身体之上，腿部弯曲，头部朝下。

（2）单人操作。

（3）材料：心肺复苏假人模型、酒精、纱布、电源插板。

五、考核及时间要求

考核时间共 10 分钟，到 10 分钟终止考核。

技能等级评价专业技能考核操作评分标准

工种	架空线路工				评价等级	初级工
项目模块	安全知识—电力建设安全工作规程			编号	Jc0001542002	
单位		准考证号			姓名	
考试时限	10 分钟	题型	单项操作		题分	100 分
成绩		考评员		考评组长	日期	
试题正文	使用心肺复苏法在心肺复苏假人模型上进行紧急救护操作					
需要说明的问题和要求	（1）单人操作，在 10 分钟内完成。 （2）给定条件：被救人员侧卧，手臂放置于身体之上，腿部弯曲，头部朝下。 （3）本细则依据中国红十字会发布的紧急救护流程制定					

序号	项目名称	质量要求	满分	扣分标准	扣分原因	得分
1	观察环境	操作者准备完毕后开始操作	5	酌情扣分，扣完为止		
2	救援评估					
2.1	环境观察	观测被救人员周边环境：两手平举，大声说出现场上端及四周安全	5	未执行一处扣 1 分，扣完为止		
2.2	意识判断	操作者跪于被救人员右侧，双手轻拍被救人员双肩，呼叫人员，询问姓名，判断人员意识及呼吸是否清晰，观察瞳孔，得出瞳孔扩大、人员无意识判断结论（10 秒内）	5	未执行一处扣 1 分，超时扣 1 分，扣完为止		
3	呼救	请求周围人员帮助：请求周围人员帮助报警（120），记录时间，说明受伤人员情况，说明受伤员地址（×××）	4	未执行一处扣 1 分，扣完为止		
4	复苏体位					
4.1	调整体位	将被救人员平躺，双手放于身体两侧，身体无扭曲	3	未执行一处扣 1 分，扣完为止		
4.2	解开衣物	解开衣领，放松腰带，暴露胸部	3	未执行一处扣 1 分，扣完为止		
5	判断呼吸、脉搏					
5.1	开放气道	（1）检查颈椎有无损伤。 （2）清理呼吸道：检查口腔，头偏向侧，清理异物。 （3）将被救人员头部后仰 90°	6	未执行一处扣 1 分，扣完为止		
5.2	判断呼吸	看被救人员胸腹有无起伏，耳朵贴近被救人员口鼻处听有无呼吸，脸部感觉测试口鼻处有无呼气气流判断得出无呼吸结论	3	未执行一处扣 1 分，扣完为止		
5.3	判断脉搏	以手指靠近被救人员颈动脉（喉结两侧 2～3cm 处），得出无脉搏结论	3	未执行一处扣 1 分，扣完为止		
5.4	判断时间	判断脉搏时间 5～10s，计数应为 1001、1002、…、10010	2	未执行一处扣 1 分，扣完为止		

续表

序号	项目名称	质量要求	满分	扣分标准	扣分原因	得分
6	胸外按压					
6.1	确定头部	确认按压部位：胸骨下三分之一，两侧乳头中点，手指交叉重叠掌，双臂绷直，垂直向下压	10	未执行一处扣2分，扣完为止		
6.2	按压深度	深度：胸骨下陷5～6cm，迅速放松，掌根不离开胸骨，按压频率100～120/分钟	8	未执行一处扣2分，扣完为止		
6.3	按压频次	30次一组，按压应计数“第一组，一压、二压、……、三十”	6	未执行一处扣2分，扣完为止		
7	人工呼吸					
7.1	呼吸动作	拇指与食指紧捏鼻孔，用嘴包住被救人员口部	6	未执行一处扣3分，扣完为止		
7.2	吹气	吹气2次，每次持续1～1.5秒	4	未执行一处扣3分，扣完为止		
7.3	间隔	2次间隔3～4秒	2	未执行扣2分		
7.4	吹完	吹气完毕放开鼻孔，让气体自然逸出	2	未执行扣2分		
8	循环操作	重复胸外按压与人工呼吸，完成5个循环，比例30:2，每次按压循开始前重新定位	5	未执行一处扣1分，扣完为止		
9	再次判断	全部操作完成后判断复苏是否有效（呼吸、脉搏、瞳孔、温度）	5	未执行一处扣1分，扣完为止		
10	指针判断	被救人员救活	5	救活被救人员该项不扣分，未救活扣5分		
11	操作后整体评估	救援完成后摆正体位，整理衣服	3	未执行一处扣1分，扣完为止		
12	报告考评员	大声报告评委“操作完毕”	1	未执行扣1分		
13	综合评价	着装规范、仪态大方、精神饱满、操作熟练	4	未执行一处扣1分，扣完为止		
合计			100			

Jc0001543003　常用绳扣的打结方法。(100分)

考核知识点：绳扣的打结方法

难易度：难

技能等级评价专业技能考核操作工作任务书

一、任务名称

常用绳扣的打结方法。

二、适用工种

架空线路工初级工。

三、具体任务

绳索常用绳扣打结名称和特点，并随机抽取四种进行操作。

四、工作规范及要求

（1）着装规范，工器具选用满足工作需要并进行外观检查。

（2）绳索打结方法种类齐全，内容正确。

（3）打结方法正确、规范，受力无滑动。

（4）工作完毕后清理现场，交还工具。

（5）10种常用绳扣打结名称和特点。

1）直扣。临时将麻绳的两端接在一起，能自紧，容易解开。如图 Jc0001543003－1 所示。

图 Jc0001543003－1

2）倒扣。倒扣在临时拉线在地锚上固定时使用，如图 Jc0001543003－2 所示。

图 Jc0001543003－2

3）双套结。双套结在传递物件和抱杆顶部等处绑绳时使用，具有能自紧、容易解开的特点，如图 Jc0001543003－3 所示。

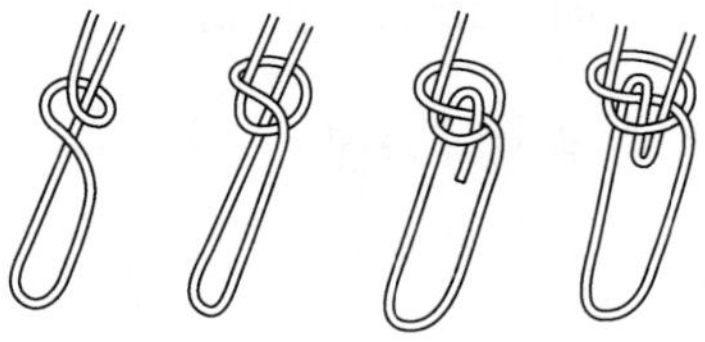

图 Jc0001543003－3

4）拴马扣。在绑扎临时拉线时使用，如图 Jc0001543003－4 所示。

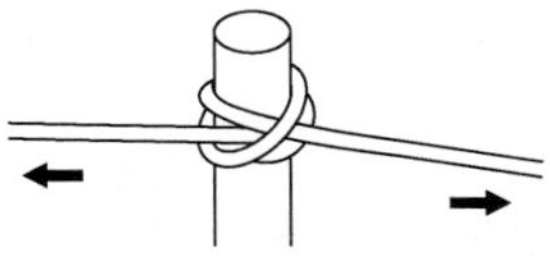

图 Jc0001543003－4

5）抬扣。在抬重物时使用，具有调整和解开方便的特点，如图 Jc0001543003－5 所示。

图 Jc0001543003－5

6）紧线扣。紧线扣是在紧线时用来绑接导线，也可以用于拴腰绳系扣，具有能自紧、容易解开的特征，如图 Jc0001543003－6 所示。

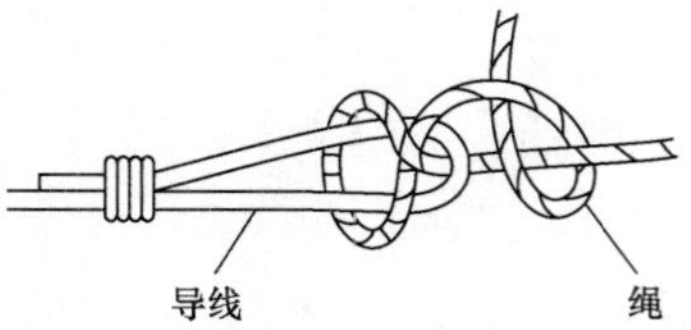

图 Jc0001543003－6

7）背扣。在杆塔上作业时，上下传递工具、材料时使用，如图 Jc0001543003－7 所示。

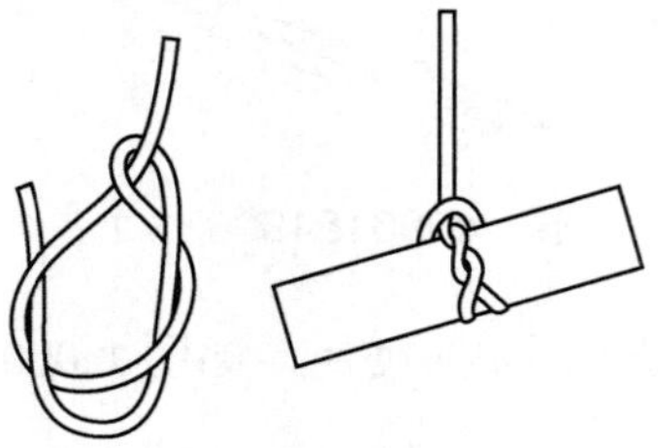

图 Jc0001543003－7

8）倒背扣。在垂直起吊轻而细长的物件时使用，如图 Jc0001543003－8 所示。

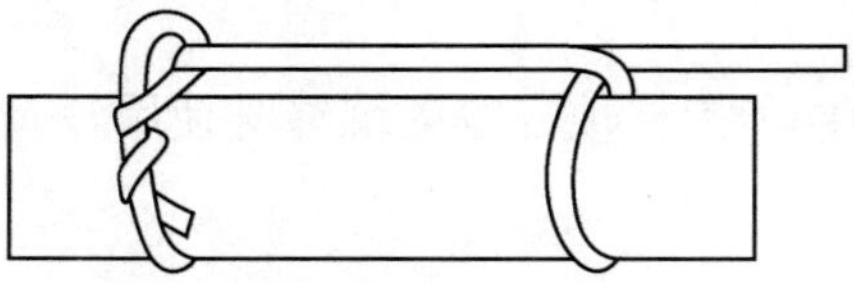

图 Jc0001543003－8

9）瓶扣。在吊物体时用此扣，物体吊起时能保证不摆动，而且扣结实可靠，吊瓷套管等物体多用此扣，如图 Jc0001543003－9 所示。

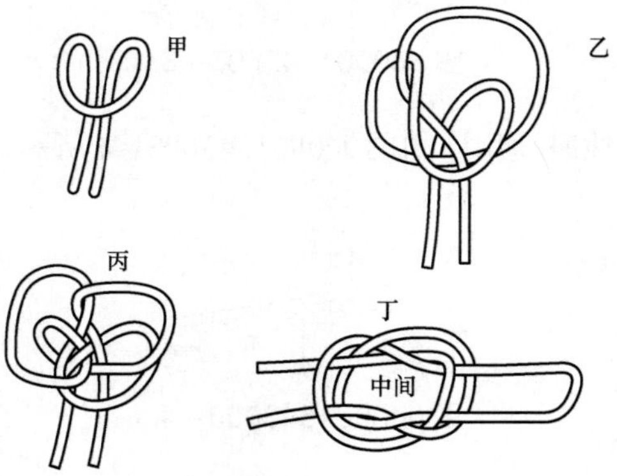

图 Jc0001543003－9

10）吊钩扣。用于起吊设备绳索，能防止因绳索的移动造成吊物倾斜，如图 Jc0001543003－10 所示。

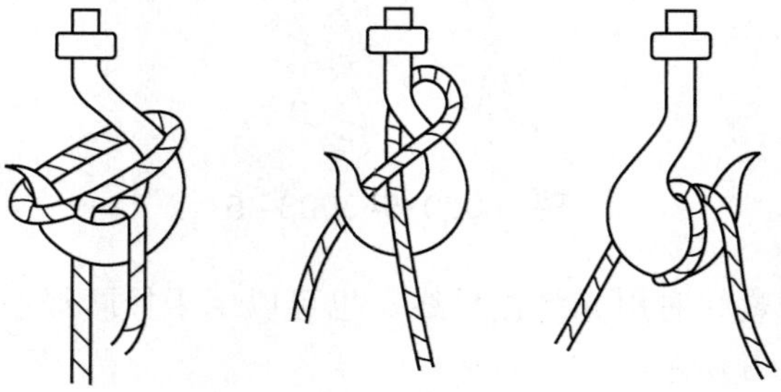

图 Jc0001543003－10

五、考核及时间要求

（1）本考核操作时间为 30 分钟，时间到停止考评。

（2）工器具选用满足工作需要，进行外观检查。

（3）工作完毕后清理现场，交还工器具。

技能等级评价专业技能考核操作评分标准

工种	架空线路工				评价等级	初级工
项目模块	安全知识—电力建设安全工作规程			编号	Jc0001543003	
单位		准考证号			姓名	
考试时限	30 分钟	题型	单项操作		题分	100 分
成绩		考评员		考评组长	日期	
试题正文	常用绳扣的打结方法					
需要说明的问题和要求	（1）着装规范，工器具选用满足工作需要并进行外观检查。 （2）绳索打结方法种类齐全，内容正确。 （3）打结方法正确、规范，受力无滑动。 （4）工作完毕后清理现场，交还工具					

序号	项目名称	质量要求	满分	扣分标准	扣分原因	得分
1	工作准备					
1.1	着装	正确佩戴安全帽，穿工作服，穿工作胶鞋，戴手套	5	未正确佩戴安全帽扣 2 分； 未穿工作服扣 1 分； 未穿工作胶鞋扣 1 分； 未戴手套扣 1 分		
1.2	工器具选用	选择工器具满足工作需要	5	错选漏选，扣 3 分； 未做外观检查，扣 2 分		
2	书写					
2.1	书写绳索打结方法	绳索打结方法种类齐全，内容正确	20	种类每缺一项扣 2 分； 内容不正确，扣 2 分； 以上扣分，扣完为止		
3	打结					
3.1	随机抽取四种打结方法	打结方法正确、规范，受力无滑动	60	系法不正确，扣 5 分； 不规范，扣 4 分； 受力出现滑动，扣 4 分； 出现返工，每次扣 2 分； 以上扣分，每种绳扣分别扣分，扣完为止		
4	安全文明生产					
4.1	安全文明生产	工作完毕后，清理现场，交还工器具	10	未在规定时间完成，每超时 1 分钟扣 2 分，扣完为止； 未清理考场或交还工具，扣 5 分		
合计			100			

Jc0003541004　角铁桩锚的安装操作。（100 分）

考核知识点：角铁桩锚操作

难易度：易

技能等级评价专业技能考核操作工作任务书

一、任务名称

角铁桩锚的安装操作。

二、适用工种

架空线路工初级工。

三、具体任务

按要求在30分钟内完成角铁桩锚的安装。

四、工作规范及要求

1. 操作要求

（1）派两人协助，指定受力方向。

（2）着装正确（工作服、工作胶鞋、安全帽）（包括协助人员）。

（3）角铁桩两块，花篮螺栓式联扣一副，大锤一把。

2. 安全要求

（1）防止高处坠落。

（2）防止物体打击。

（3）防止感应电。

（4）严格遵守现场“十不干”。

五、考核及时间要求

考核时间共30分钟。每超过2分钟扣1分，到35分钟终止考核。

技能等级评价专业技能考核操作评分标准

工种	架空线路工					评价等级	初级工
项目模块	基本技能—工器具、测量仪表的使用知识				编号	Jc0003541004	
单位		准考证号				姓名	
考试时限	30分钟	题型		单项操作		题分	100分
成绩		考评员		考评组长		日期	
试题正文	角铁桩锚的安装操作						
需要说明的问题和要求	（1）派两人协助，指定受力方向。 （2）着装正确（穿工作服、工作胶鞋，戴安全帽）（包括协助人员）						

序号	项目名称	质量要求	满分	扣分标准	扣分原因	得分
1	工作准备					
1.1	工具摆放	整齐有序，方便操作	2	不正确扣1～2分		
1.2	工具检查	认真检查锤把及锤头应安全牢固	4	不检查扣4分		
2	安全要求					
2.1	不得戴手套	不戴手套	4	戴手套扣4分		
2.2	操作位置与协助人员位置正确	符合安全要求，严禁站在对面	2	不正确扣2分		
3	准备打桩					

续表

序号	项目名称	质量要求	满分	扣分标准	扣分原因	得分
3.1	定准打桩位置	符合指定要求	5	不正确扣 1～5 分		
3.2	协助人员按鉴定人要求扶好角钢桩	保证角钢桩受力方向正确	3	不正确扣 1～3 分		
4	操作大锤的要求					
4.1	大锤抡得准	不能打空	5	每打空一锤扣 0.1 分，扣完为止		
4.2	大锤锤面与角柱顶部平面接触	不得歪斜	5	不正确扣 1～5 分		
4.3	每锤都有力度	力度好	5	不正确扣 5 分		
4.4	按联板扣长度，定出第二角桩位置	位置正确	5	不正确扣 1～5 分		
4.5	重复操作将第二角桩打入土中		5	不正确扣 1～5 分		
5	装联扣					
5.1	将花篮螺栓式联扣装上	前桩联扣靠顶部，后桩联扣靠根部	5	不正确扣 1～5 分		
5.2	将花篮螺栓式联扣调紧	预受力符合要求	5	不正确扣 1～5 分		
6	技术要求					
6.1	大锤使用	姿势正确，动作熟练流畅	5	不正确扣 1～5 分		
6.2	方向要切实对准	两角桩中心连线与受力方向为一条直线	5	不正确扣 1～5 分		
6.3	两桩角铁的角平分线面	要在同一铅锤平面上对准受力方向	5	不正确扣 1～5 分		
6.4	角桩与地面的夹角	锐角应为 70°～80°，夹角最小方向侧为受力反方向侧	5	不正确扣 1～5 分		
6.5	两桩平行	两桩平行	5	不正确扣 1～5 分		
6.6	角桩入土深度	一般为角桩长度的 2/3 左右	5	不正确扣 1～5 分		
6.7	花篮螺栓式联扣受力良好	螺杆必须露出螺纹，花篮螺栓式联扣不能在角桩上滑动	5	不正确扣 1～5 分		
7	其他要求					
7.1	着装正确（包括协助人员）	应穿工作服、工作胶鞋，戴安全帽	5	每漏一项扣 2 分，扣完为止		
7.2	按时间完成	时间根据图纸酌情增减	5	超过时间不给分，每超过 2 分钟扣 1 分		
合计			100			

Jc0003541005 现场锯角钢，准备加工塔材的操作。(100 分)

考核知识点：塔材加工

难易度：易

技能等级评价专业技能考核操作工作任务书

一、任务名称

现场锯角钢，准备加工塔材的操作。

二、适用工种

架空线路工初级工。

三、具体任务

现场锯角钢，并加工塔材。

四、工作规范及要求

（1）相关工器具的准备。

（2）工器具的正确使用及安全措施。

五、考核及时间要求

（1）本考核操作时间为30分钟，时间到停止考评。

（2）考评过程中如果由于测试人员操作不规范，有可能引发不安全因素的，停止考评，该项考核项目不得分，但不影响其他项目。

技能等级评价专业技能考核操作评分标准

工种	架空线路工					评价等级	初级工
项目模块	基本技能—工器具、测量仪表的使用知识				编号	Jc0003541005	
单位			准考证号			姓名	
考试时限	30 分钟		题型	单项操作		题分	100 分
成绩		考评员		考评组长		日期	
试题正文	现场锯角钢，准备加工塔材的操作						
需要说明的问题和要求	准备 1 张铁塔安装图，决定加工某钢印号塔材						

序号	项目名称	质量要求	满分	扣分标准	扣分原因	得分
1	看图纸及画线					
1.1	选角钢	规格正确	4	不正确扣 4 分		
1.2	确定尺寸	选出正确尺寸	3	不正确扣 3 分		
1.3	量出尺寸	画线准确	3	不正确扣 3 分		
2	台虎钳的使用					
2.1	台虎钳松开、夹紧	转动操作方向正确	5	方向转反一次扣 2 分，扣完为止		
2.2	夹角钢	角钢应夹平稳、牢固	5	视情况扣 2～5 分		
2.3	调整台虎钳的位置	保证便于操作，并使锯条运动线与角钢轴线垂直	5	角度不对扣 2～5 分		
2.4	锯条安装	（1）锯条面平直。 （2）锯齿方向正确。 （3）锯条拉紧合适	5	锯条面不平直扣 2 分； 锯齿方向不正确扣 3 分； 不正确扣 5 分		

续表

序号	项目名称	质量要求	满分	扣分标准	扣分原因	得分
3	操作					
3.1	从棱边起锯，一手控制锯条，一手锯	保证锯断位置准确	5	定位不准确锯条滑动锯出一条印扣1分，扣完为止		
3.2	要求两手握锯	姿势正确	5	不正确扣5分		
3.3	起锯速度要慢，有锯路后可加快些	速度控制每分钟60次内	5	视情况扣2～5分		
3.4	锯条与角钢要有一定的竖直角度	一般为15°～20°，不崩或少崩锯齿	5	视情况扣2～5分		
3.5	压力适中	不能断锯条	5	断一次锯条扣5分		
3.6	锯条使用部分	至少占全长的2/3	5	视情况扣2～5分		
3.7	姿势	正确	5	视情况扣2～5分		
3.8	操作情况	速度、用力都均匀	5	视情况扣2～5分		
3.9	角钢快要断时用手扶住要掉的角钢，并放慢速度	角钢头不能掉到地上	5	角钢掉到地上扣3分； 不放慢速度扣2分		
4	技术要求					
4.1	长度检查	锯好的角钢尺寸准确	5	每误差2mm扣1分，扣完为止		
4.2	断口检查	端口垂直角钢轴线	5	每偏1mm扣1分，扣完为止（最长处与最短处之差）		
5	其他要求					
5.1	考核时间	按时完成	5	超过时间不给分，每超过2分钟扣1分		
5.2	操作情况	动作熟练流畅	10	酌情扣分，扣完为止		
合计			100			

Jc0003542006 钢丝绳穿2-2滑车组。（100分）

考核知识点：钢丝绳穿滑车组过程

难易度：中

技能等级评价专业技能考核操作工作任务书

一、任务名称

钢丝绳穿2-2滑车组。

二、适用工种

架空线路工初级工。

三、具体任务

完成钢丝绳穿2-2滑车组。

四、工作规范及要求

（1）相关工器具的准备。

（2）工器具的正确使用及安全措施。

五、考核及时间要求

（1）本考核操作时间为20分钟，时间到停止考评。

（2）考评过程中如果由于测试人员操作不规范，有可能引发不安全因素的，停止考评，该项考核项目不得分，但不影响其他项目。

技能等级评价专业技能考核操作评分标准

工种	架空线路工					评价等级	初级工
项目模块	基本技能—工器具、测量仪表的使用知识				编号	Jc0003542006	
单位			准考证号			姓名	
考试时限	30 分钟	题型		单项操作		题分	100 分
成绩	考评员		考评组长			日期	
试题正文	钢丝绳穿 2－2 滑车组						
需要说明的问题和要求	（1）要求自己准备牵引钢丝绳及滑车。 （2）要求绳尾从地滑车（单滑车）穿出。 （3）要求钢丝绳不互相扭结						

序号	项目名称	质量要求	满分	扣分标准	扣分原因	得分
1	准备工作					
1.1	准备牵引钢丝绳	能正确选择钢丝绳规格和长度	10	不正确扣 5～10 分		
1.2	准备滑车	能正确选择滑车吨位及轮数	10	不正确扣 5～10 分		
1.3	操作前对工器具的检查	进行了检查，并懂得检查要点	10	酌情扣分，扣完为止		
2	实际操作					
2.1	穿插正确，互不扭结	符合要求	20	酌情扣分，扣完为止； 穿错扣 20 分		
2.2	绳尾从动滑车穿出	正确	20	不正确扣 20 分		
2.3	时限		20	每超时 1 分钟扣 2 分，时限内完成不扣分		
3	工作结束					
3.1	工作现场清理	清理现场，整理工器具	10	未清理现场扣 5 分； 未整理工器具扣 5 分		
合计			100			

Jc0003541007　光学经纬仪的对中、整平、对光、调焦操作。（100 分）

考核知识点： 光学经纬仪操作方法

难易度： 易

技能等级评价专业技能考核操作工作任务书

一、任务名称

光学经纬仪的对中、整平、对光、调焦操作。

二、适用工种

架空线路工初级工。

三、具体任务

完成光学经纬仪的基本使用。

四、工作规范及要求

（1）相关工器具的准备。

（2）仪器仪表的正确使用及安全措施。

五、考核及时间要求

（1）本考核操作时间为30分钟，时间到停止考评。

（2）考评过程中如果由于测试人员操作不规范，有可能引发不安全因素的，停止考评，该项考核项目不得分，但不影响其他项目。

技能等级评价专业技能考核操作评分标准

工种	架空线路工					评价等级	初级工
项目模块	基本技能—经纬仪及其他测绘仪器的使用				编号	Jc0003541007	
单位			准考证号			姓名	
考试时限	30 分钟	题型	单项操作			题分	100 分
成绩		考评员		考评组长		日期	
试题正文	光学经纬仪的对中、整平、对光、调焦操作						
需要说明的问题和要求	（1）要求仪器检查完备，考评员监护。 （2）流程合理。 （3）正确操作						

序号	项目名称	质量要求	满分	扣分标准	扣分原因	得分
1	仪器安装					
1.1	将三脚架高度调节好后架于测站点上	高度便于操作	4	不正确扣 1～4 分		
1.2	仪器从箱中取出	一手握扶照准部，一手握住三角机座	4	不正确扣 1～4 分		
1.3	将仪器放于三脚架上，转动中心固定螺旋	将仪器固定于脚架上，不能拧太紧，留有余地	4	不正确扣 1～4 分		
2	光学对点器对中					
2.1	旋转对点器目镜	选用经纬仪，正确支放经纬仪	4	不正确扣 1～4 分		
2.2	拉伸对点器镜管	在所给中心桩处进行经纬仪调平	4	不正确扣 1～4 分		
2.3	两手各持三脚架中两脚，另一脚用手脚配合将仪器平稳托离地，来回移动	找到木桩	4	不正确扣 1～4 分		
2.4	将仪器平稳放落地，将分化板的小圆圈套住桩上小铁钉	仪器一次放成功	4	反复超过两次，每次扣 2 分，扣完为止		
2.5	仪器调平后再滑动仪器调整	使小铁钉准确处于分化板的小圆圈中心	4	圈外扣 4 分； 不在中心视情况扣 1～2 分		

续表

序号	项目名称	质量要求	满分	扣分标准	扣分原因	得分
3	调整圆水泡					
3.1	将三脚架踩紧或调整各脚的高度	使圆水泡中的气泡居中	5	不正确扣 1～5 分		
4	精确对中					
4.1	将仪器照准部转动 180°后再检查仪器对中情况，然后拧紧中心固定螺栓	仪器调平后还要再精细对中一次，使小铁钉准确处于分划板的小圆圈中心	5	不正确扣 1～5 分		
5	仪器调平					
5.1	转动仪器照准部	使长型水准仪与任意两个脚螺旋的连接平行	3	不正确扣 1～3 分		
5.2	以相反方向等量转动此两脚螺旋	使气泡正确居中	3	不正确扣 1～3 分		
5.3	将仪器转动 90°，旋转第三个脚螺旋	使气泡正确居中	3	不正确扣 1～3 分		
5.4	反复调整两次	仪器旋转至任何位置，水准气泡最大偏离值都不超过 1/4 格值	3	反复超过两次，每次扣 2 分，扣完为止		
5.5	仪器精对中后还要再检查调平一次	所有要求合格	3	每 1/4 格扣 1.5 分，扣完为止		
6	对光					
6.1	将望远镜向着光亮均匀的背景（天空），转动目镜	使分划板十字丝清晰明确	3	不正确扣 1～3 分		
6.2	记住屈光度后再重调一次	要求两屈光度一致	3	不一致扣 1～3 分		
7	调焦					
7.1	从瞄准器上对准目标后，拧紧照准部制动手轮	对准目标	4	不正确扣 1～4 分		
7.2	旋转望远镜调焦手轮	使标杆的影像清晰	3	不正确扣 1～3 分		
7.3	旋动照准部微动手轮	使标杆在十字丝双丝正中	4	不正确扣 1～4 分		
7.4	眼睛上下左右移动检查有无视差	如有视差，再进行调焦清除	3	不正确扣 1～3 分		
7.5	旋动照准部微动手轮	仔细检查使标杆在十字丝双丝正中	3	不正确扣 1～3 分		
8	收仪器					
8.1	松动所有制动手轮	仪器活动	3	不正确扣 1～3 分		
8.2	松开仪器中心固定螺旋	一手握仪器，一手旋下固定螺旋	3	不正确扣 1～3 分		
8.3	双手将仪器轻轻拿下放进箱内	要求位置正确，一次成功	3	失误一次扣 3 分		

续表

序号	项目名称	质量要求	满分	扣分标准	扣分原因	得分
8.4	清除三脚架上的泥土	将三脚架收回，扣上皮带	3	不正确扣1～3分		
8.5	操作时动作	熟练流畅	5	不熟练扣1～5分		
8.6	按时完成	按要求完成	3	超过时间不给分，每超过2分钟扣1分		
合计			100			

Jc0003542008　用经纬仪钉辅助桩的操作。(100分)

考核知识点：经纬仪钉辅助桩操作方法

难易度：中

技能等级评价专业技能考核操作工作任务书

一、任务名称

用经纬仪钉辅助桩的操作。

二、适用工种

架空线路工初级工。

三、具体任务

要求考生完成用经纬仪钉辅助桩的操作。

四、工作规范及要求

1. 操作要求

按照以下要求完成使用光学经纬仪钉辅助桩的操作。

(1) 要求单独操作，两人配合。

(2) 要求着装正确（工作服、工作胶鞋、安全帽)。

(3) 工具：使用常见的光学经纬仪（J2、J6)、木桩、花杆、皮尺、手锤、铁钉。

2. 安全要求

(1) 防止高处坠落。

(2) 防止物体打击。

(3) 防止感应电。

(4) 严格遵守现场“十不干”。

五、考核时间要求

考核时间共10分钟，每超过2分钟扣1分，到15分钟终止考核。

技能等级评价专业技能考核操作评分标准

工种	架空线路工					评价等级	初级工
项目模块	基本技能—经纬仪及其他测绘仪器的使用				编号	Jc0003542008	
单位			准考证号			姓名	
考试时限	10分钟	题型	单项操作			题分	100分
成绩		考评员		考评组长		日期	

续表

试题正文	用经纬仪钉辅助桩的操作					
需要说明的问题和要求	（1）使用光学对点器对中。 （2）在平坦的地面钉一木桩，桩头中心钉一颗小铁钉作为测量站点					
序号	项目名称	质量要求	满分	扣分标准	扣分原因	得分
1	仪器安装					
1.1	将三脚架高度调节好后架于杆塔桩桩位上	高度便于操作	3	不正确扣1～3分		
1.2	仪器从箱中取出	一手握扶照准部，一手握住三角机座	2	不正确扣1～2分		
1.3	将仪器放于三脚架上，转动中心固定螺旋	将仪器固定于脚架上，不能拧太紧，留有余地	3	不正确扣1～3分		
2	光学对点器对中、整平、对光、调焦					
2.1	精确对中	找到杆塔桩桩位	2	不正确扣1～2分		
2.2	仪器调平	仪器旋转至任何位置水准气泡正确居中	2	不正确扣1～2分		
2.3	对光	使分划板十字丝清晰明确	4	不正确扣1～4分		
2.4	调焦	使标杆的影像清晰，使分划板十字丝清晰明确	4	不正确扣1～4分		
3	操作步骤					
3.1	将经纬仪安置在杆塔桩桩位上	根据前、后杆塔桩检查该桩位的位置是否正确	15	未检查1～15分		
3.2	顺架空线路方向桩	沿顺架空线路方向（A、C）瞄准前后杆塔桩，在视线前后方向钉A、C桩（辅助桩）	15	不正确扣1～15分		
3.3	横架空线路方向桩	将经纬仪旋转90°，在架空线路垂直方向的两侧钉B、D辅助桩	15	不正确扣1～15分		
4	注意事项					
4.1	辅助桩	如因地形、地物的影响不能钉辅助桩时，可在顺架空线路或横架空线路方向同一侧各钉两个辅助桩	15	不正确扣15分		
4.2	辅助桩与杆塔桩的距离	辅助桩与杆塔桩的水平距离应远一些，防止基础开挖时被埋或碰动，各辅助桩距杆塔桩的水平距离要用皮尺丈量	15	不正确扣15分		
5	其他要求	（1）操作动作熟练。 （2）清理工作现场符合文明生产要求。 （3）在规定时间内完成	5	操作动作不熟练扣2分； 其余每项扣1分； 以上扣分，扣完为止		
合计			100			

Jc0003542009　水准仪测量A、B两点高差。（100分）

考核知识点：水准仪测量高差

难易度：中

技能等级评价专业技能考核操作工作任务书

一、任务名称

水准仪测量 A、B 两点高差。

二、适用工种

架空线路工初级工。

三、具体任务

使用水准仪测量给定点位高差。

四、工作规范及要求

（1）相关工器具的准备。

（2）仪器仪表的正确使用及安全措施。

五、考核及时间要求

（1）本考核操作时间为 30 分钟，时间到停止考评。

（2）考评过程中如果由于测试人员操作不规范，有可能引发不安全因素的，停止考评，该项考核项目不得分，但不影响其他项目。

技能等级评价专业技能考核操作评分标准

工种	架空线路工					评价等级	初级工
项目模块	基本技能—经纬仪及其他测绘仪器的使用				编号	Jc0003542009	
单位			准考证号			姓名	
考试时限	30 分钟		题型	单项操作		题分	100 分
成绩		考评员		考评组长		日期	
试题正文	水准仪的整平、调焦、测量操作						
需要说明的问题和要求	（1）要求仪器检查完备，考评员监护。 （2）流程合理。 （3）两人配合，一人操作，一人辅助						

序号	项目名称	质量要求	满分	扣分标准	扣分原因	得分
1	准备					
1.1	水准仪准备	检查水准仪检验合格且在有效期内，检查水准仪各部件完好	5	未检查扣 5 分		
1.2	塔尺准备	检查塔尺合格完好，并观察塔尺刻度，依据要求精确度及观测距离确定使用方法	5	未检查扣 5 分		
2	仪器安装					
2.1	将三脚架高度调节好后架于适当位置区域	高度便于操作；支设稳固	5	不正确扣 1～5 分		
2.2	将仪器放于三脚架上，将水准仪用中心固定旋钮固定于三脚架上，使其基本水平	将仪器固定于脚架上，拧紧固定旋钮	5	不正确扣 2～5 分		
2.3	调平	调三个脚螺旋，使圆水准器中的气泡居中（气泡运动方向与左手大拇指运动方向一致）	10	不正确 5～10 分		

续表

序号	项目名称	质量要求	满分	扣分标准	扣分原因	得分
3	观测目标 A					
3.1	对准目标	用望远镜上的瞄准器（准星、照门）粗对目标 A。锁住水平制动螺旋，旋转物镜对光螺旋至目标清晰。判断仪器是否对准目标，若稍有偏差，调水平微动螺旋使其完全对准	10	未找对目标扣 5 分； 偏差调整不正确扣 5 分		
3.2	读取数值	调仰俯微倾螺旋，使符合水准器观测镜中两半圆泡重合，然后读数 S_1	10	仰俯微倾螺旋未调整扣 2～5 分； 度数不正确扣 5 分		
4	观测目标 B					
4.1	观测目标 B	对准目标 B，重复操作 3.1 和 3.2，读数 S_2	20	未找对目标扣 5 分； 偏差调整不正确扣 5 分； 仰俯微倾螺旋未调整扣 5 分； 度数不正确扣 5 分		
5	计算高差					
5.1	计算高差，并说明	高差 $H=S_2-S_1$，$H<0$，目标 B 比高，$H>0$，目标 B 比 A 低	10	计算结果不正确，扣 5 分； 说明不正确，扣 5 分		
6	收仪器					
6.1	松动所有制动手轮	仪器活动	5	不正确扣 1～5 分		
6.2	松开仪器中心固定螺旋	一手握仪器，一手旋下固定螺旋	3	不正确扣 1～3 分		
6.3	双手将仪器轻轻拿下放进箱内	要求位置正确，一次成功	2	失误一次扣 2 分		
6.4	清除三脚架上的泥土	将三脚架收回，扣上皮带	2	不正确扣 1～2 分		
6.5	操作时动作	熟练流畅	3	不熟练扣 1～3 分		
6.6	按时完成	按要求完成	5	超过时间不给分，每超过 2 分钟扣 1 分		
合计			100			

Jc0004542010　缠绕预绞丝补修损伤导线（地面）。（100 分）

考核知识点：预绞丝补修损伤导线方法

难易度：中

技能等级评价专业技能考核操作工作任务书

一、任务名称

缠绕预绞丝补修损伤导线（地面）。

二、适用工种

架空线路工初级工。

三、具体任务

使用预绞丝缠绕补修损伤导线（地面）。

四、工作规范及要求

（1）要求单独操作。

（2）导线两端固定，地面操作。

（3）一根导线两处损伤，一处缠绕处理，一处补修预绞丝处理。

（4）正确着装。

五、考核及时间要求

本考核1～6项操作时间为30分钟，时间到停止考评，包括施工准备、操作过程、技术要求等。

技能等级评价专业技能考核操作评分标准

工种	架空线路工					评价等级	初级工
项目模块	专业知识—导线、地线架设				编号	Jc0004542010	
单位			准考证号			姓名	
考试时限	30分钟		题型	单项操作		题分	100分
成绩		考评员		考评组长		日期	
试题正文	缠绕预绞丝补修损伤导线（地面）						
需要说明的问题和要求	（1）要求单人操作。 （2）操作应注意安全，修补导线的工作流程。 （3）导线两端固定，地面操作。 （4）缠绕补修导线的方法与工艺要求						

序号	项目名称	质量要求	满分	扣分标准	扣分原因	得分
1	工作准备					
1.1	着装	正确佩戴安全帽，穿工作服，穿工作胶鞋，戴手套	5	未正确佩戴安全帽扣2分； 未穿工作服扣1分； 未穿工作胶鞋扣1分； 未戴手套扣1分		
1.2	工器具选用	熟练正确选用各种工器具（个人工具及安全用具、钢卷尺、记号笔、配套预绞丝及单股铝丝、棉纱、汽油等）	5	错选、漏选扣3分； 物件未检查扣2分		
2	损伤导线处理	用0号砂纸打磨导线处理平整	10	不处理扣10分		
3	补修损伤导线					
3.1	顺导线方向压一段单铝丝	单股铝丝应顺平同导线接触紧密	10	不满足要求扣10分		
3.2	缠绕	缠绕时压紧，每一圈之间缝隙均匀。 缠绕中心应位于损伤最严重处，并将损伤全部覆盖	20	缠绕不紧扣5分； 线圈之间有大缝隙，每一个扣2分，扣完为止； 不处于损伤中心，不完全覆盖损伤最严重处，扣10分		
3.3	缠绕方向	与被修补导线的外层铝绞制方向一致	10	缠绕方向与外层线绞向不一致，扣10分		
3.4	线头的处理	缠绕长度不短于100mm。 线头应与先压单丝头绞紧，并紧靠导线	20	缠绕长度每少10mm，扣2分； 线头没有绞够3圈，扣5～10分； 线头没有紧靠导线，扣5～8分； 以上扣分，扣完为止		
4	安全文明生产					

续表

序号	项目名称	质量要求	满分	扣分标准	扣分原因	得分
4.1	安全文明生产	操作过程中无跌落物，工作完毕后清理现场，交还工器具	10	未在规定时间完成，每超时 1 分钟扣 2 分，扣完为止		
5	现场恢复	恢复现场	10	未清理现场或交还工器具，扣 5～10 分		
合计			100			

Jc0004541011　基础坍落度检测。（100 分）

考核知识点：坍落度检测方法

难易度：易

技能等级评价专业技能考核操作工作任务书

一、任务名称

基础坍落度检测。

二、适用工种

架空线路工初级工。

三、具体任务

完成基础混凝土坍落度检测。

四、工作规范及要求

（1）相关工器具的准备。

（2）工器具、仪器仪表的正确使用及安全措施。

五、考核及时间要求

（1）本考核操作时间为 10 分钟，时间到停止考评。

（2）考评过程中如果由于测试人员操作不规范，有可能引发不安全因素的，停止考评，该项考核项目不得分，但不影响其他项目。

技能等级评价专业技能考核操作评分标准

工种	架空线路工					评价等级	初级工
项目模块	专业知识—线路基础的安装、浇制				编号	Jc0004541011	
单位			准考证号			姓名	
考试时限	10 分钟		题型	单项操作		题分	100 分
成绩		考评员		考评组长		日期	
试题正文	基础坍落度检测						
需要说明的问题和要求	（1）要求工器具检查完备，考评员监护。 （2）流程合理。 （3）正确测量坍落度						

序号	项目名称	质量要求	满分	扣分标准	扣分原因	得分
1	准备工作					

续表

序号	项目名称	质量要求	满分	扣分标准	扣分原因	得分
1.1	周边环境不影响坍落度检测	周边环境不影响施工	5	影响施工中途停止，一次扣5分		
1.2	工器具完备	检查测试仪器仪表、材料及工具是否齐全洁净、符合作业要求	5	工器具不齐全扣2～5分		
2	实验步骤					
2.1	实验前准备	将坍落度桶加上漏斗，放置于拌板上，用双脚踩紧踏板，使其位置相对固定	5	操作不正确扣2～5分		
2.2	装料	用小铲将混凝土拌和物分三层均匀地装入筒内，每层装入高度在插捣后大致为筒高的三分之一，顶层装料时，应使拌和物高出筒顶	20	装料方式不正确扣5～20分		
2.3	插捣	插捣过程中，如试样沉落低于筒口，则应随时添加，以便自始至终保持高于筒顶。每装一层分别用捣棒插捣25次，振捣应在全部面积上进行，沿螺旋线由边缘渐向中心，在筒边插捣时，捣棒稍有倾斜，然后垂直插捣中心位置，每层插捣时应捣至下层表面为止	20	插捣方式不正确扣5～20分		
2.4	清除杂物	插捣完毕后，将多余拌和物用镘刀刮去，使之与筒顶面平齐，筒周围拌板上的杂物刮净、清楚	5	未清理扣2～5分		
2.5	提筒测量	将坍落度筒小心平稳垂直向上提起，不得歪斜，提离过程约5～10s内完成，将筒放置在拌和物试体一旁，量出坍落后拌和物试体最高点与筒的高度差（以mm为单位，读数精确至5mm），即为拌和物的坍落度。从开始装料至提起坍落度筒的整个过程在150秒内完成	30	提筒过慢扣1～5分； 测量方式不正确扣5～10分； 读数方式不正确扣5～10分		
3	工作结束					
3.1	工作现场清理	清理现场，整理工器具	10	未清理现场扣5分； 未整理工器具扣5分		
合计			100			

Jc0004541012 基础试块制作。（100分）

考核知识点：试块制作

难易度：易

技能等级评价专业技能考核操作工作任务书

一、任务名称

基础试块制作。

二、适用工种

架空线路工初级工。

三、具体任务

完成基础标准混凝土试块制作。

四、工作规范及要求

（1）相关工器具的准备。

（2）工器具、仪器仪表的正确使用及安全措施。

五、考核及时间要求

（1）本考核操作时间为10分钟，时间到停止考评。

（2）考评过程中如果由于测试人员操作不规范，有可能引发不安全因素的，停止考评，该项考核项目不得分，但不影响其他项目。

技能等级评价专业技能考核操作评分标准

工种	架空线路工					评价等级	初级工
项目模块	专业知识—线路基础的安装、浇制				编号	Jc0004541012	
单位			准考证号			姓名	
考试时限	10分钟		题型	单项操作		题分	100分
成绩		考评员		考评组长		日期	
试题正文	基础试块制作						
需要说明的问题和要求	（1）要求工器具检查完备，考评员监护。 （2）流程合理。 （3）正确制作试块						

序号	项目名称	质量要求	满分	扣分标准	扣分原因	得分
1	准备工作					
1.1	周边环境不影响试块制作	周边环境不影响施工	5	影响施工中途停止，一次扣5分		
1.2	工器具完备	检查材料及工具是否齐全洁净、符合作业要求	10	工器具不齐全扣2～10分		
2	实验步骤					
2.1	实验前准备		5	操作不正确扣1～5分		
2.2	装料	将混凝土分两层装入模内，每层装料厚度大致相等	20	装料方式不正确扣5～20分		
2.3	插捣	振捣应按螺旋方向从边缘向中心均匀进行，在振捣底层混凝土时，振捣棒应达到试模底部；振捣上层时，振捣棒应贯穿上层后插入下层20～30mm，捣棒应保持垂直，不得倾斜。然后用抹刀沿试模内壁插拔数次。每层振捣次数不得少于12次振捣后用橡皮锤轻轻敲击试模四周，直至振捣棒留下的空洞消失为止	20	插捣方式不正确扣5～20分		
2.4	抹面	刮除试模上口多余的混凝土，待混凝土临近初凝时用抹刀抹平	10	未清理扣5分		
2.5	拆模	拆模后检查试块表面光洁程度	20	蜂窝麻面扣20分		
3	工作结束					
3.1	工作现场清理	清理现场，整理工器具	10	未清理现场扣5分； 未整理工器具扣5分		
合计			100			

Jc0004541013 钢筋网格绑扎。(100 分)

考核知识点：钢筋网格绑扎方法

难易度：易

技能等级评价专业技能考核操作工作任务书

一、任务名称

钢筋网格绑扎。

二、适用工种

架空线路工初级工。

三、具体任务

按要求完成钢筋网格绑扎。

四、工作规范及要求

（1）相关工器具的准备。

（2）工器具、仪器仪表的正确使用及安全措施。

五、考核及时间要求

（1）本考核操作时间为 20 分钟，时间到停止考评。

（2）考评过程中如果由于测试人员操作不规范，有可能引发不安全因素的，停止考评，该项考核项目不得分，但不影响其他项目。

技能等级评价专业技能考核操作评分标准

工种	架空线路工				评价等级	初级工
项目模块	专业知识—线路基础的安装、浇制			编号	Jc0004541013	
单位		准考证号			姓名	
考试时限	20 分钟	题型	单项操作		题分	100 分
成绩		考评员		考评组长		日期	
试题正文	钢筋网格绑扎					
需要说明的问题和要求	（1）要求工器具检查完备，考评员监护。 （2）流程合理					

序号	项目名称	质量要求	满分	扣分标准	扣分原因	得分
1	准备工作					
1.1	周边环境不影响钢筋绑扎	周边环境不影响施工	5	影响施工中途停止，一次扣 5 分		
1.2	工器具完备	检查材料及工具是否齐全洁净、符合作业要求	5	工器具不齐全扣 2～5 分		
2	实验步骤					
2.1	实验前准备		5	操作不正确扣 5 分		
2.2	识图	看懂钢筋施工图纸，并能审核图纸	20	选料不正确扣 5～20 分		
2.3	钢筋检查	钢筋骨架直径允许偏差应为±10mm； 钢筋骨架长度允许偏差应为±50mm	20	未对钢筋直径检查扣 10 分； 未对钢筋长度检查扣 10 分		

续表

序号	项目名称	质量要求	满分	扣分标准	扣分原因	得分
2.4	钢筋绑扎	主筋间距允许偏差为±10mm； 箍筋间距允许偏差为±20mm	20	超差扣5～20分		
2.5	绑扎牢固程度	绑扎是否牢固	15	一处节点不牢固扣5分，扣完为止		
3	工作结束					
3.1	工作现场清理	清理现场，整理工器具	10	未清理现场扣5分； 未整理工器具扣5分		
合计			100			

Jc0004542014　组装一套110kV架空线路耐张杆单串绝缘子串。（100分）

考核知识点：组装绝缘子串的操作方法

难易度：中

技能等级评价专业技能考核操作工作任务书

一、任务名称

组装一套110kV架空线路耐张杆单串绝缘子串。

二、适用工种

架空线路工初级工。

三、具体任务

按图纸要求组装一套110kV架空线路耐张杆单串绝缘子串。

四、工作规范及要求

（1）要求单独在地面操作。

（2）所有要用的材料应一次找齐，并按次序摆放好。

（3）给出一张组装图纸。

（4）指出导线型号，告知挂线点位置方向，告知架空线路受电方向。

（5）要求着装正确（穿工作服、工作胶鞋、戴安全帽）。

（6）绝缘子只检查2片，要求讲出检查内容。

（7）金具只检查2件，要求讲出检查内容。

（8）操作完毕要将绝缘子串拆开，材料运回。

（9）导线水平排列，组装中间一相绝缘子串（从直角挂板组装至螺栓式耐张线夹止）。

五、考核及时间要求

考核时间共25分钟，每超过2分钟扣1分，到30分钟终止考核。

技能等级评价专业技能考核操作评分标准

工种	架空线路工					评价等级	初级工
项目模块	专业知识—导线、地线架设				编号	Jc0004542014	
单位			准考证号			姓名	
考试时限	25分钟	题型		单项操作		题分	100分

续表

成绩		考评员		考评组长		日期	
试题正文	组装一套110kV架空线路耐张杆单串绝缘子串						
需要说明的问题和要求	（1）要求单独在地面操作。 （2）所有要用的材料应一次找齐，并按次序摆放好。 （3）要求着装正确（穿工作服、工作胶鞋、戴安全帽）。 （4）绝缘子检查要求讲出检查内容。 （5）金具检查要求讲出检查内容						

序号	项目名称	质量要求	满分	扣分标准	扣分原因	得分
1	材料选择					
1.1	直角挂板	1块，符合图纸要求	1	型号错扣1分		
1.2	球头挂环	1个，符合图纸要求	1	型号错扣1分		
1.3	悬式瓷绝缘子	8片（要求型号、颜色一致），符合图纸要求	2	型号错扣1分； 数量错扣1分		
1.4	单联碗头	1只，符合图纸要求	1	型号错扣1分		
1.5	耐张线夹	1只，符合图纸要求	2	型号错扣1分； 数量错扣1分		
2	工具选择					
2.1	个人工具	钢丝钳、扳手等	2	漏一项扣1分，扣完为止		
2.2	专用工具	拔销钳、棉纱等	2	每缺一项扣1分，扣完为止		
3	金具检查（要求讲出检查内容）					
3.1	镀锌层的检查	没有碰损、剥落或缺锌	4	不正确扣1～4分		
3.2	剥落或缺锌处理	更换	4	不正确扣1～4分		
3.3	型号	型号正确	4	不正确扣4分		
4	绝缘子检查（要求讲出检查内容）					
4.1	逐个将表面清擦	清擦干净并进行外观检查	5	不正确扣2～5分		
4.2	检查碗头、球头与弹簧销子之间的间隙	在安装好弹簧销子的情况下球头不得自碗头脱出	5	不正确扣2～5分		
5	组装绝缘子					
5.1	材料摆放	整齐有序，绝缘子串方向正确	6	方向错误扣4分； 不整齐扣2分		
5.2	取出弹簧销	操作正确	6	不正确扣6分		
5.3	绝缘子组装	将绝缘子8片组装成1串	6	不正确扣6分		
5.4	安装弹簧销	正确安装弹簧销	6	不正确扣6分		
5.5	组装时顺序	从横担部分开始向线夹方向组装	6	一次安装完成，每反复一次扣2分，扣完为止		

续表

序号	项目名称	质量要求	满分	扣分标准	扣分原因	得分
6	规范要求					
6.1	耐张线夹出线方向	出线方向正确	6	方向错误扣6分		
6.2	螺栓、穿钉方向，弹簧销子插入方向	螺栓、穿钉方向，弹簧销子插入方向正确（9只弹簧销子、耐张线夹穿钉上的1只销钉和直角挂板连接球头挂环的螺栓上的1只销钉、直角挂板和横担连接的1只螺栓由上向下穿。直角挂板和横担连接螺栓上的销钉、直角挂板连接球头挂环的螺栓，耐张线夹穿钉面向受电方向，由左向右穿入）	15	穿入方向每错一项扣1分，扣完为止		
7	其他要求					
7.1	着装正确	应穿工作服、工作胶鞋，戴安全帽	4	漏一项扣2分，扣完为止		
7.2	清理工作现场	符合文明生产要求	3	不整理扣1～3分		
7.3	操作动作	熟练流畅	5	动作不熟练扣1～5分		
7.4	按时完成	不超时	4	超过时间不给分，每延时2分钟扣1分		
合计			100			

Jc0004542015　组装一套330kV架空线路双联瓷绝缘子耐张串（含耐张线夹）。（100分）

考核知识点：组装绝缘子串的操作方法

难易度：中

技能等级评价专业技能考核操作工作任务书

一、任务名称

组装一套330kV架空线路双联瓷绝缘子耐张串（含耐张线夹）。

二、适用工种

架空线路工初级工。

三、具体任务

按图纸要求，组装完成一套330kV架空线路双联瓷绝缘子耐张串（含耐张线夹）。

四、工作规范及要求

（1）要求单独操作，地面操作。

（2）所有要用的材料应一次找出，并按次序摆放好。

（3）给出一张组装图纸。

（4）告知导线型号，告知挂线点位置方向，告知架空线路受电方向。

（5）要求着装正确（穿工作服、工作胶鞋，戴安全帽）。

（6）绝缘子只检查2片，要求讲出检查内容。

（7）金具只检查2件，要求讲出检查内容。

五、考核及时间要求

考核时间共30分钟，每超过2分钟扣1分，到35分钟终止考核。

技能等级评价专业技能考核操作评分标准

工种	架空线路工					评价等级	初级工
项目模块	专业知识—导线、地线架设				编号	Jc0004542015	
单位			准考证号			姓名	
考试时限	30 分钟		题型	单项操作		题分	100 分
成绩		考评员		考评组长		日期	
试题正文	组装一套 330kV 架空线路双联瓷绝缘子耐张串（含耐张线夹）						
需要说明的问题和要求	（1）要求单独操作，地面操作。 （2）所有要用的材料应一次找出，并按次序摆放好。 （3）告知导线型号，告知挂线点位置方向，告知架空线路受电方向。 （4）要求着装正确（穿工作服、工作胶鞋，戴安全帽）。 （5）绝缘子检查要求讲出检查内容。 （6）金具检查要求讲出检查内容						

序号	项目名称	质量要求	满分	扣分标准	扣分原因	得分
1	材料选择					
1.1	U 形环 3 只	符合图纸要求	3	型号每错一个扣 1 分，扣完为止		
1.2	延长环 1 只	符合图纸要求	1	型号错扣 1 分		
1.3	二联板 2 块	符合图纸要求	2	型号每错一个扣 1 分，扣完为止		
1.4	直角挂板 2 块	符合图纸要求	2	型号每错一个扣 1 分，扣完为止		
1.5	球头挂环 2 个	符合图纸要求	2	型号每错一个扣 1 分，扣完为止		
1.6	悬式瓷绝缘子 50 片	符合图纸要求（要求型号、颜色一致）	4	型号每错一个扣 1 分，扣完为止		
1.7	双联碗头 2 只	符合图纸要求	2	型号每错一个扣 1 分，扣完为止		
1.8	耐张线夹 1 只	符合图纸要求	2	型号错扣 2 分		
2	工具选择					
2.1	个人工具	钢丝钳、扳手等	2	型号错、漏一件扣 1 分，扣完为止		
2.2	专用工具	拔销钳、棉纱等	2	型号错、漏一件扣 1 分，扣完为止		
3	金具检查及处理（要求讲出检查及处理内容）					
3.1	损坏锌层的处理	镀锌层表面应连续平滑光洁，不应有裂纹等缺陷；如有以上现象应更换	5	型号错、漏一件扣 1 分，扣完为止		
3.2	型号	型号正确	5	不正确扣 1～5 分		
4	绝缘子检查（要求讲出检查内容）					
4.1	进行外观检查	逐个将表面清擦干净，并进行外观检查	5	不正确扣 1～5 分		
4.2	检查碗头、球头与弹簧销子之间的间隙	在安装好弹簧销子的情况下球头不得自碗头中脱出	5	不正确扣 2～5 分		
5	操作					
5.1	材料摆放	整齐有序，绝缘子串方向正确	6	不正确扣 1～6 分		

续表

序号	项目名称	质量要求	满分	扣分标准	扣分原因	得分
5.2	取出弹簧销	正确取出	5	不正确扣 5 分		
5.3	绝缘子组装	绝缘子组装成两串，每串片数按图纸要求组装	6	方向错误扣 4 分； 排列不齐扣 2 分		
5.4	安装弹簧销	正确安装	5	不正确不得分		
5.5	组装时顺序正确	从横担部分开始向线夹方向组装，依次完成	6	每反复一次扣 2 分，扣完为止		
6	规范要求					
6.1	耐张线夹安装	出线方向正确	5	不正确扣 2～5 分		
6.2	螺栓、穿钉、弹簧销子插入方向正确	一律由上向下穿，特殊情况由内向外，由左向右穿	5	每穿错一件扣 0.5 分，扣完为止		
7	其他要求					
7.1	着装正确	应穿工作服、工作胶鞋，戴安全帽	5	漏一项扣 2 分，扣完为止		
7.2	拆除瓷绝缘子串，材料运回	符合文明生产要求	5	不整理扣 5 分		
7.3	操作动作	动作熟练流畅	5	不熟练扣 2～5 分		
7.4	按时完成	按要求时间完成	5	超过时间不给分，每延时 2 分钟扣 1 分		
合计			100			

Jc0005543016　保护帽浇筑标准工艺要求。(100 分)

考核知识点：标准工艺

难易度：难

技能等级评价专业技能考核操作工作任务书

一、任务名称

保护帽浇筑标准工艺要求。

二、适用工种

架空线路工初级工。

三、具体任务

简述《国家电网有限公司输变电工程标准工艺（架空线路工程分册）》中对保护帽浇筑的工艺标准要求及施工要点。

四、工作规范及要求

按照《国家电网有限公司输变电工程标准工艺（架空线路工程分册）》中对保护帽浇筑的工艺标准要求描述。

五、考核及时间要求

（1）本考核时间为 30 分钟，时间到停止考评。

（2）字迹清晰。

（3）考试过程中不得翻阅相关书籍和使用电子设备。

技能等级评价专业技能考核操作评分标准

工种	架空线路工				评价等级	初级工
项目模块	线路技术管理—线路施工管理			编号	Jc0005543016	
单位		准考证号			姓名	
考试时限	30 分钟	题型	单项操作		题分	100 分
成绩		考评员		考评组长	日期	
试题正文	保护帽浇筑标准工艺要求					
需要说明的问题和要求	（1）要求考试人员独立完成答题。 （2）考试过程中不得翻阅相关书籍和使用电子设备。 （3）书写干净，字迹清晰					

序号	项目名称	质量要求	满分	扣分标准	扣分原因	得分
1	工艺流程图	开始→施工准备→地脚螺栓复核、复紧→模板支护→混凝土制备→保护帽浇筑→振捣、收光→拆模→结束	20	未答出、回答错误或顺序不对，每处扣 2 分，酌情扣除，扣完为止		
2	关键工序控制	（1）保护帽浇筑。 1）架线前、后应对地脚螺栓紧固情况进行检查，严禁在地脚螺母紧固不到位时进行保护帽施工。 2）保护帽浇筑应在铁塔组立检查合格后制作。保护帽宜采用专用模板现场浇筑，严禁采用砂浆或其他方式制作。 3）混凝土应一次浇筑成型，杜绝两次抹面、喷涂等修饰。 （2）振捣、收光。保护帽顶面应适度放坡，混凝土初凝前进行压实收光，确保顶面平整光洁。 （3）拆模。 1）保护帽拆模时应保证其表面及棱角不损坏，塔腿及基础顶面的混凝土浆要及时清理干净。 2）保护帽应根据季节和气候要求进行养护	42	未答出、回答错误或回答不完整，每条扣 1～7 分，扣完为止		
3	工艺标准	（1）水泥宜采用通用硅酸盐水泥，强度等级大于等于 42.5。 （2）细骨料宜采用中砂，选用的天然砂、人工砂或混合砂相关参数应符合 JGJ 52《普通混凝土用砂、石质量及检验方法标准》的规定。 （3）粗骨料采用碎石或卵石，相关参数应符合 JGJ 52《普通混凝土用砂、石质量及检验方法标准》的规定。 （4）宜采用饮用水或经检测合格的地表水、地下水、再生水拌和及养护，不得使用海水。 （5）保护帽混凝土抗压强度满足设计要求。 （6）保护帽宽度宜不小于距塔脚板每侧 50mm。高度应以超过地脚螺栓 50～100mm 为宜，与塔脚结合应严密，不得有裂缝。主材与靴板之间的缝隙应采取密封（防水）措施。 （7）保护帽顶面应留有排水坡度，顶面不得积水。 （8）保护帽采用不低于 C15 级细石混凝土。 （9）保护帽宜采用专用模板现场浇筑，顶面应抹成 3%～5%的微坡顶，以满足散水要求。	38	答出 10 条满分，未答出、回答错误或回答不完整，每条扣 1～4 分，扣完为止		

续表

序号	项目名称	质量要求	满分	扣分标准	扣分原因	得分
3	工艺标准	（10）保护帽宽度不小于塔脚板每侧 50mm，高度不小于地脚螺栓露出高度 50mm。 （11）保护帽施工应先将接触部分的基顶打毛、冲洗干净。 （12）保护帽应一次浇筑成型，杜绝二次抹面。 （13）保护帽上表面在凝固前先收光 3～4 次，浇筑结束后收光 2 次，2h 后再细收 1 次。 （14）保护帽拆模时应保证其表面及棱角不损坏	38	答出 10 条满分，未答出、回答错误或回答不完整，每条扣 1～4 分，扣完为止		
合计			100			

Jc0005543017　护坡及挡土墙标准工艺要求。（100 分）

考核知识点：标准工艺

难易度：难

技能等级评价专业技能考核操作工作任务书

一、任务名称

护坡及挡土墙标准工艺要求。

二、适用工种

架空线路工初级工。

三、具体任务

简述《国家电网有限公司输变电工程标准工艺（架空线路工程分册）》中对护坡及挡土墙的工艺标准要求及施工要点。

四、工作规范及要求

按照《国家电网有限公司输变电工程标准工艺（架空线路工程分册）》中对护坡及挡土墙的工艺标准要求描述。

五、考核及时间要求

（1）本考核时间为 30 分钟，时间到停止考评。

（2）字迹清晰。

（3）考试过程中不得翻阅相关书籍和使用电子设备。

技能等级评价专业技能考核操作评分标准

工种	架空线路工					评价等级	初级工
项目模块	线路技术管理—线路施工管理				编号	Jc0005543017	
单位		准考证号				姓名	
考试时限	30 分钟		题型	单项操作		题分	100 分
成绩		考评员		考评组长		日期	
试题正文	护坡及挡土墙标准工艺要求						
需要说明的问题和要求	（1）要求考试人员独立完成答题。 （2）考试过程中不得翻阅相关书籍和使用电子设备。 （3）书写干净，字迹清晰						

续表

序号	项目名称	质量要求	满分	扣分标准	扣分原因	得分
1	工艺流程图	开始→施工准备→清除浮土、基槽开挖→砂浆调配→护坡、挡土墙砌筑→设置排水孔→勾缝→清理现场→结束	20	未答出、回答错误或顺序不对，每处扣 2 分，酌情扣除，扣完为止		
2	关键工序控制	（1）护坡、挡土墙砌筑。 1）挡土墙或护坡砌筑前，底部浮土必须清除，石料上的泥垢必须清洗干净，砌筑时应保持砌石表面湿润。 2）采用坐浆法分层砌筑，铺浆厚度宜为 30～50mm，用砂浆填满砌缝，不得无浆直接贴靠。砌缝内砂浆应采用扁铁插捣密实。 （2）勾缝。 1）砌体外露面上的砌缝应预留约 40mm 深的空隙，以备勾缝处理。 2）勾缝前必须清缝，用水冲净并保持槽内湿润，砂浆应分次向缝内填塞密实。勾缝砂浆标号应高于砌体砂浆，应按实有砌缝勾平缝。砌筑完毕后应保持砌体表面湿润并做好养护	40	未答出、回答错误或回答不完整，每条扣 1～10 分，扣完为止		
3	工艺标准	（1）水泥宜采用通用硅酸盐水泥，强度等级大于等于 42.5。 （2）细骨料宜采用中砂，选用的天然砂、人工砂或混合砂相关参数应符合 JGJ 52《普通混凝土用砂、石质量及检验方法标准》的规定。 （3）砌筑用块石立方体边长应大于 300mm，石料应坚硬，不易风化。 （4）宜采用饮用水或经检测合格的地表水、地下水、再生水拌和及养护，不得使用海水。 （5）上下层砌石应错缝砌筑，砌体外露面应平整美观。 （6）排水孔、伸缩缝数量、位置及疏水层的设置应满足规范、设计要求。 （7）护坡基座当处于风化岩层上时，应先清除表面风化层，当处于土层上时应放在原状土上。 （8）护坡基础埋置深度。土质地基，0.5～0.8m；岩质地基，≥0.3m。 （9）在反滤层顶面和底部用黏土夯实厚 0.3m。 （10）待砌体中砂浆强度不低于设计强度的 70%后方可回填，墙后填土分层夯实。 （11）排水孔边长或者直径不宜小于 100mm，外倾坡度不应小于 5%：排水孔水平间距和垂直间距均为 1m，并宜按梅花形布置。 （12）护坡每间隔 20～25m 应设置一道变形缝（或伸缩缝），堵身高度不一、墙后荷载变化较大或者地质条件较差时，采用较小变形缝间隔。在地基岩性变化处应设沉降缝	40	答出 8 条满分，未答出、回答错误或回答不完整，每条扣 1～5 分，扣完为止		
合计			100			

Jc0005543018　导线防振锤安装标准工艺要求。（100 分）

考核知识点：标准工艺

难易度：难

技能等级评价专业技能考核操作工作任务书

一、任务名称

导线防振锤安装标准工艺要求。

二、适用工种

架空线路工初级工。

三、具体任务

简述《国家电网有限公司输变电工程标准工艺（架空线路工程分册）》中对导线防振锤安装的工艺标准要求及施工要点。

四、工作规范及要求

按照《国家电网有限公司输变电工程标准工艺（架空线路工程分册）》中对导线防振锤安装的工艺标准要求描述。

五、考核及时间要求

（1）本考核时间为30分钟，时间到停止考评。

（2）字迹清晰。

（3）考试过程中不得翻阅相关书籍和使用电子设备。

技能等级评价专业技能考核操作评分标准

工种	架空线路工					评价等级	初级工
项目模块	线路技术管理—线路施工管理				编号	Jc0005543018	
单位				准考证号		姓名	
考试时限	30分钟		题型	单项操作		题分	100分
成绩		考评员		考评组长		日期	
试题正文	导线防振锤安装标准工艺要求						
需要说明的问题和要求	（1）要求考试人员独立完成答题。 （2）考试过程中不得翻阅相关书籍和使用电子设备。 （3）书写干净，字迹清晰						

序号	项目名称	质量要求	满分	扣分标准	扣分原因	得分
1	导线防振锤安装的工艺要求	开始→施工准备→防振锤外观检查→防振锤规格型号核对→防振锤安装→结束	20	未答出、回答错误或顺序不对，每处扣1～4分，酌情扣除，扣完为止		
2	导线防振锤安装	（1）线夹式防振锤缠绕铝包带时，铝包带应缠绕紧密，缠绕方向应与外层铝股的绞制方向一致；所缠铝包带应露出线夹，但不应超过10mm，端头应回缠绕于线夹内压住。 （2）预绞式防振锤安装时，应保证预绞丝两端缠绕整齐，预绞丝中心点与防振锤夹板中心点一致，缠绕方向应与外层线股的绞制方向一致，并保持原预绞形状，预绞丝缠绕导线时应采取防护措施防止预绞丝头在缠绕过程中磕碰损伤导线	40	未答出、回答错误或回答不完整，每条扣1～20分，扣完为止		
3	工艺标准	（1）导线防振锤与被连接导线应在同一铅垂面内，设计有要求时按设计要求安装。 （2）防振锤应自然下垂，锤头与导线应平行，并与地平面垂直。 （3）防振锤安装数量、距离应符合设计要求，其安装距离允许偏差±30mm。 （4）防振锤分大小头时，大小头及螺栓的穿向应符合设计图纸要求。 （5）固定夹具上的螺栓穿向应符合规范要求，紧固扭矩应符合该产品说明书要求	40	未答出、回答错误或回答不完整，每条扣1～8分，扣完为止		
合计			100			

Jc0005543019　线夹式间隔棒安装标准工艺要求。（100分）

考核知识点：标准工艺

难易度：难

技能等级评价专业技能考核操作工作任务书

一、任务名称

线夹式间隔棒安装标准工艺要求。

二、适用工种

架空线路工初级工。

三、具体任务

简述《国家电网有限公司输变电工程标准工艺（架空线路工程分册）》中子导线线夹式间隔棒安装的工艺标准要求及施工要点。

四、工作规范及要求

按照《国家电网有限公司输变电工程标准工艺（架空线路工程分册）》中子导线线夹式间隔棒安装的工艺标准要求描述。

五、考核及时间要求

（1）本考核时间为30分钟，时间到停止考评。

（2）字迹清晰。

（3）考试过程中不得翻阅相关书籍和使用电子设备。

技能等级评价专业技能考核操作评分标准

工种	架空线路工				评价等级	初级工
项目模块	线路技术管理—线路施工管理			编号	Jc0005543019	
单位		准考证号			姓名	
考试时限	30分钟	题型	单项操作		题分	100分
成绩	考评员		考评组长		日期	
试题正文	线夹式间隔棒安装标准工艺要求					
需要说明的问题和要求	（1）要求考试人员独立完成答题。 （2）考试过程中不得翻阅相关书籍和使用电子设备。 （3）书写干净，字迹清晰					

序号	项目名称	质量要求	满分	扣分标准	扣分原因	得分
1	工艺流程图	开始→施工准备→定位次档距起点→测定间隔棒安装位置并标记→安装间隔棒→结束	20	未答出、回答错误或顺序不对，每处扣1～4分，酌情扣除，扣完为止		
2	关键工序控制	（1）施工准备。间隔棒、预绞丝安装前应检查，型式应符合设计要求，不合格严禁使用。 （2）安装间隔棒。 1）间隔棒安装位置遇有接续管或补修金具时，应在安装距离允许误差范围内进行调整，使其与接续管或补修金具间保持0.5m以上距离，其余各相间隔棒与调整后的间隔棒位置保持一致。 2）间隔棒夹口的橡胶垫应安装紧密、到位。间隔棒缠绕预绞丝时应保证两端整齐，并保持原预绞形状；预绞丝安装应紧密，预绞丝中心应与线夹口中心重合，对导线包裹紧固	45	未答出、回答错误或回答不完整，每条扣1～15分，扣完为止		

续表

序号	项目名称	质量要求	满分	扣分标准	扣分原因	得分
3	工艺标准	（1）安装距离应符合设计要求，杆塔两侧第一个间隔棒的安装距离允许偏差应为端次档距的±1.5%，其余应为次档距的±3%。 （2）分裂导线间隔棒的结构面应与导线垂直，各相（极）间的间隔棒安装位置宜处于同一竖直面。 （3）各种螺栓、销钉穿向应符合规范要求，螺栓紧固扭矩应符合该产品说明书要求。 （4）金具上所用开口销和闭口销的直径必须与孔径相配合，且弹力适度，开口销和闭口销不应有折断和裂纹等现象。当采用开口销时应对称开口，开口角度应为60°～90°，不得用线材和其他材料代替开口销和闭口销。 （5）间隔棒安装位置遇有接续管或补修金具时，应在安装距离允许误差范围内进行调整，使其与接续管或补修金具间保持 0.5m 以上距离	35	未答出、回答错误或回答不完整，每条扣1～7分，扣完为止		
合计			100			

Jc0005543020　余缆架安装标准工艺要求。（100 分）

考核知识点：标准工艺

难易度：难

技能等级评价专业技能考核操作工作任务书

一、任务名称

余缆架安装标准工艺要求。

二、适用工种

架空线路工初级工。

三、具体任务

简述《国家电网有限公司输变电工程标准工艺（架空线路工程分册）》中对 OPGW 余缆架安装的工艺标准要求及施工要点。

四、工作规范及要求

按照《国家电网有限公司输变电工程标准工艺（架空线路工程分册）》中对 OPGW 余缆架安装的工艺标准要求描述。

五、考核及时间要求

（1）本考核时间为 30 分钟，时间到停止考评。

（2）字迹清晰。

（3）考试过程中不得翻阅相关书籍和使用电子设备。

技能等级评价专业技能考核操作评分标准

<table>
<tr><td>工种</td><td colspan="5">架空线路工</td><td>评价等级</td><td>初级工</td></tr>
<tr><td>项目模块</td><td colspan="4">线路技术管理—线路施工管理</td><td>编号</td><td colspan="2">Jc0005543020</td></tr>
<tr><td>单位</td><td colspan="2"></td><td>准考证号</td><td colspan="2"></td><td>姓名</td><td></td></tr>
<tr><td>考试时限</td><td>30 分钟</td><td>题型</td><td colspan="3">单项操作</td><td>题分</td><td>100 分</td></tr>
</table>

续表

成绩		考评员		考评组长		日期	
试题正文	余缆架安装标准工艺要求						
需要说明的问题和要求	（1）要求考试人员独立完成答题。 （2）考试过程中不得翻阅相关书籍和使用电子设备。 （3）书写干净，字迹清晰						

序号	项目名称	质量要求	满分	扣分标准	扣分原因	得分
1	工艺流程图	开始→安装余缆架→回盘光缆→绑扎余缆→结束	20	未答出、回答错误或顺序不对，每处扣1～4分，酌情扣除，扣完为止		
2	关键工序控制	（1）安装余缆架。在设计塔腿适当位置安装余缆架，光缆的余缆架安装在铁塔的第一层横隔面上方，塔身内侧，应安装牢固。使用配套夹具固定余缆架，钢管塔使用配套的抱箍（钢带）安装固定。 （2）回盘光缆。引下光缆弯曲半径不应小于20倍的光缆直径，回盘光缆过程中注意光缆的泄力，防止光缆互相绞扭	40	未答出、回答错误或回答不完整，每条扣1～20分，扣完为止		
3	工艺标准	（1）余缆紧密缠绕在余缆架上，余缆盘绕应整齐有序，一般盘绕4～5圈，不得交叉和扭曲受力，应不少于4处捆绑。 （2）余缆架用专用夹具固定在铁塔内侧的适当位置。 （3）使用引下线保证光缆固定点之间的距离小于2m。光缆拐弯处应平顺自然，光缆最小弯曲半径符合要求。 （4）余缆要按线的自然弯盘入余缆架，将余缆固定在余缆架上，固定点不少于4处。余缆长度总量放至地面后应有不少于5m的裕度	40	未答出、回答错误或回答不完整，每条扣1～10分，扣完为止		
合计			100			

第二部分
中级工

第三章 架空线路工中级工技能笔答

Jb0001411001 习惯性违章有哪些特点？（5分）

考核知识点：习惯性违章

难易度：易

标准答案：

（1）危害巨大。

（2）具有一定的顽固性和排他性。

（3）隐蔽性。

（4）传染性。

Jb0001411002 紧急救护的基本原则有哪些？（5分）

考核知识点：紧急救护原则

难易度：易

标准答案：

（1）紧急救护的基本原则是在现场采取积极措施保护伤员生命，减轻伤情，减少痛苦。

（2）并根据伤情需要，迅速联系医疗部门救治。

（3）急救的成功条件是动作快、操作正确。

（4）任何拖延和操作错误都会导致伤员伤情加重或死亡。

Jb0001411003 安全问题隐患整改的“三定原则”指什么？（5分）

考核知识点：三定原则

难易度：易

标准答案：

定人、定时间、定措施。

Jb0001411004 防止火灾的基本方法有哪些？（5分）

考核知识点：防止火灾

难易度：易

标准答案：

（1）控制可燃物。

（2）隔绝空气。

（3）消除着火源。

（4）阻止火势蔓延。

（5）阻止爆炸波的蔓延。

Jb0001411005 根据燃烧的特点，灭火的方法主要包括哪几种？（5分）

考核知识点：灭火的方法

难易度：易
标准答案：
（1）冷却法。
（2）隔离法。
（3）窒息法。
（4）抑制法。

Jb0001411006　施行人工呼吸法之前应做好哪些准备工作？（5分）
考核知识点：人工呼吸法
难易度：易
标准答案：
（1）检查口、鼻中有无妨碍呼吸的异物。
（2）解衣扣、松裤带、摘假牙。

Jb0001411007　在什么情况下易发生中暑？（5分）
考核知识点：中暑
难易度：易
标准答案：
（1）长时间处于高温环境中工作，身体散热困难引起人体体温调节发生困难。
（2）出汗过多，使肌肉因失盐过多而酸痛甚至发生痉挛。
（3）阳光直接照射头部引起头痛、头晕、耳鸣、眼花，严重时可能昏迷抽风。

Jb0001411008　发生中暑如何急救？（5分）
考核知识点：中暑
难易度：易
标准答案：
（1）尽快让中暑者在阴凉地方休息，如有发烧现象，应服一些仁丹或喝一些含盐的茶水。
（2）中暑情况严重者应尽快送医院抢救。

Jb0001411009　简述在作业前应对现场进行勘察的主要内容。（5分）
考核知识点：勘察记录
难易度：易
标准答案：
（1）施工作业现场周边有无影响作业的建构筑物。
（2）地下管线。
（3）邻近设备。
（4）交叉跨越及地形、地质、气象等作业现场条件。
（5）其他影响作业的风险因素，并提出安全措施和注意事项。

Jb0001411010　卸扣使用应遵守哪些主要安全规定？（5分）
考核知识点：卸扣使用
难易度：易

标准答案：

（1）不得处于吊件的转角处，不得横向受力。

（2）销轴不得扣在能活动的绳套或索具内。

（3）当卸扣有裂纹、塑性变形、螺纹脱扣、销轴或扣体断面磨损达原尺寸3%～5%时，不得使用。卸扣上的缺陷不允许补焊。

（4）禁止用普通材料的螺栓取代卸扣销轴。

Jb0001411011　用船舶接送作业人员应遵守哪些规定？（5分）

考核知识点：船舶接送

难易度：易

标准答案：

（1）禁止超载超员。

（2）船上应配备合格齐备的救生设备。

（3）乘船人员应正确穿戴救生衣，掌握必要的安全常识，会熟练使用救生设备。

（4）船上禁止搭载和存放易燃易爆物品。

Jb0001411012　汽油、柴油等挥发性物品的存放和保管应遵守哪些规定？（5分）

考核知识点：汽油、柴油等挥发性物品的存放和保管

难易度：易

标准答案：

（1）应存放在专用区域内，容器应密封。

（2）附近不得有易燃易爆物品。

（3）不得靠近火源或在烈日下曝晒。

（4）醒目处应设置“严禁烟火”的标志。

Jb0001412013　安全带悬挂需符合哪些规定？（5分）

考核知识点：安全带

难易度：中

标准答案：

（1）安全带的挂钩或绳子应挂在结实牢固的构件或挂安全带专用的钢丝绳上，并应采用高挂低用的方式。

（2）不得将安全带系在移动或不牢固的物件上：如瓷横担、未经固定的转动横担、线路支柱绝缘子等。

Jb0001412014　不同高度高处作业可能的坠落半径是多少？（5分）

考核知识点：高处作业坠落半径

难易度：中

标准答案：

（1）高度大于等于2m小于等于5m时坠落半径为3m。

（2）高度大于5m小于等于15m时坠落半径为4m。

（3）高度大于15m小于等于30m时坠落半径为5m。

（4）高度大于30m时坠落半径为6m。

Jb0001412015　简述产生燃烧必须具备的基本条件。（5分）

考核知识点：燃烧的条件

难易度：中

标准答案：

（1）可燃物。

（2）助燃物。

（3）点火源。

三个要素同时具备并相互作用时就会产生燃烧。

Jb0001412016　简述电缆线路施工，电缆隧道应具备的条件。（5分）

考核知识点：电缆隧道

难易度：中

标准答案：

（1）充足的照明。

（2）防火措施。

（3）防水措施。

（4）通风措施。

Jb0001413017　拖拉机直接牵引放线应遵守的规定有哪些？（5分）

考核知识点：机械牵引放线

难易度：难

标准答案：

（1）途经的桥梁、涵洞应事先进行检查与鉴定，不得冒险强行。

（2）行驶速度不得过快，驾驶员应随时注意指挥信号。

（3）行驶中作业人员不得爬车、跳车或检修部件，挂钩上不得站人。

（4）爬坡时拖拉机后面不得有人。

（5）不得沿沟边、横坡等险要地形行驶。

Jb0001413018　固有或动态评估风险等级为三级及以上的作业现场勘察应满足哪些要求？（5分）

考核知识点：固有或动态风险现场勘察

难易度：难

标准答案：

（1）现场勘察应由作业票签发人或作业负责人组织，安全、技术等相关人员参加。

（2）现场勘察应察看施工作业现场周边有无影响作业的建构筑物、地线管线、邻近设备、交叉跨越及地形、地质、气象等作业现场条件以及其他影响作业的风险因素，并提出安全措施和注意事项。

（3）现场勘察后，现场勘察记录应送交作业票签发人、作业负责人及相关各方，作为填写、签发作业票等的依据。

（4）作业票签发人或作业负责人在作业前应重新核对现场勘察情况，发现与原勘察情况有变化时，应及时修正、完善相应的安全措施。

Jb0002411019　杆塔分为哪些类型？（5 分）

考核知识点：杆塔分类

难易度：易

标准答案：

（1）耐张杆塔。

（2）悬垂杆塔。

（3）终端杆塔。

（4）分歧杆塔。

（5）换位杆塔。

Jb0002411020　线路防护设施主要包括哪些？（5 分）

考核知识点：线路防护

难易度：易

标准答案：

（1）基础护坡、挡土墙、防洪堤。

（2）跨越高塔航空标志。

（3）拦江线或公路高度限标。

（4）线路防护标志（线路名称标志、相位标志、警告标志）。

（5）拉线（道路侧）护桩、基础护桩。

Jb0002411021　在连续倾斜档紧线时绝缘子串有何现象？原因是什么？（5 分）

考核知识点：绝缘子倾斜原因

难易度：易

标准答案：

（1）现象：在连续倾斜档紧线时绝缘子串会出现倾斜现象。

（2）原因：由于各档导线最低点不处于同一水平面上，引起各档导线最低点水平张力不等，从而使绝缘子串出现向导线最低点高的一侧偏斜。

Jb0002411022　混凝土中水泥的用量是否越多越好？（5 分）

考核知识点：混凝土配合比

难易度：易

标准答案：

（1）混凝土水泥用量不能过量，应符合配合比设计要求。

（2）混凝中水泥用量过多会使混凝土在硬化过程中因水分蒸发引起水泥体积过量收缩，造成混凝土开裂、露筋等缺陷，从而影响混凝土的强度。

Jb0002411023　为何拌制混凝土尽可能选用较粗的砂？（5 分）

考核知识点：混凝土砂的选用

难易度：易

标准答案：

（1）较粗的砂粒，其单位体积的表面积小，易与水泥浆完全胶合。

（2）砂粒表面胶合的水泥浆充分，有利于提高混凝土强度。

（3）有利于降低水泥的用量，减小水灰比。

Jb0002411024　钢丝绳有哪两大类？按钢丝和股的绕捻方向分为几种？（5分）

考核知识点：钢丝绳的分类

难易度：易

标准答案：

（1）钢丝绳分为普通钢绳和复合钢绳两种。

（2）按钢丝和股的绕捻方向分为顺绕、交绕和混绕三种。

Jb0002413025　输电线路的导线为什么要进行换位？（5分）

考核知识点：线路运行

难易度：难

标准答案：

导线换位的原因：导线的各种排列方式（包括等边三角形），均不能保证三相导线的线间距离或导线对地距离相等，因此，三相导线的电感、电容及三相阻抗均不相等会造成三相电流的不平衡，这种不平衡均会对发电机、电动机和电力系统的运行以及对输电线路附近的弱电线路带来一系列不良影响。为了避免这些影响，各相导线应在空间轮流地改换位置，以平衡三相阻抗。

Jb0003411026　架空线路金具的作用是什么？（5分）

考核知识点：金具用途

难易度：易

标准答案：

（1）导线、地线的接续、固定及保护。

（2）绝缘子的组装、固定及保护。

（3）拉线的组装及调整。

Jb0003411027　简述插入式振捣器的操作方法。（5分）

考核知识点：振捣器的操作

难易度：易

标准答案：

（1）混凝土分层浇筑时，每层混凝土厚度应不超过振动棒的1.25倍。

（2）振动器插点要均匀排列，不大于振动棒半径的1.5倍。

（3）振捣器距离模板不应大于振捣器作用半径的0.5倍。

Jb0003411028　交叉跨越测量主要内容有哪些？（5分）

考核知识点：交叉跨越测量

难易度：易

标准答案：

（1）跨越档桩号（塔号）和跨越档档距。

（2）被跨线路与测量线路的名称。

（3）被跨越物距最近杆塔的距离。

（4）被跨线路与测量线路的交叉角及交叉点净距。

（5）测量时的温度及换算至最高温度时的净距。

Jb0003411029　经纬仪可用来测量什么？（5 分）

考核知识点：经纬仪测量

难易度：易

标准答案：

水平角度、竖直角度、距离、高程。

Jb0003411030　紧线时观测弧垂的方法有哪些？（5 分）

考核知识点：弧垂观测

难易度：易

标准答案：

等长法、异长法、角度法。

Jb0003411031　影响架空线弧垂大小的因素的有哪些？（5 分）

考核知识点：弧垂影响因素

难易度：易

标准答案：

档距、应力、环境气象条件。

Jb0003411032　经纬仪使用时的基本操作环节有哪些？（5 分）

考核知识点：经纬仪的使用

难易度：易

标准答案：

对中、整平、对光、瞄准、精平和读数。

Jb0003411033　输电线路铁塔图纸中粗实线、虚实线、点划线和波浪线表示什么？（5 分）

考核知识点：塔图识图

难易度：易

标准答案：

（1）粗实线：可见轮廓线。

（2）虚线：不可见轮廓线。

（3）点划线：轴心线、对称中心线。

（4）波浪线：机件断裂处的边界线。

Jb0003411034　材料受力后的变形有哪些形式？（5 分）

考核知识点：力学

难易度：易

标准答案：

轴向拉伸、轴向压缩、剪切变形、扭转变形、弯曲变形。

Jb0003411035　钢丝绳的编插工艺要求是什么？（5 分）

考核知识点：钢丝绳的编插

难易度： 易

标准答案：

（1）破头长度为钢绳直径的 45～48 倍。

（2）插接长度为钢绳直径的 20～24 倍。

（3）每股穿插次数不少于 4 次。

（4）125%的荷载试验合格。

（5）各股穿插紧密、表面平整。

Jb0003411036　万用表使用时应注意哪些事项？（5 分）

考核知识点： 万用表的注意事项

难易度： 易

标准答案：

（1）接线正确。

（2）测量档位正确。

（3）使用之前要调零。

（4）严禁测量带电电阻的阻值。

（5）使用完毕，应把转换开关旋至交流电压的最高档。

Jb0003411037　起重葫芦是一种什么工具？可分为哪几种？（5 分）

考核知识点： 葫芦的分类

难易度： 易

标准答案：

（1）起重葫芦是一种有制动装置的手动省力起重工具。

（2）起重葫芦包括手拉葫芦、手摇葫芦和手扳葫芦三种。

Jb0003411038　为什么要进行转角杆塔中心桩的位移？（5 分）

考核知识点： 转角塔位移

难易度： 易

标准答案：

（1）一般直线杆塔的杆塔中心桩与线路中心桩相重合，而转角杆塔由于横担两侧的耐张绝缘子串不可能挂在同一个悬挂点上，只能分别挂在位于横担两侧出口悬挂点上，这就必然会引起横担中心桩与线路中心桩不能重合而出现位移的问题。

（2）如果是长短横担，再使两侧线路延长线交点与原设计转角桩重合，以保证相邻直线杆塔不出现小转角，就必须将转角杆塔的中心桩由线中心桩向转角内侧沿横担方向移动，就产生了中心桩位移。

Jb0003411039　输电线路施工中，可采用什么方法降低接地电阻？（5 分）

考核知识点： 接地电阻

难易度： 易

标准答案：

（1）将垂直接地体深埋到低电阻率的土壤中。

（2）置换成低电阻率的土壤。
（3）采用降阻剂或新型接地材料。
（4）扩大接地体与土壤的接触面积。

Jb0003412040　简述使用经纬仪的步骤。（5 分）
考核知识点：经纬仪
难易度：中
标准答案：
（1）第一步，对中，对中的目的是将水平度盘中心与测站点置于同一铅垂线上。
（2）第二步，整平，整平的目的是使竖轴处于竖直位置，水平度盘处于水平位置。
（3）第三步，对光，调整目镜和物镜。
（4）第四步，照准，将望远镜对向明亮背景，照准目标。
（5）第五步，读数，打开反光镜进行读数。

Jb0003412041　弧垂允许偏差应符合的规定是什么？（5 分）
考核知识点：弧垂检查
难易度：中
标准答案：
（1）110kV 线路紧线弧垂在挂线后允许偏差为＋5%、－2.5%。
（2）220kV 及以上线路紧线弧垂在挂线后允许偏差为±2.5%。
（3）跨越通航河流的线路大跨越档紧线弧垂在挂线后允许偏差为±1%，且正偏差不应超过 1m。

Jb0003412042　金具的安装有哪些要求？（5 分）
考核知识点：金具检查安装
难易度：中
标准答案：
（1）组装前应检查金具是否有裂纹、沙眼、毛刺。
（2）金具的镀锌层有局部碰损、剥落或缺锌，应除锈后补刷防锈漆。
（3）金具螺栓、穿钉、弹簧销的穿向应统一。
（4）金具螺栓及闭口销的直径必须与孔径配合，开口销必须对称开口。

Jb0003412043　什么是输电线路的平断面图？（5 分）
考核知识点：平断面图的概念
难易度：中
标准答案：
沿输电线路中心线按照一定比例尺绘制的地形纵断面图和线路中心线两侧各 20～50m 范围内的地形平面图。

Jb0003412044　如图 Jb0003412044 所示为直线杆塔桩复测方法的哪一种？其中 *D* 值一般不应大于多少？（5 分）
考核知识点：线路复测

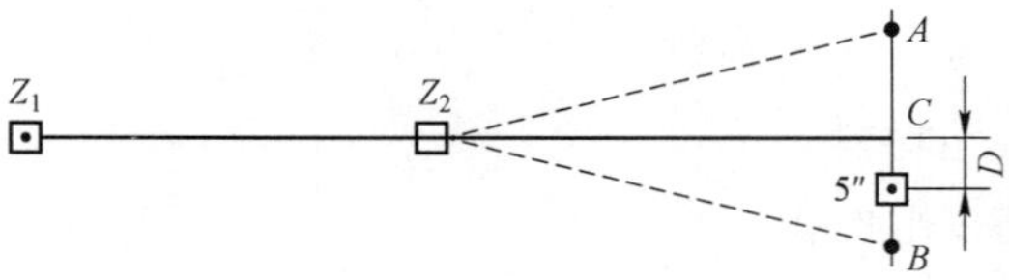

图 Jb0003412044

难易度：中

标准答案：

（1）测回法。

（2）50mm。

Jb0003413045　常用防振锤由哪些部件组成？（5分）

考核知识点：防振锤

难易度：难

标准答案：

由一段两端各装一个重锤的钢绞线、中间装有专为挂于电线（导线、地线）上的夹板组成。

Jb0003413046　防振锤是如何防振的？（5分）

考核知识点：防振锤

难易度：难

标准答案：

（1）防振原理是：当导线、地线振动时，防振锤的夹板随着一起上下振动，由于两端重锤的惰性，使钢绞线两端不断上下弯曲，从而促使重锤运动。

（2）它的运动能量是从导线、地线的运动中吸收的，防振锤钢绞线弯曲得愈激烈，消耗导线、避雷线振动的能量越多，从而使导线、地线振动减小到可以耐受的程度。

（3）所以说，防振锤是靠消耗导线、地线振动的能量，达到控制振幅来保护导线、地线的目的。

Jb0003422047　识别图 Jb0003422047 中的金具。（5分）

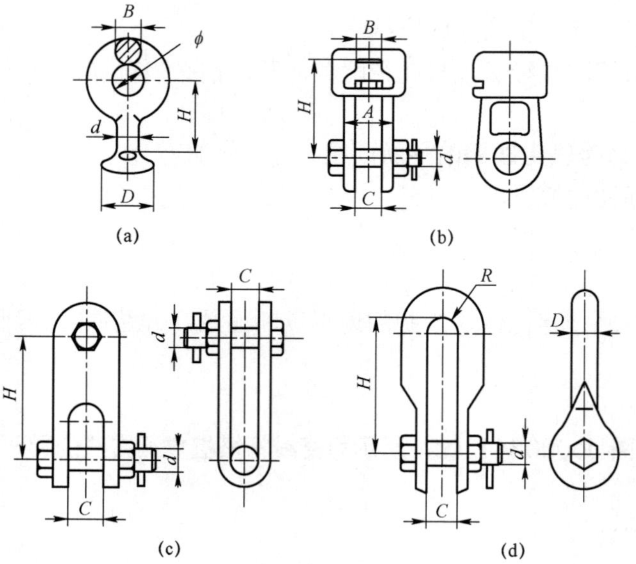

图 Jb0003422047

考核知识点：金具识别

难易度：中

标准答案：

（a）球头挂环。

（b）碗头挂板。

（c）直角挂板。

（d）U 形挂环。

Jb0003422048 图 Jb0003422048 中所画的是什么？（5 分）

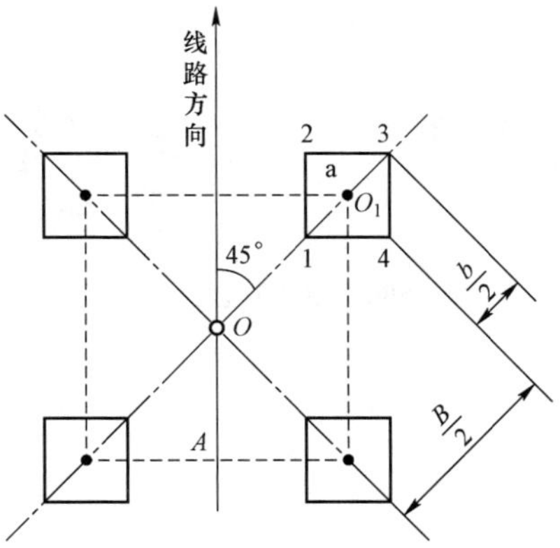

图 Jb0003422048

考核知识点：基础分坑

难易度：中

标准答案：

正方形铁塔基础分坑图。

Jb0003422049 请读出图 Jb0003422049 中光学经纬仪所示角度。（5 分）

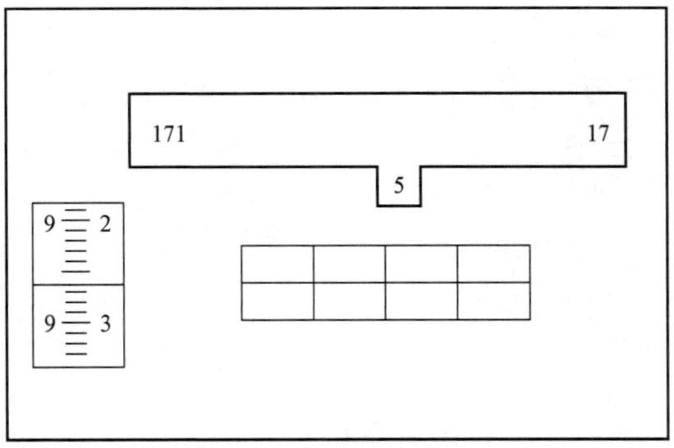

图 Jb0003422049

考核知识点：光学经纬仪读数

难易度：中

标准答案：

171° 59′26″

Jb0003422050　图 Jb0003422050 中 J2 经纬仪结构 18 表示什么？（5 分）

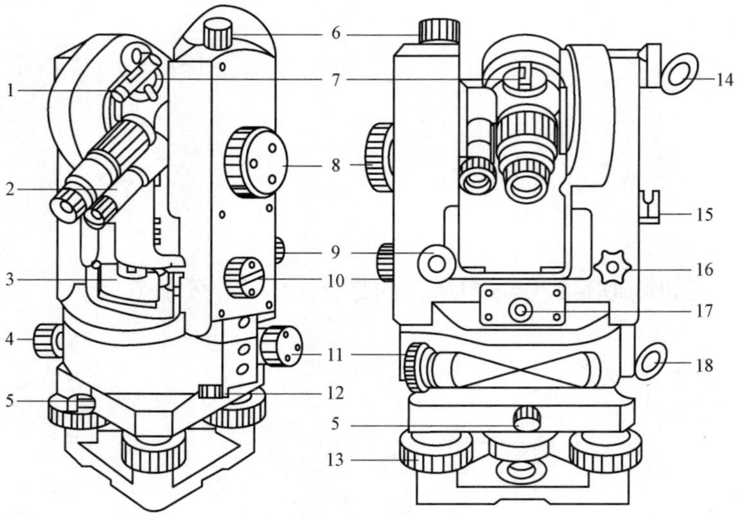

图 Jb0003422050

考核知识点：光学经纬仪

难易度：中

标准答案：

水平度盘反光镜。

Jb0003422051　图 Jb0003422051 中 J2 经纬仪结构 2 表示什么？（5 分）

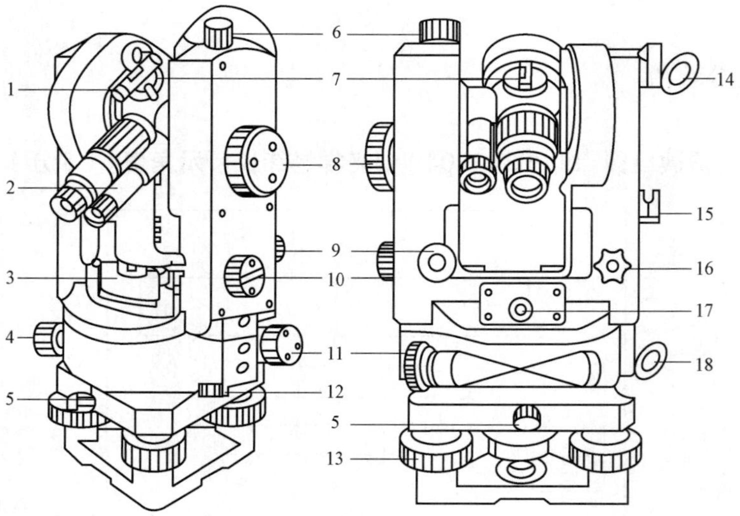

图 Jb0003422051

考核知识点：光学经纬仪

难易度：中

标准答案：

读数显微镜。

Jb0003422052　图 Jb0003422052 中 J2 经纬仪结构中，哪个是照准部水准器？（5 分）

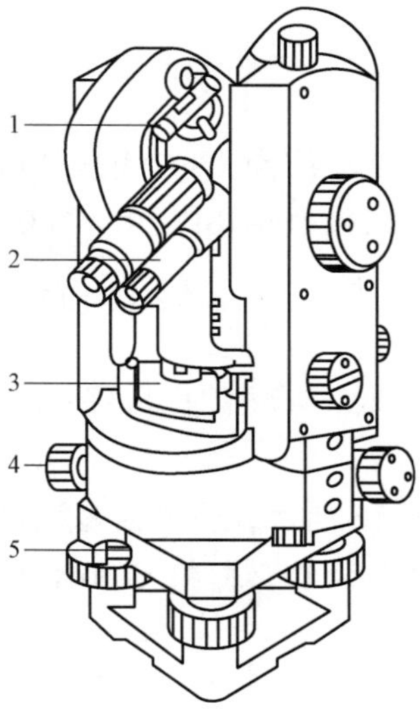

图 Jb0003422052

考核知识点： 光学经纬仪

难易度： 中

标准答案：

3。

Jb0003433053　已知一耐张段代表档距为 185m，20℃时弧垂 f= 2.7m，求观测档距为 245m、观测温度为 20℃时的观测弧垂。（5 分）

考核知识点： 弧垂计算

难易度： 难

标准答案：

已知 $l_C = 245\text{m}$、$l_D = 185\text{m}$

$$\text{观测弧垂 } f_C = f\left(\frac{l_C}{l_D}\right)^2 = 2.7\times\left(\frac{245}{185}\right)^2 = 4.735\ \text{（m）}$$

答： 观测弧垂为 4.735m。

Jb0003433054　检测导线对被跨越的公路垂直距离，测得水平距离为 40m，仰角 α 为 16° 30′，水平前视读数为 1.6m。（5 分）

考核知识点： 交叉跨越距离计算

难易度： 难

标准答案：

$$h_1 = 40\times\tan 16°\ 30' = 11.848\ \text{（m）}$$

$$H = h_1 + h_2 = 11.848 + 1.6 = 13.448\ \text{（m）}$$

答： 导线对公路垂直距离 13.448m。

Jb0003433055　用视距法测 A－B 两点的水平距离与高差。已知经纬仪高为 1.6m，上视距线读数 2.4m，十字线中线读数 1.6m，下视距线读数 0.8m，仰角 θ =14° 20′，视距常数 K=100。（5 分）

考核知识点： 水平距离、高差计算

难易度：难

标准答案：

$$仪高 = 十字中线读数 = 1.6\text{m}$$

$$水平距离 = KR\cos^2\theta = 100\times1.6\times\cos^2 14°\ 20' = 160\times0.968\ 872 = 150.192（\text{m}）$$

$$高差 = \frac{1}{2}KR\sin^2\theta = \frac{1}{2}\times100\times1.6\times\sin^2 14°\ 20' = 38.376（\text{m}）$$

答：A－B 两点的水平距离为 150.192m，高差为 38.376m。

Jb0003433056　如图 Jb0003433056 所示，检测整基铁塔结构的倾斜值，测得正面倾斜值 L_1 为 40mm，L_2 为 20mm，侧面倾斜值 L_3 为 25mm，L_4 为 6mm，测点垂直距离 h 为 13 000mm，求整基铁塔的倾斜值及倾斜率各是多少？（5 分）

考核知识点：铁塔的倾斜计算

难易度：难

标准答案：

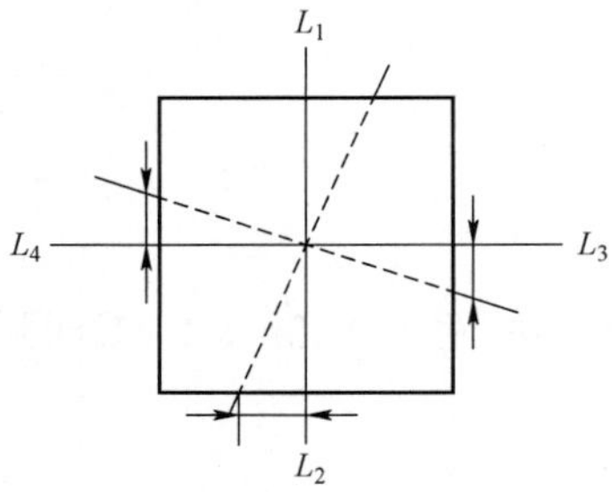

图 Jb0003433056

$$正面倾斜值\Delta X = \frac{1}{2}(L_1 - L_2) = \frac{1}{2}(40-20) = 10（\text{mm}）$$

$$侧面倾斜值\Delta Y = \frac{1}{2}(L_3 - L_4) = \frac{1}{2}\times(25-6) = 9.5（\text{mm}）$$

$$整基铁塔结构倾斜率\ \alpha = \frac{\sqrt{\Delta X^2 + \Delta Y^2}}{h} = \frac{\sqrt{10^2+9.5^2}}{13\ 000} = \frac{13.793}{13\ 000} = 0.001\ 061 \approx 0.106\%$$

答：整基铁塔的倾斜度为 10mm，倾斜率为 0.106%。

Jb0003433057　已知某送电线路弛度观测档的弛度 f = 9m，档距 l = 270m，导线悬点高差 h = 25m，导线悬点至仪器中心的垂直距离 a = 24m（在低点观测），试求用档端角度法观测弛度的观测角 θ 值。（5 分）

考核知识点：档端角度法弧垂计算

难易度：难

标准答案：

$$\theta = \tan^{-1}\frac{h-4f+4\sqrt{fa}}{l} = \tan^{-1}\frac{25-4\times9+4\sqrt{9\times24}}{270} = \tan^{-1}\frac{47.8}{270} = 10°2'$$

答：观测弛度的观测角为10°2′。

Jb0003433058 某线路两杆塔之间有高差，当采用仪器进行视距测量时，测得视距上丝 M 为 4.4m，下丝 N 为 1.1m，角 α 为 30°，计算该档距 L 是多少（K 取 100）？（5 分）

考核知识点：档距计算

难易度：难

标准答案：

$$l = M - N = 4.4 - 1.1 = 3.3\text{（m）}$$

$$L = Kl\cos^2\alpha = 100 \times 3.3 \times \cos^2 30° = 247.5\text{（m）}$$

答：档距 $L=247.5$m。

Jb0003433059 已知某送电线路耐张段长 1300m，代表档距 250m，观测档距 260m（不计悬点高差），测得一条导线弛度为 6m，设计要求 5.5m，因此需调整弛度，请计算线长调整量 ΔL 是多少？（5 分）

考核知识点：线长调整量计算

难易度：难

标准答案：

$$\text{已知 } l_d = 250\text{m}，l_c = 260\text{m}，f_{CO} = 6\text{m}，f_c = 5.5\text{m}，\cos\varphi_c = 1$$

$$\Delta L = \frac{8}{3}\frac{l_d^2}{l_c^4}\cos\varphi_c \times (f_{co}^2 - f_c^2)\sum\frac{l}{\cos\varphi} = \frac{8}{3}\times\frac{250^2}{260^4}\times(6^2 - 5.5^2)\times 1300 = 0.273\text{（m）}$$

答：线长调整量 $\Delta L = 0.273$m。

Jb0003433060 检测导线对地距离，测得经纬仪至导线垂直下方的水平距离 L 为 30m，仰角 α 为 15° 20′，水平前视读数为 1.2m，求导线对地距离 H 是多少？（5 分）

考核知识点：线长调整量计算

难易度：难

标准答案：

$$\tan 15° 20' = 0.274\,2$$

$$h = L\tan\alpha = 30 \times 0.274\,2 = 8.226\text{（m）}$$

$$\text{导线对地距离 } H = h + 1.2 = 8.266 + 1.2 = 9.426\text{（m）}$$

答：导线对地距离 $H=9.426$m。

Jb0003433061 转角塔分坑，设计根开为 6m，坑口宽为 2m，线路实际转角 θ 为 16° 30′，求出分坑尺寸，并求出角度二等分线，内角二等分线的角度值。（5 分）

考核知识点：分坑尺寸及角度二等分线计算

难易度：难

标准答案：

$$\text{角度二等分线} = \frac{16°30'}{2} = 8° 15'$$

$$\text{内角二等分线} = \frac{180° - 16°30'}{2} = 81° 45'$$

$$E_0 = \frac{\sqrt{2}}{2}\times 6 = 4.242\text{（m）}$$

$$E_1=\frac{\sqrt{2}}{2}\times(6-2)=2.828\text{（m）}$$

$$E_2=\frac{\sqrt{2}}{2}\times(6+2)=5.656\text{（m）}$$

答：分坑尺寸 E_0 为 4.242m，E_1 为 2.828m，E_2 为 5.656m，角度二等分线为 8° 15′，内角二等分线为 81° 45′ 。

Jb0003433062　如图 Jb0003433062 所示，已知基础根开 *A* 和坑口边长 *a*，中心桩 *O* 到坑口近角点 1 和远角点 3 的距离分别是多少？（5 分）

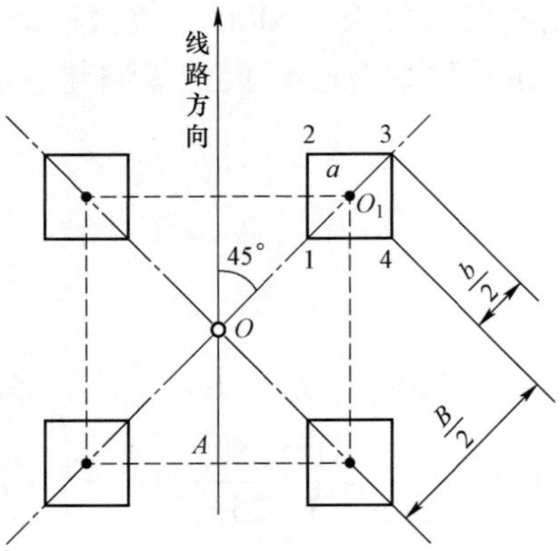

图 Jb0003433062

考核知识点：基础分坑
难易度：难
标准答案：

$$\frac{A\sqrt{2}}{2}-\frac{a\sqrt{2}}{2},\frac{A\sqrt{2}}{2}+\frac{a\sqrt{2}}{2}$$

答：中心桩 O 到坑口近角点 1 和远角点 3 的距离分别为 $\frac{A\sqrt{2}}{2}-\frac{a\sqrt{2}}{2}$、$\frac{A\sqrt{2}}{2}+\frac{a\sqrt{2}}{2}$。

Jb0003433063　如图 Jb0003433063 所示，已知基础根开 *A* 和坑口边长 *a*，可推算出中心桩 *O* 到坑口中心 O_1 距离 *B*/2 为多少？（5 分）

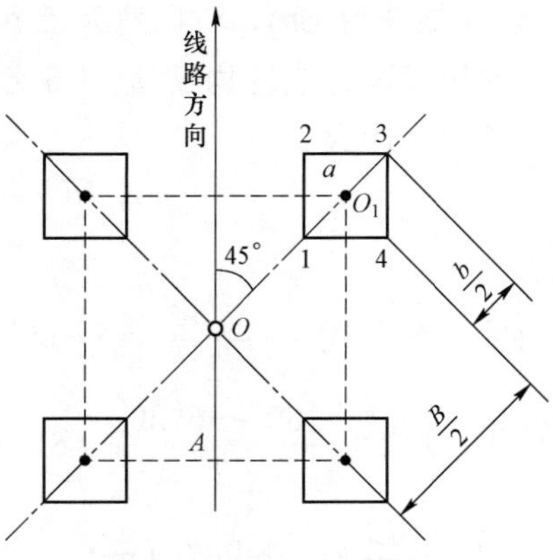

图 Jb0003433063

考核知识点：基础分坑

难易度：难

标准答案：

$$\frac{B}{2}=\frac{A\sqrt{2}}{2}+\frac{a\sqrt{2}}{2}-\frac{b}{2}$$

答：中心桩 O 到坑口中心桩距离 $B/2$ 为 $\frac{A\sqrt{2}}{2}+\frac{a\sqrt{2}}{2}-\frac{b}{2}$。

Jb0004411064　钢筋机械连接在什么情况下应进行型式检验？（5分）

考核知识点：钢筋机械连接

难易度：易

标准答案：

（1）确定接头性能等级时。

（2）套筒材料、规格、接头加工工艺改动时。

（3）型式检验报告超过4年时。

Jb0004411065　起重滑车按用途可分为哪几类？（5分）

考核知识点：起重滑车分类

难易度：易

标准答案：

定滑车、动滑车、滑车组、平衡滑车。

Jb0004411066　组立杆塔前对工器具有什么要求？（5分）

考核知识点：杆塔组立

难易度：易

标准答案：

（1）工器具在使用前应经过外观检验合格方可使用。

（2）不合格的工器具严禁使用。

（3）应根据施工设计的要求选用合适的工器具。

（4）使用前施工负责人和安全员应检查工器具是否安全可靠，工器具不得以小代大。

Jb0004411067　分解组立杆塔时固定杆塔的临时拉线应满足哪些要求？（5分）

考核知识点：铁塔组立

难易度：易

标准答案：

（1）应使用钢丝绳，不得使用白棕绳。

（2）在未全部固定好之前，严禁登高作业。

（3）绑扎工作必须由技工担任。

（4）组立杆塔的临时拉线不得过夜，如需过夜，应采取安全措施。

（5）固定在同一个临时地锚上的拉线最多不超过两根。

Jb0004411068　水平接地体埋设应符合哪些规定？（5分）

考核知识点：水平接地体敷设

难易度：易

标准答案：

（1）遇倾斜地形宜沿等高线埋设。

（2）两接地体间的水平距离不应小于5m。

（3）接地体敷设应平直。

（4）对无法按照上述要求埋设的特殊地形，应与设计单位协商解决。

Jb0004411069　杆塔组装应符合哪些要求？（5分）

考核知识点：杆塔组装

难易度：易

标准答案：

（1）组装前应检查全部构件的质量是否符合质量标准和图纸要求。

（2）构件的连接要紧密，交叉杆件在交叉处有空隙时，应垫以相应的垫片。

（3）螺杆应露出螺母不小于两个螺距，双螺母可与螺母相平。

（4）组装时不得强行敲打组装，扩孔不得超过3mm，严禁用气割进行扩孔或烧孔，扩孔后需作防锈处理。

（5）螺栓的穿入方向要符合有关规定。

Jb0004411070　简述防止塔材镀锌层磨损的措施。（5分）

考核知识点：成品保护

难易度：易

标准答案：

（1）塔材运输时，不得使塔材在地上拖动，防止搬运过程中塔材损伤、镀锌磨损。

（2）所有钢丝绳等硬质工器具严禁直接与塔材接触受力，如需接触时，必须衬垫软物进行保护，以防止塔材镀锌层磨损，杜绝塔材上的施工痕迹。对受力处应绑木块或木桩以防止塔材变形。

（3）合理布置施工现场，保证钢丝绳、工器具不磨塔材。

Jb0004411071　简述安装铝管式硬引流线时的质量要求。（5分）

考核知识点：引流制作

难易度：易

标准答案：

（1）两端的柔性引流线应呈近似悬链线状自然下垂，其对杆塔的电气间隙必须符合规程规定，引流线小弧垂要符合图纸要求。

（2）引流线不宜从均压环内穿过，并避免与其他部件相摩擦。

（3）引流线间隔棒（结构面）应垂直于引流线束。

（4）铝管的安装应符合要求，其对杆塔的电气间隙必须符合规程规定。

（5）铝管与柔性引流线连接应对称、整齐美观，连接处应安装均压环。

Jb0004411072　张力放线中如何防止导线磨损？（5分）

考核知识点：张力放线导线保护措施

难易度： 易

标准答案：

（1）导线不可在越线架顶摩擦通过，应采取防磨措施。

（2）导线落地压接时，张力场地应铺放苫布和草袋，切勿使导线与地面接触，导线不得与工具相碰撞。

（3）换线轴时，导线的端头用连接网套连接，余线绕在第二个线盘上时，应用布、板将连接网套衬垫，以防损伤导线。

（4）导线接续管的保护钢甲外面应缠绕黑胶布予以保护，以防伤线。

（5）锚线时，卡线器不得在导线上滑动，在卡线器的尾部导线包套开口橡胶管。

（6）高处锚线时，卡线器以外的导线尾线应使用软绳吊好，以防弯曲和鞭击钢绳伤线。

（7）过轮锚线时，临锚钢丝绳应与滑轮上导线隔开。

（8）锚线时各子导线应互相错开约200mm，以防子导线互相鞭击。

Jb0004411073　杆塔承受的垂直荷载主要有哪些？（5分）

考核知识点： 杆塔荷载

难易度： 易

标准答案：

（1）杆塔自重。

（2）导线、地线、金具等的重力及覆冰重力。

（3）安装、检修时，工人、工具及附件的重力。

Jb0004411074　螺栓连接构件时应符合哪些规定？（5分）

考核知识点： 杆塔组装

难易度： 易

标准答案：

（1）螺栓应与构件平面垂直，螺栓头与构件间的接触处不应有空隙。

（2）螺母拧紧后，螺杆露出螺母的长度：对单螺母，不应小于 2 个螺距；对双螺母，可与螺母相平。

（3）螺栓必须加垫者，每端不宜超过两个垫圈。

（4）螺栓的防卸、防松应符合设计要求。

（5）连接螺栓的螺纹不应进入剪切面。

Jb0004411075　组立铁塔必须具备哪些条件，需做好哪些准备工作？（5分）

考核知识点： 杆塔组装

难易度： 易

标准答案：

（1）铁塔基础应经中间检查验收合格。

（2）分解组立铁塔时，混凝土的抗压强度应不小于设计强度的70%。

（3）整体立塔时，混凝土的抗压强度应达到设计强度的100%

（4）按图核对塔材型号、规格、数量，按件号及起吊顺序分类排列。

（5）螺栓应按规格分类堆放，不能掺合混放，以免用错。

（6）立塔施工必须有技术措施（包括安全技术措施），并在施工前对全体施工人员进行交底。

（7）按照作业指导书的要求准备好立塔所需的工器具。

Jb0004411076　张力放线布线应符合哪些规定？（5分）

考核知识点：杆塔组装

难易度：易

标准答案：

（1）可有效控制接续管位置。

（2）接续管数量应减至最少。

（3）紧线后余线应最少。

（4）放线中产生的不能继续使用的短线头应最少。

Jb0004411077　山地铁塔地面组装时应遵守哪些规定？（5分）

考核知识点：杆塔组立

难易度：易

标准答案：

（1）塔材不得顺斜坡堆放。

（2）选料应由上往下搬运，不得强行拽拉。

（3）山坡上的塔片垫物应稳固，且应有防止构件滑动的措施。

（4）组装管形构件时，构件间未连接前应采取防止滚动的措施。

Jb0004411078　什么是混凝土的坍落度？坍落度主要评价混凝土的什么指标？（5分）

考核知识点：混凝土坍落度

难易度：易

标准答案：

（1）混凝土的坍落度是指将拌和好的混凝土按要求装入测试容器后，容器取出时混凝土自行坍落下的高度。

（2）坍落度是评价混凝土和易性及混凝土稀稠程度的指标。

Jb0004411079　起重抱杆有哪几种？何种抱杆做成法兰式连接？（5分）

考核知识点：抱杆的分类

难易度：易

标准答案：

（1）起重抱杆分为圆木抱杆、角钢抱杆、钢管抱杆和铝合金抱杆四种。

（2）钢管抱杆做成法兰式连接。

Jb0004411080　影响混凝土强度的因素有哪些？（5分）

考核知识点：混凝土强度影响因素

难易度：易

标准答案：

水泥标号、水灰比、骨料强度、养护条件、捣固方式。

Jb0004411081　冬季混凝土施工增强混凝土早期强度的方法有哪些？（5分）

考核知识点：混凝土强度
难易度：易
标准答案：
（1）使用早强水泥。
（2）减少水灰比，强加捣固。
（3）增加混凝土搅拌时间。
（4）加热材料拌制混凝土。
（5）使用早强剂。

Jb0004411082　简述双平臂落地抱杆安装顺序。（5分）
考核知识点：双平臂落地抱杆安装
难易度：易
标准答案：
（1）基础底座及其拉线。
（2）顶升系统及杆身。
（3）回转系统及杆头。
（4）变幅系统及起重臂。
（5）起吊系统。
（6）电气及安全控制系统。
（7）视频监控系统。
（8）附着系统。

Jb0004411083　双平臂落地抱杆安装前检查发现哪些情况时不得安装？（5分）
考核知识点：双平臂落地抱杆安装前检查
难易度：易
标准答案：
（1）结构件上有可见裂纹、严重磨损和严重锈蚀的。
（2）主要受力构件存在影响强度的塑性变形的。
（3）安全装置不齐全或失效的。
（4）钢丝绳达到报废标准的。
（5）滚轮、卷筒等活动件有锈蚀，转动不灵活的。
（6）液压装置、制动器等存在漏油现象的。

Jb0004411084　水泥强度等级不得低于多少？（5分）
考核知识点：水泥强度知识
难易度：易
标准答案：
水泥强度等级不得低于32.5MPa。

Jb0004411085　接地体采用搭接时有何要求？（5分）
考核知识点：接地体搭接
难易度：易

标准答案：

（1）连接前应清除连接部位的氧化物。

（2）圆钢搭接长度应为其直径的6倍，并应双面施焊。

（3）扁钢搭接长度应为其宽度的2倍，并应四面施焊。

Jb0004412086　基坑开挖的方法和安全要求有哪些？（5分）

考核知识点：基坑开挖的方法及安全要求

难易度：中

标准答案：

（1）杆塔基坑开挖的方法主要有人力开挖、机械开挖和松动爆破等。

（2）主要安全措施是：

1）坑壁要有与土壤性质相适应的安全坡度及操作宽度。

2）对于松散土壤和流沙坑应采用挡土板。

3）对于泥水加流沙坑应同时采用挡土板和排水。

4）对于岩石、冻土、坚实土等爆破工程宜用松动爆破法。

Jb0004412087　接地装置的敷设应符合哪些规定？（5分）

考核知识点：接地敷设

难易度：中

标准答案：

（1）人工接地体的顶面埋设深度不宜小于0.6m。

（2）人工垂直接地体宜采用热浸镀锌圆钢、角钢、钢管，长度宜为2.5m。

（3）人工水平接地体宜采用热浸镀锌的扁钢或圆钢。圆钢直径不应小于12mm。扁钢、角钢等型钢的截面积不应小$90mm^2$，其厚度不应小于3mm。钢管壁厚不应小于2mm。人工接地体不得采用螺纹钢。

Jb0004412088　接地装置包括哪几部分？作用是什么？（5分）

考核知识点：防雷接地

难易度：中

标准答案：

（1）接地装置包括接地体和接地引下线。

（2）接地体由几根金属导体按要求埋入土壤中，用以向大地泄放电流。

（3）接地引下线是用来连接杆塔和接地体的导体，用于传递地线上的雷电流，通过接地体导入大地。

Jb0004412089　接地体间连接应符合哪些规定？（5分）

考核知识点：防雷接地

难易度：中

标准答案：

（1）连接前应清除连接部位的浮锈。

（2）接地体间应连接可靠。

（3）应采用搭接焊接时，圆钢的搭接长度不应少于其直径的6倍并应双面施焊。扁钢的搭接长度不应少于其宽度的 2 倍并应四面施焊。

（4）接地体的连接部位应采取防腐措施，防腐范围不应少于连接部位两端各 100mm。

Jb0004412090 杆塔螺栓的穿向对立体结构应符合哪些规定？（5 分）

考核知识点：杆塔组立

难易度：中

标准答案：

（1）水平方向由内向外。

（2）垂直方向由下向上。

（3）斜向者宜由斜下向斜上穿，不便时应在同一斜面内取同一方向。

Jb0004412091 杆塔螺栓的穿向对平面结构应符合哪些规定？（5 分）

考核知识点：杆塔组立

难易度：中

标准答案：

（1）顺线路方向由小号侧穿入或按统一方向穿入。

（2）横线路方向两侧由内向外，中间由左向右或按同一方向。

（3）垂直地面方向由下向上。

（4）斜向者宜由斜下向斜上穿，不便时应在同一斜面内取同一方向。

Jb0004412092 流动式起重机组塔时应遵守哪些规定？（5 分）

考核知识点：流动式起重机组塔

难易度：中

标准答案：

（1）指挥人员看不清作业地点或操作人员看不清指挥信号时，均不得进行起吊作业。

（2）起重机作业位置的地基应稳固，附近的障碍物应清除。

（3）吊装铁塔前，应对已组塔段（片）进行全面检查。

（4）吊件离开地面约 100mm 时应暂停起吊并进行检查，确认正常且吊件上无搁置物及人员后方可继续起吊，起吊速度应均匀。

（5）分段吊装铁塔时，上下段间有任一处连接后，不得用旋转起重臂的方法进行移位找正。

（6）分段分片吊装铁塔时，控制绳应随吊件同步调整。

（7）使用两台起重机抬吊同一构件时，起重机承担的构件重量应考虑不平衡系数后且不应超过单机额定起吊重量的 80%。两台起重机因互相协调，起吊速度应基本一致。

Jb0004412093 直线松锚升空操作应符合哪些规定？（5 分）

考核知识点：升空操作

难易度：中

标准答案：

（1）松锚前应先压接相邻两紧线段的接续管。

（2）地面的放线临锚附近应安装卡线器，并应接入牵引滑车或其他牵引工具作为松锚工具。

（3）应收紧松锚工具至放线临锚钢丝绳不再受力时，方可拆除待紧线段及已紧线段的放线临锚。

（4）放松松锚工具后，应用压线装置控制导地线高度，待松锚工具完全不受力后方可将其拆除。

Jb0004412094 跳线安装有何要求？（5分）

考核知识点： 跳线的安装

难易度： 中

标准答案：

（1）自然下垂，不得扭曲，电气间隙符合设计要求。

（2）铝制引流连板及线夹的连接面应平整、光洁。

（3）螺栓按规程规定要求拧紧。

Jb0004412095 牵引场、张力场的选择应符合哪些规定？（5分）

考核知识点： 牵引场、张力场的选择

难易度： 中

标准答案：

（1）牵引机、张力机能直接运达，或道路桥梁稍加修整加固后即可运达。

（2）场地地形及面积能满足设备、导线布置及施工操作要求。

（3）相邻直线塔允许过轮临锚，锚线对地角度符合设计要求，且满足锚线及压接导线作业要求。

（4）耐张塔、上扬杆塔附近。

Jb0004412096 光纤复合架空地线（OPGW）对配套金具的安装有哪些要求？（5分）

考核知识点： 金具安装

难易度： 中

标准答案：

（1）耐张预绞丝缠绕间隙均匀，预绞丝末端应与光缆相吻合，不得受损。

（2）悬垂线夹预绞丝间隙均匀，不得交叉，金具串应垂直地面，顺线路方向偏移角度不得大于5°，且偏移量不得超过100mm。

（3）防振锤安装尺寸、力矩应满足以下条件：① 安装距离偏差不大于30mm；② 安装位置、数量、方向、锤头朝向和螺栓紧固力矩符合设计要求。

（4）螺栓、销钉、弹簧销子穿入方向：顺线路方向宜向受电侧，横线路方向宜由内向外，垂直方向宜由上向下。

（5）金具上的开口销子直径必须与孔径配合，开口角度不小于60°，弹力适度。

Jb0004412097 接地引下线在安装时应注意哪些事项？（5分）

考核知识点： 接地引下线的安装

难易度： 中

标准答案：

（1）架空线路杆塔的每一腿都应与接地体线连接。

（2）接地引下线材料、规格及连接方式要符合规定，要进行热镀锌处理。

（3）接地引下线连板与杆塔的连接应接触良好，接地引下线应平敷于基础及保护帽表面。

（4）接地引下线引出方位与杆塔接地孔位置相对应。接地引下线应平直、美观。

（5）接地引下线与杆塔的连接应接触良好，顺畅、美观，便于运行测量检修。

（6）接地螺栓安装应设放松螺母或放松垫片，宜采用可拆卸的防盗螺栓。

Jb0004412098 输电线路工程湿陷性黄土地基处理方法一般有哪些？（5分）

考核知识点： 湿陷性黄土处理方法

难易度： 中

标准答案：

垫层法、夯实法、挤密法。

Jb0004412099 杆塔接地电阻为什么不能过大？一般规定是多少？（5分）

考核知识点： 接地电阻

难易度： 中

标准答案：

（1）当雷击避雷线或雷击塔顶后，雷电流就要通过接地装置向大地泄放，降低雷电过电压的幅值，如果接地电阻过大，就会使雷电流流过之后产生的电压过高，逆向反击导线。实践证明，杆塔的接地电阻越大，逆闪络的概率就越高，因此接地电阻不能过大。

（2）架空送电线路，每基接地网的工频接地电阻，在雷季干燥情况下，平地一般不大于15Ω，山区一般不大于30Ω。

Jb0004412100 安装间隔棒应符合哪些要求？（5分）

考核知识点： 间隔棒安装

难易度： 中

标准答案：

（1）接续管和补修管与间隔棒中心的距离应不小于0.5m。

（2）间隔棒的结构面应与导线垂直。

（3）安装时应采用正确的方法测量次档距。

（4）杆塔两侧第一个间隔棒的安装距离偏差不应大于端次档距的±1.5%，其余不应大于次档距的±3%。

（5）各相间隔棒安装位置应相互一致。

Jb0004412101 整体起立杆塔有何优缺点？（5分）

考核知识点： 杆塔组立

难易度： 中

标准答案：

（1）优点：① 高处作业量小；② 施工比较方便；③ 适合流水作业。

（2）缺点：① 质量大，配备规格大的工器具；② 施工占地面积大。

Jb0004412102 怎样降低接地电阻值？（5分）

考核知识点： 接地电阻

难易度： 中

标准答案：

（1）尽可能利用杆塔基础、底盘、卡盘、拉线盘等自然接地体。

（2）接地体尽可能埋在土壤电阻率较低的土壤中。

（3）置换土壤。将接地沟由原有电阻率高的土壤，换成电阻率较低的土壤。

（4）接地体周围填充长效降阻剂。

Jb0004413103　拉线检查的主要内容有哪些？（5分）

考核知识点：拉线检查

难易度：难

标准答案：

（1）检查各方拉线及其部件有无锈蚀螺栓是否紧固，螺栓、螺母有无丢失，防盗螺母是否齐全。

（2）检查拉线有无折断、松弛、断股、抽芯及张力分配不均等现象。

（3）拉线尾部是否紧固，绑线有无松动或损伤，钢线卡子有无丢失，螺栓是否拧紧。

（4）检查 NUT 型线夹螺母位置是否适中或花篮螺栓的封线是否完好。

（5）拉线基础周围土壤是否突起或沉陷，拉线基础有无裂纹、有无上拔或下沉、有无取土。

Jb0004413104　钢筋机械连接套筒挤压接头的安装质量应符合什么规定？（5分）

考核知识点：钢筋机械连接

难易度：难

标准答案：

（1）钢筋端部不得有局部弯曲，不得有严重锈蚀和附着物。

（2）钢筋端部应有挤压套筒后可检查钢筋插入深度的明显标记，钢筋端头离套筒长度中点不宜超过 10mm。

（3）挤压应从套筒中央开始，依次向两端挤压，挤压后的压痕直径或套筒长度的波动范围应用专用量规检验。

（4）挤压后的套筒不应有可见裂纹。

Jb0004413105　导线、地线升空注意事项有哪些？（5分）

考核知识点：导、地线升空工

难易度：难

标准答案：

（1）导线、地线升空作业应与紧线作业密切配合并逐根进行。

（2）导线、地线的线弯内角侧不得有人。

（3）升空作业应使用压线装置，不得直接用人力压线。

（4）压线滑车应设控制绳，压线钢丝绳回松应缓慢。

（5）升空场地在山沟时，升空的钢丝绳应有足够长度。

Jb0004423106　混凝土坍落度的示意如图 Jb0004423106 所示，其中 A1、A2、A3、A4 表示混凝土坍落度的是哪个？（5分）

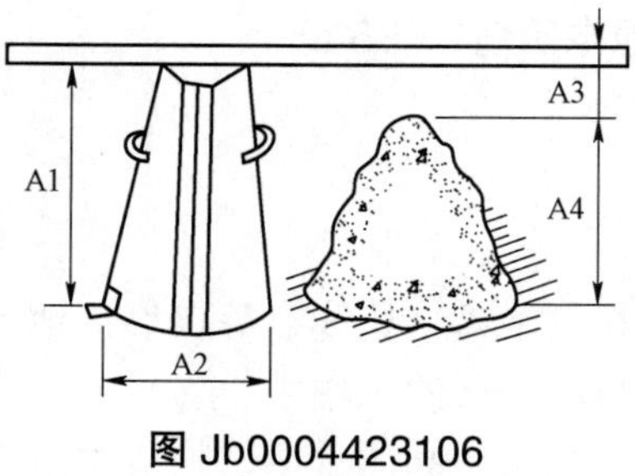

图 Jb0004423106

考核知识点：基础分坑

难易度：难

标准答案：

A3。

Jb0004423107　如图 Jb0004423107 所示，在底板模板找正过程中，将底板模板放入基坑内、拼成正方形并且固定。其中表示模板撑木的是哪个？（5 分）

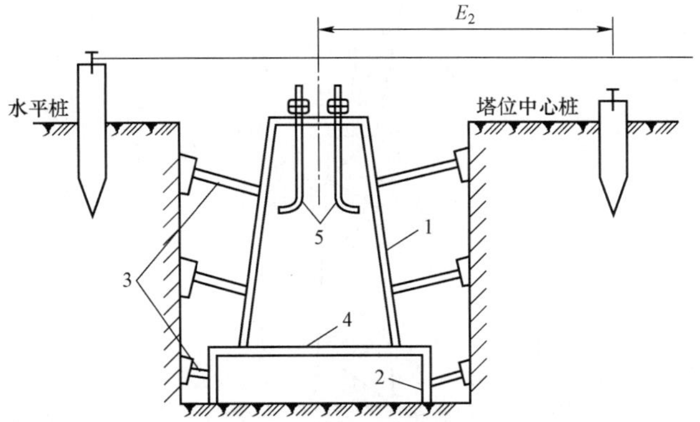

图 Jb0004423107

考核知识点：基础支模

难易度：难

标准答案：

3。

Jb0004431108　牵引绳挂在横担上，牵引力为 25 000N，牵引绳对地夹角 25°，求牵引绳对横担产生的下压力是多少？（5 分）

考核知识点：横担压力计算

难易度：易

标准答案：

$$F = 2 \times 25\,000 \times \sin 25^\circ = 21\,140\ (\mathrm{N})$$

答：下压力为 21 140N。

Jb0004432109　某基础配合比为 0.66:1:2.17:4.14，测得砂含水率为 3%，石的含水率为 1%，试计算一次投料一袋水泥时水、砂、石质量各是多少？（5 分）

考核知识点：配合比计算

难易度：中

标准答案：

一袋水泥为 50kg，则

砂含水量：$50 \times 2.17 \times 3\% = 3.3$（kg）

砂用量：$50 \times 2.17 + 3.3 = 111.8$（kg）

石含水量：$50 \times 4.14 \times 1\% = 2$（kg）

石用量：$50 \times 4.14 + 2 = 209$（kg）

水用量：$50 \times 0.66 - 3.3 - 2 = 27.7$（kg）

答：水、砂、石质量分别是 27.7、111.8、209kg。

Jb0004433110　某 220kV 线路直线塔如图 Jb0004433110 所示，S＝1.7m，则该直线杆塔的防雷保护角是多少？（5 分）

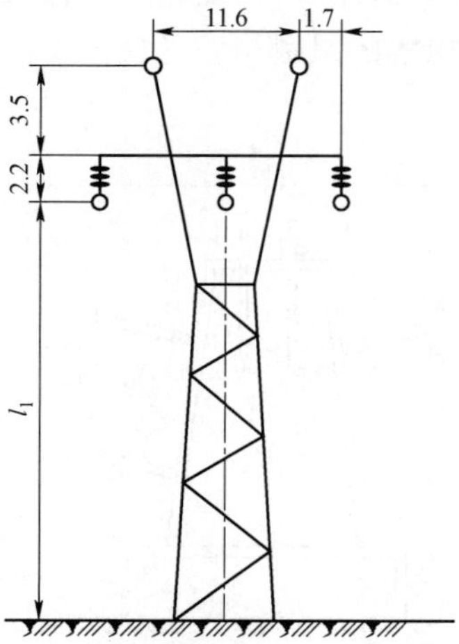

图 Jb0004433110

考核知识点：杆塔组立

难易度：难

标准答案：

该直线杆塔的防雷保护角为

$$\theta = \arctan 1.7/(3.5+2.2) = 16°36'$$

答：防雷保护角是 16°36′。

Jb0004411111　悬垂串金具上的螺栓、穿钉及弹簧销子安装时穿入方向应如何规定？（5 分）

考核知识点：架线施工

难易度：易

标准答案：

（1）悬垂串上的弹簧销子均按线路方向穿入。

（2）使用 W 形弹簧销子时，绝缘子大口均朝线路后方。

（3）使用 R 形弹簧销子时，大口均朝线路前方。

（4）螺栓及穿钉凡能顺线路方向穿入者均按线路方向穿入。

（5）特殊情况两边线由内向外，中线由左向右穿入。

Jb0004411112　耐张串金具上的螺栓、穿钉及弹簧销子安装时穿入方向应如何规定？（5 分）

考核知识点：架线施

难易度：易

标准答案：

（1）耐张串上的弹簧销子、螺栓及穿钉均由上向下穿。

（2）当使用 W 形弹簧销子时，绝缘子大口均应向上。

（3）当使用 R 形弹簧销子时，绝缘子大口均向下。

（4）特殊情况可由内向外、由左向右穿入。

Jb0004411113 导线及架空地线金具上的螺栓、穿钉及弹簧销子安装时穿入方向应如何规定？（5分）

考核知识点：架线施工

难易度：易

标准答案：

（1）分裂导线上的穿钉、螺栓均由线束外侧向内穿。

（2）当穿入方向与当地运行单位要求不一致时，可按当地运行单位的要求，但应在开工前明确规定。

Jb0004411114 牵引场转向布设时应遵守哪些规定？（5分）

考核知识点：张力放线

难易度：易

标准答案：

（1）使用专用的转向滑车，锚固应可靠。

（2）各转向滑车的荷载应均衡，不得超过允许承载力。

（3）牵引过程中，各转向滑车围成的区域内侧不得有人。

Jb0004412115 组塔作业前应遵守哪些规定？（5分）

考核知识点：杆塔组立

难易度：中

标准答案：

（1）应清除影响组塔的障碍物，如无法清除时应采取其他安全措施。

（2）应检查抱杆正直、焊接、铆固、连接螺栓紧固等情况，判定合格后方可使用。

（3）吊件螺栓应全部紧固，吊点绳、承托绳、控制绳及内拉线等绑扎处受力部位，不得缺少构件。

（4）铁塔组立前，应了解铁塔组立期间的当地气象条件，避开恶劣天气。

Jb0004412116 采用帮条或搭接焊时，应满足哪些条件？（5分）

考核知识点：帮条或搭接焊

难易度：中

标准答案：

（1）焊缝长度不应小于帮条或搭接长度。

（2）焊缝长度 $h \geqslant 0.3d$，并不小于 4mm。

（3）焊缝宽度 $b \geqslant 0.7d$，并不小于 10mm。

Jb0004412117 浇筑基础应表面平整，单腿尺寸允许偏差应符合哪些规定？（5分）

考核知识点：基础单腿尺寸允许偏差

难易度：中

标准答案：

（1）保护层厚度的负偏差不得大于 5mm。

（2）立柱及各底断面尺寸的负偏差不得大于 1%。

（3）同组地脚螺栓中心或插入角钢形心对设计值偏移不应大于 10mm。

（4）地脚螺栓露出混凝土面高度允许偏差应为－5～＋10mm。

Jb0004412118　导线切割及连接应符合哪些规定？（5分）

考核知识点：螺栓连接规定

难易度：中

标准答案：

（1）切口应整齐。

（2）导线及架空地线的连接部分不得有线股绞制不良、断股、缺股等质量问题。

（3）连接后管口附近不应有明显的松骨现象。

Jb0004412119　对基础钢筋的加工质量有哪些要求？（5分）

考核知识点：钢筋加工的质量要求

难易度：中

标准答案：

（1）钢筋长度加工误差为±1%，最大不得超过20mm。

（2）钢筋末端弯钩应符合对不同直径钢筋长度的要求及规定。

（3）箍筋弯钩应成45°，钩长符合要求。

（4）钢筋接头用焊接法连接时，双面施焊，焊接长度不小于6倍的钢筋直径，单面施焊时，不得小于8～10倍的钢筋直径，焊缝高度为0.3*d*，但不小于4mm，焊缝宽度为0.7*d*，但不小于10mm。

（5）钢筋接头用绑扎法连接时，至少要绑扎3处，其搭接长度为：直径是16mm及以上的钢筋为45倍的直径，直径为12mm及以下钢筋为30倍的直径。

Jb0005411120　A、B票编制人、审核人、签发人分别是哪些人？（5分）

考核知识点：工作票编制审核签发流程

难易度：易

标准答案：

（1）施工作业A票、施工作业B票的编制人都为班组负责人。

（2）施工作业A票审核人为班组安全员及技术员，两人同时审核，签发人为项目总工程师。

（3）施工作业B票审核人为项目部安全员和技术员，两人共同审核，签发人为项目经理。

Jb0005411121　送电线路杆塔上的固定标志应符合哪些原则规定？（5分）

考核知识点：杆塔标志

难易度：易

标准答案：

（1）所有杆塔均应标明线路名称、线路编号和杆塔编号。

（2）所有耐张型杆塔、分支杆塔、换位杆塔和换位杆塔前后各一基杆塔上，均应有明显的相位标志。

（3）在对回路杆塔上或在同一走廊内的平行线路的杆塔上，均应标明每一线路的名称或代号。

（4）高杆塔应按航空部门的规定装设航行障碍标志。

Jb0005411122　简述对班组日志的内容要求。（5分）

考核知识点：施工日志

难易度：易

标准答案：

（1）施工内容及完成情况。

（2）人员、设备、材料、机械进退场记录。

（3）班组人员分工情况。

（4）安全活动情况。

（5）质量活动情况。

Jb0005412123　挂拆接地线的步骤是怎样的？（5分）

考核知识点：接地线安拆

难易度：中

标准答案：

（1）挂接地线时，先接接地端，后接导体端，若同杆塔有多层导线均需接地，从下层往向上层依次接地。

（2）拆除接地线的顺序与挂线顺序相反。

Jb0006412124　简述《国家电网有限公司输变电工程质量验收管理办法》规定中属于施工单位（施工项目部）责任。（5分）

考核知识点：施工单位责任

难易度：中

标准答案：

（1）负责编制工程施工质量验收范围划分表。

（2）按照业主审批的施工质量验收范围划分表，开展施工质量三级自检。

（3）按规定申请并参加工程检验批、分项、分部、单位工程质量验收隐蔽工程。

（4）参加中间质量抽查监督、竣工预验收、启动验收，按时完成验收，检查发现问题的整改消缺。

Jb0006412125　简述国家电网有限公司输变电优质工程金银奖评选范围。（5分）

考核知识点：金银奖评选范围

难易度：中

标准答案：

（1）10kV及以上电压等级新建变电站（换流站）工程。

（2）110kV及以上电压等级折单长度20km以上的架空线路工程（大跨域工程不受限制）。

（3）110kV及以上电压等级折单长度10km以上的隧道电缆工程。

（4）符合以上规模的输变电工程。

Jb0006412126　简述国家电网有限公司输变电优质工程金银奖评选条件。（5分）

考核知识点：金银奖评选条件

难易度：中

标准答案：

（1）工程通过达标投产考核并投入使用一年以上三年以内。

（2）工程建设及运行过程中未发生安全质量事件。

（3）工程档案完整、规范，已通过档案专项验收。

（4）工程建设程序依法合规，项目立项、规划许可、土地使用等文件齐全有效，工程通过总体竣工验收。

Jb0006412127　输电线路工程基础工程中隐蔽工程包括哪些项目？（5分）

考核知识点：隐蔽工程

难易度：中

标准答案：

（1）基础坑深及地基处理情况。

（2）现浇基础中的钢筋和预埋件的规格、数量、尺寸、位置、保护层厚度、底板断面尺寸以及混凝土的浇制质量。

（3）预制基础中的钢筋和预埋件的规格、数量、安装位置、立柱倾斜与组装质量。

（4）岩石基础的成孔尺寸、孔深、埋入铁件及混凝土浇制质量。

（5）接地体的埋设情况。

Jb0006412128　简述架线工程验收包括的内容。（5分）

考核知识点：架线工程验收内容

难易度：中

标准答案：

（1）导线及架空地线的弧垂。

（2）绝缘子的规格、数量，绝缘子的清洁，悬垂绝缘子串的倾斜。

（3）金具的规格、数量及连接安装质量，金具螺栓或销钉的规格、数量、穿向。

（4）引流线安装的连接质量、弧垂及最小电气间隙。

Jb0006412129　分包单位资格审核应包括基本内容有哪些？（5分）

考核知识点：分包单位资格

难易度：中

标准答案：

（1）类似工程业绩。

（2）营业执照、企业资质等级证书。

（3）安全生产许可文件。

（4）专职管理人员和特种作业人员的资格。

第四章　架空线路工中级工技能操作

Jc0003441001　利用卷尺测量地脚螺栓根开。（100分）

考核知识点：卷尺测量方法

难易度：易

技能等级评价专业技能考核操作工作任务书

一、任务名称

利用卷尺测量地脚螺栓根开。

二、适用工种

架空线路工中级工。

三、具体任务

利用卷尺正确测量地脚螺栓根开。

四、工作规范及要求

（1）相关工器具的准备。

（2）仪器仪表的正确使用及做好安全措施。

五、考核及时间要求

（1）本考核操作时间为15分钟，时间到停止考评。

（2）考评过程中如果由于测试人员操作不规范，有可能引发不安全因素的，停止考评，该项考核项目不得分，但不影响其他项目。

技能等级评价专业技能考核操作评分标准

<table>
<tr><td>工种</td><td colspan="4">架空线路工</td><td>评价等级</td><td>中级工</td></tr>
<tr><td>项目模块</td><td colspan="3">基本技能—经纬仪及其他测绘仪器的使用</td><td>编号</td><td colspan="2">Jc0003441001</td></tr>
<tr><td>单位</td><td colspan="2"></td><td>准考证号</td><td></td><td>姓名</td><td></td></tr>
<tr><td>考试时限</td><td>15分钟</td><td>题型</td><td colspan="2">单项操作</td><td>题分</td><td>100分</td></tr>
<tr><td>成绩</td><td>考评员</td><td></td><td>考评组长</td><td></td><td>日期</td><td></td></tr>
<tr><td>试题正文</td><td colspan="6">利用卷尺测量地脚螺栓根开</td></tr>
<tr><td>需要说明的问题和要求</td><td colspan="6">（1）在考核场地实施考核。
（2）两人配合操作</td></tr>
</table>

序号	项目名称	质量要求	满分	扣分标准	扣分原因	得分
1	仪器使用前检查					
1.1	钢卷尺使用前检查	（1）使用前检查钢卷尺是否有损坏。 （2）检查钢卷尺是否在检定有效期内	20	未进行使用前检查扣20分		
2	钢卷尺使用					
2.1	对待测地脚螺栓进行根开测量	（1）正确使用钢卷尺。 （2）准确记录数据	60	钢卷尺适用不规范，扣5分/次； 数据未按要求记录，扣5分/组； 扣完为止		

续表

序号	项目名称	质量要求	满分	扣分标准	扣分原因	得分
3	回收仪器	仪器回收装盒，清理现场	20	未按规定摆放卷尺，扣 20 分		
合计			100			

Jc0003441002　金具识别。(100 分)

考核知识点：金具识别

难易度：易

技能等级评价专业技能考核操作工作任务书

一、任务名称

金具识别。

二、适用工种

架空线路工中级工。

三、具体任务

正确识别常用金具名称、用途。

四、工作规范及要求

（1）相关工器具的准备。

（2）工器具的正确使用及安全措施。

五、考核及时间要求

（1）本考核操作时间为20分钟，时间到停止考评。

（2）考评过程中如果由于测试人员操作不规范，有可能引发不安全因素的，停止考评，该项考核项目不得分，但不影响其他项目。

技能等级评价专业技能考核操作评分标准

工种	架空线路工					评价等级	中级工
项目模块	基本技能—常用材料知识				编号	Jc0003441002	
单位		准考证号				姓名	
考试时限	20 分钟	题型		单项操作		题分	100 分
成绩		考评员		考评组长		日期	
试题正文	金具识别						
需要说明的问题和要求	（1）在考核场地实施考试。 （2）现场提供 20 种以上各种型号线路金具，要求选手正确识别 10 种金具，写出名称、用途。 （3）本项目为单人操作						

序号	项目名称	质量要求	满分	扣分标准	扣分原因	得分
1	线路金具一	（1）识别金具名称正确。 （2）识别金具型号正确。 （3）金具用途回答正确	10	每种金具名称不正确，扣 4 分； 每种金具型号不正确，扣 3 分； 每种金具用途不正确，扣 3 分		
2	线路金具二	（1）识别金具名称正确。 （2）识别金具型号正确。 （3）金具用途回答正确	10	每种金具名称不正确，扣 4 分； 每种金具型号不正确，扣 3 分； 每种金具用途不正确，扣 3 分		

续表

序号	项目名称	质量要求	满分	扣分标准	扣分原因	得分
3	线路金具三	（1）识别金具名称正确。 （2）识别金具型号正确。 （3）金具用途回答正确	10	每种金具名称不正确，扣 4 分； 每种金具型号不正确，扣 3 分； 每种金具用途不正确，扣 3 分		
4	线路金具四	（1）识别金具名称正确。 （2）识别金具型号正确。 （3）金具用途回答正确	10	每种金具名称不正确，扣 4 分； 每种金具型号不正确，扣 3 分； 每种金具用途不正确，扣 3 分		
5	线路金具五	（1）识别金具名称正确。 （2）识别金具型号正确。 （3）金具用途回答正确	10	每种金具名称不正确，扣 4 分； 每种金具型号不正确，扣 3 分； 每种金具用途不正确，扣 3 分		
6	线路金具六	（1）识别金具名称正确。 （2）识别金具型号正确。 （3）金具用途回答正确	10	每种金具名称不正确，扣 4 分； 每种金具型号不正确，扣 3 分； 每种金具用途不正确，扣 3 分		
7	线路金具七	（1）识别金具名称正确。 （2）识别金具型号正确。 （3）金具用途回答正确	10	每种金具名称不正确，扣 4 分； 每种金具型号不正确，扣 3 分； 每种金具用途不正确，扣 3 分		
8	线路金具八	（1）识别金具名称正确。 （2）识别金具型号正确。 （3）金具用途回答正确	10	每种金具名称不正确，扣 4 分； 每种金具型号不正确，扣 3 分； 每种金具用途不正确，扣 3 分		
9	线路金具九	（1）识别金具名称正确。 （2）识别金具型号正确。 （3）金具用途回答正确	10	每种金具名称不正确，扣 4 分； 每种金具型号不正确，扣 3 分； 每种金具用途不正确，扣 3 分		
10	线路金具十	（1）识别金具名称正确。 （2）识别金具型号正确。 （3）金具用途回答正确	10	每种金具名称不正确，扣 4 分； 每种金具型号不正确，扣 3 分； 每种金具用途不正确，扣 3 分		
合计			100			

Jc0003442003　全站仪对中、整平、对光、调焦操作。（100 分）

考核知识点：全站仪操作

难易度：中

技能等级评价专业技能考核操作工作任务书

一、任务名称

全站仪对中、整平、对光、调焦操作。

二、适用工种

架空线路工中级工。

三、具体任务

要求考生完成全站仪对中、整平、对光、调焦操作。

四、工作规范及要求

（1）全站仪使用常见的尼康 DTM－352C 系列全站仪、索佳 SET220、南方 NTS 系列。

（2）使用光学对点器对中。

（3）在平坦的地面钉一木桩，桩头中心钉一颗小铁钉作为测量站点。

（4）关键工序完整正确。

五、考核及时间要求

考核时间共10分钟，每超过2分钟扣1分，到15分钟终止考核。

技能等级评价专业技能考核操作评分标准

工种	架空线路工				评价等级	中级工
项目模块	基本技能—经纬仪及其他测绘仪器的使用			编号	Jc0003442003	
单位		准考证号			姓名	
考试时限	10 分钟	题型	单项操作		题分	100 分
成绩		考评员		考评组长		日期	
试题正文	全站仪对中、整平、对光、调焦操作					
需要说明的问题和要求	（1）使用光学对点器对中。 （2）在平坦的地面钉一木桩，桩头中心钉一颗小铁钉作为测量站点					

序号	项目名称	质量要求	满分	扣分标准	扣分原因	得分
1	仪器安装					
1.1	将三脚架高度调节好后架于测站点上	高度便于操作	4	不正确扣 1～4 分		
1.2	仪器从箱中取出	一手握扶照准部，一手握住三角机座	4	不正确扣 1～4 分		
1.3	将仪器放于三脚架上，转动中心固定螺旋	将仪器固定于脚架上，不能拧太紧，留有余地	4	不正确扣 1～4 分		
2	光学对点器对中					
2.1	旋转对点器目镜	使分化板清晰	4	不正确扣 1～4 分		
2.2	拉伸对点器镜管	使对中标志清晰	4	不正确扣 1～4 分		
2.3	两手各持三脚架中两脚，另一脚用右（左）手胳膊与右（左）腿配合好，将仪器平稳脱离地，来回移动	找到木桩	4	不正确扣 1～4 分		
2.4	将仪器平稳放落地，将分化板的小圆圈套住桩上小铁钉	仪器一次放成功	4	每超过二次扣 2 分，扣完为止		
2.5	仪器调平后再滑动仪器调整	使小铁钉准确处于分化的小圆圈中心	4	圈外扣 4 分； 不在中心视情况扣 1 分		
3	调整圆水泡					
3.1	将三脚架踩紧或调整各脚的高度	使圆水泡中的气泡居中	5	不正确扣 1～5 分		
4	精确对中					
4.1	将仪器照准部转动 180°后再检查仪器对中情况，然后拧紧中心固定螺栓	仪器调平后还要再精细对中一次，使小铁钉准确处于分划板的小圆圈中心	5	不正确扣 1～5 分		
5	仪器调平					
5.1	转动仪器照准部	使长型水准器与任意两个脚螺旋的连接线平行	3	不正确扣 1～3 分		
5.2	以相反方向等量转动此两脚螺旋	使气泡正确居中	3	不正确扣 1～3 分		
5.3	将仪器转动 90°，旋转第三个脚螺旋	使气泡居中	3	不正确扣 1～3 分		
5.4	反复调整两次	仪器旋转至任何位置，水准气泡最大偏离值都不超过 1/4 格值	3	反复超过二次扣 2 分，扣完为止		

续表

序号	项目名称	质量要求	满分	扣分标准	扣分原因	得分
5.5	仪器精对中后还要再检查调平一次	所有要求合格	3	不合格扣 1～3 分		
6	对光					
6.1	将望远镜想着光亮均匀的背景（天空），转动目镜	使分划板十字丝清晰明确	3	不正确扣 1～3 分		
6.2	记住屈光度后再重调一次	要求两次屈光度一致	3	不一致扣 1～3 分		
7	调焦					
7.1	从瞄准器上对准目标后，拧紧照准部制动手轮	对准目标	4	不正确扣 4 分		
7.2	旋转望远镜调焦手轮	使标杆的影像清晰	3	不正确扣 1～3 分		
7.3	旋动照准部微动手轮	使标杆在十字丝双丝正中	4	不正确扣 1～4 分		
7.4	眼睛上下左右移动检查有无视差	如有视差，再进行调焦清除	3	不正确扣 1～3 分		
7.5	旋动照准部微动手轮	仔细检查使标杆在十字丝双丝正中	3	不正确扣 1～3 分		
8	收仪器					
8.1	松动所有制动手轮	仪器活动	3	不正确扣 1～3 分		
8.2	松开仪器中心固定螺旋	一手握仪器，一手旋下固定螺旋	3	不正确扣 1～3 分		
8.3	双手将功能仪器轻轻拿下放进箱内	要求位置正确，一次成功	3	每失误一次扣 1 分，扣完为止		
8.4	清除三角架上的泥土	将三角架收回，扣上皮带	3	不正确扣 1～3 分		
8.5	操作时动作	熟练流畅	5	不熟练扣 1～4 分		
8.6	按时完成	按要求完成	3	超过时间不给分，每超过 2 分钟扣 1 分		
合计			100			

Jc0003442004　光学经纬仪水平置零。（100 分）

考核知识点：经纬仪操作

难易度：中

技能等级评价专业技能考核操作工作任务书

一、任务名称

光学经纬仪水平置零。

二、适用工种

架空线路工中级工。

三、具体任务

完成光学经纬仪水平角度度数置零。

四、工作规范及要求

（1）相关工器具的准备。

（2）仪器仪表的正确使用及做好安全措施。

五、考核及时间要求

（1）本考核操作时间为15分钟，时间到停止考评。

（2）考评过程中如果由于测试人员操作不规范，有可能引发不安全因素的，停止考评，该项考核项目不得分，但不影响其他项目。

技能等级评价专业技能考核操作评分标准

工种	架空线路工					评价等级	中级工
项目模块	基本技能—经纬仪及其他测绘仪器的使用				编号	Jc0003442004	
单位			准考证号			姓名	
考试时限	15 分钟		题型	单项操作		题分	100 分
成绩		考评员		考评组长		日期	
试题正文	光学经纬仪水平置零						
需要说明的问题和要求	（1）正确支设经纬仪。 （2）每步操作完成后报监考检查。 （3）单人操作						

序号	项目名称	质量要求	满分	扣分标准	扣分原因	得分
1	安装仪器					
1.1	经纬仪支设	（1）光学经纬仪支设顺序合理。在测站点上先将三脚架张开，使其高度适当，架头大致水平，目估对中，并将架腿踩实。再开箱取出仪器，将其架在三脚架上。 （2）光学经纬仪水平找正合理。转动对点器对光螺旋，使地面标志点的影像清晰。眼睛边观察对点器中的影像，边用手旋转脚螺旋，使测站点的标志中心的影像位于对点器上的圆圈中心。 （3）光学经纬仪对准测点。检查对中，若偏移量小于 3mm，对中整平达到要求。若偏移量大于 3mm，可稍旋松中心连接螺旋，在架头上用手扶住基座板平移仪器，使其精确对中，再检查是否整平。此过程要进行 2～3 次，直至达到要求为止	20	光学经纬仪支设顺序错误扣 5 分； 光学经纬仪水平找正不合理扣 5 分； 光学经纬仪对准测点未完成扣 10 分		
2	水平置零					
2.1	水平置零操作	能正确进行水平置零操作，操作结果准确无误	50	操作顺序错误扣 10 分； 测量结果错误扣 40 分		
3	回收仪器	仪器回收装盒，清理现场	30	仪器水平制动或垂直制动锁死扣 20 分； 仪器反光镜未关闭扣 10 分		
	合计		100			

Jc0003442005　光学经纬仪垂直置 90° 0′0″。（100 分）

考核知识点：经纬仪操作

难易度：中

技能等级评价专业技能考核操作工作任务书

一、任务名称

光学经纬仪垂直置90° 0′0″。

二、适用工种

架空线路工中级工。

三、具体任务

将光学经纬仪垂直角度设置90° 0′0″。

四、工作规范及要求

（1）相关工器具的准备。

（2）仪器仪表的正确使用及安全措施。

五、考核及时间要求

（1）本考核操作时间为15分钟，时间到停止考评。

（2）考评过程中如果由于测试人员操作不规范，有可能引发不安全因素的，停止考评，该项考核项目不得分，但不影响其他项目。

技能等级评价专业技能考核操作评分标准

<table>
<tr><td>工种</td><td colspan="5">架空线路工</td><td>评价等级</td><td>中级工</td></tr>
<tr><td>项目模块</td><td colspan="4">基本技能—经纬仪及其他测绘仪器的使用</td><td>编号</td><td colspan="2">Jc0003442005</td></tr>
<tr><td>单位</td><td colspan="2"></td><td>准考证号</td><td colspan="2"></td><td>姓名</td><td></td></tr>
<tr><td>考试时限</td><td>15 分钟</td><td>题型</td><td colspan="3">单项操作</td><td>题分</td><td>100 分</td></tr>
<tr><td>成绩</td><td></td><td>考评员</td><td></td><td>考评组长</td><td></td><td>日期</td><td></td></tr>
<tr><td>试题正文</td><td colspan="7">光学经纬仪垂直置 90°0′0″</td></tr>
<tr><td>需要说明的问题和要求</td><td colspan="7">（1）正确支设经纬仪。
（2）每步操作完成后报监考检查。
（3）单人操作</td></tr>
</table>

序号	项目名称	质量要求	满分	扣分标准	扣分原因	得分
1	安装仪器					
1.1	经纬仪支设	（1）光学经纬仪支设顺序合理。在测站点上先将三脚架张开，使其高度适当，架头大致水平，目估对中，并将架腿踩实。再开箱取出仪器，将其架在三脚架上。 （2）光学经纬仪水平找正合理。转动对点器对光螺旋，使地面标志点的影像清晰。眼睛边观察对点器中的影像，边用手旋转脚螺旋，使测站点的标志中心的影像位于对点器上的圆圈中心。 （3）光学经纬仪对准测点。检查对中，若偏移量小于 3mm，对中整平达到要求。若偏移量大于 3mm，可稍旋松中心连接螺旋，在架头上用手扶住基座板平移仪器，使其精确对中，再检查是否整平。此过程要进行 2～3，直至达到要求为止	20	光学经纬仪支设顺序不合理扣 5 分； 光学经纬仪水平找正不合理扣 5 分； 光学经纬仪对准测点未完成扣 10 分		
2	水平置零					
2.1	水平置零操作	能正确进行垂直置 90°0′0″操作，操作结果准确无误	50	操作顺序错误扣 10 分； 测量结果错误扣 40 分		
3	回收仪器	仪器回收装盒，清理现场	30	仪器水平制动或垂直制动锁死扣 20 分； 仪器反光镜未关闭扣 10 分		
合计			100			

Jc0003442006　光学经纬仪水平置 80° 10′7″。(100 分)

考核知识点：经纬仪操作

难易度：中

技能等级评价专业技能考核操作工作任务书

一、任务名称

光学经纬仪水平置80° 10′7″。

二、适用工种

架空线路工中级工。

三、具体任务

将光学经纬仪水平角度设置80° 10′7″。

四、工作规范及要求

（1）相关工器具的准备。

（2）仪器仪表的正确使用及安全措施。

五、考核及时间要求

（1）本考核操作时间为15分钟，时间到停止考评。

（2）考评过程中如果由于测试人员操作不规范，有可能引发不安全因素的，停止考评，该项考核项目不得分，但不影响其他项目。

技能等级评价专业技能考核操作评分标准

工种	架空线路工					评价等级	中级工
项目模块	基本技能—经纬仪及其他测绘仪器的使用				编号	Jc0003442006	
单位			准考证号			姓名	
考试时限	15 分钟		题型	单项操作		题分	100 分
成绩		考评员		考评组长		日期	
试题正文	光学经纬仪水平置 80°10′7″						
需要说明的问题和要求	（1）正确支设经纬仪。 （2）每步操作完成后报监考检查。 （3）单人操作						

序号	项目名称	质量要求	满分	扣分标准	扣分原因	得分
1	安装仪器					
1.1	经纬仪支设	（1）光学经纬仪支设顺序合理。在测站点上先将三脚架张开，使其高度适当，架头大致水平，目估对中，并将架腿踩实。再开箱取出仪器，将其架在三脚架上。 （2）光学经纬仪水平找正合理。转动对点器对光螺旋，使地面标志点的影像清晰。眼睛边观察对点器中的影像，边用手旋转脚螺旋，使测站点的标志中心的影像位于对点器上的圆圈中心。 （3）光学经纬仪对准测点。检查对中，若偏移量小于 3mm，对中整平达到要求。若偏移量大于 3mm，可稍旋松中心连接螺旋，在架头上用手扶住基座板平移仪器，使其精确对中，再检查是否整平。此过程要进行 2～3 次，直至达到要求为止	20	光学经纬仪支设顺序不合理扣 5 分； 光学经纬仪水平找正不合理扣 5 分； 光学经纬仪对准测点未完成扣 10 分		

续表

序号	项目名称	质量要求	满分	扣分标准	扣分原因	得分
2	水平置零					
2.1	水平置零操作	能正确进行水平置 80°10′7″操作，操作结果准确无误	50	操作顺序错误扣 10 分； 测量结果错误扣 40 分		
3	回收仪器	仪器回收装盒，清理现场	30	仪器水平制动或垂直制动锁死扣 20 分； 仪器反光镜未关闭扣 10 分		
合计			100			

Jc0003442007 利用光学经纬仪对测点进行垂直角测量。（100 分）

考核知识点：经纬仪操作测量

难易度：中

技能等级评价专业技能考核操作工作任务书

一、任务名称

利用光学经纬仪对测点进行垂直角测量。

二、适用工种

架空线路工中级工。

三、具体任务

利用光学经纬仪测量给定测点垂角度。

四、工作规范及要求

（1）相关工器具的准备。

（2）仪器仪表的正确使用及做好安全措施。

五、考核及时间要求

（1）本考核操作时间为15分钟，时间到停止考评。

（2）考评过程中如果由于测试人员操作不规范，有可能引发不安全因素的，停止考评，该项考核项目不得分，但不影响其他项目。

技能等级评价专业技能考核操作评分标准

<table>
<tr><td>工种</td><td colspan="5">架空线路工</td><td>评价等级</td><td>中级工</td></tr>
<tr><td>项目模块</td><td colspan="4">基本技能—经纬仪及其他测绘仪器的使用</td><td>编号</td><td colspan="2">Jc0003442007</td></tr>
<tr><td>单位</td><td colspan="2"></td><td>准考证号</td><td colspan="2"></td><td>姓名</td><td></td></tr>
<tr><td>考试时限</td><td colspan="2">15 分钟</td><td>题型</td><td colspan="2">单项操作</td><td>题分</td><td>100 分</td></tr>
<tr><td>成绩</td><td></td><td>考评员</td><td></td><td>考评组长</td><td></td><td>日期</td><td></td></tr>
<tr><td>试题正文</td><td colspan="7">利用光学经纬仪对测点进行垂直角测量</td></tr>
<tr><td>需要说明的问题和要求</td><td colspan="7">（1）正确支设经纬仪。
（2）每步操作完成后报监考检查。
（3）单人操作。
（4）考试前向考官确认测点</td></tr>
</table>

序号	项目名称	质量要求	满分	扣分标准	扣分原因	得分
1	安装仪器					

续表

序号	项目名称	质量要求	满分	扣分标准	扣分原因	得分
1.1	经纬仪支设	（1）光学经纬仪支设顺序合理。在测站点上先将三脚架张开，使其高度适当，架头大致水平，目估对中，并将架腿踩实。再开箱取出仪器，将其架在三脚架上。 （2）光学经纬仪水平找正合理。转动对点器对光螺旋，使地面标志点的影像清晰。眼睛边观察对点器中的影像，边用手旋转脚螺旋，使测站点的标志中心的影像位于对点器上的圆圈中心。 （3）光学经纬仪对准测点。检查对中，若偏移量小于 3mm，对中整平达到要求。若偏移量大于 3mm，可稍旋松中心连接螺旋，在架头上用手扶住基座板平移仪器，使其精确对中，再检查是否整平。此过程要进行 2～3 次，直至达到要求为止	20	光学经纬仪支设顺序不合理扣 5 分； 光学经纬仪水平找正不合理扣 5 分； 光学经纬仪对准测点未完成扣 10 分		
2	垂直角读数	（1）正确使用经纬仪读取测点垂直角读数。 （2）正确填写记录	50	操作不规范扣 10 分/次； 测量结果错误扣 40 分		
3	回收仪器	仪器回收装盒，清理现场	30	仪器水平制动或垂直制动锁死扣 10 分； 仪器反光镜未关闭扣 10 分； 垂直角补偿未关扣 10 分		
合计			100			

Jc0003442008　光学经纬仪基础根开检查。（100 分）

考核知识点：经纬仪操作测量

难易度：中

技能等级评价专业技能考核操作工作任务书

一、任务名称

光学经纬仪基础根开检查。

二、适用工种

架空线路工中级工。

三、具体任务

使用光学经纬仪进行基础根开尺寸检查。

四、工作规范及要求

（1）相关工器具的准备。

（2）仪器仪表的正确使用及做好安全措施。

五、考核及时间要求

（1）本考核操作时间为15分钟，时间到停止考评。

（2）考评过程中如果由于测试人员操作不规范，有可能引发不安全因素的，停止考评，该项考核项目不得分，但不影响其他项目。

技能等级评价专业技能考核操作评分标准

工种	架空线路工			评价等级	中级工
项目模块	基本技能—经纬仪及其他测绘仪器的使用		编号	Jc0003442008	
单位		准考证号		姓名	

续表

考试时限	15 分钟		题型	单项操作		题分	100 分
成绩		考评员		考评组长		日期	
试题正文	光学经纬仪基础根开检查						
需要说明的问题和要求	（1）王确支设经纬仪。 （2）每步操作完成后报监考检查。 （3）一人操作，一人配合。 （4）考试前向考官确认测点						

序号	项目名称	质量要求	满分	扣分标准	扣分原因	得分
1	安装仪器					
1.1	经纬仪支设	（1）光学经纬仪支设顺序合理。在测站点上先将三脚架张开，使其高度适当，架头大致水平，目估对中，并将架腿踩实。再开箱取出仪器，将其架在三脚架上。 （2）光学经纬仪水平找正合理。转动对点器对光螺旋，使地面标志点的影像清晰。眼睛边观察对点器中的影像，边用手旋转脚螺旋，使测站点的标志中心的影像位于对点器上的圆圈中心。 （3）光学经纬仪对准测点。检查对中，若偏移量小于 3mm，对中整平达到要求。若偏移量大于 3mm，可稍旋松中心连接螺旋，在架头上用手扶住基座板平移仪器，使其精确对中，再检查是否整平。此过程要进行 2～3 次，直至达到要求为止	20	光学经纬仪支设顺序不合理扣 5 分； 光学经纬仪水平找正不合理扣 5 分； 光学经纬仪对准测点未完成扣 10 分		
2	基础根开复测					
2.1	经纬仪垂直角度观测	能正确进行水平置零操作，操作结果准确无误	20	操作顺序错误扣 20 分		
2.2	用卷尺拉出水平斜距	精确记录斜距数据	20	斜距测量错误扣 20 分		
2.3	计算数据	计算结果正确	20	测量结果错误扣 20 分		
3	回收仪器	仪器回收装盒，清理现场	20	仪器水平制动或垂直制动锁死扣 10 分； 仪器反光镜未关闭扣 10 分		
合计			100			

Jc0003442009　利用光学经纬仪测量基础顶面与中心桩高差。（100 分）

考核知识点： 经纬仪操作测量

难易度： 中

技能等级评价专业技能考核操作工作任务书

一、任务名称

利用光学经纬仪测量基础顶面与中心桩高差。

二、适用工种

架空线路工中级工。

三、具体任务

两人配合，利用光学经纬仪测量基础顶面与中心桩高差。

四、工作规范及要求

（1）相关工器具的准备。

（2）仪器仪表的正确使用及安全措施。

五、考核及时间要求

（1）本考核操作时间为 15 分钟，时间到停止考评。

（2）考评过程中如果由于测试人员操作不规范，有可能引发不安全因素的，停止考评，该项考核项目不得分，但不影响其他项目。

技能等级评价专业技能考核操作评分标准

工种	架空线路工					评价等级	中级工
项目模块	基本技能—经纬仪及其他测绘仪器的使用				编号	Jc0003442009	
单位			准考证号			姓名	
考试时限	15 分钟		题型		单项操作	题分	100 分
成绩		考评员		考评组长		日期	
试题正文	利用光学经纬仪测量基础顶面与中心桩高差						
需要说明的问题和要求	（1）正确支设经纬仪。 （2）每步操作完成后报监考检查。 （3）一人操作，一人配合。 （4）考试前向考官确认测点						

序号	项目名称	质量要求	满分	扣分标准	扣分原因	得分
1	安装仪器					
1.1	经纬仪支设	（1）光学经纬仪支设顺序合理。在测站点上先将三脚架张开，使其高度适当，架头大致水平，目估对中，并将架腿踩实。再开箱取出仪器，将其架在三脚架上。 （2）光学经纬仪水平找正合理。转动对点器对光螺旋，使地面标志点的影像清晰。眼睛边观察对点器中的影像，边用手旋转脚螺旋，使测站点的标志中心的影像位于对点器上的圆圈中心。 （3）光学经纬仪对准测点。检查对中，若偏移量小于 3mm，对中整平达到要求。若偏移量大于 3mm，可稍旋松中心连接螺旋，在架头上用手扶住基座板平移仪器，使其精确对中，再检查是否整平。此过程要进行 2～3 次，直至达到要求为止	20	光学经纬仪支设顺序不合理扣 5 分； 光学经纬仪水平找正不合理扣 5 分； 光学经纬仪对准测点未完成扣 10 分		
2	高差测量					
2.1	测量仪高	能正确量取仪高	20	仪高测量错误扣 20 分		
2.2	测量基础顶面高程并计算出高差	正确测量数据并计算出正确结果	40	结果错误扣 40 分		
3	回收仪器	仪器回收装盒，清理现场	20	仪器水平制动或垂直制动锁死扣 10 分； 仪器反光镜未关闭扣 10 分		
合计			100			

Jc0003442010　利用光学经纬仪测量地脚螺栓高差。（100 分）

考核知识点：经纬仪操作测量

难易度：中

技能等级评价专业技能考核操作工作任务书

一、任务名称

利用光学经纬仪测量地脚螺栓高差。

二、适用工种

架空线路工中级工。

三、具体任务

两人合作，利用光学经纬仪测量地脚螺栓高差。

四、工作规范及要求

（1）相关工器具的准备。

（2）仪器仪表的正确使用及安全措施。

五、考核及时间要求

（1）本考核操作时间为15分钟，时间到停止考评。

（2）考评过程中如果由于测试人员操作不规范，有可能引发不安全因素的，停止考评，该项考核项目不得分，但不影响其他项目。

技能等级评价专业技能考核操作评分标准

工种	架空线路工					评价等级	中级工
项目模块	基本技能—经纬仪及其他测绘仪器的使用				编号		Jc0003442010
单位			准考证号			姓名	
考试时限	15分钟		题型	单项操作		题分	100分
成绩		考评员		考评组长		日期	
试题正文	利用光学经纬仪测量地脚螺栓高差						
需要说明的问题和要求	（1）正确支设经纬仪。 （2）每步操作完成后报监考检查。 （3）一人操作，一人配合。 （4）考试前向考官确认测点						

序号	项目名称	质量要求	满分	扣分标准	扣分原因	得分
1	安装仪器					
1.1	经纬仪支设	（1）光学经纬仪支设顺序合理。在测站点上先将三脚架张开，使其高度适当，架头大致水平，目估对中，并将架腿踩实。再开箱取出仪器，将其架在三脚架上。 （2）光学经纬仪水平找正合理。转动对点器对光螺旋，使地面标志点的影像清晰。眼睛边观察对点器中的影像，边用手旋转脚螺旋，使测站点的标志中心的影像位于对点器上的圆圈中心。 （3）光学经纬仪对准测点。检查对中，若偏移量小于3mm，对中整平达到要求。若偏移量大于3mm，可稍旋松中心连接螺旋，在架头上用手扶住基座板平移仪器，使其精确对中，再检查是否整平。此过程要进行2～3次，直至达到要求为止	20	光学经纬仪支设顺序不合理扣5分； 光学经纬仪水平找正不合理扣5分； 光学经纬仪对准测点未完成扣10分		
2	高差测量					
2.1	测量仪高	能正确量取仪高	20	仪高测量错误扣20分		

续表

序号	项目名称	质量要求	满分	扣分标准	扣分原因	得分
2.2	测量基础顶面高程并计算出高差	正确测量数据并计算出正确结果	40	结果错误扣40分		
3	回收仪器	仪器回收装盒，清理现场	20	仪器水平制动或垂直制动锁死扣10分； 仪器反光镜未关闭扣10分		
合计			100			

Jc0003442011　利用光学经纬仪测量档距。(100分)

考核知识点：经纬仪操作测量

难易度：中

技能等级评价专业技能考核操作工作任务书

一、任务名称

利用光学经纬仪测量档距。

二、适用工种

架空线路工中级工。

三、具体任务

两人配合，利用光学经纬仪测量给定档距长度。

四、工作规范及要求

（1）相关工器具的准备。

（2）仪器仪表的正确使用及安全措施。

五、考核及时间要求

（1）本考核操作时间为15分钟，时间到停止考评。

（2）考评过程中如果由于测试人员操作不规范，有可能引发不安全因素的，停止考评，该项考核项目不得分，但不影响其他项目。

技能等级评价专业技能考核操作评分标准

<table>
<tr><td>工种</td><td colspan="6">架空线路工</td><td>评价等级</td><td>中级工</td></tr>
<tr><td>项目模块</td><td colspan="5">基本技能—经纬仪及其他测绘仪器的使用</td><td>编号</td><td colspan="2">Jc0003442011</td></tr>
<tr><td>单位</td><td colspan="3"></td><td>准考证号</td><td colspan="2"></td><td>姓名</td><td></td></tr>
<tr><td>考试时限</td><td colspan="2">15分钟</td><td>题型</td><td colspan="3">单项操作</td><td>题分</td><td>100分</td></tr>
<tr><td>成绩</td><td></td><td>考评员</td><td></td><td>考评组长</td><td colspan="2"></td><td>日期</td><td></td></tr>
<tr><td>试题正文</td><td colspan="8">利用光学经纬仪测量档距</td></tr>
<tr><td>需要说明的问题和要求</td><td colspan="8">（1）正确支设经纬仪。
（2）每步操作完成后报监考检查。
（3）一人操作，一人配合。
（4）考试前向考官确认测点</td></tr>
</table>

序号	项目名称	质量要求	满分	扣分标准	扣分原因	得分
1	安装仪器					

续表

序号	项目名称	质量要求	满分	扣分标准	扣分原因	得分
1.1	经纬仪支设	（1）光学经纬仪支设顺序合理。在测站点上先将三脚架张开，使其高度适当，架头大致水平，目估对中，并将架腿踩实。再开箱取出仪器，将其架在三脚架上。 （2）光学经纬仪水平找正合理。转动对点器对光螺旋，使地面标志点的影像清晰。眼睛边观察对点器中的影像，边用手旋转脚螺旋，使测站点的标志中心的影像位于对点器上的圆圈中心。 （3）光学经纬仪对准测点。检查对中，若偏移量小于 3mm，对中整平达到要求。若偏移量大于 3mm，可稍旋松中心连接螺旋，在架头上用手扶住基座板平移仪器，使其精确对中，再检查是否整平。此过程要进行 2～3 次，直至达到要求为止	20	光学经纬仪支设顺序不合理扣 5 分； 光学经纬仪水平找正不合理扣 5 分； 光学经纬仪对准测点未完成扣 10 分		
2	档距测量					
2.1	测量	正确使用经纬仪测量数据	50	操作不规范，扣 10 分/次； 测量结果错误扣 40 分		
2.2	数据整理	正确计算出结果并填写记录				
3	回收仪器	仪器回收装盒，清理现场	30	仪器水平制动或垂直制动锁死扣 10 分； 仪器反光镜未关闭扣 10 分； 垂直角补偿未关扣 10 分		
合计			100			

Jc0003442012　经纬仪视距测量。（100 分）

考核知识点：经纬仪操作测量

难易度：中

技能等级评价专业技能考核操作工作任务书

一、任务名称

经纬仪视距测量。

二、适用工种

架空线路工中级工。

三、具体任务

利用经纬仪进行视距测量的操作。

四、工作规范及要求

（1）要求单独操作，一人配合记录，写出计算过程。

（2）选用光学经纬仪，J2、J6 型均可。

（3）塔尺、钢卷尺、计算器。

（4）在培训架空线路上操作。

五、考核及时间要求

考核时间共 35 分钟，每超过 2 分钟扣 1 分，到 40 分钟终止考核。

技能等级评价专业技能考核操作评分标准

<table>
<tr><td>工种</td><td colspan="4">架空线路工</td><td>评价等级</td><td colspan="2">中级工</td></tr>
<tr><td>项目模块</td><td colspan="3">基本技能—经纬仪及其他测绘仪器的使用</td><td>编号</td><td colspan="3">Jc0003442012</td></tr>
<tr><td>单位</td><td colspan="2"></td><td>准考证号</td><td></td><td>姓名</td><td colspan="2"></td></tr>
<tr><td>考试时限</td><td>15 分钟</td><td>题型</td><td colspan="2">单项操作</td><td>题分</td><td colspan="2">100 分</td></tr>
<tr><td>成绩</td><td></td><td>考评员</td><td></td><td>考评组长</td><td></td><td>日期</td><td></td></tr>
<tr><td>试题正文</td><td colspan="7">经纬仪视距测量</td></tr>
<tr><td>需要说明的问题和要求</td><td colspan="7">要求单独操作，两人配合</td></tr>
</table>

<table>
<tr><td>序号</td><td>项目名称</td><td>质量要求</td><td>满分</td><td>扣分标准</td><td>扣分原因</td><td>得分</td></tr>
<tr><td>1</td><td>测量的准备</td><td></td><td></td><td></td><td></td><td></td></tr>
<tr><td>1.1</td><td>工器具</td><td>经纬仪、塔尺、计算器</td><td>5</td><td>差一项扣 5 分</td><td></td><td></td></tr>
<tr><td rowspan="2">1.2</td><td rowspan="2">选定仪器的测量点</td><td>将仪器置于指定观测点位置</td><td>5</td><td>不正确扣 5 分</td><td></td><td></td></tr>
<tr><td>将塔尺置于指定被观测点位置</td><td>5</td><td>不正确扣 5 分</td><td></td><td></td></tr>
<tr><td>2</td><td>调整仪器</td><td></td><td></td><td></td><td></td><td></td></tr>
<tr><td rowspan="2">2.1</td><td rowspan="2">仪器对中、整平、对光</td><td>在观测点位置将仪器对中、整平、对光</td><td>10</td><td>不正确扣 5～10 分</td><td></td><td></td></tr>
<tr><td>量取仪高</td><td>10</td><td>不正确扣 10 分</td><td></td><td></td></tr>
<tr><td>3</td><td>测量，计算</td><td></td><td></td><td></td><td></td><td></td></tr>
<tr><td rowspan="5">3.1</td><td rowspan="5">测量水平视距及高差</td><td>将仪器竖盘照明反光镜转动使显微镜中的读数最明亮、清晰</td><td>10</td><td>不正确扣 3～10 分</td><td></td><td></td></tr>
<tr><td>转动镜筒瞄准塔尺方向锁紧望远镜制动手轮</td><td>10</td><td>不正确扣 3～10 分</td><td></td><td></td></tr>
<tr><td>转动望远镜微动手轮使上、下横丝对准塔尺上数值</td><td>10</td><td>不正确扣 3～10 分</td><td></td><td></td></tr>
<tr><td>精确读出上、下横丝在塔尺上的数值（利用上丝－下丝）求出视距间隔值</td><td>15</td><td>不正确扣 15 分</td><td></td><td></td></tr>
<tr><td>根据视距公式 $D=K$（上丝－下丝）计算出水平距离。
计算高差（仪高－中横丝在塔尺上的读数）</td><td>15</td><td>不正确扣 15 分</td><td></td><td></td></tr>
<tr><td>4</td><td>其他要求</td><td>（1）要求着装正确（工作服、工作胶鞋、安全帽）。
（2）操作动作熟练。
（3）将仪器一次性装箱成功。
（4）清理工作现场符合文明生产要求。
（5）在规定的时间内完成</td><td>5</td><td>不符合要求，每项扣 2 分，扣完为止</td><td></td><td></td></tr>
<tr><td colspan="2">合计</td><td></td><td>100</td><td></td><td></td><td></td></tr>
</table>

Jc0003442013 回弹仪的使用。(100 分)

考核知识点：回弹仪的使用操作

难易度：中

技能等级评价专业技能考核操作工作任务书

一、任务名称

回弹仪的使用。

二、适用工种

架空线路工中级工。

三、具体任务

利用回弹仪测量混凝土强度。

四、工作规范及要求

（1）相关工器具的准备。

（2）仪器仪表的正确使用及安全措施。

五、考核及时间要求

（1）本考核操作时间为15分钟，时间到停止考评。

（2）考评过程中如果由于测试人员操作不规范，有可能引发不安全因素的，停止考评，该项考核项目不得分，但不影响其他项目。

技能等级评价专业技能考核操作评分标准

工种	架空线路工				评价等级	中级工
项目模块	基本技能—工器具、测量仪表的使用知识			编号	Jc0003442013	
单位		准考证号			姓名	
考试时限	15分钟	题型	单项操作		题分	100分
成绩		考评员		考评组长	日期	
试题正文	回弹仪的使用					
需要说明的问题和要求	要求单独操作					

序号	项目名称	质量要求	满分	扣分标准	扣分原因	得分
1	仪器使用前检查					
1.1	回弹仪使用前检查	（1）使用前检查回弹仪是否有损坏。 （2）检查回弹仪是否检定	20	未进行使用前检查扣20分		
2	回弹仪使用					
2.1	对待测混凝土进行回弹检测	（1）正确使用回弹仪。 （2）准确记录数据	60	回弹仪适用不规范，扣5分/次； 数据未按要求记录，扣5分/组； 以上扣分，扣完为止		
3	回收仪器	仪器回收装盒，清理现场	20	未对仪器减压装盒扣20分		
合计			100			

Jc0003441014 间接法测量基础混凝土主筋数量、间距操作。（100分）

考核知识点：基础混凝土主筋数量、间距测量操作

难易度：易

技能等级评价专业技能考核操作工作任务书

一、任务名称

间接法测量基础混凝土主筋数量、间距操作。

二、适用工种

架空线路工中级工。

三、具体任务

按要求在15分钟内用间接法测量基础混凝土钢数量、筋间距。

四、工作规范及要求

（1）一人独自操作，一人配合记录。

（2）要求着装正确（工作服、工作胶鞋、安全帽）。

五、考核及时间要求

考核时间共 15 分钟。每超过 2 分钟扣 1 分，到 20 分钟终止考核。

技能等级评价专业技能考核操作评分标准

工种	架空线路工					评价等级	中级工	
项目模块	基本技能—工器具、测量仪表的使用知识				编号	Jc0003441014		
单位			准考证号			姓名		
考试时限	15 分钟		题型	单项操作		题分	100 分	
成绩		考评员		考评组长		日期		
试题正文	间接法测量基础混凝土主筋数量、间距操作							
需要说明的问题和要求	一人独自操作，一人配合记录							

序号	项目名称	质量要求	满分	扣分标准	扣分原因	得分
1	工用具准备					
1.1	钢筋探测仪、铁锹、笤帚	外观检查钢筋探测仪无缺陷	10	每错、漏一项扣 5 分，扣完为止		
2	检测准备					
2.1	收集设计资料	确定检测区域内钢筋可能的分布状况，选择适当的检测面。检测面应清洁、平整，并应避开金属预埋件	20	每错、漏一项扣 5 分，扣完为止		
2.2	钢筋探测仪应进行预热和调零	检测前，钢筋探测仪应进行预热和调零，调零时探头应远离金属物体（在检测过程中，也应检查钢筋探测仪的零点状态）	20	每错、漏一项扣 5 分，扣完为止		
2.3	选择测试方式		10			
2.4	预设检测参数	钢筋直径（设计值），钢筋类型（螺纹，圆钢），保护层厚度（设计值）	20	每错、漏一项扣 5 分，扣完为止		
3	钢筋数量、间距检测	（1）首先测试箍筋位置，并标记。 （2）避开箍筋、钢筋接头与绑丝位置，将测试面所有主筋逐一检出，并在结构表面标出每个钢筋的相应位置。 （3）测量和记录每个检出钢筋的相对位置	20	每错、漏一项扣 5 分，扣完为止		
合计			100			

Jc0003441015　输电铁塔塔材镀锌层厚度检测操作。（100 分）

考核知识点：镀锌层厚度检测操作

难易度：易

技能等级评价专业技能考核操作工作任务书

一、任务名称

输电铁塔塔材镀锌层厚度检测操作。

二、适用工种

架空线路工中级工。

三、具体任务

使用仪器正确测量输电铁塔塔材镀锌层厚度。

四、工作规范及要求

（1）一人独自操作，一人配合记录。

（2）要求着装正确（工作服、工作胶鞋、安全帽）。

五、考核及时间要求

考核时间共 15 分钟。每超过 2 分钟扣 1 分，到 20 分钟终止考核。

技能等级评价专业技能考核操作评分标准

工种	架空线路工					评价等级	中级工
项目模块	基本技能—工器具、测量仪表的使用知识				编号	Jc0003441015	
单位			准考证号			姓名	
考试时限	15 分钟		题型	单项操作		题分	100 分
成绩		考评员		考评组长		日期	
试题正文	输电铁塔塔材镀锌层厚度检测操作						
需要说明的问题和要求	一人独自操作，一人配合记录						

序号	项目名称	质量要求	满分	扣分标准	扣分原因	得分
1	工用具准备					
1.1	金属涂镀层测厚仪、毛巾、厚度测试片	外观检查钢筋探测仪无缺陷	10	每错、漏一项扣 5 分，扣完为止		
2	检测准备					
2.1	校验	应用金属涂镀层测厚仪时，应经标准厚度试片校正后再使用	20	每错、漏一项扣 5 分，扣完为止		
2.2	测试点选择	测试时，测试点应均匀分布，离边缘距离不小于 10mm，测试点的数目按下列规定：角钢试样每面 3 处各 1 点，4 面共 12 点；钢板试样每面 6 处各 1 点，2 面共 12 点	50	每错、漏一项扣 5 分，扣完为止		
3	计算					
3.1	读值，计算	镀锌层厚度按 12 个测点所得数据的算术平均值计算，结果精确到 1μm	20	每错、漏一项扣 5 分，扣完为止		
合计			100			

Jc0003442016　钢丝绳插编绳套的操作。（100分）

考核知识点： 钢丝绳插编绳套的操作

难易度： 中

技能等级评价专业技能考核操作工作任务书

一、任务名称

钢丝绳插编绳套的操作。

二、适用工种

架空线路工中级工。

三、具体任务

完成钢丝绳插编绳套，并符合《国家电网公司电力工作安全规程》（简称《安规》），要求。

四、工作规范及要求

（1）相关材料、工器具的准备。

（2）要求单独完成，试验可由专人进行。

五、考核及时间要求

（1）本考核操作时间为30分钟，时间到停止考评。

（2）考评过程中如果由于测试人员操作不规范，有可能引发不安全因素的，停止考评，该项考核项目不得分，但不影响其他项目。

技能等级评价专业技能考核操作评分标准

工种	架空线路工				评价等级	中级工
项目模块	基本技能—工器具、测量仪表的使用知识			编号	Jc0003442016	
单位		准考证号			姓名	
考试时限	30分钟	题型	单项操作		题分	100分
成绩		考评员		考评组长	日期	
试题正文	钢丝绳插编绳套的操作					
需要说明的问题和要求	（1）单独完成。 （2）试验可由专人进行					

序号	项目名称	质量要求	满分	扣分标准	扣分原因	得分
1	准备					
1.1	工具材料准备	钢丝绳、个人工具、断线钳、专用编插矛锥、木锤、钢卷尺、细铁丝、胶带胶布等	5	每错、漏一件扣1分，扣完为止		
1.2	人员准备	穿工作服，戴手套、安全帽等	5	未准备扣5分		
2	剪取长度正确的钢丝绳					
2.1	决定钢丝绳返头长度	绳套一侧双钢丝绳部分长度（20～24倍钢丝绳直径）+穿插长度（20～24倍钢丝绳直径）+余量	5	不正确扣1～5分		
2.2	决定钢丝绳长度	钢丝绳绳套总长度+2倍钢丝绳返头长度	5	不正确扣1～5分		
2.3	用钢卷尺在钢丝绳上量出需要的长度及钢丝绳返头位置	共画三个印记	5	不正确扣1～5分		

续表

序号	项目名称	质量要求	满分	扣分标准	扣分原因	得分
2.4	在规定的地方剪断钢丝绳	尺寸正确	5	不正确扣 1～5 分		
3	钢丝绳处理					
3.1	用细铁丝在返头处将两钢丝绳扎紧	保证尺寸正确	5	不正确扣 1～5 分		
3.2	将钢丝绳在返头印记处弯折过来	尺寸正确	5	不正确扣 1～5 分		
3.3	钢丝绳每股头处理正确	直径较小的钢丝绳可用胶布或胶带包扎每股头部，直径较大的钢丝绳可用氧焊处理	5	不正确扣 1～5 分		
4	穿插钢丝绳					
4.1	专用工具插入顺利	单根钢丝绳不被插变形	5	不正确扣 1～5 分		
4.2	钢丝绳破头	每股叉开长度合适	5	不正确扣 1～5 分		
4.3	拆开一股穿入一股	顺利正确	5	每错一根扣 2 分，扣完为止		
4.4	穿入方向	正确	5	每返工一次扣 3 分，扣完为止		
5	技术要求					
5.1	穿入要求	穿入后每股拉紧	5	不正确扣 1～5 分		
5.2	穿入情况	要求后穿入一股压紧前穿入一股	5	不整齐扣 5 分		
5.3	穿插次数	各股穿插次数不小于 4 次	5	每少一次扣 2 分，扣完为止		
5.4	用木锤修整编插部分	美观整齐	5	不正确扣 1～5 分		
5.5	剩余钢丝绳股修剪整齐	美观整齐	5	不正确扣 1～5 分		
6	其他要求					
6.1	外观检查	完成编插的绳套整齐美观	2	酌情扣分，扣完为止		
6.2	拉力试验	经过 125%超负荷试验合格	2	不合格扣 2 分		
6.3	操作情况	动作熟练流程	2	动作不熟练扣 1～2 分		
6.4	清理工作现场	符合文明生产要求	2	不正确扣 1～2 分		
6.5	按时完成	按要求完成	2	超过时间不给分，每超过 2 分钟扣 1 分		
合计			100			

Jc0003442017　回弹法测量基础混凝土抗压强度操作。（100 分）

考核知识点：回弹仪操作

难易度：中

技能等级评价专业技能考核操作工作任务书

一、任务名称

回弹法测量基础混凝土抗压强度操作。

二、适用工种

架空线路工中级工。

三、具体任务

利用回弹仪测量基础混凝土抗压强度。

四、工作规范及要求

（1）一人独自操作，一人配合记录。

（2）要求着装正确（工作服、工作胶鞋、安全帽）。

五、考核及时间要求

考核时间共 15 分钟。每超过 2 分钟扣 1 分，到 20 分钟终止考核。

技能等级评价专业技能考核操作评分标准

工种	架空线路工					评价等级	中级工
项目模块	基本技能—工器具、测量仪表的使用知识				编号		Jc0003442017
单位			准考证号			姓名	
考试时限	15 分钟		题型	单项操作		题分	100 分
成绩		考评员		考评组长		日期	
试题正文	回弹法测量基础混凝土抗压强度操作						
需要说明的问题和要求	（1）一人独自操作，一人配合记录。 （2）要求着装正确（工作服、工作胶鞋、安全帽）						

序号	项目名称	质量要求	满分	扣分标准	扣分原因	得分
1	工用具准备					
1.1	回弹仪、铁锹、笤帚	外观检查回弹仪无缺陷	5	每错、漏一项扣 1 分，扣完为止		
2	回弹值测量					
2.1	确认测区	（1）测区数不宜少于 10 个，最少不应少于 5 个。 （2）测区相邻间距不应大于 2m，离构件端部或与施工缝边缘距离不宜大于 0.5m，不宜小于 0.2m。 （3）测区宜选在能使回弹仪处于水平方向的混凝土浇筑侧面。也可选在使回弹仪处于非水平方向的混凝土浇筑表面或底面。 （4）测区面积不宜大于 $0.04m^2$。宜布置在两个对称的可测面上。在构件重要部位及薄弱部位应布置测区，并应避开预埋件。 （5）测区表面应为混凝土原面，并应清洁、平整，不应有疏松层、浮浆、油垢及蜂窝、麻面	25	每错、漏一项扣 5 分，扣完为止		
2.2	回弹测试	（1）每一测区应读取 16 个回弹值，每一测点的回弹值应精确至 0.1。 （2）测点宜在测区内均匀分布，相邻两点净距离不宜小于 20mm。 （3）测点距外露钢筋、预埋件的距离不宜小于 30mm。 （4）测点不应在气孔或外露石子上，同一测点只应弹击一次。 （5）回弹仪轴线应始终与混凝土测试面垂直。 （6）弹击过程中弹击杆应紧贴混凝土测试面不移动。 （7）回弹施压应缓慢均匀，在弹击锤脱钩前不得施加冲力	70	每错、漏一项扣 5 分，扣完为止		
合计			100			

Jc0003442018　导线对地面距离测量。（100 分）

考核知识点： 导线对地距离测量方法

难易度： 中

技能等级评价专业技能考核操作工作任务书

一、任务名称

导线对地面距离测量。

二、适用工种

架空线路工中级工。

三、具体任务

利用经纬仪测量导线对地面距离。

四、工作规范及要求

（1）相关工器具的准备。

（2）工器具、仪器仪表的正确使用及安全措施。

五、考核及时间要求

（1）本考核操作时间为 15 分钟，时间到停止考评。

（2）考评过程中如果由于测试人员操作不规范，有可能引发不安全因素的，停止考评，该项考核项目不得分，但不影响其他项目。

技能等级评价专业技能考核操作评分标准

工种	架空线路工					评价等级	中级工
项目模块	基本技能—经纬仪及其他测绘仪器的使用				编号	Jc0003442018	
单位			准考证号			姓名	
考试时限	15 分钟		题型	单项操作		题分	100 分
成绩		考评员		考评组长		日期	
试题正文	导线对地面距离测量						
需要说明的问题和要求	（1）要求工器具检查完备，考评员监护。 （2）流程合理。 （3）正确测量导线对地面最小距离						

序号	项目名称	质量要求	满分	扣分标准	扣分原因	得分
1	准备工作					
1.1	周边环境不影响测量	周边环境不影响施工	5	影响施工中途停止，一次扣 5 分		
1.2	工器具完备	检查测试仪器仪表、材料及工具是否齐全洁净、符合作业要求	5	工器具不齐全扣 2～5 分		
2	实验步骤					
2.1	实验前准备	选择给定位置，安装经纬仪，对中、整平。记录测量时温度	10	操作不正确扣 5 分； 未记录温度扣 5 分		
2.2	测量被测点距离	指挥辅助人员在被测点导线下方竖直立塔尺，操作人员调节经纬仪目镜，读取测量数据，并计算出所需数据	20	塔尺不竖直或指挥不到位扣 2～5 分； 读数不正确扣 2～8 分； 计算方法不正确扣 2～7 分		
2.3	测量被测点导线与水平线夹角	固定水平度盘，移动目镜，对准被测导线，测量被测点导线与水平线夹角	30	未固定水平度盘扣 2～10 分； 角度读取不正确，每错 10″扣 10 分，扣完为止		

续表

序号	项目名称	质量要求	满分	扣分标准	扣分原因	得分
2.4	计算最小距离	利用所测数据，列公式计算导线对地面最小距离（以米为单位，保留两位小数）	20	计算方法不正确扣2～10分； 计算结果不正确扣10分		
3	工作结束					
3.1	工作现场清理	清理现场，整理工器具	10	未清理现场扣5分； 未整理工器具扣5分		
合计			100			

Jc0003442019　交叉跨越距离判定的操作。（100分）

考核知识点：交叉跨越距离测量方法

难易度：中

技能等级评价专业技能考核操作工作任务书

一、任务名称

交叉跨越距离判定的操作。

二、适用工种

架空线路工中级工。

三、具体任务

使用经纬仪测量交叉跨越距离。

四、工作规范及要求

1. 操作要求

（1）要求单独操作，一人配合。

（2）由考评员随机指定测量点。

（3）写出计算过程。

（4）选用光学经纬仪，J2、J6型均可。

（5）塔尺、计算器。

（6）在培训架空线路上操作。

2. 安全要求

（1）防止高处坠落。

（2）防止物体打击。

（3）防止感应电。

（4）严格遵守现场“十不干”。

五、考核及时间要求

考核时间共25分钟，每超过2分钟扣1分，到30分钟终止考核。

技能等级评价专业技能考核操作评分标准

工种	架空线路工					评价等级	中级工
项目模块	基本技能—经纬仪及其他测绘仪器的使用				编号	Jc0003442019	
单位			准考证号			姓名	
考试时限	25分钟	题型		单项操作		题分	100分
成绩		考评员		考评组长		日期	

续表

试题正文	交叉跨越距离判定的操作
需要说明的问题和要求	（1）要求单独操作，一人配合。 （2）由考评员随机指定测量点、并写出计算过程

序号	项目名称	质量要求	满分	扣分标准	扣分原因	得分
1	测量的准备					
1.1	工器具	经纬仪、塔尺、计算器	5	差一项扣5分		
1.2	选定仪器的测量点	观测点位置，在架空线路交叉角的平分线上的四个位置任选一个	5	不正确扣5分		
		观测点位置距离架空线路交叉点距离约20～40m	5	不正确扣5分		
2	调整仪器					
2.1	仪器对中、整平、对光、瞄准、精平和读数、水平测距	指挥配合人员将塔尺立在架空线路交叉点正下方	5	不正确扣5分		
		在观测点位置将仪器整平、对光	5	不正确扣5分		
		将望远镜视线调至垂直90°，瞄准塔尺，调焦，转动照准部及望远镜锁紧螺旋将其锁紧	5	不正确扣5分		
		转动望远镜微调螺旋使十字丝上下丝与塔尺某一刻度重合	10	不正确扣5～10分		
		读出上丝及下丝所夹塔尺刻度利用$L=$（上丝－下丝）×100得出水平距离	10	计算不正确扣1～10分		
3	测量，计算					
3.1	导线对地面距离的测量及计算	松开望远镜锁紧螺旋	5	不正确扣5分		
		将仪器竖盘照明反光镜转动使显微镜中的读数最明亮、清晰	5	不正确扣5分		
		转动镜筒瞄准上层导线（也可先测下层导线或被跨物）锁紧望远镜制动手轮	10	不正确扣1～10分		
		转动望远镜微动手轮使十字丝与上下导线或建筑物精确相切	10	不正确扣1～10分		
		利用公式计算出交叉跨越间的距离$=L(\tan\beta-\tan 90°)$	15	不正确扣5～15分		
4	其他要求	（1）要求着装正确（工作服、工作胶鞋、安全帽）。 （2）操作动作熟练。 （3）将仪器一次性装箱成功。 （4）清理工作现场符合文明生产要求。 （5）在规定的时间内完成	5	不符合要求，每项扣1～2分，扣完为止		
合计			100			

Jc0003442020　使用DY4100型接地电阻测试仪测量杆塔接地电阻。（100分）

考核知识点：接地电阻测试仪测量操作

难易度：中

技能等级评价专业技能考核操作工作任务书

一、任务名称

使用 DY4100 型接地电阻测试仪测量杆塔接地电阻。

二、适用工种

架空线路工中级工。

三、具体任务

使用给定的接地电阻测量仪器正确测量杆塔接地电阻。

四、工作规范及要求

（1）要求一人作业，一人辅助。

（2）工器具、材料选用满足工作需要，进行外观检查。

（3）测量前准备及操作过程符合要求，测量结果在合格范围内。

五、考核及时间要求

（1）本考核操作时间为 30 分钟，时间到停止考评。

（2）测量前应检查测量仪器电量充足、仪器完好。测量前应确保接地装置与铁塔四条腿断开连接。

（3）准备工程完善，测量前应确保接地装置与铁塔四条腿断开连接。测量仪各端子连接正确，测量仪钢钎位置设置合理。测量时旋钮操作过程正确。

技能等级评价专业技能考核操作评分标准

工种	架空线路工					评价等级	中级工
项目模块	基本技能—工器具、测量仪表的使用知识				编号	Jc0003442020	
单位			准考证号			姓名	
考试时限	30 分钟		题型	单项操作		题分	100 分
成绩		考评员		考评组长		日期	
试题正文	使用 DY4100 型接地电阻测试仪测量杆塔接地电阻						
需要说明的问题和要求	（1）测量前应检查测量仪器电量充足、仪器完好。 （2）测量前应确保接地装置与铁塔四条腿断开连接。 （3）测量仪各端子连接正确，测量仪钢钎位置设置合理。 （4）测量时旋钮操作过程正确						

序号	项目名称	质量要求	满分	扣分标准	扣分原因	得分
1	工作准备					
1.1	着装	正确佩戴安全帽，穿工作服，穿工作胶鞋，戴手套	5	未正确佩戴安全帽扣 1 分； 未穿工作服扣 1 分； 未穿工作胶鞋扣 1 分； 未戴手套扣 1 分； 工作服领口、袖扣未系好扣 1 分		
1.2	仪器准备	使用前应检查表笔绝缘层完好，无破损、裸露及断线。后盖没有盖好前严禁使用，否则有电击的危险。 仪表显示“”或电池指示灯不亮时应及时更换电池，以确保测量准确度，长时间不使用时，请将电池取出保管	5	未检查仪表完好扣 3 分； 未检查电量扣 2 分		
2	现场准备					
2.1	待测接地装置	将待测接地装置与铁塔连接点断开，确保接地装置不与其他物体相连接	10	未检查扣 3～6 分； 与其他物体相连接，扣 4 分		

续表

序号	项目名称	质量要求	满分	扣分标准	扣分原因	得分
2.2	钢钎位置选择	将辅助接地棒P1及C1以直线相距被测接地物间隔5～10m处打入地下。注意：将接地钢钎插在含水量高的土地上，遇干地、砂地或碎石地时，须加水以保持接地钢钎打入处的潮湿。遇水泥地时将接地棒平放加水，并将湿毛巾等覆于接地钢钎再测量	10	位置选择不合适扣10分		
2.3	测试线连接	绿色导线连接E端和接地装置，黄色导线连接P端和近点P1，红色导线连接C端和远点C1，确保各点连接可靠	40	绿色线连接不正确扣10分； 黄色线连接不正确扣10分； 红色线连接不正确扣10分； 各点连接不牢固，每处扣2分，最多扣10分		
3	接地电阻测量					
3.1	工作电源及连线检测	按下“Test/Stop”测试键，如果“POWER”灯不亮，说明1.5V电池不足，请即更换。“OK”灯亮，说明连接良好，辅助接地的接地电阻在容许范围内。灯不亮，重新检查各接线情况	5	未检测扣5分		
3.2	接地电压测量	先将量程选择开关换至接地电压（EARTH VOLTAGE）档，确认此电压值必须在10V以下，如果此电压值在10V以上，则接地电阻的测量值可能会产生误差，此时先将使用比被测接地体的设备断电使接地电压下降后再进行测量	5	未检测扣5分		
3.3	接地电阻测量	首先从2000Ω档开始按下“Test/Stop”键不松手，若显示值过小，再依200Ω/20Ω档的顺序切换，此时的显示值即为被测接地电阻值。 注意：接线时确保连线各自分开，在测试导线互相缠绕，接虚的状态下测试，将会产生相互感应，影响读数，辅助接地阻抗太大，显示值将产生误差，确保将辅助接地棒P和C打入潮湿的土地中，确保各连接部分完全接触	10	测试方法不正确扣10分		
4	安全文明生产	操作过程中未损伤仪器，工作完毕后拆除并清理现场，交还仪器	5	未在规定时间完成，每超时1分钟扣2分，扣完为止		
5	现场恢复	恢复现场	5	未清理现场或交还工器具扣5分		
合计			100			

Jc0004441021 登杆操作。(100分)

考核知识点：登杆的操作过程

难易度：易

技能等级评价专业技能考核操作工作任务书

一、任务名称

杆塔操作。

二、适用工种

架空线路工中级工。

三、具体任务

正确演示杆塔攀登杆塔过程。

四、工作规范及要求

（1）相关工器具的准备。

（2）工器具的正确使用及安全措施。

五、考核及时间要求

（1）本考核操作时间为 20 分钟，时间到停止考评。

（2）考评过程中如果由于测试人员操作不规范，有可能引发不安全因素的，停止考评，该项考核项目不得分，但不影响其他项目。

技能等级评价专业技能考核操作评分标准

<table>
<tr><td>工种</td><td colspan="5">架空线路工</td><td>评价等级</td><td>中级工</td></tr>
<tr><td>项目模块</td><td colspan="4">专业知识—电杆组立</td><td>编号</td><td colspan="2">Jc0004441021</td></tr>
<tr><td>单位</td><td colspan="3"></td><td>准考证号</td><td></td><td>姓名</td><td></td></tr>
<tr><td>考试时限</td><td colspan="2">20 分钟</td><td>题型</td><td colspan="2">单项操作</td><td>题分</td><td>100 分</td></tr>
<tr><td>成绩</td><td></td><td>考评员</td><td></td><td>考评组长</td><td></td><td>日期</td><td></td></tr>
<tr><td>试题正文</td><td colspan="7">攀登杆塔</td></tr>
<tr><td>需要说明的问题和要求</td><td colspan="7">（1）要求一人操作，一人监护。
（2）工器具选用满足工作需要，进行外观检查。
（3）登杆前检查工作全面到位。
（4）登杆工作规范、熟练</td></tr>
</table>

序号	项目名称	质量要求	满分	扣分标准	扣分原因	得分
1	着装	正确佩戴安全帽，穿工作服，穿工作胶鞋，戴手套	5	未正确佩戴安全帽扣 1 分； 未穿工作服扣 1 分； 未穿工作胶鞋扣 1 分； 未戴手套进行操作扣 1 分； 工作服领口、袖扣未系好扣 1 分		
2	工具选用	工器具选用满足施工需要，工器具做外观检查	5	选用不当扣 3 分； 工器具未做外观检查扣 2 分		
3	登杆前检查	登杆前检查杆根和拉线	10	未检查一项扣 5 分，扣完为止		
4	登杆工具检查	对登杆工具进行冲击试验	10	不做冲击试验扣 10 分		
5	登杆	动作规范，脚扣接触混凝土杆紧密，脚扣不打滑，不磕绊，不脱落	25	脚扣磕绊一次扣 1 分； 打滑一次扣 2 分； 脱落一次扣 5 分； 以上扣分，扣完为止		
6	工作位置确定	站位合适，正确使用安全带	10	站位过高、过矮均扣 5 分		
7	下杆	动作规范，脚扣接触混凝土杆紧密，脚扣不打滑，不磕绊、不脱落	25	脚扣磕绊一次扣 1 分； 打滑一次扣 2 分； 脱落一次扣 5 分； 以上扣分，扣完为止		
8	安全文明生产	操作过程中无落物，工作完毕后清理现场，交还工器具	10	未在规定时间完成，每超时 1 分钟扣 2 分，扣完为止； 未清理考场扣 5 分； 高处落物，一次扣 5 分		
合计			100			

Jc0004441022　安装 35kV 直线杆附件（安装导线悬垂线夹、防振锤）。（100 分）

考核知识点：附件安装操作

难易度： 易

技能等级评价专业技能考核操作工作任务书

一、任务名称

安装35kV 直线杆附件（安装导线悬垂线夹、防振锤）。

二、适用工种

架空线路工中级工。

三、具体任务

正确安装35kV 直线杆附件（安装导线悬垂线夹、防振锤）。

四、工作规范及要求

（1）杆上单独一人操作，杆下一人监护，两人配合。

（2）用紧线器提升导线。

（3）要求着装正确（工作服、工作胶鞋、安全帽）。

（4）与导线相符的悬垂线夹、防振锤、铝包带。

（5）选用登杆工器具：脚扣、安全带、延长绳、个人保安线、滑车及传递绳、紧线器。

（6）在培训架空线路上操作。

五、考核及时间要求

考核时间共 40 分钟，每超过 2 分钟扣 1 分，到 45 分钟终止考核。

技能等级评价专业技能考核操作评分标准

工种	架空线路工				评价等级	中级工
项目模块	专业知识—电杆组立			编号	Jc0004441022	
单位		准考证号			姓名	
考试时限	40 分钟	题型	多项操作		题分	100 分
成绩		考评员		考评组长		日期	
试题正文	安装 35kV 直线杆附件（安装导线悬垂线夹、防振锤）					
需要说明的问题和要求	（1）杆上单独一人操作，杆下一人监护两人配合。 （2）用紧线器提升导线。 （3）要求着装正确（工作服、工作胶鞋、安全帽）					

序号	项目名称	质量要求	满分	扣分标准	扣分原因	得分
1	工具材料准备、检查					
1.1	工器具的选用	（1）脚扣、安全带、延长绳外观检查，进行冲击试验。 （2）个人工器具（两板一钳、卷尺）。 （3）紧线器、滑车及传递绳	10	安全带、延长绳未检查做冲击试验扣 10 分		
1.2	材料的选用	导线线夹、导线防振锤、铝包带	5	型号不正确扣 5 分		
2	登杆	（1）登杆时脚扣不得相碰。 （2）步幅与身体相互协调。 （3）上、下横担时动作规范。 （4）正确使用安全带，安全带应系在牢固的构件上，检查扣环闭锁是否扣好	10	不符合要求，每项扣 3 分，扣完为止		
3	横担上的工作	（1）挂好滑车及传递绳。 （2）调整好紧线器并挂在合适位置。 （3）挂好延长绳及个人保安线	20	不正确，每项扣 5 分，扣完为止		

续表

序号	项目名称	质量要求	满分	扣分标准	扣分原因	得分
4	导线上安装附件工作					
4.1	提线	（1）沿绝缘子串下至导线侧动作安全。 （2）将紧线器钩住导线并提起，检查紧线器受力部件并做相应的冲击试验。 （3）取下放线滑轮	15	不符合要求，每项扣5分，扣完为止		
4.2	画印	画印并进行铝包带的缠绕，铝包带的绕相长度必须符合要求	10	不符合要求，每项扣6分，扣完为止		
		导线防振锤距离由悬垂线夹U形螺栓处至安装位置，安装时应注意螺栓的穿向	15	穿向反一次扣3分； 安装距离不正确扣5分； 以上扣分，扣完为止		
		放松紧线器，用传递绳放置地面	5	不符合要求扣2～5分		
		绝缘子线夹与导线防振锤必须垂直地面	5	不符合要求扣5分		
5	其他要求	（1）要求着装正确（工作服、工作胶鞋、安全帽）。 （2）操作动作熟练。 （3）高处不得落物。 （4）清理工作现场符合文明生产要求。 （5）在规定的时间内完成	5	不完全符合要求，每项扣2分，扣完为止； 高处落物扣5分		
合计			100			

Jc0004442023　110kV 架空线路铁塔塔材补装。（100分）

考核知识点：铁塔塔材补装操作过程

难易度：中

技能等级评价专业技能考核操作工作任务书

一、任务名称

110kV架空线路铁塔塔材补装。

二、适用工种

架空线路工中级工。

三、具体任务

按要求完成架空线路铁塔指定塔材补装。

四、工作规范及要求

（1）要求一人作业，一人监护，一名地面配合人员。

（2）工器具选用满足工作要求，进行外观检查。

（3）登杆前检查工作全面到位。

（4）严格按施工作业指导书要求进行现场操作。

（5）作业动作规范、熟练。

（6）作业地点适合于铁塔导线线夹以下铁塔塔身位置。

五、考核及时间要求

（1）本考核操作时间为30分钟，时间到停止考评。

（2）考评过程中如果由于测试人员操作不规范，有可能引发不安全因素的，停止考评，该项考核项目不得分，但不影响其他项目。

技能等级评价专业技能考核操作评分标准

工种	架空线路工			评价等级	中级工
项目模块	专业知识—铁塔组立		编号	Jc0004442023	
单位		准考证号		姓名	
考试时限	30分钟	题型	单项操作	题分	100分
成绩		考评员		考评组长		日期	
试题正文	110kV架空线路铁塔塔材补装				
需要说明的问题和要求	（1）要求一人作业，一人监护，一名地面配合人员。 （2）工器具选用满足工作需要，进行外观检查。 （3）登杆前检查工作全面到位				

序号	项目名称	质量要求	满分	扣分标准	扣分原因	得分
1	着装	正确佩戴安全帽，穿工作服，穿工作胶鞋，戴手套	5	未正确佩戴安全帽扣1分； 未穿工作服扣1分； 未穿工作胶鞋扣1分； 未戴手套进行操作扣1分； 工作服领口、袖子扣子未系好扣1分		
2	工具选用	工器具选用满足施工需要，工器具做外观检查	5	选用不当扣3分； 工器具未做外观检查扣2分		
3	履行开工手续	宣读工作票，进行危险点确认，核对线路双重名称	10	没有履行开工手续扣5分； 没有核对线路双重名称扣5分		
4	登塔	登杆前检查铁塔基础牢固，核对线路名称无误后作业人员携带传递绳登塔	10	未检查塔基础扣5～10分		
5	补装塔材、螺栓	（1）作业人员对现场丢失的塔材、螺栓的数量和规格尺寸进行统计、测量，检查缺少塔材处塔身的角钢是否变形，若变形应进行修复，并向变形相反的方向留出预偏。 （2）作业人员下塔至地面，根据记录的数据和铁塔安装图纸选择角钢的规格尺寸，利用钢锯、打孔器对角钢进行加工。 （3）加工好的塔材边角应用防锈漆涂刷。 （4）塔材加工好后，作业人员登塔到位，在地面人员的配合下将塔材，按照安装图纸要求进行安装，安装符合工艺要求	50	在塔上移动时失去安全保护，每次扣5分； 未检查铁塔变形扣5分； 没有按照尺寸加工塔材扣5分； 选用角钢规格型号与图纸不符扣5分； 使用工具掉落，每掉一次扣5分； 加工好的塔材没有涂刷防锈漆扣5分； 安装螺栓穿向与要求相反，每处扣1分； 以上扣分，扣完为止		
6	返回地面	安装结束，整理工具材料，确认塔身上没有遗留物后，携带传递绳回到地面	10	遗留工具材料，每件扣2分，扣完为止		
7	安全文明生产	操作过程中无落物，工作完毕后清理现场，交还工器具	10	未在规定时间完成，每超时1分钟扣2分，扣完为止； 未清理考场扣5分； 高处落物，每次扣5分		
合计			100			

Jc0004442024　110kV输电线路直线杆上安装导线防振锤。（100分）

考核知识点： 安装防振锤的操作

难易度： 中

技能等级评价专业技能考核操作工作任务书

一、任务名称

110kV输电线路直线杆上安装导线防振锤。

二、适用工种

架空线路工中级工。

三、具体任务

按要求在输电线路直线杆上安装导线防振锤。

四、工作规范及要求

（1）相关工器具的准备。

（2）工器具的正确使用及安全措施。

五、考核及时间要求

（1）本考核操作时间为50分钟，时间到停止考评。

（2）考评过程中如果由于测试人员操作不规范，有可能引发不安全因素的，停止考评，该项考核项目不得分，但不影响其他项目。

技能等级评价专业技能考核操作评分标准

工种	架空线路工				评价等级	中级工
项目模块	专业知识—导线、地线架设			编号	Jc0004442024	
单位		准考证号			姓名	
考试时限	50分钟	题型	单项操作		题分	100分
成绩		考评员		考评组长	日期	
试题正文	110kV输电线路直线杆上安装导线防振锤					
需要说明的问题和要求	（1）工器具、材料选择正确，满足工作需要。 （2）登杆动作规范、熟练，站位合适。 （3）严格按照防振锤安装流程和工艺要求进行操作。 （4）本项目为单人操作，现场配辅助人员一名，工作负责人一名，辅助人员只协助考生完成杆上工具、材料的传递工作。工作负责人只监护工作安全					

序号	项目名称	质量要求	满分	扣分标准	扣分原因	得分
1	着装	正确佩戴安全帽，穿工作服，穿工作胶鞋，戴手套	10	未正确佩戴安全帽扣1分； 未穿工作服扣1分； 未穿工作胶鞋扣1分； 未戴手套进行操作扣1分； 工作服领口、袖子扣子未系好扣1分		
2	选择材料、工器具	工器具、材料选择正确，满足工作需要	10	材料不匹配，每项扣5分； 未检查，每项扣5分		
3	登杆前检查	（1）登杆前核对线路双重编号，应先检测杆根部、基础和拉线是否牢固。 （2）对安全带、登杆工具进行冲击试验	10	未做检查，每项扣2分； 不做试验，扣3分； 以上扣分，扣完为止		
4	测量安装距离	（1）作业人员携带传递绳登塔至横担处。 （2）系好安全带，后背绳，沿绝缘子串进入工作地点挂好传递绳。 （3）量出安装尺寸（从悬垂线夹中心测量）并画印	10	未系好安全带扣5分； 测量不正确扣5分		
5	缠绕铝包带	缠绕铝包带，铝包带应缠绕紧密，其缠绕方向应与外层铝股的绞制方向一致。所缠绕铝包带应漏出防振锤线夹，但不应超过10mm，其端头应回缠绕于线夹内压住	20	缠绕不正确扣5分； 缠绕铝包带长度大于或少于10mm，每10mm扣2分，扣完为止； 铝包带端头没有压住扣5分		
6	安装防振锤	（1）传递材料安装导线防振锤，防振锤应与地面垂直，安装距离偏差不应大于±30mm，线夹螺栓两边线由内向外，中相由左向右穿入（面向受电侧）。 （2）按规定拧紧螺栓，平垫圈和弹簧垫齐全，弹簧垫圈应压平	20	安装不垂直地面，不平行导线，扣10分； 安装距离偏差大于或小于 30mm，每10mm扣2分，扣完为止； 缺件、未压平，各扣5分		

续表

序号	项目名称	质量要求	满分	扣分标准	扣分原因	得分
7	下杆塔	（1）去下传递绳，沿绝缘子串上至横担。 （2）使用登杆工具下杆至地面	10	在高处移位失去安全保护扣 10 分		
8	安全文明生产	操作过程中无落物，工作完毕后清理现场，交还工器具	10	未在规定时间完成，每超时 1 分钟扣 2 分； 未清理考场扣 2 分； 高处落物，每次扣 3 分； 扣完为止		
合计			100			

Jc0004442025 110kV 架空线路防鸟刺安装。(100 分)

考核知识点：防鸟刺安装操作过程

难易度：中

技能等级评价专业技能考核操作工作任务书

一、任务名称

110kV 架空线路防鸟刺安装。

二、适用工种

架空线路工中级工。

三、具体任务

按要求完成架空线路防鸟刺安装。

四、工作规范及要求

（1）相关工器具的准备。

（2）工器具的正确使用及安全措施。

五、考核及时间要求

（1）本考核操作时间为 30 分钟，时间到停止考评。

（2）考评过程中如果由于测试人员操作不规范，有可能引发不安全因素的，停止考评，该项考核项目不得分，但不影响其他项目。

技能等级评价专业技能考核操作评分标准

工种	架空线路工					评价等级	中级工
项目模块	专业知识—导线、地线架设				编号	Jc0004442025	
单位			准考证号			姓名	
考试时限	30 分钟		题型	单项操作		题分	100 分
成绩		考评员		考评组长		日期	
试题正文	110kV 架空线路防鸟刺安装						
需要说明的问题和要求	（1）要求一人作业，一人监护，一名地面配合人员。 （2）工器具选用满足工作需要，选用材料的规格、型号、数量符合要求，进行外观检查。 （3）在登杆塔的过程中，保证人身、防鸟刺及工器具对带电体的安全距离。登杆动作规范，熟练，在杆塔上作业转位时，不得失去安全保护。 （4）鸟刺安装要符合工艺要求						

续表

序号	项目名称	质量要求	满分	扣分标准	扣分原因	得分
1	着装	正确佩戴安全帽，穿工作服，穿工作胶鞋，戴手套	5	未正确佩戴安全帽扣 1 分； 未穿工作服扣 1 分； 未穿工作胶鞋扣 1 分； 未戴手套进行操作扣 1 分； 工作服领口、袖子扣子未系好扣 1 分		
2	工具选用	工器具选用满足施工需要，工器具做外观检查	5	选用不当扣 3 分； 工器具未做外观检查扣 2 分		
3	材料选用	防鸟刺	10	漏选、错选，数量不够扣 10 分		
4	登塔	工作人员携带工器具及防鸟刺，登上杆塔横担。在杆塔上作业转位时，不得失去安全保护	20	后备保护使用不正确扣 5 分； 作业过程中失去安全防护扣 10 分； 登塔打滑，每次扣 3 分，扣完为止		
5	安装防鸟刺	（1）杆上作业人员线固定螺栓然后将防鸟刺打开，统一安装在导线悬垂串正上方，保护范围不小于导线挂点正上方 2m 的区域，每相不少于 2 个。 （2）防鸟刺安装好后应垂直向上。锥形横担应安装在下平面角钢上，横担截面结构高度大于防鸟刺高度时上、下层面均应安装防鸟刺。 （3）防鸟刺刺针钢丝应在各方向均匀打开，外侧钢丝对中心铅垂线夹角应为 40°～50°，达到最佳保护效果	40	后备保护使用不正确扣 5 分； 作业过程中失去安全保护扣 10 分； 防鸟刺安装位置不正确扣 10 分； 安装方向及打开角度不正确扣 5 分； 在杆塔上移位、操作过程中人身及工器具对带电体最小安全距离不满足要求，扣 10 分		
6	下塔	安装完毕后结束，检查杆上是否有遗留物，确无问题后，工作人员返回地面	10	未检查作业面遗留物扣 5 分； 下塔打滑，每次扣 5 分		
7	安全文明生产	操作过程中无落物，工作完毕后清理现场，交还工器具	10	未在规定时间完成，每超时 1 分钟扣 2 分； 未清理考场扣 2 分； 高处落物，每次扣 3 分； 扣完为止		
合计			100			

Jc0004442026　110kV 架空线路直线杆上拆除悬垂线夹、换上放线滑轮。（100 分）

考核知识点：直线杆拆除悬垂线夹、换上放线滑轮的操作过程

难易度：中

技能等级评价专业技能考核操作工作任务书

一、任务名称

110kV 架空线路直线杆上拆除悬垂线夹、换上放线滑轮。

二、适用工种

架空线路工中级工。

三、具体任务

按要求拆除架空线路直线杆上悬垂线夹并换上放线滑轮。

四、工作规范及要求

1. 操作要求

（1）杆上单独操作，杆下一人监护配合。

（2）用紧线器提升导线。
（3）直径 300mm 等径混凝土电杆。
（4）要求着装正确（穿工作服、工作胶鞋，戴安全帽）。
（5）专用工具：3T 紧线器、钢丝套、无极绳一套、安全带、脚扣、放线滑车。
（6）个人工具：平口钳、活动扳手、取销钳、工具包。
2. 安全要求
满足 Q/GDW 11957.2—2020《国家电网有限公司电力建设安全工作规程　第 2 部分：线路》相关要求。

五、考核及时间要求

考核时间共 40 分钟，每超过 2 分钟扣 1 分，到 45 分钟终止考核。

技能等级评价专业技能考核操作评分标准

工种	架空线路工					评价等级	中级工
项目模块	专业知识—导线、地线架设				编号	Jc0004442026	
单位			准考证号			姓名	
考试时限	40 分钟		题型	单项操作		题分	100 分
成绩		考评员		考评组长		日期	
试题正文	110kV 架空线路直线杆上拆除悬垂线夹、换上放线滑轮						
需要说明的问题和要求	（1）杆上单独操作，杆下一人监护配合。 （2）用紧线器提升导线。 （3）直径 300mm 等径混凝土电杆。 （4）要求着装正确（穿工作服、工作胶鞋、戴安全帽）						

序号	项目名称	质量要求	满分	扣分标准	扣分原因	得分
1	登杆工具选用、检查					
1.1	登杆工具选用	选用直径 300mm 混凝土电杆脚扣	1	遗漏或错误扣 1 分		
1.2	外观检查	无缺陷	2	不检查不给分		
1.3	脚扣、安全带冲击试验	在电杆 0.3～0.5m 高处人力冲击无问题，无损伤	3	安全工具没冲击试验扣 3 分		
2	工具材料准备					
2.1	个人工具	齐全（钢丝钳、活动扳手、螺丝刀、工具包等）	1	不正确扣 1 分		
2.2	钢丝绳套一只	符合要求	1	不正确扣 1 分		
2.3	紧线器一只	符合要求	1	不正确扣 1 分		
2.4	传递绳一根	符合要求	1	不正确扣 1 分		
2.5	放线滑轮一只	符合要求	1	不正确扣 1 分		
2.6	U 形环一只	符合要求	1	不正确扣 1 分		
3	登杆基本功和熟练程度					
3.1	调整脚扣皮带（脚扣登杆）	位置正确	2	不正确扣 2 分		
3.2	脚扣扣在杆上（脚扣登杆）	位置正确	2	不正确扣 2 分		

续表

序号	项目名称	质量要求	满分	扣分标准	扣分原因	得分
3.3	手扶电杆，重心稍向后（脚扣登杆）	姿势正确	2	不正确扣2分		
3.4	一步一步升高（脚扣登杆）	每步升高高度正确	2	不正确扣2分		
3.5	体形协调	灵活、轻巧	2	不正确扣2分		
3.6	上横担动作	安全正确	2	不正确扣2分		
3.7	正确使用安全带	位置正确，检查扣环	2	不正确扣2分		
4	横担上的工作					
4.1	使用传递绳吊工具	动作熟练正确	3	不熟练扣3分		
4.2	调整紧线器	调到中间合适位置	4	不正确扣4分		
4.3	坐在横担上挂好钢丝绳套	位置正确	3	不正确扣3分		
4.4	挂紧线器	安全、可靠	4	不正确扣4分		
5	导线上的操作					
5.1	沿绝缘子串下至导线上	动作安全正确	3	不正确扣3分		
5.2	双脚蹬在导线上或坐在导线上	动作安全正确、平稳	3	不正确扣3分		
6	拆除悬垂线夹					
6.1	将紧线器下钩钩住导线	操作正确	4	不正确扣4分		
6.2	拆卸悬垂线夹固定螺母	操作正确	4	不正确扣4分		
6.3	操作紧线器，将导线提起	操作正确	4	不正确扣4分		
6.4	检查受力部件并用脚蹬冲击试验	操作正确	5	不检查试验不给分		
6.5	拆下悬垂线夹	操作正确	3	不正确扣3分		
7	装上滑轮					
7.1	装上放线滑轮，导线放进滑轮	合上盖，关上保险	4	不正确扣4分		
7.2	放松紧线器	使导线重量落在放线滑轮上，并认真检查				
7.3	取下紧线器及钢丝绳套	用传递绳传送至地面	2	不正确扣2分		
8	其他要求					
8.1	清理现场	符合文明生产要求	2	不正确扣2分		
8.2	着装正确	应穿工作服、工作胶鞋，戴安全帽	6	漏一项扣2分，扣完为止		
8.3	操作动作	动作熟练流畅	4	动作不熟练扣2～4分		
8.4	在规定时间内完成	按要求完成	6	超过时间不给分，每超过2分钟扣1分，扣完为止		
8.5	不能有高处坠物	符合《安规》要求	10	掉落一件材料扣2分； 掉落一件工具扣3分； 以上扣分，扣完为止		
合计			100			

Jc0004442027　110kV 架空线路直线杆上单片破损瓷绝缘子的处理。(100 分)

考核知识点： 更换绝缘子操作

难易度： 中

技能等级评价专业技能考核操作工作任务书

一、任务名称

110kV 架空线路直线杆上单片破损瓷绝缘子的处理。

二、适用工种

架空线路工中级工。

三、具体任务

按要求处理架空线路直线杆上单片破损瓷绝缘子。

四、工作规范及要求

(1) 杆上单独操作，杆下一人监护配合。

(2) 更换的绝缘子从横担向导线数第八片。

(3) 要求着装正确（穿工作服、工作胶鞋，戴安全帽）。

五、考核及时间要求

考核时间共 40 分钟，每超过 2 分钟扣 1 分，到 45 分钟终止考核。

技能等级评价专业技能考核操作评分标准

工种	架空线路工				评价等级	中级工
项目模块	专业知识—导线、地线架设			编号	Jc0004442027	
单位		准考证号			姓名	
考试时限	40 分钟	题型	单项操作		题分	100 分
成绩		考评员		考评组长	日期	
试题正文	110kV 架空线路直线杆上单片破损瓷绝缘子的处理					
需要说明的问题和要求	(1) 杆上单独操作，杆下一人监护配合。 (2) 更换的绝缘子为从横担向导线数第八片。 (3) 要求着装正确（穿工作服、工作胶鞋、戴安全帽）					

序号	项目名称	质量要求	满分	扣分标准	扣分原因	得分
1	工作准备					
1.1	登杆工具选用	直径 300mm 等径杆脚扣	2	错误扣 2 分		
1.2	脚扣外观检查	无缺陷	3	不检查扣 3 分		
1.3	安全带、升降板或脚扣冲击试验	在电杆 0.3～0.5m 高处人力冲击无问题，无损伤	4	安全工具无冲击试验扣 4 分		
1.4	瓷绝缘子的清擦及检查	干净无缺陷	2	不检查扣 2 分		
2	登杆					
2.1	登杆动作	安全正确	4	不正确扣 4 分		
2.2	体型配合	灵活、轻巧	3	不正确扣 3 分		
2.3	上横担动作安全正确	操作正确	2	不正确扣 2 分		
3	横担上的工作					

续表

序号	项目名称	质量要求	满分	扣分标准	扣分原因	得分
3.1	到位后正确使用安全带	位置正确，检查扣环扣牢	4	不正确扣 4 分		
3.2	登杆工具杆上摆放	摆放正确、安全、不掉下	4	不正确扣 4 分		
3.3	人坐在横担上正确地用吊绳将工具吊到操作位置	操作正确	3	不正确扣 3 分		
3.4	挂好钢丝绳套	位置正确	3	不正确扣 3 分		
3.5	紧线器调至中间合适位置，挂好紧线器	操作正确	3	不正确扣 3 分		
4	至导线上的工作面					
4.1	沿着绝缘子串下到导线上，坐到导线上	必须具备双重保护，动作正确	6	不正确扣 6 分		
5	拆旧绝缘子					
5.1	将紧线器下钩钩住导线	操作正确	4	不正确扣 4 分		
5.2	拔除第八片绝缘子上、下弹簧销子	操作正确	3	不正确扣 3 分		
5.3	操作紧线器将导线提起	操作正确	4	不正确扣 4 分		
5.4	导线与绝缘子分离，并拆下第八片绝缘子	操作正确	4	不正确扣 4 分		
6	装新绝缘子	操作正确				
6.1	吊下旧绝缘子，吊上新绝缘子	操作正确	2	不正确扣 2 分		
6.2	换上新绝缘子	操作正确	3	不正确 3 分		
6.3	转动绝缘子，使弹簧销穿入方向正确	向受电侧穿	4	不正确扣 4 分		
6.4	操作紧线器，将导线下放至绝缘子受力	操作正确	4	不正确扣 4 分		
6.5	装弹簧销子到位	操作正确	4	不正确扣 4 分		
6.6	拆除紧线器	操作正确	3	不正确扣 2～3 分		
6.7	质量检查	检查认真	4	不检查扣 4 分		
7	其他要求					
7.1	着装正确	应穿工作服、工作胶鞋，戴安全帽	3	每漏一项扣 1 分，扣完为止		
7.2	清理现场和工具	符合文明生产要求	2	不正确扣 1～2 分		
7.3	操作动作	熟练流畅	5	不正确扣 3～5 分		
7.4	按时完成	规定时间内完成操作	4	超过时间不给分，每超过 2 分钟扣 1 分		
7.5	不能有高处坠物	符合《安规》要求	4	每掉落一件材料扣 2 分； 掉落一件工具扣 4 分； 以上扣分，扣完为止		
合计			100			

Jc0004442028　紧线前耐张塔横担安装临时反向拉线的操作。（100 分）

考核知识点：安装反向拉线的操作

难易度：中

技能等级评价专业技能考核操作工作任务书

一、任务名称

紧线前耐张塔横担安装临时反向拉线的操作。

二、适用工种

架空线路工中级工。

三、具体任务

按要求紧线前在耐张塔横担安装一根临时反向拉线。

四、工作规范及要求

（1）塔上一人、塔下一人均单独操作，设一监护人。

（2）或两人一组，塔上、塔下交叉考核。

（3）要求着装正确（工作服、工作胶鞋、安全帽）。

（4）地锚已埋设验收完毕。

五、考核及时间要求

考核时间共 30 分钟。每超过 2 分钟扣 1 分，到 35 分钟终止考核。

技能等级评价专业技能考核操作评分标准

工种	架空线路工				评价等级	中级工
项目模块	专业知识—导线、地线架设			编号	Jc0004442028	
单位		准考证号			姓名	
考试时限	30 分钟	题型	单项操作		题分	100 分
成绩		考评员		考评组长	日期	
试题正文	紧线前耐张塔横担安装临时反向拉线的操作					
需要说明的问题和要求	（1）塔上一人、塔下一人均单独操作，设一监护人。 （2）或两人一组，塔上、塔下交叉考核。 （3）要求着装正确（工作服、工作胶鞋、安全帽）。 （4）地锚已埋设验收完毕					

序号	项目名称	质量要求	满分	扣分标准	扣分原因	得分
1	工用具准备					
1.1	登塔工具、安全带检查	外观检查无缺陷	1	不正确扣 1 分		
1.2	登塔工具、安全带冲击试验	在铁塔 0.3～0.5m 高处冲击试验无问题	1	不正确扣 1 分		
1.3	钢丝绳一根，传递绳一根	直径 15.5mm，长度足够	1	不正确扣 1 分		
1.4	紧线器	双钩、棘轮紧线器均可，再配合用夹钢丝绳的钢丝绳卡头	1	不正确扣 1 分		
1.5	U 形环、扎钢丝绳的绳卡（元宝卡子）	60～100kN，规格与钢丝绳匹配	2	不正确扣 1～2 分		

续表

序号	项目名称	质量要求	满分	扣分标准	扣分原因	得分
2	登塔					
2.1	登塔动作	登塔动作熟练，带吊绳上塔	4	不熟练扣1～4分		
2.2	上横担动作	上横担时动作安全正确	4	吊绳没带扣4分		
2.3	登塔工具放置	上横担后将登塔工具放稳当	4	不正确扣1～4分		
3	定位置和使用安全带					
3.1	正确使用安全带	安全带系好后应检查扣环是否扣牢	4	未检查扣2分； 未扣牢扣2分		
3.2	工作位置选择正确	不来回移动	4	不正确扣1～4分		
4	塔上操作					
4.1	将钢丝绳一端头吊至塔上	动作熟练，吊绳与钢丝绳不缠绕	5	不正确扣1～5分		
4.2	钢丝绳连接横担头	连接正确，必须用卸扣连接至施工孔	5	不正确扣1～5分		
4.3	位置要求	钢丝绳不妨碍挂线	5	妨碍挂线扣2～5分		
		临时拉线靠近挂线点	5	不正确扣1～5分		
4.4	临时拉线方向	方向正确（拉线再紧线挂线点反方向）	4	不正确扣4分		
5	塔下操作					
5.1	用钢丝绳卡头夹紧钢丝绳	夹紧	4	钢丝绳滑动扣4分		
5.2	用紧线器收紧钢丝绳	使临时拉线受力正常	5	不正确扣1～5分		
5.3	紧线器使用	操作熟练正确	5	不正确扣1～5分		
6	技术要求					
6.1	钢丝绳尾在地锚连接正确	绳卡的压板必须压在钢丝绳主股上	5	不正确扣1～5分		
6.2	钢丝绳连接时要收紧钢丝绳安装绳卡	临时拉线受力合适	5	不正确扣1～5分		
6.3	钢丝绳尾用钢丝绳卡子卡住	钢丝绳尾绳从折环中穿出，钢丝绳卡子不小于3只，间距不得小于钢丝绳直径6～7倍	5	不正确扣1～5分		
6.4	拆除紧线工具	动作正确	5	不正确扣1～5分		
7	其他要求					
7.1	工具用吊绳传递	杆上不能掉东西	4	每掉一件扣2分，扣完为止		
7.2	着装正确	工作服、工作胶鞋、安全帽	4	每漏一项扣2分，扣完为止		
7.3	操作动作	动作熟练流畅	4	动作不熟练扣1～4分		
7.4	按时完成	按要求完成	4	每超过2分钟扣1分，扣完为止		
合计			100			

Jc0004441029　混凝土振捣操作。（100分）

考核知识点：混凝土振捣操作

难易度： 易

技能等级评价专业技能考核操作工作任务书

一、任务名称

混凝土振捣操作。

二、适用工种

架空线路工中级工。

三、具体任务

混凝土浇筑时机械振捣准备及操作过程。

四、工作规范及要求

（1）一人独自操作，一人配合。

（2）要求着装正确（工作服、绝缘手套、工作胶鞋、安全帽）。

（3）安全措施到位，振捣过程符合规范要求。

五、考核及时间要求

考核时间共 15 分钟。每超过 2 分钟扣 1 分，到 20 分钟终止考核。

技能等级评价专业技能考核操作评分标准

工种	架空线路工			评价等级	中级工
项目模块	专业知识—线路基础的安装、浇制		编号	Jc0004441029	
单位		准考证号		姓名	
考试时限	15 分钟	题型	单项操作	题分	100 分
成绩		考评员		考评组长		日期	
试题正文	混凝土振捣操作				
需要说明的问题和要求	一人独自操作，一人配合记录				

序号	项目名称	质量要求	满分	扣分标准	扣分原因	得分
1	工器具准备					
1.1	发电机、振捣器、接地、配电箱、安全帽、绝缘手套、工作胶鞋等	外观检查各工器具合格有效，无缺陷	10	每错、漏一项扣 5 分，扣完为止		
2	准备					
2.1	人员准备	人员戴安全帽、绝缘手套、穿工作胶鞋	20	每错、漏一项扣 5 分，扣完为止		
2.2	振捣器准备	将发电机、配电箱、振捣器进行连接，发电机、配电箱接地	20	每错、漏一项扣 5 分，扣完为止		
3	振捣					
3.1	振捣	采用振捣棒进行捣实，插入间距不应大于振捣棒振动作用半径的一倍，一般为 300～400mm，振捣时采用“快插慢拔”方式，插点均匀排列，逐点移动，有序进行。插点不得遗漏，要求均匀振实。连续多层浇筑时，振捣棒应插入下层拌和物约 30～50mm 进行振捣。当浇筑厚度不大于 200mm 的表面积较大的平面结构时，采用表面振动成型	40	插入间距不合格扣 10 分； 插点位置分布不均扣 10 分； 振捣方法不合格扣 10 分； 插入深度不合格扣 10 分		

续表

序号	项目名称	质量要求	满分	扣分标准	扣分原因	得分
3.2	振捣时间	振捣时间，控制在10～30s内，当混凝土拌和物表面出现泛浆，基本无气泡逸出，可视为捣实。不允许捣固过久，否则会离析漏浆	10	振捣时间控制不合格扣10分		
合计			100			

Jc0004443030　制作330kV耐张引流。(100分)

考核知识点：引流的制作

难易度：难

技能等级评价专业技能考核操作工作任务书

一、任务名称

制作330kV耐张引流。

二、适用工种

架空线路工中级工。

三、具体任务

按要求制作330kV耐张引流。

四、工作规范及要求

(1) 要求单独操作，杆下一人监护，一人配合。

(2) 告知安装尺寸。

(3) 要求着装正确（工作服、工作胶鞋、安全帽）。

(4) 与导线型号相符的并沟线夹、铝包带。

(5) 选用登杆工器具：脚扣、安全带、延长绳、个人保安线、滑车及传递绳、断线钳、软梯。

(6) 个人工器具。

(7) 在培训架空线路上操作。

五、考核及时间要求

考核时间共50分钟，每超过2分钟扣2分，到60分钟终止考核。

技能等级评价专业技能考核操作评分标准

工种	架空线路工					评价等级	中级工
项目模块	专业知识—导线、地线架设				编号	Jc0004443030	
单位			准考证号			姓名	
考试时限	50分钟		题型	多项操作		题分	100分
成绩		考评员		考评组长		日期	
试题正文	制作330kV耐张引流						
需要说明的问题和要求	(1) 要求单独操作，杆下一人监护，一人配合。 (2) 告知安装尺寸。 (3) 要求着装正确（工作服、工作胶鞋、安全帽）						

序号	项目名称	质量要求	满分	扣分标准	扣分原因	得分
1	工具材料准备、检查					

续表

序号	项目名称	质量要求	满分	扣分标准	扣分原因	得分
1.1	工器具的选用	（1）脚扣、安全带、延长绳外观检查，进行冲击试验。 （2）个人工器具（两板一钳、卷尺）。 （3）滑车及传递绳	10	安全带、延长绳未检查做冲击试验扣 10 分； 差一项扣 1～3 分，扣完为止		
1.2	材料的选用	导线并沟线夹、铝包带	5	型号不正确扣 5 分； 差一项扣 1～3 分，扣完为止		
2	登杆	（1）登杆时脚扣不得相碰。 （2）步幅与身体相互协调。 （3）上、下横担时动作规范	20	动作不规范不协调扣 1～7 分，扣完为止		
3	横担上的工作					
3.1	检查扣环、闭锁进入导线端	安全带、延长绳应系在牢固的构件上，检查扣环闭锁是否扣好	10	未按要求进行 10 分		
		挂好延长绳及个人保安线	10	未按要求进行 10 分		
		沿绝软梯进入导线引流作业点	10	不正确扣 1～10 分		
4	导线上引流制作工作					
4.1	量取引流对横担距离	（1）挂好滑车及传递绳。 （2）引流对横担距离 1.75～1.85m	5	每项不正确扣 1～3 分，扣完为止		
4.2	画印	（1）画印并进行铝包带的缠绕，铝包带的绕相长度必须符合要求。 （2）切断多余导线	10	画印不正确扣 10 分； 铝包带绕相不正确、不紧密扣 1～10 分		
4.3	安装并沟线夹	引流并沟线夹安装时应注意螺栓的穿向，两端并沟线夹导线出头 10mm	10	并沟线夹螺栓穿向反一次扣 1～5 分； 导线出头不合格扣 5 分		
4.4	安装工艺	耐张引流必须自然垂直地面不得变形，并沟线夹螺栓穿向从下往上穿入，弹簧垫片必须压紧	5	未按要求进行扣 1～5 分		
5	其他要求	（1）要求着装正确（工作服、工作胶鞋、安全帽）。 （2）操作动作熟练。 （3）高处不得落物。 （4）清理工作现场符合文明生产要求。 （5）在规定的时间内完成	5	不符合要求，每项扣 1～2 分，扣完为止		
合计			100			

Jc0004443031 导线耐张线夹钢锚穿管及压接。（100 分）

考核知识点：耐张线夹压接

难易度：难

技能等级评价专业技能考核操作工作任务书

一、任务名称

导线耐张线夹钢锚穿管及压接。

二、适用工种

架空线路工中级工。

三、具体任务

按要求进行导线耐张线夹钢锚穿管及压接。

四、工作规范及要求

（1）相关工器具的准备。

（2）工器具、仪器仪表的正确使用及做好安全措施。

五、考核及时间要求

（1）本考核操作时间为15分钟，时间到停止考评。

（2）考评过程中如果由于测试人员操作不规范，有可能引发不安全因素的，停止考评，该项考核项目不得分，但不影响其他项目。

技能等级评价专业技能考核操作评分标准

工种	架空线路工				评价等级	中级工
项目模块	专业知识—导线、地线液压连接			编号	Jc0004443031	
单位		准考证号			姓名	
考试时限	15分钟	题型	单项操作		题分	100分
成绩	考评员		考评组长		日期	
试题正文	导线耐张线夹钢锚穿管及压接工艺					
需要说明的问题和要求	（1）要求工器具检查完备，考评员监护。 （2）流程合理。 （3）正确完成导线耐张线夹钢锚穿管及压接，质量合格					

序号	项目名称	质量要求	满分	扣分标准	扣分原因	得分
1	准备工作					
1.1	周边环境不影响坍落度检测	周边环境不影响施工	5	影响施工中途停止，一次扣5分		
1.2	工器具完备	检查测试仪器仪表、材料及工具是否齐全洁净、符合作业要求	5	工器具不齐全扣2～5分		
2	实验步骤					
2.1	实验前准备	测量压接管尺寸：测量耐张线夹钢锚内孔的深度 L_1，耐张线夹铝管的实长 L_2	5	测量及读取数值不正确扣3分； 未进行清洗扣2分		
2.2	绑扎和切割标记	用钢卷尺分别自导线端面内侧量取 $L_1+\Delta L_1+55\text{mm}$，画绑扎标记于P1。量取 $L_1+\Delta L_1+35\text{mm}$，画绑扎标记于P2。最后量取 $L_1+\Delta L_1+15\text{mm}$，画切割标记于B，且在P1处将绞线旋紧绑扎牢固，将耐张线夹铝管顺向推入绑扎P1处	10	绑扎和切割标记位置不正确扣5分； 穿管方法不正确扣5分		
2.3	剥铝线	在P1、P2处将导线旋紧绑扎牢固后，用剥线器（或手锯）在切割标记B处分层切断各层铝线。切割内层铝线时，应采取不伤及钢芯的具体措施。自钢芯端部分别向内侧量取 L_1，画定位标记于A1	10	剥铝线位置不正确扣2分； 伤及钢芯扣3分； 定位标记未标记扣5分		
2.4	穿耐张线夹钢锚	钢芯清洁后，顺向旋转推入钢锚管且与A1重合	5	推入钢管方法不对扣5分		
2.5	压接标记	用钢卷尺从耐张线夹钢锚管口向内量取 L_2，画定位标记于A2，用钢卷尺从耐张线夹钢锚管口向内量取 $L_1-5\text{mm}$，画定位标记于A3	10	压接标记不正确扣10分		
2.6	压接	导线耐张线夹钢管的压接操作顺序：第一模压接模具的端面与A3重合，依次施压至钢锚管端面	30	第一模压接位置不正确扣10分； 压接顺序不正确扣10分； 压接压力未达到规定压力值扣10分		

续表

序号	项目名称	质量要求	满分	扣分标准	扣分原因	得分
2.7	压后测量	使用游标卡尺及钢卷尺测量压接后钢管长度及对边距尺寸并记录。测量结束后在钢管上涂防锈漆等进行保护	10	压接后测量结果超出推荐值范围扣5分； 压接后钢管外观质量不佳扣5分		
3	工作结束					
3.1	工作现场清理	清理现场，整理工器具	10	未清理现场扣5分； 未整理工器具扣5分		
合计			100			

Jc0004443032 用GJ－70型钢绞线制作NUT－2型线夹拉线下把的操作。(100分)

考核知识点：拉线下把的制作

难易度：难

技能等级评价专业技能考核操作工作任务书

一、任务名称

用GJ－70型钢绞线制作NUT－2型线夹拉线下把的操作。

二、适用工种

架空线路工中级工。

三、具体任务

按要求用给定钢绞线制作NUT－2型线夹拉线下把。

四、工作规范及要求

(1) 要求单独操作。

(2) 拉线上端楔形线夹固定。

(3) 要求着装正确（工作服、工作胶鞋、安全帽）。

(4) 要求一次性剪断钢绞线。

(5) 利用培训架空线路进行操作。

(6) 在培训架空线路上操作。

五、考核及时间要求

考核时间共20分钟。每超过2分钟扣1分，到25分钟终止考核。

技能等级评价专业技能考核操作评分标准

<table>
<tr><td>工种</td><td colspan="6">架空线路工</td><td>评价等级</td><td>中级工</td></tr>
<tr><td>项目模块</td><td colspan="5">专业知识—电杆组立</td><td>编号</td><td colspan="2">Jc0004443032</td></tr>
<tr><td>单位</td><td colspan="3"></td><td>准考证号</td><td colspan="2"></td><td>姓名</td><td></td></tr>
<tr><td>考试时限</td><td colspan="2">20分钟</td><td>题型</td><td colspan="3">单项操作</td><td>题分</td><td>100分</td></tr>
<tr><td>成绩</td><td></td><td>考评员</td><td></td><td>考评组长</td><td colspan="2"></td><td>日期</td><td></td></tr>
<tr><td>试题正文</td><td colspan="8">用GJ－70型钢绞线制作NUT－2型线夹拉线下把的操作</td></tr>
<tr><td>需要说明的问题和要求</td><td colspan="8">(1) 要求单独操作。
(2) 拉线上端楔形线夹固定。
(3) 要求着装正确（工作服、工作胶鞋、安全帽）。
(4) 要求一次性剪断钢绞线</td></tr>
</table>

续表

序号	项目名称	质量要求	满分	扣分标准	扣分原因	得分
1	工具材料准备、检查					
1.1	工器具的选用	个人工器具齐全（钢丝钳一把、活动扳手两把）、专用工具（木锤、断线钳、紧线器）	10	错、漏一项扣2分，扣完为止		
1.2	材料的选用	扎钢绞线的铁丝（10～12号铁丝、18～20号铁丝）、GJ－70钢绞线、NUT－2型线夹（双螺母带平垫圈）	10	错、漏一项扣2分； 螺帽垫圈每漏一件扣1分； 型号错扣5分； 以上各项，扣完为止		
2	拉线下把的制作					
2.1	画印、断线	量出钢绞线的长度及断线位置进行准确画印和断线	10	不正确酌情扣3～10分		
2.2	安装线夹	钢绞线套入线夹方向正确放入楔子后，钢绞线与楔子弯曲处牢固、无缝隙	10	穿向反一次扣3分； 视质量情况扣3～5分； 以上各项，扣完为止		
2.3	紧线、调整拉线	安装NUT型线夹用紧线器拉紧，按要求调紧拉线，并紧双螺帽	10	安装不上扣6分； 要求返工继续进行，拉线及螺帽未达到要求各扣2分； 以上扣分，扣完为止		
3	绑扎钢绞线尾线的要求	绑扎方向正确（先顺钢绞线平压一段扎丝，再缠绕压紧该端头）、每圈铁丝绑扎紧密、铁丝两端头及绞头处理合格	20	未按要求绑扎扣1分； 一圈铁丝绑扎不紧扣1分； 两端头为绞紧扣3分； 绞头为弯进两钢绞线中间或弯进不好扣2分； 以上扣分，扣完为止		
4	工艺要求	尾线的位置应在线夹的凸肚侧、尾线露出长度为300～500mm、钢绞线与线夹舌板半圆结合处不得有空隙、尾线与主线的绑扎长度为40～50mm、NUT线夹双母处丝不得大于丝纹总长的1/2	20	尾线位置错误扣10分； 尾线长度每长或短10mm扣1分； 钢绞线与舌板半圆结合处不紧密每1mm扣2分； NUT线夹出丝大于丝纹总长的1/2扣5； 以上扣分，扣完为止		
5	其他要求	（1）要求着装正确（工作服、工作胶鞋、安全帽）。 （2）操作动作熟练连贯。 （3）工作终结，清理工作现场按照规定时间完成此项目	10	动作不熟练扣5分； 不清理工作现场扣2分； 超时扣10分		
合计			100			

Jc0005441033　接头盒标准工艺要求。（100分）

考核知识点：接头盒标准工艺要求

难易度：易

技能等级评价专业技能考核操作工作任务书

一、任务名称

OPGW接头盒安装标准工艺要求。

二、适用工种

架空线路工中级工。

三、具体任务

简述《国家电网有限公司输变电工程标准工艺（架空线路工程分册）》中对OPGW接头盒安装的

工艺标准要求及施工要点。

四、工作规范及要求

按照《国家电网有限公司输变电工程标准工艺（架空线路工程分册）》中对 OPGW 接头盒安装的工艺标准要求描述。

五、考核及时间要求

（1）本考核时间为 40 分钟，时间到停止考评。

（2）字迹清晰。

（3）考试过程中不得翻阅相关书籍和使用电子设备。

技能等级评价专业技能考核操作评分标准

工种	架空线路工					评价等级	中级工
项目模块	线路技术管理—线路施工管理				编号	Jc0005441033	
单位			准考证号			姓名	
考试时限	40 分钟		题型	单项操作		题分	100 分
成绩		考评员		考评组长		日期	
试题正文	OPGW 接头盒安装的工艺标准要求						
需要说明的问题和要求	（1）要求考试人员独立完成答题。 （2）考试过程中不得翻阅相关书籍和使用电子设备。 （3）书写干净，字迹清晰						

序号	项目名称	质量要求	满分	扣分标准	扣分原因	得分
1	工艺流程图	开始→施工准备→光缆熔接→光纤衰耗测量→接头盒安装→引下线安装→结束	20	未答出、回答错误或顺序不对，每处扣 1～4 分，酌情扣除，扣完为止		
2	关键工序控制	（1）光纤熔接。 1）附件安装后，当不能立即进行光缆熔接时，光纤端头应做密封处理。 去除光缆前端牵引时直接受力的部分，光缆引下完成后，地面应预留 10～15m 的余缆，且两根余缆长度应保持一致。 2）剥离光纤的外层套管、骨架时不得损伤光纤。光纤接续前应对光纤在盘纤盘内进行试盘绕，熔纤盘内接续光纤单端盘留量不少于 1200mm，弯曲半径不小于 40mm。 3）光缆熔接应由专业人员操作。接续前应检查熔接机性能，选择适合的接续模式及参数，必要时应对熔接机进行维护和清洁；当熔接指标不符合要求时及时更换熔接机电极。 4）光缆接续应在车辆或帐篷内作业。熔接前，熔接机应进行放电试验。光缆接续作业应连续完成，不应中断。 5）雨天、大风、沙尘等恶劣天气或空气湿度过大时应对施工作业采取防护措施，防止熔纤机电机受潮或光纤受到污染，增大光衰。 （2）光纤衰耗测量。 1）光纤接续衰耗测量应采用检定合格的光时域反射仪，OTDR 测量的接续点双向衰耗平均值为该点的实际衰耗值。 2）光纤接续完成后，应采用补强热缩套管进行保护。纤芯接头在热缩套管内应顺直，放置在中央位置，热缩均匀且中间不得有气泡，否则应重新进行接续和热缩。	60	答出 6 条满分，未答出、回答错误或回答不完整，每条扣 1～10 分，扣完为止		

续表

序号	项目名称	质量要求	满分	扣分标准	扣分原因	得分
2	关键工序控制	3）使用密封胶（不推荐使用AB胶）将光纤热缩套管在槽内按顺序固定牢固，防止接头盒安装后保护管脱落，排列应整齐。 4）盘纤完成后应使用OTDR进行光纤接续衰耗复测，避免盘纤或热缩时造成接续衰耗增大，对接续衰耗变大的光纤重新盘纤或重新熔接。 （3）接头盒安装。 1）接头盒内应采取防潮措施防止潮气或水分进入，封闭接头盒螺栓紧固，橡皮封条应安装到位。 2）应使用配套固定卡具安装接头盒，钢管塔使用配套的抱箍（钢带）安装固定牢固。 3）接头盒进出线应顺畅自然，弯曲半径符合要求。根据接头盒安装位置可在余缆架至接头盒光缆加装引下线夹，保证光缆固定点之间的距离小于2m且不与杆塔摩擦	60	答出6条满分，未答出、回答错误或回答不完整，每条扣1～10分，扣完为止		
3	工艺标准	（1）光缆接续一般指标为光纤单点双向平均熔接衰耗应小于0.05dB，最大不应超过0.1dB，全程大于0.05dB接头比例应小于10%，窗口波长为1550mm。 （2）盘纤盘内余纤盘绕应整齐有序，且每圈大小基本一致，弯曲半径不应小于40mm。余纤盘绕后应呈自然弯曲状态，不应有扭绞受压现象。 （3）接续盒安装高度应符合设计要求，安装在塔身内侧；帽式接续盒安装应垂直于地面，卧式接续盒安装应平行于地面。接头盒安装应可靠固定、无松动，宜安装在余缆架上方1.5～3m处。 （4）接头盒安装固定可靠、无松动、防水密封措施良好。接头盒进出线要顺畅、圆滑，弯曲半径应不小于40倍光缆直径	20	未答出、回答错误或回答不完整，每条扣1～5分，扣完为止		
合计			100			

Jc0005441034　铁塔OPGW引下线安装标准工艺要求。（100分）

考核知识点： OPGW引下线安装标准工艺要求

难易度： 易

技能等级评价专业技能考核操作工作任务书

一、任务名称

铁塔OPGW引下线安装标准工艺要求。

二、适用工种

架空线路工中级工。

三、具体任务

简述《国家电网有限公司输变电工程标准工艺（架空线路工程分册）》中对铁塔OPGW引下线安装的工艺标准要求及施工要点。

四、工作规范及要求

按照《国家电网有限公司输变电工程标准工艺（架空线路工程分册）》中对铁塔OPGW引下线安装的工艺标准要求描述。

五、考核及时间要求

（1）本考核时间为40分钟，时间到停止考评。

（2）字迹清晰。

（3）考试过程中不得翻阅相关书籍和使用电子设备。

技能等级评价专业技能考核操作评分标准

<table>
<tr><td>工种</td><td colspan="5">架空线路工</td><td>评价等级</td><td>中级工</td></tr>
<tr><td>项目模块</td><td colspan="4">线路技术管理—线路施工管理</td><td>编号</td><td colspan="2">Jc0005441034</td></tr>
<tr><td>单位</td><td colspan="2"></td><td>准考证号</td><td colspan="2"></td><td>姓名</td><td></td></tr>
<tr><td>考试时限</td><td>40分钟</td><td>题型</td><td colspan="3">单项操作</td><td>题分</td><td>100分</td></tr>
<tr><td>成绩</td><td></td><td>考评员</td><td></td><td>考评组长</td><td></td><td>日期</td><td></td></tr>
<tr><td>试题正文</td><td colspan="7">铁塔OPGW引下线安装标准工艺要求</td></tr>
<tr><td>需要说明的问题和要求</td><td colspan="7">（1）要求考试人员独立完成答题。
（2）考试过程中不得翻阅相关书籍和使用电子设备。
（3）书写干净，字迹清晰</td></tr>
</table>

序号	项目名称	质量要求	满分	扣分标准	扣分原因	得分
1	工艺流程图	开始→施工准备→光缆引下→引下线夹固定→引下线盘绕固定→结束	20	未答出、回答错误或顺序不对，每处扣1～4分，酌情扣除，扣完为止		
2	关键工序控制	引下线夹固定： （1）引下线安装时严禁抛扔。 （2）引下线夹具要自上而下安装，夹具固定在突出部位，不得使余缆线与角铁发生摩擦碰撞，安装距离在1.5～2m范围内，螺栓紧固扭矩应符合该产品说明书要求。 （3）引下线应自然顺畅，两固定夹具间的引下线应拉紧	30	未答出、回答错误或回答不完整，每条扣1～10分，扣完为止		
3	工艺标准	（1）铁塔引下线应从铁塔主材内侧引下，OPGW的弯曲半径应不小于20倍光缆直径。架构引下线应沿架构引下，OPGW的弯曲半径应不小于20倍光缆直径。 （2）分段绝缘的OPGW，中间接续塔采用带放电间隙绝缘子时，引下线应沿铁塔主材外侧引下。 （3）引下线不与塔材相摩擦，其任意一点与塔材之间的距离不小于50mm，不发生风吹摆动现象。构架连接法兰等突出处，应加装固定卡具，防止引下线与架构发生摩擦，固定卡具宜采用镀锌抱箍紧固在构架上。 （4）引下线用夹具安装间距为1.5～2m。引下线夹具的安装，应保证引下线顺直、圆滑，不得有硬弯、折角。 （5）引下线与架构间应采用绝缘橡胶或绝缘子方式进行绝缘，与构架构件间距不小于50mm。 （6）架构OPGW引下应三点接地，接地点分别在架构顶端、最下端固定点（余缆前）和光缆末端，并通过匹配的专用接地线可靠接地。特殊情况下，如电铁牵引站等要求不接地的，可采用绝缘方式，OPGW应在站外终端杆塔处接地，在站内OPGW采用带放电间隙绝缘子与构架绝缘。 （7）各种螺栓、销钉穿向应符合规范规定，除有固定的穿向外，其余穿向应统一；螺栓紧固扭矩应符合该产品说明书要求	50	答出5条满分，未答出、回答错误或回答不完整，每条扣1～10分，扣完为止		
合计			100			

Jc0005442035　OPGW 耐张串安装标准工艺要求。（100 分）

考核知识点：OPGW 耐张串安装标准工艺要求

难易度：中

技能等级评价专业技能考核操作工作任务书

一、任务名称

架构 OPGW 引下线安装标准工艺要求。

二、适用工种

架空线路工中级工。

三、具体任务

简述《国家电网有限公司输变电工程标准工艺（架空线路工程分册）》中对 OPGW 耐张串安装的工艺标准要求及施工要点。

四、工作规范及要求

按照《国家电网有限公司输变电工程标准工艺（架空线路工程分册）》中对 OPGW 耐张串的工艺标准要求描述。

五、考核及时间要求

（1）本考核时间为 40 分钟，时间到停止考评。

（2）字迹清晰。

（3）考试过程中不得翻阅相关书籍和使用电子设备。

技能等级评价专业技能考核操作评分标准

<table>
<tr><td>工种</td><td colspan="5">架空线路工</td><td>评价等级</td><td>中级工</td></tr>
<tr><td>项目模块</td><td colspan="4">线路技术管理—线路施工管理</td><td>编号</td><td colspan="2">Jc0005442035</td></tr>
<tr><td>单位</td><td colspan="3"></td><td>准考证号</td><td></td><td>姓名</td><td></td></tr>
<tr><td>考试时限</td><td colspan="2">40 分钟</td><td>题型</td><td colspan="2">单项操作</td><td>题分</td><td>100 分</td></tr>
<tr><td>成绩</td><td></td><td>考评员</td><td></td><td>考评组长</td><td></td><td>日期</td><td></td></tr>
<tr><td>试题正文</td><td colspan="7">OPGW 耐张串安装标准工艺要求</td></tr>
<tr><td>需要说明的问题和要求</td><td colspan="7">（1）要求考试人员独立完成答题。
（2）考试过程中不得翻阅相关书籍和使用电子设备。
（3）书写干净，字迹清晰</td></tr>
</table>

序号	项目名称	质量要求	满分	扣分标准	扣分原因	得分
1	工艺流程图	开始→滑车拆除→金具安装固定→内预绞丝安装→外预绞丝安装→结束	20	未答出、回答错误或顺序不对，每处扣 1～4 分，酌情扣除，扣完为止		
2	关键工序控制	金具安装固定： （1）金具安装前应检查并进行试组装，不合格严禁使用。 （2）缠绕预绞丝时应保证两端整齐，缠绕方向应与外层线股的绞制方向一致，并保持原预绞形状。 （3）绝缘子表面应擦洗干净，避免损伤，并注意调整好放电间隙。 （4）OPGW 耐张预绞丝重复使用不得超过两次	40	未答出、回答错误或回答不完整，每条扣 1～10 分，扣完为止		

续表

序号	项目名称	质量要求	满分	扣分标准	扣分原因	得分
3	工艺标准	（1）各种螺栓、销钉穿向应符合规范规定，除有固定的穿向外，其余穿向应统一；螺栓紧固扭矩应符合该产品说明书要求。 （2）金具上所用开口销和闭口销的直径必须与孔径相配合，且弹力适度。开口销和闭口销不应有折断和裂纹等现象。当采用开口销时应对称开口，开口角度应为 60°～90°，不得用线材和其他材料代替开口销和闭口销。 （3）绝缘子表面应完好干净，绝缘架空地线放电间隙安装方向应朝上，安装距离允许偏差±2mm。 （4）OPGW 直通型耐张串引流线应自然顺畅呈近似悬链状态，从地线支架下方通过时，弧垂应为 300～500mm；从地线支架上方通过时，弧垂应为 150～200mm。 （5）OPGW 接头引下线应自然、顺畅、美观。接地并沟线夹方向不得偏扭，或垂直或水平。接地引线全线安装位置应统一，接地引线应自然、顺畅、美观	40	未答出、回答错误或回答不完整，每条扣 1～8 分，扣完为止		
合计			100			

Jc0005443036　导线耐张绝缘子串安装标准工艺要求。（100 分）

考核知识点：绝缘子串安装标准工艺

难易度：难

技能等级评价专业技能考核操作工作任务书

一、任务名称

导线耐张绝缘子串安装标准工艺要求。

二、适用工种

架空线路工中级工。

三、具体任务

简述《国家电网有限公司输变电工程标准工艺（架空线路工程分册）》中对导线耐张绝缘子串安装的工艺标准要求及施工要点。

四、工作规范及要求

按照《国家电网有限公司输变电工程标准工艺（架空线路工程分册）》中对导线耐张绝缘子串安装的工艺标准要求描述。

五、考核及时间要求

（1）本考核时间为 40 分钟，时间到停止考评。

（2）字迹清晰。

（3）考试过程中不得翻阅相关书籍和使用电子设备。

技能等级评价专业技能考核操作评分标准

工种	架空线路工			评价等级	中级工
项目模块	线路技术管理—线路施工管理		编号	Jc0005443036	
单位		准考证号		姓名	

续表

考试时限	40分钟		题型	单项操作		题分	100分
成绩		考评员		考评组长		日期	
试题正文	导线耐张绝缘子串安装标准工艺要求						
需要说明的问题和要求	（1）要求考试人员独立完成答题。 （2）考试过程中不得翻阅相关书籍和使用电子设备。 （3）书写干净，字迹清晰						

序号	项目名称	质量要求	满分	扣分标准	扣分原因	得分
1	工艺流程图	开始→施工准备→金具外观检查、绝缘子零值检测→金具、绝缘子规格型号核对→绝缘子串地面组装与吊装→安装后螺栓、销钉穿向检查→结束	30	未答出、回答错误或顺序不对，每处扣1～5分，酌情扣除，扣完为止		
2	关键工序控制	（1）金具外观检查、绝缘子零值检测。 1）金具、绝缘子安装前应检查，并进行试组装严禁使用不合格品。 2）对绝缘子串应逐个进行检查，绝缘子表面要擦洗干净，避免损伤。按设计要求加装异色绝缘子。 3）盘形悬式瓷绝缘子安装前现场应逐个进行零值检测。 （2）绝缘子串地面组装与吊装。 1）金具串连接要注意检查碗口球头与弹簧销子是否匹配。应采取防止工器具碰撞复合绝缘子伞套的措施，不得踩踏复合绝缘子。 2）锁紧销的装配应使用专用工具，以免损坏金属附件的镀锌层	40	未答出、回答错误或回答不完整，每条扣1～8分，扣完为止		
3	工艺标准	（1）绝缘子表面完好干净。在安装好弹簧销子的情况下，球头不得自碗头中脱出。绝缘子串与端部附件不应有明显的歪斜。 （2）绝缘子串上的各种螺栓、穿钉及弹簧销子，除有固定的穿向外，其余穿向应统一。 （3）金具上所用开口销和闭口销的直径必须与孔径相配合，且弹力适度。开口销和闭口销不应有折断和裂纹等现象，当采用开口销时应对称开口，开口角度应为60°～90°，不得用线材和其他材料代替开口销和闭口销。 （4）球头和碗头连接的绝缘子应有可靠的锁紧装置。 （5）绝缘子串与金具连接符合图纸要求，金具表面应无锈蚀、裂纹、气孔、砂眼、飞边等现象。 （6）耐张绝缘子串倒挂时，耐张线夹应采用填充电力脂等防冻胀措施，并在线夹尾部打渗水孔	30	未答出、回答错误或回答不完整，每条扣1～5分，扣完为止		
合计			100			

Jc0005443037　接地体制作标准工艺要求。（100分）

考核知识点：接地体制作标准工艺

难易度：难

技能等级评价专业技能考核操作工作任务书

一、任务名称

接地体制作标准工艺要求。

二、适用工种

架空线路工中级工。

三、具体任务

简述《国家电网有限公司输变电工程标准工艺（架空线路工程分册）》中对接地体制作的工艺标准要求及施工要点。

四、工作规范及要求

按照《国家电网有限公司输变电工程标准工艺（架空线路工程分册）》中对接地体制作的工艺标准要求描述。

五、考核及时间要求

（1）本考核时间为 40 分钟，时间到停止考评。

（2）字迹清晰。

（3）考试过程中不得翻阅相关书籍和使用电子设备。

技能等级评价专业技能考核操作评分标准

工种	架空线路工			评价等级	中级工
项目模块	线路技术管理—线路施工管理		编号	Jc0005443037	
单位		准考证号		姓名	
考试时限	40 分钟	题型	单项操作	题分	100 分
成绩		考评员		考评组长		日期	
试题正文	接地体制作标准工艺要求				
需要说明的问题和要求	（1）要求考试人员独立完成答题。 （2）考试过程中不得翻阅相关书籍和使用电子设备。 （3）书写干净，字迹清晰				

序号	项目名称	质量要求	满分	扣分标准	扣分原因	得分
1	工艺流程图	开始→接地体连接→接地体埋设→引下线安装→接地电阻测量→质量验评是否合格→结束	30	未答出、回答错误或顺序不对，每处扣 1～5 分，酌情扣除，扣完为止		
2	关键工序控制	接地体连接： （1）接地体应采用搭接施焊，圆钢的搭接长度不应少于其直径的 6 倍并应双面施焊；扁钢的搭接长度不应少于其宽度的 2 倍并应四面施焊。圆钢与扁钢搭接长度应不少于圆钢直径的 6 倍，并双面施焊。焊缝应平滑饱满。 （2）圆钢采用液压连接时，其接续管的型号与规格应与所连接的圆钢相匹配。接续管的壁厚不得小于 3mm；对接长度应为圆钢直径的 20 倍，搭接长度应为圆钢直径的 10 倍。 （3）现场焊接点应进行防腐处理，防腐范围不应少于连接部位两端各 100mm	45	未答出、回答错误或回答不完整，每条扣 1～15 分，扣完为止		

续表

序号	项目名称	质量要求	满分	扣分标准	扣分原因	得分
3	工艺标准	（1）接地体连接前应清除连接部位的浮锈，接地体间连接必须可靠。 （2）水平接地体埋设应符合遇倾斜地形宜等高线埋设；两接地体间的平行距离不应小于 5m；接地体敷设应平直；对无法按照上述要求埋设的特殊地形，应与设计单位协商解决。 （3）垂直接地体深度应满足设计要求。垂直接地体的间距不宜小于其长度的 2 倍。 （4）接地体的连接部分需采取防腐处理	25	未答出、回答错误或回答不完整，每条扣 1～7 分，扣完为止		
合计			100			

第三部分
高级工

第五章　架空线路工高级工技能笔答

Jb0001311001　塑料安全帽的使用期如何规定？（5 分）
考核知识点：安全帽
难易度：易
标准答案：
塑料安全帽的使用期，不得超过两年半。

Jb0001311002　起重机及吊件与 10kV 带电线路的安全距离是多少？（5 分）
考核知识点：安全距离
难易度：易
标准答案：
起重机及吊件与 10kV 带电线路沿垂直方向安全距离为 3m，沿水平方向安全距离为 1.5m。

Jb0001311003　起重机及吊件与 35kV 带电线路的安全距离是多少？（5 分）
考核知识点：安全距离
难易度：易
标准答案：
起重机及吊件与 35kV 带电线路沿垂直方向安全距离为 4m，沿水平方向安全距离为 2m。

Jb0001311004　起重机及吊件与 110kV 带电线路的安全距离是多少？（5 分）
考核知识点：安全距离
难易度：易
标准答案：
起重机及吊件与 110kV 带电线路沿垂直方向安全距离为 5m，沿水平方向安全距离为 4m。

Jb0001311005　起重机及吊件与 220kV 带电线路的安全距离是多少？（5 分）
考核知识点：安全距离
难易度：易
标准答案：
起重机及吊件与 220kV 带电线路沿垂直方向安全距离为 6m，沿水平方向安全距离为 5.5m。

Jb0001311006　起重机及吊件与 330kV 带电线路的安全距离是多少？（5 分）
考核知识点：安全距离
难易度：易
标准答案：
起重机及吊件与 330kV 带电线路沿垂直方向安全距离为 7m，沿水平方向安全距离为 6.5m。

Jb0001311007　在跨越 10kV 电力线的跨越架上使用绝缘绳、绝缘网封顶时，架面（含拉线）与导线的水平距离是多少？无地线时，封顶网（杆）与导线的垂直距离是多少？有地线时，封顶网（杆）与地线的垂直距离是多少？（5 分）

考核知识点：安全距离

难易度：易

标准答案：

（1）架面（含拉线）与导线的水平距离是 1.5m。

（2）无地线时，封顶网（杆）与导线的垂直距离是 1.5m。

（3）有地线时，封顶网（杆）与地线的垂直距离是 0.5m。

Jb0001311008　当确需两台或多台起重机起吊同一重物时，应遵循哪些要求？（5 分）

考核知识点：起重机组塔

难易度：易

标准答案：

（1）应专家论证并制定专项吊装方案，并办理审批手续。

（2）应保持两机间任何接近部位（包括起重物）的安全距离不得小于 2m。

（3）绑扎时应根据各台起重机的允许起重量按比例分配负荷，保持升降同步。

（4）起重机承担的构件重量应考虑不平衡系数后且不应超过单机额定起吊重量的 80%。

Jb0001311009　简述材料、工具、设备堆（摆）放，标识牌、设备状态牌等要求。（5 分）

考核知识点：工器具管理

难易度：易

标准答案：

（1）应设置独立的施工工具、安全防护用品临时摆放区域，用货架摆放整齐，定置管理，标识清楚、规范，并应有防火、防潮、防虫蛀、防损坏等可靠措施。

（2）小型工具、材料等堆放地面要坚实、平整、不积水。区域内设组合式铁制工具货架，各种物品分类标识清晰。

（3）进场设备材料应按分区堆放和管理，不得随意更换位置，堆放要整齐、有序、有标识。

Jb0001311010　紧线过程中监护人员应遵守哪些规定？（5 分）

考核知识点：紧线施工

难易度：易

标准答案：

（1）不得站在悬空导线、地线的垂直下方。

（2）不得跨越将离地面的导线或地线。

（3）监视行人不得靠近牵引中的导线或地线。

（4）传递信号应及时、清晰，不得擅自离岗。

Jb0001311011　生产现场作业“十不干”的内容是什么？（10 分）

考核知识点：十不干

难易度：易

标准答案：
（1）无票的不干。
（2）工作任务、危险点不清楚的不干。
（3）危险点控制措施未落实的不干。
（4）超出作业范围未经审批的不干。
（5）未在接地保护范围内的不干。
（6）现场安全措施布置不到位、安全工器具不合格的不干。
（7）杆塔根部、基础和拉线不牢固的不干。
（8）高处作业防坠落措施不完善的不干。
（9）有限空间内气体含量未经检测或检测不合格的不干。
（10）工作负责人（专责监护人）不在现场的不干。

Jb0001311012　基建安全施工作业“六条禁令”的内容是什么？（5分）
考核知识点：六条禁令
难易度：易
标准答案：
（1）禁止劳务分包人员独自开展作业。
（2）禁止特种作业人员无证上岗作业。
（3）禁止施工管控措施未经培训作业。
（4）禁止施工方案未经安全交底作业。
（5）禁止施工作业票未经过宣读作业。
（6）禁止施工机械机具未经检验作业。

Jb0001311013　施工现场停工“五条红线”的内容是什么？（5分）
考核知识点：五条红线
难易度：易
标准答案：
（1）现场关键人员配置严重不到位。
（2）现场“一措施一方案一张票”存在严重错误。
（3）现场施工装备存在重大安全隐患。
（4）现场安全风险管控严重不到位。
（5）现场过程质量管控严重不到位.

Jb0001311014　挂拆工作接地线应遵守哪些规定？（6分）
考核知识点：挂拆工作接地线
难易度：易
标准答案：
（1）验明线路确无电压后，作业人员应按照工作票上接地线布置的要求，立即挂工作接地线。凡有可能送电到作业地段内线路的分支线也应挂工作接地线。
（2）同杆塔架设有多层电力线时，应先挂低压、后挂高压、先挂下层、后挂上层。工作负责人应检查确认所有工作接地线均已挂设完成后方可开始作业。

（3）若有感应电压反映在停电线路上时，应在作业范围内加挂工作接地线。在拆除工作接地线时，应防止感应电触电。

（4）在绝缘架空地线上作业时，应先将该架空地线接地。

（5）挂工作接地线时，应先接接地端，后接导线或地线端。接地线连接应可靠，不得缠绕。拆除时的顺序与此相反。

（6）装、拆工作接地线导体端时，作业人员均应使用绝缘棒或绝缘绳，人体不得碰触接地线。

Jb0001311015　“十不吊”的内容是什么？（10分）

考核知识点：“十不吊”

难易度：易

标准答案：

（1）超载不吊。

（2）六级以上强风不吊。

（3）散装物装得太满或捆扎不牢不吊。

（4）安全装置失灵不吊。

（5）吊物上站人不吊。

（6）斜吊不吊。

（7）指挥信号不明不吊。

（8）埋在地下的构件不吊。

（9）光线阴暗看不清吊物不吊。

（10）吊物边缘无防护措施不吊。

Jb0001312016　简述金属抱杆不得使用的几种情形。（5分）

考核知识点：杆塔组立

难易度：中

标准答案：

（1）整体弯曲不应超过杆长的1/600。

（2）局部弯曲严重、磕瘪变形、表面腐蚀、裂纹或脱焊。

（3）抱杆帽和其他配件表面有裂纹、螺纹变形或螺栓缺少。

Jb0001312017　组塔过程中应遵守哪些规定？（5分）

考核知识点：组塔规定

难易度：中

标准答案：

（1）吊件坠落半径内不得有人。

（2）在受力钢丝绳的内角侧不得有人。

（3）在杆塔上有人时不得通过调整临时拉线来校正杆塔倾斜或弯曲。

（4）分解组塔过程中，塔上与塔下人员通信联络应畅通。

（5）钢丝绳与金属构件绑扎处，应衬垫软物。

（6）组装杆塔的材料及工器具不得浮搁在已立的杆塔和抱杆上。

（7）组立的杆塔不得用临时拉线固定过夜。需要过夜时，应对临时拉线采取安全措施。

（8）铁塔组立过程中及电杆组立后，应及时与接地装置可靠连接。

（9）杆塔的临时拉线应在永久拉线全部安装完毕后方可拆除，拆除时应由现场指挥人统一指挥。不得安装一根永久拉线随即拆除一根临时拉线。

（10）杆塔组立前，应核对地脚螺栓与螺母型号是否匹配。铁塔组立后，地脚螺栓应拧紧并做好防卸措施。

Jb0001312018　临时地锚设置应遵循哪些规定？（5 分）

考核知识点：地锚设置

难易度：中

标准答案：

（1）采用埋土地锚时，地锚绳套引出位置应开挖马道，马道与受力方向应一致。

（2）采用角铁桩或钢管桩时，一组桩的主桩上应控制一根拉绳。

（3）临时地锚应采取避免被雨水浸泡的措施。

（4）地锚埋设应设专人检查验收，回填土层应逐层夯实。

（5）地锚设置处应避开软塑及流塑状态的黏性土、淤泥质土、人工填土及有地表水的土质（如水田、沼泽）等不良土质。

（6）地钻埋设时，一般通过静力（人力）旋转方式埋入土中，应尽可能保持锚杆的竖直状态，避免产生晃动，以减少对周围土体的扰动。

（7）不得利用树木或外露岩石等承力大小不明物体作为受力钢丝绳的地锚。

Jb0001313019　张力放线前由专人检查的工作有哪些？（5 分）

考核知识点：张力放线

难易度：难

标准答案：

（1）牵引设备及张力设备的锚固应可靠，接地应良好。

（2）牵张段内的跨越架结构应牢固、可靠。

（3）通信联络点不得缺岗，通信应畅通。

（4）转角杆塔放线滑车的预倾措施和导线上扬处的压线措施应可靠。

（5）交叉、平行或邻近带电体的放线区段接地措施应符合施工方案的安全规定。

Jb0002311020　简述强度、刚度的定义。（5 分）

考核知识点：强度、刚度概念

难易度：易

标准答案：

（1）构件承受外力时抵抗破坏的能力称为构件的强度。

（2）构件承受外力时抗变形的能力称为构件的刚度。

Jb0002311021　什么是杆塔的呼称高？（5 分）

考核知识点：杆塔呼称高

难易度：易

标准答案：

输电线路杆塔下横担下弦边线至杆塔施工基面间的高度。

Jb0002311022　简要解释档距、水平档距、垂直档距及代表档距的含义。（5分）

考核知识点：档距

难易度：易

标准答案：

（1）档距是指相邻两杆塔中心点之间的水平距离。

（2）水平档距是指某杆塔两侧档距中点之间的水平距离。

（3）垂直档距是指某杆塔两侧导线最低点间的水平距离。

（4）代表档距是指把一个长短不等、连续多档的耐张段，用一个等效的孤立档来代替，达到简化设计计算的目的。

Jb0002311023　架空线路杆塔荷载分为几类？直线杆正常情况下主要承受何种荷载？（5分）

考核知识点：线路荷载

难易度：易

标准答案：

（1）荷载类型：① 水平荷载；② 垂直荷载；③ 纵向荷载。

（2）直线杆正常运行时承受的荷载：① 水平荷载；② 垂直荷载。

Jb0002311024　导电脂有何特点？（5分）

考核知识点：导电脂特点

难易度：易

标准答案：

（1）导电脂能降低连接面的接触电阻。

（2）导电脂温度达到150℃以上才开始流动。

（3）导电脂的黏滞性好，不会过多降低接头摩擦力。

Jb0002311025　接地有什么作用？有几种接地方式？（5分）

考核知识点：接地的作用

难易度：易

标准答案：

（1）接地的主要作用是保护人身和设备安全。

（2）接地方式有保护接地、工作接地、接零和重复接地。

Jb0002312026　什么是混凝土的和易性？和易性对混凝土构件质量有何影响？（5分）

考核知识点：混凝土的和易性及对混凝土构件质量的影响

难易度：中

标准答案：

（1）混凝土的和易性是指混凝土经搅拌后，在施工过程中干稀均匀的合适程度。

（2）质量影响。

1）和易性差的混凝土影响构件内部的密实性。

2）和易性差的混凝土影响构件表面的质量。

3）和易性差的混凝土影响构件棱角的质量。

Jb0002312027　绝缘子串风偏角不满足要求时，通常如何解决？（5分）

考核知识点：绝缘子串风偏

难易度：中

标准答案：

（1）直线杆塔：调整杆塔位置、高度或改用允许摇摆角较大的杆塔。

（2）耐张转角杆塔的跳线串：使用重锤或其他方法加大绝缘子串的垂直荷重和稳定。

Jb0002312028　钢丝绳的结构按绕捻方向是如何分类的？（5分）

考核知识点：钢丝绳

难易度：中

标准答案：

（1）顺向绕捻的钢丝绳，平行绕捻，即钢丝绕成股和股绕成绳的方向相同。这种钢丝绳柔性较大，表面光滑，钢丝磨损轻，但易自行扭转和松散。

（2）交叉绕捻的钢丝绳，交叉绕捻，即钢丝绕成股和股绕成绳的方向相反。其优点是不易自行松散打扭，应用广泛。

（3）混合绕捻的钢丝绳，相邻层股的钢丝绕捻方向是相反的。这种钢丝绳兼有前两种钢丝绳的优点。

Jb0002312029　地锚的抗拔力与哪些因素有关？（5分）

考核知识点：地锚抗拔力

难易度：中

标准答案：

地锚的抗拔力与地锚的埋深、地锚受力方向与水平方向的夹角、土壤单位容重、土壤计算抗拔角以及回填土夯实程度等有关。

Jb0002312030　架空线弧垂与哪些因素有关？（5分）

考核知识点：弧垂的影响因素

难易度：中

标准答案：

（1）档距大小。

（2）架空线的应力。

（3）初伸长。

（4）荷载和。

（5）环境温度的变化。

Jb0002312031　什么是自动重合闸？（5分）

考核知识点：自动重合闸

难易度：中

标准答案：

自动重合闸是一种自动保护装置，是将跳闸后的断路器自动重新合上的装置。

Jb0002312032　装设自动重合闸有什么意义？（5 分）

考核知识点：自动重合闸

难易度：中

标准答案：

自动重合闸是提高供电可靠性的得力措施，尽管自动重合闸对永久性故障无意义，但是大量统计表明，电力线路的故障如雷电闪络、大风碰线、鸟害、风筝短路等绝大多数都是瞬时的，所以重合闸的成功率仍高达 60%～90%，可见自动重合闸对电力系统的安全生产具有重要的现实意义。

Jb0002313033　张力架线的基本特征有哪些？（5 分）

考核知识点：张力架线

难易度：难

标准答案：

（1）导线在架线施工全过程中处于架空状态。

（2）以施工段为架线施工的单元工程，放线、紧线等作业在施工段内进行。

（3）施工段不受设计耐张段的限制，可以用直线塔作施工段起止塔，在耐张塔上直通放线。

（4）在直线塔上紧线并做直线塔锚线，凡直通放线的耐张塔也直通紧线。

（5）在直通紧线的耐张塔上做平衡挂线。

Jb0002313034　张力架线有何优点？（5 分）

考核知识点：张力架线

难易度：难

标准答案：

（1）避免导线与地面摩擦致伤，减轻运行中电晕损失及对无线电系统的干扰。

（2）施工作业高度机械化、速度快、工效高。

（3）用于跨越公路、铁路、河网等复杂地形条件，经济效益良好。

（4）能减少青苗损失。

Jb0002332035　有一根国产白棕绳，直径为 19mm，其有效破断拉力 $T_p=22.5$kN，当在紧线作牵引绳时，试求其允许拉力为多少？（提示：安全系数为 $K=6.0$，动荷系数为 $K_1=1.1$，结果保留 2 位小数）（5 分）

考核知识点：受力计算

难易度：中

标准答案：

$$T=\frac{T_{\mathrm{P}}}{KK_1}=\frac{22.5}{6\times1.1}=3.41(\mathrm{kN})$$

答：其允许拉力为3.41kN。

Jb0002332036　某 1-2 滑轮组起吊重为 $Q=2000$kg 的物体，牵引绳由定滑轮引出，由人力绞磨牵引。提升该重物所需拉力为多少？（已知单滑轮工作效率为 95%，滑轮组的综合效率 $\eta=90\%$。）（结果保留 2 位小数）（5 分）

考核知识点：受力计算

难易度：中

标准答案：

$$P=\frac{Q\times 9.8}{n\eta}=\frac{2000\times 9.8}{3\times 90\%}=7259.26\text{（N）}$$

答：提升该重物所需拉力为7259.26N。

Jb0002332037　在施工现场，有单滑轮直径为 D=140mm，因其铭牌已模糊不清楚，其允许使用荷重为多少？（5 分）

考核知识点：滑车受力

难易度：中

标准答案：

由经验公式得：

$$p=\frac{nD^2}{1.6\times 1000}=\frac{1\times 140^2}{1.6\times 1000}=12.25\text{（kN）}$$

答：允许使用荷重为12.25kN。

Jb0003311038　全站仪（又称全站型电子速测仪）主要由哪三部分组成？（5 分）

考核知识点：全站仪

难易度：易

标准答案：

主要由光电测距仪、电子微处理机、数据终端三部分组成。

Jb0003311039　输变电工程中应用的 GPS 量测系统主要包括哪几部分？（5 分）

考核知识点：GPS

难易度：易

标准答案：

主要包括参考基站主机、参考基站电源、参考基站电台、参考基站卫星信号接收天线、流动站主机、流动站卫星信号接收天线、流动站显示器及对中杆。

Jb0003311040　基础分坑前杆塔中心桩位置在复测中出现哪些情况应予以纠正？（5 分）

考核知识点：线路复测

难易度：易

标准答案：

（1）横线路方向偏差大于 50mm。

（2）顺线路方向偏差大于设计档距的 1%。

（3）转角杆塔的角度偏差超过 1′30″。

（4）标高与设计值相比偏差超过 0.5m。

Jb0003313041　使用放线滑车应遵守哪些规定？（5 分）

考核知识点：放线滑车

难易度：难

标准答案：

（1）放线滑车允许荷载应满足放线的强度要求，安全系数不得小于3。

（2）放线滑车悬挂应根据计算对导引绳、牵引绳的上扬严重程度，选择悬挂方法及挂具规格。

（3）转角塔（包括直线转角塔）的预倾滑车及上扬处的压线滑车应设专人监护。

Jb0003313042　观测导线、架空地线弧垂的要求有哪些？（10分）

考核知识点：导地线弧垂

难易度：难

标准答案：

（1）计算导线、架空地线弧垂或根据弧垂曲线查取弧垂时，应考虑"初伸长"的影响。

（2）计算或查取弧垂值时，应考虑施工现场的实际温度，当实测气温和计算或查得弧垂 f 值所给定的气温相差在2.5℃以内时，其观测弧垂可不调整，如超过此范围，则应予以调整。

（3）观测弧垂时，应顺着阳光且宜从低处向高观察，并尽可能选择前方背景较清晰的观察位置。当架空线基本达到要求弧垂时，应通知停止牵引，待架空线的摇晃基本稳定后再进行观察。

（4）多档紧线时，由于放线滑车的摩擦阻力，往往是前面弧垂已满足要求而后侧还未达到。因此，在弧垂观察时，应先观察距操作（紧线）场地较远的观测档，使之满足要求，然后再观测、调整近处观测档弧度。

（5）当多档紧线，几个弧垂观测档的弧垂不能都达到各自要求值时，如弧垂相差不大，对两个观测档的，按较远的观测档达到要求为准；三个观察档的，则以中间一个观测档达到要求为准。如弧垂相差较大，应查找原因后加以处理。

Jb0003313043　架空线路的弧垂过大和过小有什么危害？（5分）

考核知识点：弧垂、导线承载力

难易度：难

标准答案：

弧垂过大和过小都会影响线路的安全运行，弧垂过大可能在大风时或故障时，使线路摆动过大碰线而发生短路事故，同时弧垂过大也使导线对其下方交叉跨越的线路、管道及其他设施的距离减小，容易发生事故。弧垂过小，则使导线应力过大，易发生断线等事故。

Jb0003313044　如何测定转角杆塔横担方向桩和杆塔位移桩？（5分）

考核知识点：辅助桩测定

难易度：难

标准答案：

（1）在线路转角桩 O 处支仪器，仪器对中操平后，对准后视相邻杆塔中心桩，倒镜，按设计方向水平转角度，复核线路转角桩是否正确，然后按原转向再转角度 $\alpha=(180-\theta)/2$，打桩，这就是横担的方向桩。

（2）横担方向桩测钉后，就可从线路转角桩 O 在横担轴线上量出位移距离 S，钉出位移后的杆塔中心桩 O_2，再以 O_2 为中心，以横担方向为基准，按直线杆塔正方形基础分坑法进行分坑。如转角杆塔不进行位移，用转角中心桩近似充当杆塔中心桩的话，分坑就是以 O 为中心，以横担方向为基准，再按直线杆塔正方形基础来对待。

Jb0003321045　如图 Jb0003321045 所示游标卡尺读数是多少？（5 分）

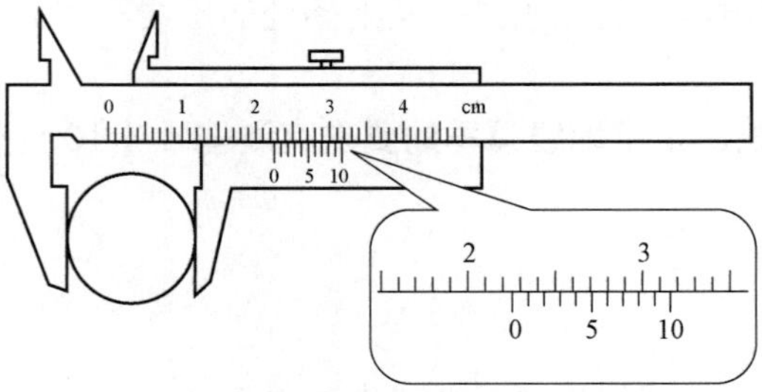

图 Jb0003321045

考核知识点：测量常识

难易度：易

标准答案：

该图读数为 2.26cm。

Jb0003321046　如图 Jb0003321046 所示，属于手扳葫芦的是哪个？（5 分）

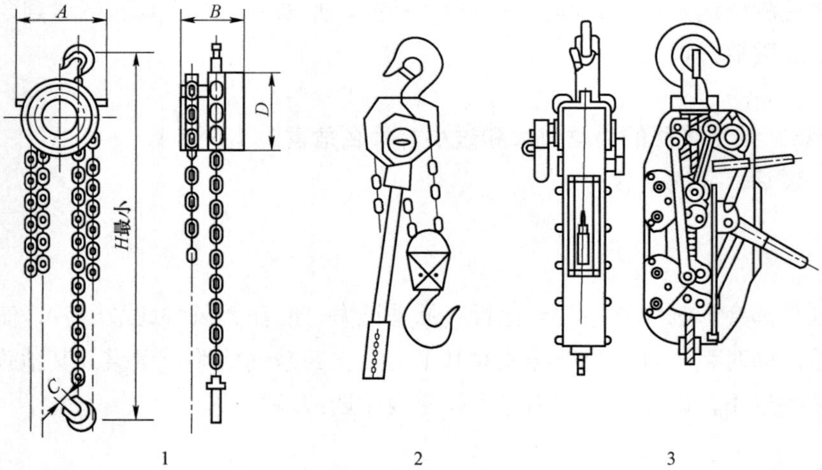

图 Jb0003321046

考核知识点：工器具识别

难易度：易

标准答案：

2。

Jb0003321047　如图 Jb0003321047 所示平断面图中，33 号塔的里程是多少？（5 分）

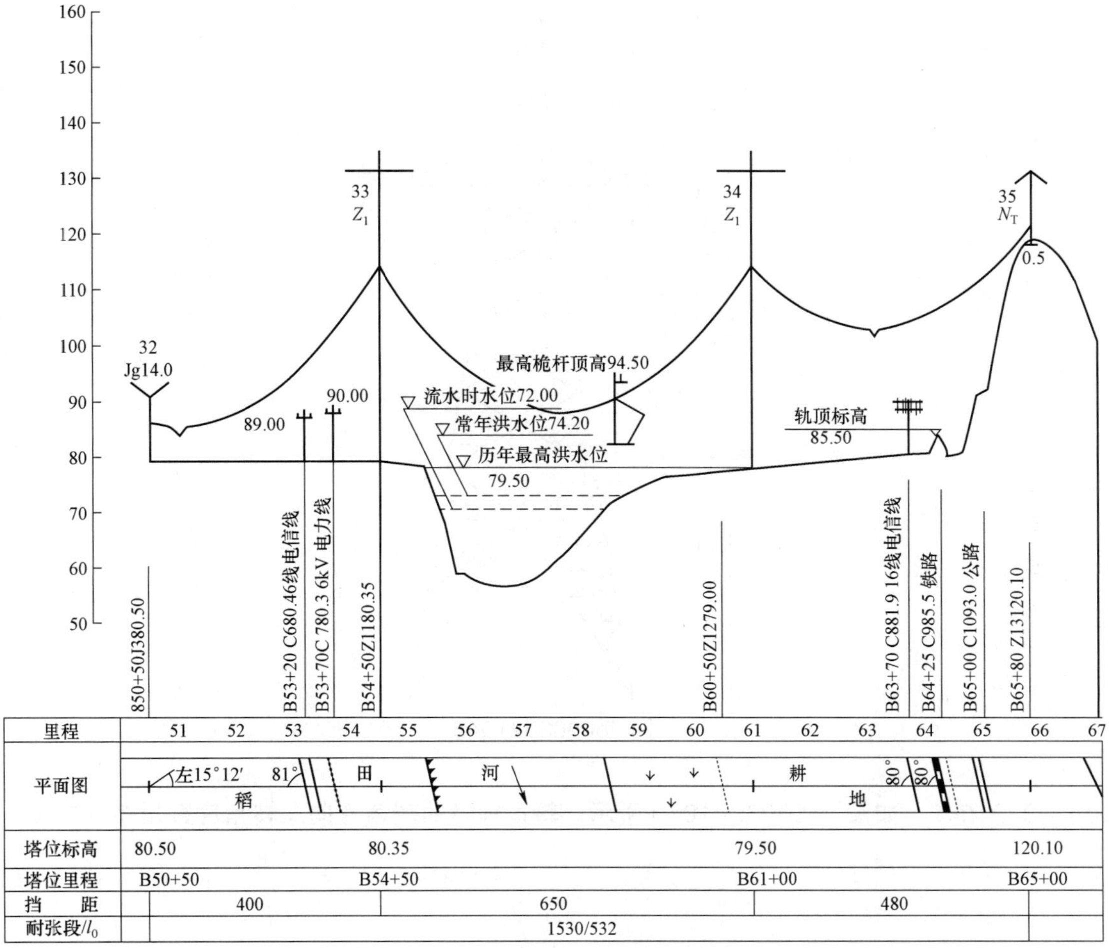

图 Jb0003321047

考核知识点：断面图

难易度：易

标准答案：

5.45km。

Jb0003321048 图 Jb0003321048 为输电线路铁塔什么图？铁塔呼高、全高各为多少？（5 分）

考核知识点：塔图

难易度：易

标准答案：

（1）单线图。

（2）铁塔呼高 30m。

（3）铁塔全高 44m。

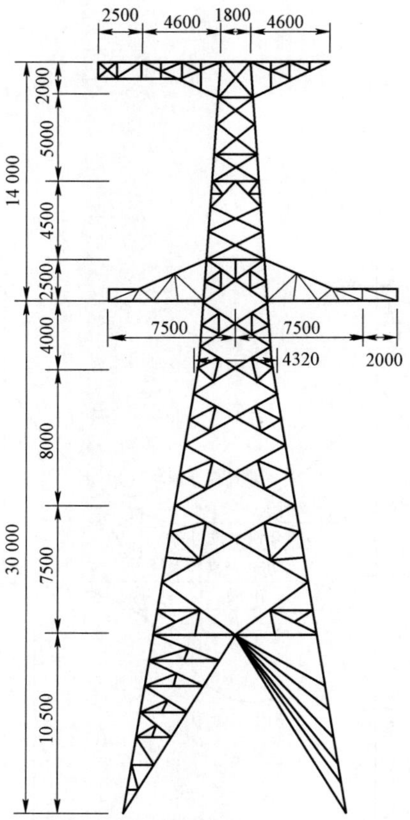

图 Jb0003321048

Jb0003321049　如图 Jb0003321049 所示，转角杆塔的转角方向及转角度数是多少？（5 分）

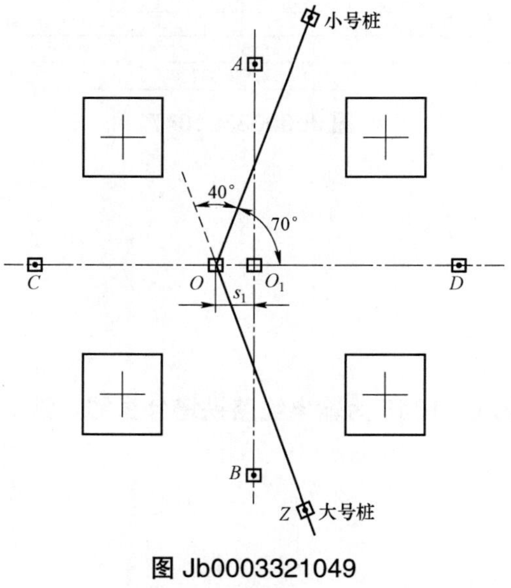

图 Jb0003321049

考核知识点： 线路转角

难易度： 易

标准答案：

左转 40°。

Jb0003332050　如图 Jb0003332050 所示，观测档弧垂计算公式是什么？（5 分）

（φ—观测档架空线悬挂点高差角，φ = tanh/l；f_{db}—代表档距的架空线弧垂，m；l—观测档档距，m；h—观测档架空线悬挂点高差，m；l_{db}—耐张段架空线的代表档距，m）

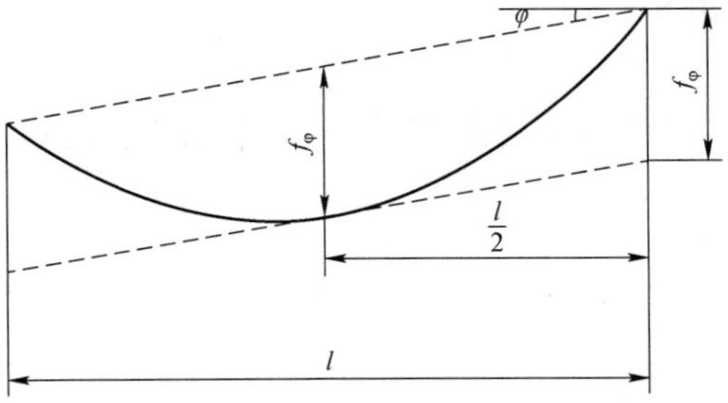

图 Jb0003332050

考核知识点：导地线弧垂

难易度：中

标准答案：

$$f_\varphi=[(l/l_{db})^2]\times f_{db}/\cos\varphi$$

Jb0003332051　某 110kV 架空输电线路，悬垂串的长度 λ=1.5m，导线最大弧垂 f_{max}=5m，裕度 Δh=0.6m，规程规定导线对地最小安全距离为[h]=7.0m，试计算直线杆塔的呼称高和耐张杆塔的呼称高为多少？（5 分）

考核知识点：呼高计算

难易度：中

标准答案：

直线塔：$H=\lambda+f_{max}+\Delta h+[h]=1.5+5+0.6+7=14.1$（m）

耐张塔：$H=f_{max}+\Delta h+[h]=5+0.6+7=12.6$（m）

答：直线杆塔的呼称高为 14.1m，耐张杆塔的呼称高为 12.6m。

Jb0003333052　图 Jb0003333052 所示为测量某架空输电线路导线对 C 点地面的距离，现测得图中数据如下：θ_1=8°，h= 1.1m，仪器距对 C 点地面的水平距离为 b=50m，则导线对 C 点地面的垂距为多少？（保留 3 位小数）（5 分）

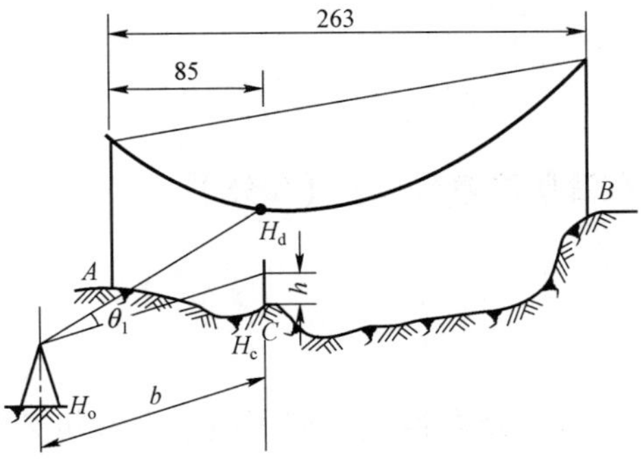

图 Jb0003333052

考核知识点：交叉跨越计算

难易度：难

标准答案：

$$H=b\tan\theta_1+h=50\times\tan8^{\circ}+1.1=8.127\text{（m）}$$

答：导线对 C 点地面的垂距 8.127m。

Jb0004311053　基坑开挖过程中，当遇有地下水或地表水的流入时，应采取什么方法排水？（5 分）

考核知识点：基坑排水方法

难易度：易

标准答案：

（1）基坑开挖过程中，当遇有地下水或地表水的流入时当基坑地，应采取直接排水和人工降低地下水位两种方法。

（2）直接排水常用方法为地面截水和坑内排水。

Jb0004311054　混凝土下料高度超过 3m 时，采用什么方式下料？（5 分）

考核知识点：混凝土下料

难易度：易

标准答案：

应采用溜槽或串筒下料。

Jb0004311055　基础混凝土原材料主要包括哪几种？（5 分）

考核知识点：混凝土要求

难易度：易

标准答案：

基础混凝土原材料主要包括水泥、砂、石子、水和外加剂，严禁掺入氯盐。

Jb0004311056　现浇混凝土自然养护分为哪几种？（5 分）

考核知识点：混凝土养护

难易度：易

标准答案：

（1）覆盖养护。

（2）薄膜布养护。

Jb0004311057　基坑回填有哪些注意事项？（5 分）

考核知识点：基坑回填

难易度：易

标准答案：

（1）基础坑回填宜优先利用基坑土及黏性土，但不应含有有机杂质，不宜使用淤泥质土，含水率应符合规定。

（2）基础坑口的地面上应筑有防沉层，防沉层应高于原始地面，低于基础表面，其上部边宽不得小于坑口边宽，平整规范。移交时回填土不应低于地面。

（3）接地沟回填应筑有防沉层，工程移交时回填土不得低于地面。

Jb0004311058 石坑回填有哪些规定？（5分）

考核知识点：回填土要求

难易度：易

标准答案：

（1）石坑应以石子与土按3∶1比例掺合后回填夯实。

（2）石子粒径不得超过每层回填土厚度的2/3。

（3）回填时，大块料石不得集中在一处，应均匀分散在坑内。

Jb0004311059 岩石基础的开挖或钻孔应符合什么规定？（5分）

考核知识点：岩石基础的开挖

难易度：易

标准答案：

（1）岩石构造的整体性不应破坏。

（2）孔洞中的石粉、浮土及孔壁松散的活石应清除干净。

（3）软质岩成孔应立即安装锚筋或地脚螺栓，并应浇灌混凝土。

Jb0004311060 杆塔基础的坑深、拉线基础的坑深应以什么标高为基准。（5分）

考核知识点：拉线坑深

难易度：易

标准答案：

（1）杆塔基础的坑深应以设计施工基面为基准。

（2）拉线基础的坑深应以拉线基础中心的地面标高为基准。

Jb0004311061 HRB400钢筋机械连接的优点是什么？（5分）

考核知识点：钢筋连接

难易度：易

标准答案：

（1）强度高，质量稳定可靠。

（2）操作简单，施工速度快。

（3）适用范围广，适用于各种方位及同、异径钢筋的连接。

（4）不受钢筋的化学成分、人为因素、气候、电力等诸多因素的影响。

（5）无污染，符合环保要求、无明火操作施工安全可靠。

Jb0004311062 简述座地双平臂抱杆组塔吊装横担的方法及顺序。（5分）

考核知识点：吊装方法

难易度：易

标准答案：

（1）平衡对称起吊。

（2）从下往上依次吊装，先是下横担，最后是上横担和地线支架。

（3）横担及地线支架在地面合适的位置组装，在超过下方紧邻横担并有一定安全距离后，再旋转至正确就位方向就位。

Jb0004311063　张力放线前现场应做好哪些准备工作？（5分）

考核知识点： 施工准备

难易度： 易

标准答案：

张力放线前的准备工作包括清除通道内的障碍物、搭设跨越架、选择牵张场地、牵张场地的平整和道路修补、直线塔悬挂绝缘子串及放线滑车、转角塔悬挂放线滑车、直线和转角塔悬挂地线放线滑车、布线等。

Jb0004311064　接地装置包括哪几个部分？作用分别是什么？（5分）

考核知识点： 防雷接地

难易度： 易

标准答案：

（1）接地装置包括接地体和接地引下线。

（2）接地体又称接地极，由几根金属导体按要求埋入土壤中，用以向大地泄放电流。接地引下线是用以连接电线和接地体的导体，用于传递地线上的雷电流，通过接地体流入大地。

Jb0004311065　杆塔调整垂直后，在符合哪些条件后方可拆除临时拉线？（5分）

考核知识点： 杆塔组立

难易度： 易

标准答案：

（1）铁塔的地脚螺栓已紧固。

（2）永久拉线全部安装完毕。

（3）无拉线电杆已回填土夯实。

（4）转角杆的内侧临时拉线，要在转角杆两侧的架空线全部安装完成后方可拆除。

（5）其他有特殊规定者，依照规定执行。

Jb0004311066　架空输电线路防雷措施有哪些？（5分）

考核知识点： 接地

难易度： 易

标准答案：

（1）装设架空地线及降低杆塔接地电阻。

（2）增加耦合地线。

（3）加强绝缘。

（4）装设线路自动重合闸装置。

（5）系统中性点采用经消弧线圈接地。

Jb0004311067　架空地线的作用是什么？（5分）

考核知识点： 地线

难易度：易

标准答案：

（1）减少雷电直接击中导线的概率。

（2）架空地线一般直接接地，它依靠低的接地电阻泄导雷电流，以降低雷击过电压。

（3）架空地线对导线的屏蔽及导线、架空地线间的耦合作用，降低雷击过电压。

（4）在导线断线情况下，架空地线对杆塔起一定的支持作用。

（5）绝缘架空地线还可用于通信，有时也用于融冰。

Jb0004311068　作用在杆塔上的荷载按其性质分类可分为哪几种？（5分）

考核知识点：杆塔

难易度：易

标准答案：

永久荷载、可变荷载、特殊荷载。

Jb0004311069　输电线路现场浇筑基础时试块制作数量应符合哪些规定？（5分）

考核知识点：现场浇筑基础时试块制作数量的相关规定

难易度：易

标准答案：

（1）耐张塔和直线转角塔基础每基应取一组。

（2）一般线路的直线塔基础，同一施工队每5基或不满5基应取一组，单基或连续浇筑混凝土量超过100m^3时亦应取一组。

(3）按大跨越设计的直线塔基础，每腿应取一组，但当每单基混凝土量不超过同工程中大转角或终端塔基础时，则应每基取一组。

（4）当采用钻孔灌注桩基础时应每根桩取1组，承台、连梁每基应取1组。

（5）当原材料变化、配合比变更时应另外制作。

Jb0004311070　混凝土拌和物入模温度不应低于多少？不应高于多少？（5分）

考核知识点：混凝土入模温度

难易度：易

标准答案：

（1）混凝土拌和物入模温度不应低于 5℃。

（2）混凝土拌和物入模温度不应高于 35℃。

Jb0004311071　从哪些方面检查现浇混凝土的质量？（5分）

考核知识点：检查混凝土质量

难易度：易

标准答案：

（1）坍落度不得大于配合比设计的规定值。

（2）配比材料误差应控制在规定范围内，并严格控制水灰比。

（3）混凝土强度检查以现场试块为依据。

Jb0004311072　现浇铁塔大板式基础单腿尺寸的允许偏差符合哪些规定？（5分）

考核知识点：基础尺寸偏差

难易度：易

标准答案：

（1）保护层厚度允许偏差：-5mm。

（2）立柱及各底座断面尺寸允许偏差：-1%。

（3）同组地脚螺栓中心对立柱中心偏移：10mm。

（4）地脚螺栓露出混凝土顶面高度：-5～+10mm。

Jb0004311073　导地线损伤的情况有哪些？（5分）

考核知识点：防止导地线产生损伤

难易度：易

标准答案：

松股、散股、断股、鼓包、扭曲。

Jb0004311074　可用于素土、灰土地基的施工检验的方法有哪些？（5分）

考核知识点：地基试验

难易度：易

标准答案：

（1）环刀法。

（2）静力触探。

（3）轻型动力初探。

（4）标准贯入试验。

Jb0004311075　选用铁塔主要考虑哪些因素？（5分）

考核知识点：杆塔组立

难易度：易

标准答案：

（1）荷载。

（2）电气间隙。

（3）保护角。

（4）与其他杆塔配合。

（5）便于施工、尽量少占地。

Jb0004311076　导线切割及连接应符合哪些规定？（5分）

考核知识点：导地线切割及连接

难易度：易

标准答案：

（1）切口应整齐。

（2）导线及架空地线的连接部分不得有线股绞制不良、断股、缺股等质量问题。

（3）连接后管口附近不应有明显的松股现象。

Jb0004311077　接续管及耐张管压后外观质量需要符合哪些要求？（5分）

考核知识点：导地线压接

难易度：易

标准答案：

（1）应使用精度不低于 0.02mm 的游标卡尺测量压后尺寸，其允许偏差应符合现行行业标准的规定。

（2）飞边、毛刺及表面未超过允许的损伤部分应锉平并用 0 号以下细砂纸磨光。

（3）压后应平直，有明显弯曲时应校直，弯曲度不得大于 2%。

（4）校直后不得有裂纹，达不到规定时应割断重压。

（5）钢管压后应进行防腐处理。

Jb0004311078　当采用螺栓连接构件时，应符合哪些规定？（5 分）

考核知识点：螺栓连接规定

难易度：易

标准答案：

（1）螺栓应与构件平面垂直，螺栓头与构件间的接触处不应有间隙。

（2）螺母紧固后，螺栓露出螺母的长度：对单螺母，不应小于 2 个螺距；对双螺母，可与螺母相平。

（3）螺栓加垫时，每端不宜超过 2 个垫圈。

（4）连接螺栓的螺纹不应进入剪切面。

Jb0004311079　架空线连接前后应做哪些检查？（5 分）

考核知识点：架空线检查

难易度：易

标准答案：

（1）被连接的架空线绞向是否一致。

（2）连接部位有无线股绞制不良、断股、缺股现象。

（3）切割铝股时严禁伤及钢芯。

（4）连接后管口附近不得有明显松股现象。

Jb0004312080　杆塔组立完成后倾斜有何规定？（5 分）

考核知识点：杆塔组立

难易度：中

标准答案：

（1）自立式转角、终端耐张塔预倾斜值应满足设计要求。

（2）悬垂塔结构倾斜一般铁塔为 3‰，高塔为 1.5‰。

（3）F 型铁塔组立后应向无横担侧预倾斜，倾斜值满足设计要求。

Jb0004312081　简述平衡挂线的操作方法。（5 分）

考核知识点：平衡挂线

难易度：中

标准答案：

（1）在耐张线夹外适当位置安装锚线卡线器。

（2）以横担挂线板上的施工孔为锚线孔，在卡线器与锚线孔间安装锚线钢丝绳套、手扳葫芦等锚线工具。

（3）两侧同时收紧手扳葫芦，使锚线工具受力，导线逐渐松弛。收紧时应保持操作塔前后对称平衡受力。

（4）断线前，在卡线器后侧 0.5～1.0m 处，用绳索将导线捆绑在锚线绳上，导线松线时不得出现硬弯，断线后，用绳索将导线松下。

Jb0004312082　对一个档内的接续管和补修管个数及距离有哪些要求？（5 分）

考核知识点：接续管和补修管数量要求

难易度：中

标准答案：

（1）在一个档距内每根导线或地线上只允许有 1 个接续管和 3 个补修管，当张力放线时不应超过 2 个补修管。

（2）距离应满足下列规定：

1）各类管与耐张线夹出口间的距离不应小于 15m。

2）接续管或补修管与悬垂线夹中心的距离不应小于 5m。

3）接续管或补修管与间隔棒中心的距离不宜小于 0.5m。

4）宜减少因损伤而增加的接续管。

Jb0004312083　简述双平臂抱杆组装顺序。（5 分）

考核知识点：双平臂抱杆组装

难易度：中

标准答案：

抱杆组装顺序一般为底座及其拉线、顶升系统和杆身、回转系统及杆头、起重臂及变幅系统、电气及安全保护系统、杆头辅助设施如障碍灯、避雷针、风速仪。抱杆运动机构电气系统初步安装完后，就可以安装变幅系统钢丝绳及起吊系统钢丝绳，并安装吊钩。在安装抱杆结构主体的同时，可在地面安装发电机、主卷扬机、主控台、电控柜等地面装置，并进行主吊钢丝绳及电缆的铺设。

Jb0004312084　耐张塔平衡拉线如何设置？（5 分）

考核知识点：拉线设置

难易度：中

标准答案：

（1）耐张塔平衡拉线应设置在其受力方向的反方向上，对地夹角应不大于 45°。

（2）耐张塔平衡拉线应用链条葫芦设置收紧装置。

（3）在耐张塔单侧紧线施工操作时，应对耐张塔纵、横向倾斜进行监测，并根据需要调控平衡拉线。

（4）耐张塔平衡拉线应设置在紧线侧挂线点附近的施工孔上。

（5）平衡拉线设置的位置应不影响耐张塔拉线侧后续放、紧线施工操作。

Jb0004312085　货运索道从载重量上可分为几种形式？分别简述其架设形式。（5 分）

考核知识点：货运索道

难易度：中

标准答案：

（1）货运索道从载重量上可分为轻型索道（载荷 2t 以下）、中型索道（载荷 2～4t）、重型索道（载荷 4～6t）及超重型索道（6t 以上）。

（2）轻型索道主要采用单承载索＋牵引索的架设形式，中型索道一般采用双承载索＋牵引索形式，重型索道一般采用双承载索或四承载索＋牵引索形式，超重型索道以四承载索＋牵引索形式为主。

Jb0004312086　冬期混凝土养护宜选用哪些方法？（5 分）

考核知识点：冬期混凝土养护

难易度：中

标准答案：

蓄热法、综合蓄热法、暖棚法、蒸汽养护法、电加热法。

Jb0004312087　抱杆的长度根据哪些条件选择？（5 分）

考核知识点：抱杆组塔

难易度：中

标准答案：

（1）被吊构件高度。

（2）吊点绳高度。

（3）插入已组塔体深度。

（4）起吊滑车组预留长度。

Jb0004312088　提升内悬浮外拉线抱杆有什么规定？（5 分）

考核知识点：外拉线抱杆组塔

难易度：中

标准答案：

（1）铁塔组立到一定高度，塔材全部装齐且紧固螺栓后方可提升抱杆。当抱杆重量较轻时，可采用单滑车方式提升抱杆。

（2）宜设置两道腰环提升抱杆，且间距不得小于 5m，腰环中心点应在同一铅垂线上且应位于铁塔中心。抱杆高出已组塔体的高度应满足待吊段顺利就位的要求。抱杆外拉线未受力前，不应松腰环。

（3）抱杆提升过程中，应随抱杆的提升同步缓慢放松外拉线，并应使抱杆始终保持竖直状态。

（4）抱杆提升到预定高度后，应随即设置承托绳。

（5）承托绳设置完毕后，应随即收紧抱杆外拉线，外拉线受力后，腰环应呈松弛状态。应在收紧抱杆外拉线的同时，调整抱杆的倾斜角度，应使其顶端定滑车位于被吊构件就位后的结构重心的垂直上方。

Jb0004312089　如何拆除外拉线抱杆？（5 分）

考核知识点：外拉线抱杆组塔

难易度：中

标准答案：

拆除抱杆时，在塔顶挂一单滑车，把牵引绳固定在抱杆重心以上，并放入塔顶单滑车内，在抱杆下端绑一控制绳；收紧牵引绳，打开抱杆尾绳，松开四方拉线，慢慢放落，在适当位置，用控制绳把抱杆拖到塔外（也可将抱杆分段拆除）。

Jb0004312090　架空送电线路铁塔组立使用内悬浮抱杆分解组塔时应遵循哪些规定？（5 分）

考核知识点：内悬浮抱杆组塔

难易度：中

标准答案：

（1）抱杆根应置于铁塔结构中心线上，并通过 4 根承托绳悬挂在铁塔的 4 根主材上。

（2）抱杆采用外拉线时，对地夹角不小于 45°，抱杆采用内拉线时，其绑点应位于已组塔段顶端主材节点的下方。

（3）牵引装置应布置在不妨碍塔片组装的方向且距铁塔不小于塔高的位置。

（4）地锚设置应根据受力及土质条件选用直埋钢板地锚、圆木地锚、螺旋地钻或铁桩等。

（5）抱杆的倾斜角不宜超过 15°，控制绳对地夹角不宜大于 45°。

Jb0004312091　自动压接机操作流程有哪些？（5 分）

考核知识点：自动压接机流程

难易度：中

标准答案：

（1）建立 PAD 与设备连接。

（2）读取工程文件。

（3）工程信息填写。

（4）切线剥线。

（5）金具实测数据录入。

（6）钢锚压接及铝管压接。

Jb0004312092　简述架空索道长时间停用的保养要求。（5 分）

考核知识点：架空索道

难易度：中

标准答案：

（1）货用小车从索道上取下，润滑滑轮后存放。

（2）对所有运动的部件进行润滑。

（3）放掉牵引机油箱内的所有燃油。

（4）每月检查拉线、地锚的状况。

Jb0004312093　现场浇筑基础混凝土的养护应符合哪些规定？（5 分）

考核知识点：混凝土养护

难易度：中

标准答案：

（1）浇筑后应在 12h 内开始浇水养护，当天气炎热、干燥有风时，应在 3h 内浇水养护；浇水次数以保持混凝土表面始终湿润为准。

（2）混凝土养护日期不少于 5 昼夜。

（3）基础拆模经表面检查合格后应立即回填土，并继续浇水养护。

（4）采用养护剂养护时，应在拆模并经表面检查合格后涂刷；涂刷后不再浇水。

（5）日平均气温低于 5℃时不得浇水养护。

Jb0004312094　内悬浮抱杆分解组塔承托绳的设置应注意哪些事项？（5 分）

考核知识点：承托绳的设置

难易度：中

标准答案：

（1）承托绳应绑扎在主材节点的上方。

（2）承托绳与主材连接处宜设置专门夹具，夹具的握着力应满足承托绳的承载能力。

（3）承托绳与抱杆轴线夹角不应大于45°。

Jb0004313095 高处压接应遵守哪些规定？（5分）

考核知识点：压接知识

难易度：难

标准答案：

（1）压接前应检查起吊液压机的绳索和起吊滑轮完好，位置设置合理，方便操作，宜采用高处压接平台进行作业。

（2）液压机升空后应做好悬吊措施，起吊绳索作为二道保险。

（3）高处人员压接工器具及材料应做好防坠落措施。

（4）导线应有防跑线措施。

Jb0004313096 竖立内悬浮外拉线抱杆有哪几种方法？（5分）

考核知识点：抱杆组塔

难易度：难

标准答案：

（1）用人字小抱杆整体起立抱杆。

（2）利用已立塔腿起立抱杆。

（3）利用已组塔架倒装接长抱杆。

（4）整体组立抱杆。

（5）严禁正装法组立。

Jb0004313097 对张力放线操作的要求有哪些？（5分）

考核知识点：张力架线

难易度：难

标准答案：

（1）张力放线的顺序一般是先放中相，后放两边相。

（2）牵引机、张力机必须按使用说明和操作规范进行操作，操作人员应持证上岗。

（3）牵引导线时，应先开张力机，待张力机打开刹车发动后，方可开牵引机进行牵引。

（4）牵引导线时，应先慢速牵引，然后逐渐加速，以防牵引绳波动过大。如因故停工时，应先将导线锚固好后，方可放松牵引张力。

（5）放线段跨越或平行接近带电电力线路时，牵引场和张力场两端的牵引绳以及导线上均应挂接地滑车，并进行良好的接地。

Jb0004313098 导、地线压接主要规定有哪些？（5分）

考核知识点：导地线压接

难易度：难

标准答案：

（1）导线或架空地线，必须使用合格的电力金具配套接续管及耐张线夹进行连接，握着力试验合格。

（2）接续管压接后，外观应平直、光洁，弯曲度不得超过2%。

（3）不同金属、不同规格、不同绞制方向的导线或架空地线，严禁在一个耐张段内连接。

（4）压接管压后，应无飞边毛刺，接续管两端出口处，应涂漆防锈。

（5）在进行钳压或液压时，操作人员的面部应在压接机侧面并避开钢模。

Jb0004313099　混凝土养护温度的测量方法有哪些规定？（5分）

考核知识点：混凝土养护

难易度：难

标准答案：

（1）全部测温孔均应编号，并绘制测温孔布置图。

（2）测量混凝土温度时，测温表应采取措施与外界气温隔离。测温表留置在测温孔内的时间应不小于3分钟。

（3）测温孔的设置，当采用蓄热法养护时，应在易于散热的部位设置。

（4）混凝土试件的制作除符合常温施工试块制作规定外，尚应增设不小于两组与结构同条件养护的试件，分别用于检验受冻前的混凝土强度和转入常温养护28d混凝土强度。

（5）与结构构件同条件养护的受冻混凝土试件，解冻后方可试压。

Jb0004313100　水质分析用水样不得少于多少升？凝结时间差试验应分别用待检验水与什么水，测定同一种水泥的初凝和终凝时间，计算终凝时间差与初凝时间差？（5分）

考核知识点：水质分析及混凝土凝结时间差理解

难易度：难

标准答案：

（1）水质分析用水样不得少于5L。

（2）凝结时间差试验应分别用待检验水与蒸馏水或符合国家标准的生活饮用水。

Jb0004313101　混凝土强度标准差应根据什么来计算确定？并应符合什么规定？（5分）

考核知识点：混凝土强度

难易度：难

标准答案：

（1）混凝土强度标准差应根据同类混凝土统计资料计算确定。

（2）符合以下规定：

1）计算时，强度试件组数不应少于组。

2）当混凝土强度等级为C20和C25级，其强度标准差计算值小于2.5MPa时，取σ=2.5MPa：当混凝土强度等级等于或大于C30级，其计算值小于3.0MPa时，取σ=3.0MPa。

3）当无统计资料计算混凝土强度标准差时，按标准差表取值。

Jb0004313102　使用飞车应遵守哪些规定？（5分）

考核知识点：飞车使用

难易度：难

标准答案：

（1）携带重量及行驶速度不得超过飞车铭牌规定。

（2）每次使用前应进行检查，飞车的前后活门应关闭牢靠，刹车装置应灵活可靠。

（3）行驶中遇有接续管时应减速，安装间隔棒时，前后轮应卡死（刹牢）。

（4）随车携带的工具和材料应绑扎牢固，导线上有冰霜时应停止使用。

（5）飞车越过带电线路时，飞车最下端（包括携带的工具、材料）与电力线的最小安全距离应安规要求，并设专人监护。

Jb0004313103　液压连接的接续管、耐张线夹、引流管等的检查应包括哪些内容？（5分）

考核知识点：压接

难易度：难

标准答案：

（1）连接前的内、外径。

（2）连接前的长度。

（3）管及线的清洗情况。

（4）钢管在铝管中的位置。

（5）钢芯与铝线端头在连接管中的位置。

Jb0004313104　画出流动式起重机分解组立角钢塔施工工艺流程图。（5分）

考核知识点：杆塔组立

难易度：难

标准答案：

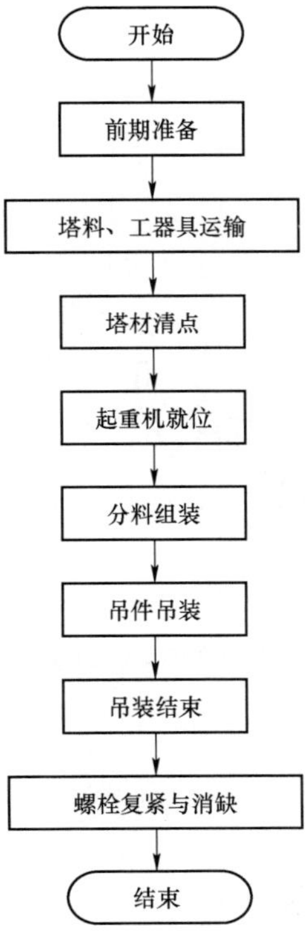

图 Jb0004313104

Jb0004321105　如图 Jb0004321105 所示，承托绳是哪个？（5 分）

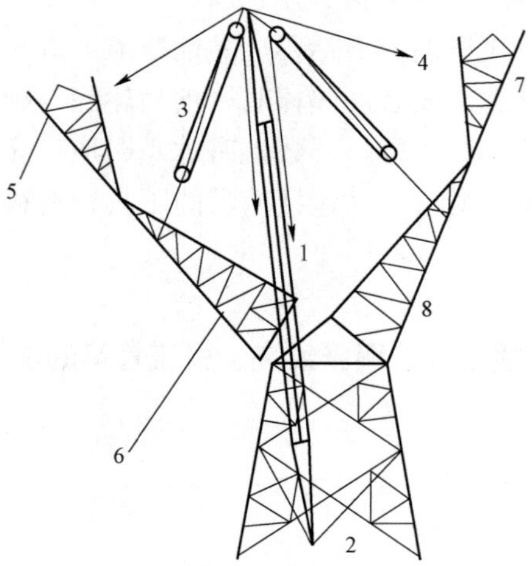

图 Jb0004321105

考核知识点：抱杆组塔

难易度：易

标准答案：

2。

Jb0004321106　如图 Jb0004321106 所示牵引场布置图，2 和 6 分别是什么？（5 分）

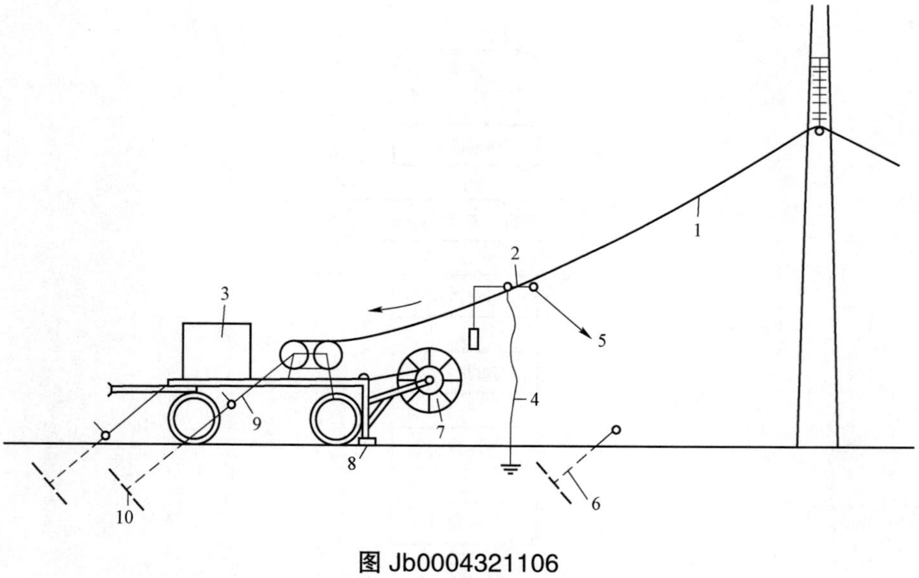

图 Jb0004321106

考核知识点：牵引场

难易度：易

标准答案：

2—重锤式接地滑车；6—导地线临锚地锚。

Jb0004321107 如图 Jb0004321107 所示张力场布置图，1 和 6 分别是什么？（5 分）

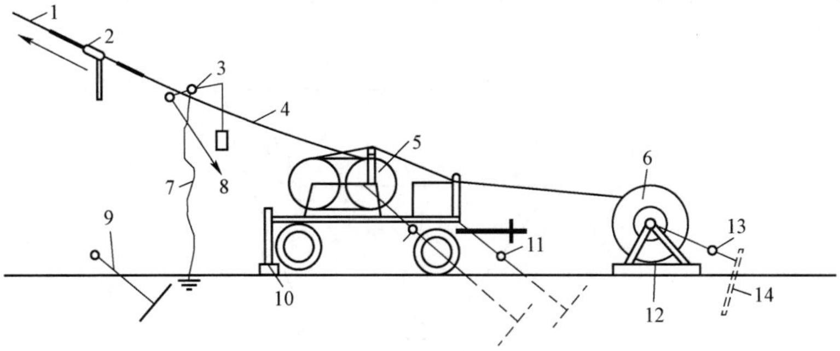

图 Jb0004321107

考核知识点：张力场

难易度：易

标准答案：

1—牵引绳；6—导线盘。

Jb0004332108 如图 Jb0004332108 所示，列出跨越架的宽度 L 计算公式。（5 分）

（L—跨越架宽度，m；D—在建线路两边导线间的距离，m；α—在建线路与被跨越物的交叉角；b—两端伸出边线外的距离，规定为 1.5m）。

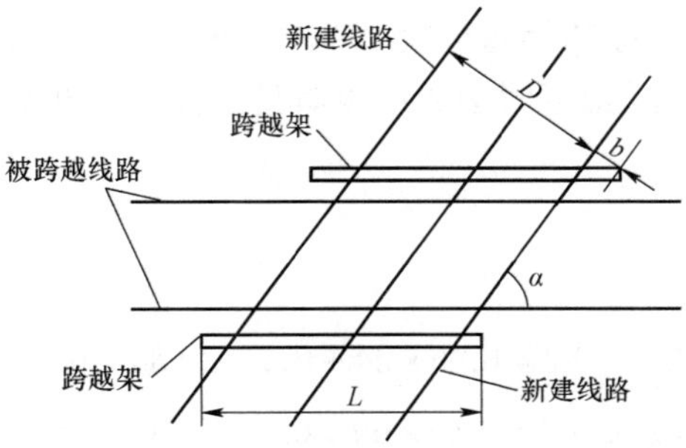

图 Jb0004332108

考核知识点：跨越架计算

难易度：中

标准答案：

$$L=(D+2b)/\sin\alpha$$

Jb0004332109 已知模板的展开面积 $A=10\text{m}^2$，混凝土的体积 $V=5\text{m}^3$，求每立方米混凝土的模板用量 U 为多少？（5 分）

考核知识点：模板用量计算

难易度：中

标准答案：

$$U=\frac{A}{V}=\frac{10}{5}=2(\text{m}^2)$$

答：每立方米混凝土的模板用量为 $2m^2$。

Jb0004332110　计算出如图 Jb0004332110 所示基坑土方量，坑口宽 a=5m，坑底宽 b=3m，坑深 H=3m。（5 分）

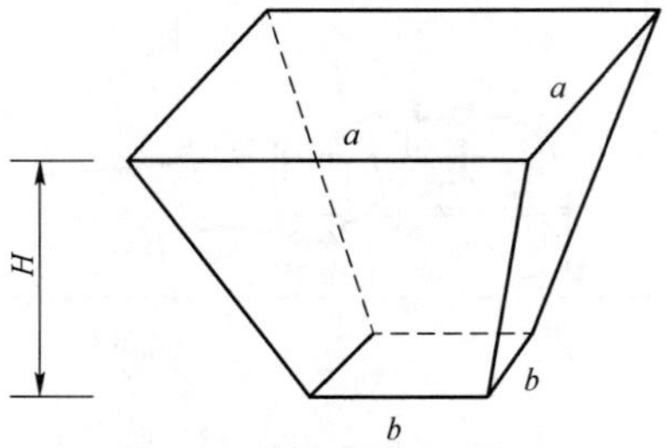

图 Jb0004332110

考核知识点：土方量计算

难易度：中

标准答案：

$$V=\frac{H}{3}(a^2+ab+b^2)=\frac{3}{3}\times(5^2+5\times3+3^2)=49\,(\mathrm{m}^3)$$

答：基坑土方量为 $49m^3$。

Jb0004332111　已知某 330kV 紧线张力架线，导线型号为 2×JL/G1A-630/45-48/7 钢芯铝绞线，接续管采用 JYD-630/45，压接前铝管外径 D_2=60mm，内径 d=35mm，钢管外径 D_1=24mm，内径 d=13.5mm。则压接后钢管及铝管对边距的推荐值分别为多少？（5 分）

考核知识点：压接

难易度：中

标准答案：

$$S_1\leqslant 0.86D+0.2=0.86\times24+0.2=20.84\,(\mathrm{mm})$$
$$S_2\leqslant 0.86D+0.2=0.86\times60+0.2=51.80\,(\mathrm{mm})$$

答：压接后钢管对边距的推荐值为20.84mm，铝管对边距的推荐值为51.80mm。

Jb0004332112　用四桩柱接地电阻测量仪，测量土壤电阻率，四个电极布置在一条直线上，极间距离 a 为 10m，测得接地电阻 R 为 10Ω。问土壤电阻率 ρ 是多大？（5 分）

考核知识点：土壤电阻率

难易度：中

标准答案：

$$\rho=2\pi aR=2\times3.14\times10\times10=628\,(\Omega\cdot\mathrm{m})$$

答：土壤电阻率 ρ 是 628Ω·m。

Jb0004333113　某 35kV 线路直线钢筋混凝土水泥杆，其基础埋深为 h=1.8m，坑的直径 d=0.7m，则该直线杆基础开挖的土方量是多少？（结果保留 3 位小数）（5 分）

考核知识点：土方计算

难易度：难

标准答案：

$$V=\frac{\pi}{4}d^2h=\frac{3.14}{4}\times0.7^2\times1.8=0.692\,(\mathrm{m}^3)$$

答：该直线杆基础开挖的土方量 0.692m^3。

Jb0004333114　如图 Jb0004333114 所示为各种液压管压后对边距尺寸 *S*，若压接管的外径 *D*=26mm，则 *S* 的最大允许值为多少？（保留两位小数）（5 分）

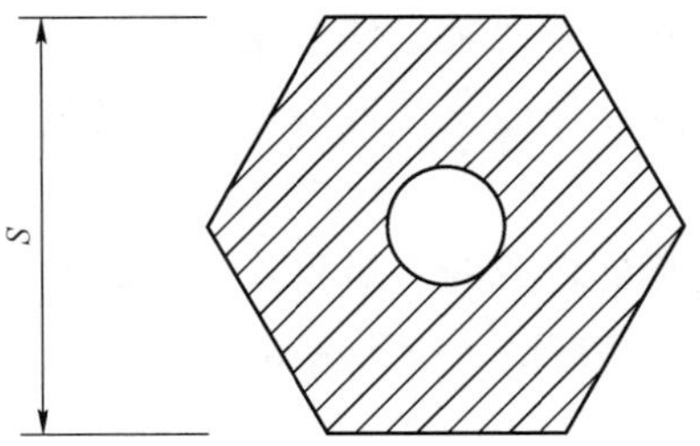

图 Jb0004333114

考核知识点：压接计算

难易度：难

标准答案：

$$S=0.86D+0.2\mathrm{mm}=0.86\times26+0.2=23.24\ (\mathrm{mm})$$

答：*S* 的最大允许值为 23.24mm。

Jb0005311115　简述《国家电网有限公司安全事故调查规程》中公司安全事故分类。（5 分）

考核知识点：事故分类

难易度：易

标准答案：

分为四类：

人身伤亡事故、电网事故、设备事故、信息系统事件。

Jb0005311116　建筑施工安全检查的类型有哪些？（5 分）

考核知识点：安全检查

难易度：易

标准答案：

日常巡查、专项检查、季节性检查、定期检查、不定期抽查。

Jb0005311117　简述压接管压接常见的质量问题。（5 分）

考核知识点：压接

难易度：易

标准答案：
漏压、欠压、金具损伤、过度弯曲、多压。

Jb0005312118　简述班组一般作业人员岗位责任。（5分）
考核知识点：班组一般作业人员岗位责任
难易度：中
标准答案：
（1）自觉遵守本岗位工作相关的安全规程、规定，取得相应的资质证书，不违章作业。
（2）正确使用安全防护用品、工器具，并在使用前进行外观完好性检查。
（3）参加作业前的安全技术交底，并在施工作业票上签字。
（4）有权拒绝违章指挥和强令冒险作业。在发现直接危及人身、电网和设备安全的紧急情况时，有权停止作业。
（5）施工中发现安全隐患应妥善处理或向上级报告。及时制止他人不安全作业行为。
（6）在发生危及人身安全的紧急情况时，立即停止作业或者在采取必要的应急措施后撤离危险区域，第一时间报告班组负责人。
（7）接受事件调查时应如实反映情况。

Jb0005312119　施工作业层班组的定位是什么？（5分）
考核知识点：作业层班组
难易度：中
标准答案：
（1）施工作业层班组是指在输变电工程施工中，具备独立完成相应作业能力。
（2）在施工项目部的直接管理下开展标准化作业的基本施工组织单元。
（3）输变电工程建设施工现场，无论采取哪种作业方式（施工单位自行组织作业、劳务分包作业或专业分包作业），均应组建作业层班组。

Jb0005312120　保证作业现场安全的组织措施有哪些？（5分）
考核知识点：安全组织措施
难易度：中
标准答案：
（1）作业风险识别、评估、预控。
（2）施工作业票。
（3）作业开工。
（4）作业监护。
（5）作业间断、转移、终结。

Jb0005312121　哪些情况应填用电力线路第一种工作票？（5分）
考核知识点：填用电力线路第一种工作票
难易度：中
标准答案：

（1）在停电的线路或同杆（塔）架设多回线路中的部分停电线路上的工作。
（2）高压电力电缆需要停电的工作。
（3）在直流线路停电时的工作。
（4）在直流接地极线路或接地极上的工作。

Jb0005312122 报告事故应当包括哪些内容？（5分）
考核知识点：报告事故
难易度：中
标准答案：
（1）事故发生单位概况。
（2）事故发生的时间、地点以及事故现场情况。
（3）事故的简要经过。
（4）事故已经造成或者可能造成的伤亡人数（包括下落不明的人数）和初步估计的直接经济损失。
（5）已经采取的措施。
（6）其他应当报告的情况。

Jb0005313123 起重指挥有哪些要求？（5分）
考核知识点：起重指挥
难易度：难
标准答案：
（1）起重吊装作业的指挥人员应持证上岗，作业时应与操作人员密切配合，执行规定的指挥信号。
（2）起重指挥信号应简明、统一、畅通。
（3）操作人员应按照指挥人员的信号进行作业，当信号不清或错误时，操作人员可拒绝执行。
（4）操作室远离地面的起重机械，在正常指挥发生困难时，地面及作业层（高处）的指挥人员均应采用对讲机等有效的通信联络进行指挥。

Jb0005313124 停电跨越怎样进行验电和挂接地线？（5分）
考核知识点：接地线使用
难易度：难
标准答案：
（1）必须使用与被跨越线路相同电压等级并在试验周期内合格的专用验电器。
（2）验电前，验电器必须按要求进行检查，保证其完好，功能正常。
（3）验电时须将验电笔的尖端渐渐地接近线路的带电部分，听其有无“吱吱”的放电声音，并注意指示器有无指示，如有亮光、声音等，即表示线路有电压。
（4）经过验电证明线路上已无电压时，即可在工作地段的两端，使用专用接地线将线路三相短路接地。
（5）若工作地段有分支线，则应将有可能来电的分支线也进行接地。若有感应电压反映在停电线路上时，则应加挂接地线，以确保施工人员的安全。挂好接地线后，才可进行线路的展放工作。

Jb0005313125 简述利用流动式起重机分解组塔时应进行施工计算的主要内容。（5分）
考核知识点：铁塔组立计算
难易度：难

标准答案：
（1）主要起吊工器具的受力计算。
（2）流动式起重机作业工况的选择计算。
（3）施工过程中吊件的强度计算。
（4）流动式起重机的通过性验算及行走、转弯和吊装等各种工况下的场地的耐力验算。

Jb0006311126　线路施工中材料站的选择条件是什么？（5分）
考核知识点：材料站的选择
难易度：易
标准答案：
（1）应考虑装运方便，降低运费。
（2）地形好，受天气影响较小。
（3）有较好的交通条件，车辆进出方便。
（4）离公路、铁路较近，具有装卸条件。
（5）具有通信条件。

Jb0006311127　横道图（工程进度表）的主要缺点是什么？（5分）
考核知识点：横道图
难易度：易
标准答案：
横道图的主要缺点是：各个工序之间的相互依赖、相互制约关系不能清晰、严格地反映出来。这一弊病，使得它在应用时受到很大局限：某一工序推迟或提前对总工期的影响无法看出来。在时间进度上，哪些工序是关键的，哪些是非关键的，横道图无法反映出来。不同的计划安排不能比较其优劣，不能用计算机进行计算和优化。

Jb0006311128　停电计划申请的主要内容有哪些？（5分）
考核知识点：停电计划申请
难易度：易
标准答案：
（1）需停电的线路（设备）名称，停电范围、地点（杆号）。
（2）作业内容。
（3）需停电的起止日期及每天停电时间。
（4）施工负责人及联系方法。

Jb0006311129　什么是启动验收？（5分）
考核知识点：启动验收
难易度：易
标准答案：
（1）启动验收是指线路投产送电前所进行的验收。在启动验收中主要检查竣工验收检查的项目是否齐全，验收检查中提出的问题是否妥善处理以及生产准备情况。
（2）由启动验收委员会主持验收检查，启动委员会由建设、运行施工、调试、设计和调度等单位的有关人员组成。

Jb0006311130 启动验收的主要任务有哪些？（5 分）

考核知识点：启动验收

难易度：易

标准答案：

（1）按照设计图纸、文件及施工及验收规程的要求，对整个工程进行全面的检查验收，不遗漏任何一个部件。对验收中发现的问题，应做好记录，并提出处理意见。

（2）整理设计施工图纸，做到图纸齐全。

（3）整理和审查施工记录，试验记录，与有关单位签订的交叉跨越协议书及设计变更通知，做到资料齐全。

（4）检查生产准备工作完成情况。

Jb0006312131 混凝土电杆及拉线中间验收检查项目包括哪些？（5 分）

考核知识点：验收

难易度：中

标准答案：

（1）混凝土电杆焊接后焊接弯曲及焊口焊接质量。

（2）混凝土电杆的根开偏差、迈步及整基对中心桩的位移。

（3）结构倾斜。

（4）双立柱杆塔横担与主柱连接处的高差及立柱弯曲。

（5）各部件规格及组装质量。

（6）螺栓紧固程度、穿入方向及打冲等。

（7）拉线方位、安装质量及初应力情况。

（8）NUT 线夹螺栓、花篮螺栓的可调范围。

（9）保护帽浇筑情况。

（10）回填土情况。

第六章 架空线路工高级工技能操作

Jc0003341001 导线连接网套的连接操作。(100分)

考核知识点：导线连接网套的连接

难易度：易

技能等级评价专业技能考核操作工作任务书

一、任务名称

导线连接网套的连接操作。

二、适用工种

架空线路工高级工。

三、具体任务

使用导线连接网套完成与导线连接。

四、工作规范及要求

（1）相关工器具的准备。

（2）工器具的正确使用及做好安全措施。

五、考核及时间要求

（1）本考核操作时间为30分钟，时间到停止考评。

（2）考评过程中如果由于考试人员操作不规范，有可能引发不安全因素的，停止考评，该项考核项目不得分，但不影响其他项目。

技能等级评价专业技能考核操作评分标准

工种	架空线路工					评价等级	高级工
项目模块	基本技能一工器具、测量仪表的使用知识				编号	Jc0003341001	
单位			准考证号			姓名	
考试时限	30分钟		题型	单项操作		题分	100分
成绩		考评员		考评组长		日期	
试题正文	导线连接网套的连接操作						
需要说明的问题和要求	（1）准备JL/G1A-630/45-45/7钢芯铝绞线及630导线专用网套连接器（单头）。 （2）一人操作，一人辅助。 （3）试验由专人进行，判断结果						

序号	项目名称	质量要求	满分	扣分标准	扣分原因	得分
1	工器具材料选择					
1.1	钢芯铝绞线	合格	2	不正确扣1～2分		
1.2	专用连接网套	连接网套的使用应与所夹持的导线规格相匹配。连接网套每次使用前，应逐一检查，发现有断丝者不得使用	2	不正确扣1～2分		
1.3	剥线器、钢锯	合格	2	不正确扣1～2分		
1.4	胶带胶布、细铁丝等	合格	2	不正确扣1～2分		
1.5	钢卷尺、画印笔	合格	1	不正确扣1分		

续表

序号	项目名称	质量要求	满分	扣分标准	扣分原因	得分
1.6	个人工具	合格	1	不正确扣 1 分		
2	钢芯铝绞线坡面梯接					
2.1	画印	从导线端头起，向里每隔 10mm 画印，画 3 道	10	画印不正确每道扣 1～4 分，扣完为止		
2.2	剥线	用剥线器或钢锯从内向端头侧画印开始剥线，第一道印剥一层，第二道印剥两层，第三道印剥三层	10	剥线不正确扣 5 分； 返工扣 5 分		
2.3	胶带缠绕	用胶带将每层边沿棱角进行缠绕	5	未缠绕或缠绕不正确扣 5 分		
3	穿网套	一人配合，操作人员进行导线穿网套	15	未穿到底扣 5 分； 传完未捋顺扣 5 分； 操作不熟练扣 2～5 分		
4	绑扎					
4.1	绑扎位置确定	导线插入网套后，网套末端应用铁线缠绕扎紧，其他部位不宜绑扎铁线	20	位置不合适扣 5～20 分		
4.2	细铁丝绑扎	网套尾部用 12 号铁丝缠绕不小于 20 圈扎紧，然后用黑胶布包缠铁线头	20	绑扎圈数不正确扣 5～10 分； 绑扎不紧扣 2～5 分； 未用胶布缠绕线头扣 5 分		
5	试验					
5.1	专人进行试验及检查	受力后导线与网套不滑动	5	导线脱出扣 5 分； 导线与网套滑动，根据相对滑动量酌情扣 1～5 分		
6	其他要求					
6.1	整理工器具	符合要求	3	不正确扣 1～3 分		
6.2	按时完成	在规定时间内完成	2	每超过 1 分钟扣 1 分，扣完为止		
合计			100			

Jc0003342002 导线与被跨树木间距离测量。（100 分）

考核知识点：交叉跨越距离测量

难易度：中

技能等级评价专业技能考核操作工作任务书

一、任务名称

导线与被跨树木间距离测量。

二、适用工种

架空线路工高级工。

三、具体任务

测量导线与被跨树木间交叉跨越高度。

四、工作规范及要求

（1）相关工器具的准备。

（2）工器具、仪器仪表的正确使用及安全措施。

五、考核及时间要求

（1）本考核操作时间为 15 分钟，时间到停止考评。

（2）考评过程中如果由于考试人员操作不规范，有可能引发不安全因素的，停止考评，该项考核项目不得分，但不影响其他项目。

技能等级评价专业技能考核操作评分标准

工种	架空线路工				评价等级	高级工
项目模块	基本技能—经纬仪及其他测绘仪器的使用			编号	Jc0003342002	
单位		准考证号			姓名	
考试时限	15 分钟	题型	单项操作		题分	100 分
成绩		考评员		考评组长		日期
试题正文	导线与被跨树木间距离测量					
需要说明的问题和要求	（1）要求工器具检查完备，考评员监护。 （2）流程合理。 （3）正确测量导线与被跨树木间距离					

序号	项目名称	质量要求	满分	扣分标准	扣分原因	得分
1	准备工作					
1.1	周边环境不影响测量	周边环境不影响施工	5	影响施工中途停止，一次扣 5 分		
1.2	工器具完备	检查测试仪器仪表、材料及工具是否齐全洁净、符合作业要求	5	工器具不齐全扣 2～5 分		
2	实验步骤					
2.1	实验前准备	选择适当位置，安装经纬仪，对中、整平。记录测量时温度	10	操作不正确扣 5 分； 未记录温度扣 5 分		
2.2	测量被测点距离	指挥辅助人员在被测点导线下方竖直立塔尺，操作人员调节经纬仪目镜，读取测量数据，并计算出所需数据	20	塔尺不竖直或指挥不到位扣 5 分； 读数不正确扣 10 分； 计算方法不正确扣 5 分		
2.3	测量被测点树木与水平线夹角	固定水平度盘，移动目镜，对准被测树木顶端，测量树木与水平线夹角	15	未固定水平度盘扣 5 分； 角度读取不正确扣 5～10 分		
2.4	测量被测点导线与水平线夹角	固定水平度盘，移动目镜，对准被测导线，测量被测点导线与水平线夹角	15	未固定水平度盘扣 5 分； 角度读取不正确扣 5～10 分		
2.5	计算最小距离	利用所测数据，列公式计算导线对地面最小距离（以米为单位，保留两位小数）	20	计算公式不正确扣 10 分； 计算结果不正确扣 5～10 分		
3	工作结束					
3.1	工作现场清理	清理现场，整理工器具	10	未清理现场扣 5 分； 未整理工器具扣 5 分		
合计			100			

Jc0003342003　带四方拉线直线杆经纬仪施工定位（分坑）测量的操作。（100 分）

考核知识点：分坑测量

难易度：中

技能等级评价专业技能考核操作工作任务书

一、任务名称

带四方拉线直线杆经纬仪施工定位（分坑）测量的操作。

二、适用工种

架空线路工高级工。

三、具体任务

使用经纬仪对带四方拉线直线杆进行分坑定位。

四、工作规范及要求

（1）相关工器具、仪器［光学经纬仪（J2、J6 型均可），卷尺、标杆、锤、桩、计算器等］的准备。

（2）平坦地面打桩、桩头钉钉作为杆位桩。前后各打一桩为线路方向桩。

（3）直线杆呼高 15m，拉线对地夹角 60°，拉线与线路方向成 45°。

（4）拉线盘坑 0.6m×1.2m，坑深 2.2m。

（5）派两人配合。

五、考核及时间要求

（1）本考核操作时间为 40 分钟，时间到停止考评。

（2）考评过程中如果由于测试人员操作不规范，有可能引发不安全因素的，停止考评，该项考核项目不得分，但不影响其他项目。

技能等级评价专业技能考核操作评分标准

工种	架空线路工					评价等级	高级工
项目模块	基本技能—经纬仪及其他测绘仪器的使用				编号	Jc0003342003	
单位			准考证号			姓名	
考试时限	40 分钟		题型	单项操作		题分	100 分
成绩		考评员		考评组长		日期	
试题正文	带四方拉线直线杆经纬仪施工定位（分坑）测量的操作						
需要说明的问题和要求	（1）要求工器具检查完备，考评员监护。 （2）流程合理。 （3）正确测定						

序号	项目名称	质量要求	满分	扣分标准	扣分原因	得分
1	准备工作					
1.1	查看杆塔明细表、平断面图、基础类型等	了解所需的技术数据	3	不正确扣 1～3 分		
1.2	计算出中心桩至拉线棒出土桩的距离	15/tan60°＝8.66m	3	不正确扣 1～3 分		
1.3	计算出拉线棒出土桩至拉线棒中心桩的距离	2/tan60°＝1.27m	3	不正确扣 1～3 分		
2	核对线路方向					
2.1	将经纬仪放于电杆中心桩上	对中、调平、对光	4	不正确扣 1～4 分		
2.2	将标杆插于电杆中心桩上	前后方向桩均要核对	4	不正确扣 1～4 分		
2.3	望远镜瞄准标杆，调焦并将十字丝双丝段精密夹着标杆	核对线路方向无误	4	不正确扣 1～4 分		
2.4	钉前后方向桩	在杆位前后方向 5～7m 处各钉一副桩作为立杆定位用	4	不正确扣 1～4 分		
3	钉拉线盘中心桩及拉线棒出土桩					
3.1	将仪器换相手轮转于水平位置	手轮上标线为水平	4	不正确扣 1～4 分		

续表

序号	项目名称	质量要求	满分	扣分标准	扣分原因	得分
3.2	打开水平度盘照明反光镜并调整	使读数镜中读数明亮	4	不正确扣1～4分		
3.3	转动读数镜目镜	使读数清晰	4	不正确扣1～4分		
3.4	转动水平度盘手轮	使读数为整数角度（或记录原始读数）	5	不正确扣1～5分		
3.5	将镜筒顺时针旋转45°左右，锁住照准部制动手轮，转动照准部微动手轮	使读数准确为旋转45°后的读数	5	不正确扣1～5分		
3.6	卷尺控制计算出的距离，仪器控制角度，钉出第一根拉线的拉线棒出土桩及拉线盘中心桩	拉线盘中心桩准确	5	不正确扣1～5分		
3.7	将镜筒倒转180°，按上述方法钉出另一根拉线的拉线棒出土桩及拉线盘中心桩	拉线盘中心桩准确	5	不正确扣1～5分		
3.8	将镜筒顺时针方向旋转90°，钉出第三根拉线的拉线棒出土桩及拉线盘中心桩	拉线盘中心桩准确	5	不正确扣1～5分		
3.9	将镜筒倒转180°，钉出第四根拉线的拉线棒出土桩及拉线盘中心桩	拉线盘中心桩准确	5	不正确扣1～5分		
3.10	用仪器检查一次	拉线与线路方向夹角均为45°，拉线之间的夹角为90°	5	不检查不给分		
4	钉横担方向桩					
4.1	在线路垂直方向的两侧离中心桩约20m处各钉一个横担方向桩	桩位置准确	5	每个木桩钉得不准，视情况扣1～5分		
4.2	桩位置选择	钉横担方向桩要考虑立杆时方便观测	5	每个木桩钉得不准，视情况扣1～5分		
5	杆坑分坑及画出开挖面					
5.1	用卷尺和木桩，以拉线棒出土桩及拉线盘中心桩为基准画出开挖面	要求拉线盘方向与拉线方向垂直	5	开挖面画得不准，视情况扣1～5分		
6	其他要求					
6.1	操作动作	熟练流畅	5	不熟练扣1～5分		
6.2	仪器收起装箱	一次放成功，清理脚架	4	不正确扣1～4分		
6.3	考核时间	按时完成	4	超过时间不给分，每超2分钟扣1分		
合计			100			

Jc0003342004　直线桩丢桩补桩。（100分）

考核知识点：分坑测量

难易度：中

技能等级评价专业技能考核操作工作任务书

一、任务名称

直线桩丢桩补桩。

二、适用工种

架空线路工高级工。

三、具体任务

使用经纬仪对丢失中心桩进行补桩。

四、工作规范及要求

（1）相关工器具的准备。

（2）仪器仪表的正确使用及安全措施。

（3）操作方法正确。

五、考核及时间要求

（1）本考核操作时间为 30 分钟，时间到停止考评。

（2）考评过程中如果由于测试人员操作不规范，有可能引发不安全因素的，停止考评，该项考核项目不得分，但不影响其他项目。

技能等级评价专业技能考核操作评分标准

工种	架空线路工					评价等级	高级工
项目模块	基本技能—经纬仪及其他测绘仪器的使用				编号	Jc0003342004	
单位			准考证号			姓名	
考试时限	30 分钟		题型	单项操作		题分	100 分
成绩		考评员		考评组长		日期	
试题正文	直线桩丢桩补桩						
需要说明的问题和要求	（1）要求仪器检查完备，考评员监护。 （2）已知两侧塔位中心桩 A 和 B，相应方向桩 C 和 D，丢桩档距 OA 为 S_1，OB 为 S_2。 （3）两人配合，一人操作，一人辅助						

序号	项目名称	质量要求	满分	扣分标准	扣分原因	得分
1	准备					
1.1	经纬仪准备	检查经纬仪检验合格且在有效期内，检查水准仪各部件完好	5	未检查扣 5 分		
1.2	塔尺准备	检查塔尺合格完好，并观察塔尺刻度，依据要求精确度及观测距离确定使用方法	5	未检查扣 5 分		
2	仪器安装					
2.1	将三脚架高度调节好后架于方向桩 C 上	高度便于操作，支设稳固	10	不正确扣 10 分		
2.2	将仪器放于三脚架上，对中、整平、对光、调焦	按要求将经纬仪对中、整平、对光、调焦	10	每项不正确扣 5 分，扣完为止		
3	补桩					
3.1	A 侧测量	将花杆竖直立于中心桩 A，用目镜对准花杆中心，锁紧水平度盘。将塔尺竖直立于中心桩 A，读取上下丝数据 a、b 和角度 α，计算距离 $S_{AC}=100(b-a)\cos 2\alpha$	10	未找对目标扣 5 分； 计算不正确扣 5 分		

续表

序号	项目名称	质量要求	满分	扣分标准	扣分原因	得分
3.2	中分法定出桩 O 方向	打倒镜，在丢桩位置附近定辅助桩 E。水平旋转 180°，打倒镜在丢桩位置附近定辅助桩 F，若 E 和 F 重合，则定此方向为线路方向。若不重合，则中点方向为线路方向	20	中分法不正确 10 分； 线路方向不正确扣 5～10 分		
3.3	确定 O 桩位置	在线路方向锁紧水平度盘，用塔尺测出距离 $S_{CO}=S_{A0}-S_{AC}$，定出 O 桩	10	未锁紧水平度盘扣 5 分； 计算不正确扣 5 分		
4	复测验证					
4.1	放置经纬仪	将经纬仪置于 D 桩上，对中、整平，将目镜对准 B 桩，确定方向及距离 S_{BD}	10	经纬仪支设不正确扣 5 分； 未找对目标扣 5 分		
4.2	复测验证	打倒镜验证 O 桩方向及 OD 距离	10	方法不正确扣 5 分； 距离不正确扣 5 分		
5	收仪器					
5.1	松动所有制动手轮	仪器活动	2	不正确扣 1～2 分		
5.2	松开仪器中心固定螺旋	一手握仪器，一手旋下固定螺旋	2	不正确扣 1～2 分		
5.3	双手将仪器轻轻拿下放进箱内	要求位置正确，一次成功	2	失误一次扣 2 分		
5.4	清除三脚架上的泥土	将三脚架收回，扣上皮带	2	不正确扣 1～2 分		
5.5	按时完成	按要求完成	2	超过时间不给分，每超过 2 分钟扣 1 分		
合计			100			

Jc0003342005　线路绝缘电阻测量。（100 分）

考核知识点：绝缘电阻测量

难易度：中

技能等级评价专业技能考核操作工作任务书

一、任务名称

线路绝缘电阻测量。

二、适用工种

架空线路工高级工。

三、具体任务

使用绝缘电阻表测量线路绝缘电阻。

四、工作规范及要求

（1）相关工器具的准备。

（2）工器具的正确使用及安全措施。

五、考核及时间要求

（1）本考核操作时间为 30 分钟，时间到停止考评。

（2）考评过程中如果由于考试人员操作不规范，有可能引发不安全因素的，停止考评，该项考核项目不得分，但不影响其他项目。

技能等级评价专业技能考核操作评分标准

工种	架空线路工				评价等级	高级工
项目模块	基本技能—工器具、测量仪表的使用知识			编号	Jc0003342005	
单位		准考证号			姓名	
考试时限	30 分钟	题型	单项操作		题分	100 分
成绩		考评员		考评组长	日期	
试题正文	线路绝缘电阻测量					
需要说明的问题和要求	（1）采用绝缘电阻表（绝缘电阻表）测量。 （2）利用培训线路，断开线路与各种电气设备的引线，电压等级为 kV。 （3）派一人与操作者配合，所派人员听从操作者指挥					

序号	项目名称	质量要求	满分	扣分标准	扣分原因	得分
1	工作前的准备					
1.1	选择绝缘电阻表及配套引线	选择正确，符合工作需要	10	不正确扣 10 分		
1.2	外观检查	检查合格并有效的检测合格证	5	每错、漏选一项扣 5 分		
1.3	绝缘电阻表使用前检查	检查绝缘电阻表是否良好。检查时将绝缘电阻表两根引线相碰，慢慢摇动手柄，检查指针是不是指向“0”，如果指针不指向“0”，应调整表上的调零装置；将两根引线分开，检查指针是否指向“∞”	5	每错、漏选一项扣 5 分		
2	工作过程					
2.1	断开电气设备的电路	方法正确、安全验明线路确无电压	5	每错、漏选一项扣 5 分		
2.2	绝缘电阻表接线	将绝缘电阻表“E”端钮接地，“L”端用绝缘棒通过引线与线路连接	10	接线错误扣 5～10 分		
2.3	测量与读数	确认线路上无人时，开始进行测量	5	未确认扣 5 分		
		摇动手柄，转速从低速慢慢增高到 120r/min 左右，并维持 1 分钟后读数，该数即为该相导线对地绝缘电阻	10	测量方法错误扣 5～10 分		
		用类似方法，依次测量其余两相绝缘电阻	10	测量方法错误扣 5～10 分		
3	工作终结验收					
3.1	绝缘电阻表拆除	工作结束后，应先断开“L”端钮的引线，再停止摇动手柄，防止线路电容电流向绝缘电阻表放电	10	顺序错误扣 5～10 分		
3.2	放电	利用引线将导地线对地放线	5	未开展扣 5 分		
3.3	结果分析	应根据测量结果及测量时天气情况，综合分析、判断作出结论	5	未分析扣 2～5 分		
3.4	安全文明生产	测量时，绝缘电阻表两引线分开，手与其他部分均不得触及导线和接线端钮。 工作结束，清理现场，交还工器具	10	测量时未按要求扣 3～6 分； 工作结束未按要求清理交还扣 1～4 分		
合计			100			

Jc0003342006　等长法观测导线弧垂。（100 分）

考核知识点：导线弧垂观测

难易度：中

技能等级评价专业技能考核操作工作任务书

一、任务名称

等长法观测导线弧垂。

二、适用工种

架空线路工高级工。

三、具体任务

使用经纬仪运用等长法测量导线弧垂。

四、工作规范及要求

（1）要求单独操作，一人配合记录，写计算过程。

（2）给出档距、前后杆塔呼称高。

（3）选用光学经纬仪，J2、J6 型均可。

（4）在培训架空线路上操作。

五、考核及时间要求

考核时间共 30 分钟，每超过 2 分钟扣 1 分，到 35 分钟终止考核。

技能等级评价专业技能考核操作评分标准

工种	架空线路工				评价等级	高级工
项目模块	基本技能—经纬仪及其他测绘仪器的使用			编号	Jc0003342006	
单位		准考证号			姓名	
考试时限	30 分钟	题型		单项操作	题分	100 分
成绩		考评员		考评组长	日期	
试题正文	等长法观测导线弧垂					
需要说明的问题和要求	（1）要求单独操作，一人配合记录。 （2）给出档距、前后杆塔呼称高					

序号	项目名称	质量要求	满分	扣分标准	扣分原因	得分
1	工具材料准备、检查					
1.1	工器具	经纬仪、塔尺、计算器	5	差一项扣 5 分		
1.2	选定仪器的测量点	观测点位置，在该杆塔所测导线挂线点正投影至地面上的点	10	不正确每项扣 5 分，扣完为止		
2	调整仪器					
2.1	仪器对中、整平、对光，采集该档观测点处杆塔呼称高	在观测点位置将仪器对中、整平、对光	10	不正确扣 5～10 分		
		量出经纬仪仪高（望远镜转轴中心至杆塔基面的高度）	10	不正确扣 1～10 分		
		并用观测点导线挂点至杆塔高度减去仪高	10	不正确扣 1～10 分		
		核对该档档距、观测点、导线挂点高度是否准确	10	不正确扣 5～10 分		
3	测量，计算					
3.1	测量导线弧垂最低点垂直角度，计算弧垂	将仪器竖盘照明反光镜转动使显微镜中的读数最明亮、清晰	5	不正确扣 5 分		
		转动镜筒瞄准导线方向锁紧望远镜制动手轮	5	不正确扣 5 分		
		转动望远镜微动手轮使十字丝中横丝与导线弧垂最低点精确相切，精确读出垂直角 α	10	不正确扣 1～10 分		

续表

序号	项目名称	质量要求	满分	扣分标准	扣分原因	得分
3.1	测量导线弧垂最低点垂直角度，计算弧垂	转动望远镜微动手轮使十字丝中横丝与导线挂线点精确相切，精确读出垂直角 β	10	不正确扣 1～10 分		
		计算： B = 档距 $(\tan\beta - \tan\alpha)$ 再按照异长法公式 $f=\frac{1}{4}(\sqrt{a}+\sqrt{b})^2$ 计算	10	不正确扣 1～10 分		
4	其他要求	（1）要求着装正确（工作服、工作胶鞋、安全帽）。 （2）操作动作熟练。 （3）将仪器一次性装箱成功。 （4）清理工作现场符合安全文明施工要求。 （5）在规定的时间内完成	5	不符合要求，每项扣 1～2 分，扣完为止		
合计			100			

Jc0003342007　异长法观测导线弧垂。（100 分）

考核知识点： 导线弧垂观测

难易度： 中

技能等级评价专业技能考核操作工作任务书

一、任务名称

异长法观测导线弧垂。

二、适用工种

架空线路工高级工。

三、具体任务

使用经纬仪运用异长法测量导线弧垂。

四、工作规范及要求

（1）要求单独操作，一人配合记录，写计算过程。

（2）给出档距、前后杆塔呼称高。

（3）选用光学经纬仪，J2、J6 型均可。

（4）在培训架空线路上操作。

五、考核及时间要求

考核时间共 30 分钟，每超过 2 分钟扣 1 分，到 35 分钟终止考核。

技能等级评价专业技能考核操作评分标准

工种	架空线路工					评价等级	高级工
项目模块	基本技能—经纬仪及其他测绘仪器的使用				编号	Jc0003342007	
单位			准考证号			姓名	
考试时限	30 分钟		题型	单项操作		题分	100 分
成绩		考评员		考评组长		日期	
试题正文	异长法观测导线弧垂						
需要说明的问题和要求	（1）要求单独操作，一人配合记录。 （2）给出档距、前后杆塔呼称高						

续表

序号	项目名称	质量要求	满分	扣分标准	扣分原因	得分
1	工具材料准备、检查					
1.1	工器具	经纬仪、塔尺、计算器	5	差一项扣 5 分		
1.2	选定仪器的测量点	观测点位置，在该杆塔所测导线挂线点正投影至地面上的点	10	不正确每项扣 5 分，扣完为止		
2	调整仪器					
2.1	仪器对中、整平、对光，采集该档观测点处杆塔呼称高	在观测点位置将仪器对中、整平、对光	10	不正确扣 5～10 分		
		量出经纬仪仪高（望远镜转轴中心至杆塔基面的高度）	10	不正确扣 1～10 分		
		用观测点导线挂点至杆塔高度减去仪高	10	不正确扣 1～10 分		
		核对该档档距、观测点、导线挂点高度是否准确	10	不正确扣 5～10 分		
3	测量，计算					
3.1	测量导线弧垂最低点垂直角度，计算弧垂	将仪器竖盘照明反光镜转动使显微镜中的读数最明亮、清晰	5	不正确扣 5 分		
		转动镜筒瞄准导线方向锁紧望远镜制动手轮	5	不正确扣 5 分		
		转动望远镜微动手轮使十字丝中横丝与导线弧垂最低点精确相切，精确读出垂直角 α	10	不正确扣 1～10 分		
		转动望远镜微动手轮使十字丝中横丝与导线挂线点精确相切，精确读出垂直角 β	10	不正确扣 1～10 分		
		计算： B=档距 $(\tan\beta-\tan\alpha)$。 再按照异长法公式 $f=\frac{1}{4}(\sqrt{a}+\sqrt{b})^2$ 计算	10	不正确扣 1～10 分		
4	其他要求	（1）要求着装正确（工作服、工作胶鞋、安全帽）。 （2）操作动作熟练。 （3）将仪器一次性装箱成功。 （4）清理工作现场符合安全文明施工要求。 （5）在规定的时间内完成	5	不符合要求，每项扣 1～2 分，扣完为止		
合计			100			

Jc0003342008　直线塔结构倾斜检查。（100 分）

考核知识点：铁塔结构倾斜检查

难易度：中

技能等级评价专业技能考核操作工作任务书

一、任务名称

直线塔结构倾斜检查。

二、适用工种

架空线路工高级工。

三、具体任务

使用经纬仪测量直线塔结构倾斜。

四、工作规范及要求

（1）相关工器具的准备。

（2）工器具的正确使用及安全措施。

五、考核及时间要求

（1）本考核操作时间为30分钟，时间到停止考评。

（2）考评过程中如果由于考试人员操作不规范，有可能引发不安全因素的，停止考评，该项考核项目不得分，但不影响其他项目。

技能等级评价专业技能考核操作评分标准

工种	架空线路工						评价等级	高级工
项目模块	基本技能—经纬仪及其他测绘仪器的使用					编号	Jc0003342008	
单位				准考证号			姓名	
考试时限	30分钟		题型	单项操作			题分	100分
成绩		考评员		考评组长			日期	
试题正文	直线塔结构倾斜检查							
需要说明的问题和要求	（1）着装规范。 （2）工器具、材料选用满足工作需要，并进行外观检查。 （3）仪器架设正确，读数、记录无误。 （4）数据计算过程清晰，且正确无误							

序号	项目名称	质量要求	满分	扣分标准	扣分原因	得分
1	着装	正确佩戴安全帽，穿工作服，穿工作胶鞋，戴手套	5	未正确佩戴安全帽扣1分； 未穿工作服扣1分； 未穿工作胶鞋扣1分； 未戴手套进行操作扣1分； 工作服领口、袖子扣子未系好扣1分		
2	工器具、材料准备	工器具、材料选用准确、齐全，并做外观检查	5	工器具、材料缺一项扣1分； 未做外观检查扣1分； 以上扣分，扣完为止		
3	选定仪器观测点	选择观测点合理	5	观测点未在顺线路方向中心线上扣3分； 观测距离未在距塔高2倍左右位置扣2分		
4	仪器安装	将三脚架高度调节好后驾于观测点处，仪器从箱中取出，将仪器放于三脚架上，转动中心固定螺栓，将三脚架踩紧或调整各脚的高度	5	仪器高度不便于操作扣2分； 一手握扶照准部，一手握住三脚架机座，不正确扣1分； 有危险动作扣2分		
5	仪器调平、对光、调焦	转动仪器照准部，以相反方向等量转动此两脚螺栓，将仪器转动90°，旋转第三脚螺栓，反复调整两次至仪器水平，转动目镜对准需要测量的杆塔，目标清晰	10	气泡每偏离2格扣2分； 仪器反复调整超过2次倒扣3分； 分划板十字丝不清晰明确扣5分		

续表

序号	项目名称	质量要求	满分	扣分标准	扣分原因	得分
6	测量横向倾斜值	首先将望远镜中丝瞄准横担中点，然后俯视杆塔根部，用钢卷尺量取中丝与横向根开中点间的距离即为横向倾斜值 x_1；用同样方法测后侧横向倾斜值 x_2。计算横向倾斜值。（注意 x_1、x_2 方向，同侧相减，异侧相加），$x=(x_1+x_2)/2$	10	测量位置不正确扣 2 分； 测量方法不正确扣 3 分； 计算方法有误扣 5 分		
7	测量顺向倾斜值	仪器站点选择在杆塔横担方向上，且距离为塔高 2 倍左右，架设仪器并调平、对光，调焦，将望远镜中丝瞄准横担中点，然后俯视杆塔根部，用钢卷尺量取中丝与顺向根开中点间的距离即为顺向倾斜值 y_1，用同样的方法测右侧顺向倾斜值 y_2，计算顺向倾斜值（注意 y_1、y_2 方向，同侧相减，异侧相加），$y=(y_1+y_2)/2$	30	观测点未在顺线路方向中心线上扣 5 分； 观测距离未在距塔高 2 倍左右位置扣 5 分； 气泡每偏离一格扣 2 分； 仪器反复调整超过 2 次倒扣 3 分； 测量位置、方法不正确扣 5 分； 计算方法有误扣 5～10 分； 扣完为止		
8	计算	计算杆塔倾斜值 z，计算杆塔倾斜率 $y=z/H\times100\%$，H 为塔高	10	计算不正确扣 10 分		
9	收仪器	松动所有制动手轮，松开仪器中心固定螺旋，双手将仪器轻轻拿下放进箱内，清除三脚架上的泥土	5	一手握住仪器，一手旋下固定螺旋，不正确扣 2 分； 要求位置正确，一次成功，每失误一次扣 1 分； 将三脚架收回，扣上皮带，不正确扣 1 分； 动作不熟练流畅扣 1 分		
10	自查验收	组织依据施工验收规范对施工工艺、质量进行自查验收	5	未组织验收扣 5 分		
11	安全文明生产	工器具在操作中归位，工器具及材料不应乱扔乱放	10	操作中工器具不归位扣 5 分； 工具材料乱放每次扣 5 分		
合计			100			

Jc0003342009　耐张塔结构倾斜检查。（100 分）

考核知识点：铁塔结构倾斜检查

难易度：中

技能等级评价专业技能考核操作工作任务书

一、任务名称

耐张塔结构倾斜检查。

二、适用工种

架空线路工高级工。

三、具体任务

使用经纬仪测量耐张塔结构倾斜。

四、工作规范及要求

（1）一人操作，一人配合。

（2）已知铁塔全高。

（3）专用工具：选一座培训用铁塔测量；选用经纬仪或全站仪，钢卷尺。

五、考核及时间要求

考核时间共 20 分钟。每超过 2 分钟扣 1 分，到 25 分钟终止考核。

技能等级评价专业技能考核操作评分标准

工种	架空线路工						评价等级	高级工
项目模块	基本技能—经纬仪及其他测绘仪器的使用					编号	Jc0003342009	
单位			准考证号				姓名	
考试时限	20 分钟		题型	单项操作			题分	100 分
成绩		考评员		考评组长			日期	
试题正文	耐张塔结构倾斜检查							
需要说明的问题和要求	（1）一人操作，一人配合。 （2）工器具、材料选用满足工作需要，并进行外观检查。 （3）仪器架设正确，读数、记录无误。 （4）数据计算过程清晰，且正确无误							

序号	项目名称	质量要求	满分	扣分标准	扣分原因	得分
1	工具材料准备、检查					
1.1	经纬仪	合格	6	错、漏一项扣 2 分，扣完为止		
1.2	钢卷尺	合格	2	不检查扣 2 分		
2	横向倾斜值的测量					
2.1	仪器站点选择	在顺架空线路方向中心线上	6	不正确扣 2～6 分		
2.2	距离正确	塔高 2 倍左右	6	不正确扣 3～6 分		
2.3	仪器调平、对光、调焦	操作正确	8	不正确扣 2～8 分		
2.4	测前侧横向倾斜值	首先将望远镜中丝瞄准横担中点，然后俯视铁塔根部，用钢卷尺量取中丝与横向根开中点间的距离即为横向倾斜值	4	不准确扣 2 分； 方法不正确扣 4 分		
2.5	同样方法测后侧横向倾斜值	方法正确	4	不准确扣 2 分； 方法不正确扣 4 分		
2.6	计算横向倾斜值	计算正确	6	不正确扣 3～6 分		
3	顺向倾斜值的测量					
3.1	仪器站点选择	在铁塔横担方向上	6	不正确扣 2～6 分		
3.2	距离正确	塔高 2 倍左右	6	不正确扣 3～6 分		
3.3	仪器调平、对光、调焦	操作正确	8	不正确扣 2～6 分		
3.4	测左侧顺向倾斜值	将望远镜中丝瞄准横担中点，然后俯视铁塔根部，用钢卷尺量取中丝与顺线根开中点间的距离即为顺向倾斜值	4	不准确扣 2 分； 方法不正确扣 4 分		
3.5	同样方法测右侧顺向倾斜值	方法正确	4	不准确扣 2 分； 方法不正确扣 4 分		
3.6	计算顺向倾斜值	计算正确	6	不正确扣 6 分		
4	计算铁塔倾斜率					
4.1	铁塔倾斜值 Z	计算正确	6	错误扣 6 分		

续表

序号	项目名称	质量要求	满分	扣分标准	扣分原因	得分
4.2	铁塔倾斜率 η	计算正确	6	错误扣 6 分		
5	其他要求					
5.1	仪器装箱	要求一次成功	4	重复一次扣 2 分，扣完为止		
5.2	操作动作	熟练流畅	4	不熟练扣 2～4 分		
5.3	按时完成	按要求时间完成	4	每超过 1 分钟扣 1 分，扣完为止		
合计			100			

Jc0003342010　直线塔复合绝缘子偏斜测量操作。(100 分)

考核知识点：绝缘子偏斜测量

难易度：中

技能等级评价专业技能考核操作工作任务书

一、任务名称

直线塔复合绝缘子偏斜测量操作。

二、适用工种

架空线路工高级工。

三、具体任务

使用经纬仪测量直线塔复合绝缘子偏斜。

四、工作规范及要求

(1) 要求单独操作。

(2) 正确着装。

五、考核及时间要求

考核时间共 20 分钟，每超过 2 分钟扣 1 分，到 25 分钟终止考核。

技能等级评价专业技能考核操作评分标准

工种	架空线路工				评价等级	高级工
项目模块	基本技能—经纬仪及其他测绘仪器的使用			编号	Jc0003342010	
单位		准考证号			姓名	
考试时限	20 分钟	题型	单项操作		题分	100 分
成绩		考评员		考评组长	日期	
试题正文	直线塔复合绝缘子偏斜测量操作					
需要说明的问题和要求	(1) 要求单独操作。 (2) 采用经纬仪。 (3) 要求着装正确(工作服、工作胶鞋、安全帽)					

序号	项目名称	质量要求	满分	扣分标准	扣分原因	得分
1	工具材料准备、检查					
1.1	工器具	经纬仪、塔尺、计算器	10	差一项扣 10 分		

续表

序号	项目名称	质量要求	满分	扣分标准	扣分原因	得分
1.2	选定仪器的测量点	观测点位置，在该杆塔横线路方向	10	不正确每项扣5分，扣完为止		
2	调整仪器					
2.1	仪器对中、整平、对光	在观测点位置将仪器对中、整平、对光	10	不正确扣5～10分		
		将经纬仪对准悬垂串挂点	10	不正确扣2～10分		
3	测量，计算					
3.1	测量悬垂串复合绝缘子中心偏移，计算偏移角	将仪器镜头调整至水平方向，对准导线挂点地面垂直投影点的塔尺，读取塔尺高度 h，测量水平观测距离 L	10	不正确扣5～10分		
		转动望远镜微动手轮使十字丝中竖丝与导线挂点与导线垂直焦点精确相投，精确读出垂直角 α，水平角 θ_1	10	不正确扣5～10分		
		转动望远镜微动手轮使十字丝中竖丝与绝缘子线夹侧偏移点精确相切，精确读出垂直角 β，水平角 θ_2	10	不正确扣1～10分		
		计算： 偏移水平角 = $\theta_1 - \theta_2$ 再根据 $L/\cos\alpha$ 和 $L/\beta\cos\beta$，计算测量点斜边距	10	不正确扣1～10分		
		根据余弦定理计算水平偏移距离 ΔL 根据导线悬挂高度 H，计算 $\arctan\theta = \Delta L/H$	10	不正确扣1～10分		
4	其他要求	（1）要求着装正确（工作服、工作胶鞋、安全帽）。 （2）操作动作熟练。 （3）将仪器一次性装箱成功。 （4）清理工作现场符合要求。 （5）在规定的时间内完成	10	不符合要求，每项扣1～2分，扣完为止		
合计			100			

Jc0003342011 使用国产 ZC-8 接地绝缘电阻表测量杆塔接地电阻。（100 分）

考核知识点：接地电阻测量

难易度：中

技能等级评价专业技能考核操作工作任务书

一、任务名称

使用国产 ZC-8 接地绝缘电阻表测量杆塔接地电阻。

二、适用工种

架空线路工高级工。

三、具体任务

使用接地电阻测试仪测量杆塔接地电阻值。

四、工作规范及要求

（1）相关工器具的准备。

（2）工器具的正确使用及安全措施。

五、考核及时间要求

（1）本考核操作时间为30分钟，时间到停止考评。

（2）考评过程中如果由于考试人员操作不规范，有可能引发不安全因素的，停止考评，该项考核项目不得分，但不影响其他项目。

技能等级评价专业技能考核操作评分标准

工种	架空线路工					评价等级	高级工
项目模块	基本技能—工器具、测量仪表的使用知识				编号	Jc0003342011	
单位			准考证号			姓名	
考试时限	30分钟		题型	多项操作		题分	100分
成绩		考评员		考评组长		日期	
试题正文	使用国产ZC-8接地绝缘电阻表测量杆塔接地电阻						
需要说明的问题和要求	（1）用国产ZC-8型接地绝缘电阻表测试。 （2）只测一组接地体的电阻值。 （3）告知接地体形式。 （4）提供接地体形式图						

序号	项目名称	质量要求	满分	扣分标准	扣分原因	得分
1	电能表检查调整					
1.1	外观检查，指针度盘检查	检查合格并有有效的检测合格证，检查并静态调正指针	2	不正确扣1～2分		
1.2	将电能表桩头短接，摇动摇把	动态检查，阻值应为零	2	不正确扣1～2分		
1.3	连接线的检查	截面不小于1～1.5mm²	2	不正确扣1～2分		
1.4	连接线外绝缘层检查	绝缘层良好，无脱落与龟裂	2	不正确扣1～2分		
2	布置电流极和电压极	电流极和电压极布置正确	2	不正确扣2分		
3	查看有关图纸资料					
3.1	断开接地与塔身连接	操作正确	6	不正确扣1～6分		
3.2	布置电流极接线长度	为接地体长的4倍左右	6	不正确扣1～6分		
3.3	布置电压极接线长度	为接地体长的2.5倍左右	6	不正确扣1～6分		
4	技术要求					
4.1	布线要求	布线方向应与线路或地线金属管道垂直	5	不正确扣1～5分		
4.2	连接线要求	连接线与接地棒接触良好	4	不正确扣1～4分		
4.3	引线要求	电压极与电流极引线应保持1m以上的距离	5	不正确扣1～5分		
4.4	接地棒打入土中	打入土中的深度不小于接地棒长度的3/4，并与土壤接触良好	4	不正确扣1～4分		
4.5	电能表上接线	正确	5	不正确扣1～5分		
4.6	将接地极清理干净，将接线连接好	保证接触可靠	5	不正确扣1～5分		
5	操作绝缘电阻表及度数					
5.1	将表放于平坦处，一手扶住转盘并压住使绝缘电阻表平稳	姿势正确	5	不正确扣1～5分		

续表

序号	项目名称	质量要求	满分	扣分标准	扣分原因	得分
5.2	另一手摇摇把	转速为 120r/min	5	不正确扣 1～5 分		
5.3	适当选用倍率并转动转盘	操作正确	5	不正确扣 1～5 分		
5.4	使指针指向零位并平稳加速，要感觉到调速器的作用	使指针稳定地指向零位	5	不正确扣 1～5 分		
5.5	度数报出电阻值	正确读数。读数乘以倍率，报出电阻值正确	4	不正确扣 1～4 分		
5.6	再摇测一次	要求两次测量读数基本一致，相差较大要查明原因	4	不正确扣 1～4 分		
6	恢复接地线与塔身的连接合格	螺栓拧紧，接地极整理整齐	4	不正确扣 1～4 分		
7	其他要求					
7.1	操作动作	动作熟练流畅	4	不正确扣 1～4 分		
7.2	整理工器具	符合要求	4	不正确扣 1～4 分		
7.3	按时完成	在规定时间内完成	4	每超过 1 分钟扣 1 分，扣完为止		
合计			100			

Jc0003342012 双杆 X 型拉线分坑的操作。（100 分）

考核知识点： 电杆分坑操作

难易度： 中

技能等级评价专业技能考核操作工作任务书

一、任务名称

双杆 X 型拉线分坑的操作。

二、适用工种

架空线路工高级工。

三、具体任务

使用经纬仪对双杆 X 型拉线进行分坑。

四、工作规范及要求

1. 操作要求

（1）要求单独操作，两人配合记录。

（2）确定杆位中心桩及架空线路方向桩。

（3）确定杆塔呼称高为 18m，拉线对地夹角为 60°，拉线与架空线路方向成 45°，拉线棒埋深 2m。

（4）画出分坑图、写出计算过程。

（5）选用光学经纬仪，J2、J6 型均可。

（6）选空旷场地。

2. 安全要求

（1）防止高处坠落。

（2）防止物体打击。

（3）防止感应电。

（4）严格遵守现场“十不干”。

五、考核及时间要求

考核时间共 40 分钟，每超过 2 分钟扣 1 分，到 45 分钟终止考核。

技能等级评价专业技能考核操作评分标准

工种	架空线路工			评价等级	高级工
项目模块	基本技能—经纬仪及其他测绘仪器的使用		编号	Jc0003342012	
单位		准考证号		姓名	
考试时限	40 分钟	题型	单项操作	题分	100 分
成绩		考评员		考评组长		日期	
试题正文	双杆 X 型拉线分坑的操作				
需要说明的问题和要求	（1）要求单独操作，两人配合记录，画出分坑图，写出计算过程。 （2）确定杆位中心桩及架空线路方向桩。 （3）确定杆塔呼称高为 18m，拉线对地夹角为 60°，拉线与架空线路方向成 45°，拉线棒埋深 2m				

序号	项目名称	质量要求	满分	扣分标准	扣分原因	得分
1	分坑工器具的准备					
1.1	工器具	经纬仪、计算器、木桩、手锤、皮尺	5	差一项不得分		
1.2	选定仪器的测量点	将仪器置于指定中心桩位置	5	不正确扣 5 分		
		确定架空线路方向桩位置	5	不正确扣 5 分		
2	调整仪器					
2.1	仪器对中、整平、对光	在观测点位置将仪器对中、整平、对光	10	不正确扣 5～10 分		
3	分坑、计算					
3.1	观测顺架空线路方向桩确定横架空线路主杆位及横架空线路方向桩，根据主杆位计算出拉线棒开挖桩及拉线棒出土桩距离	将仪器竖盘照明反光镜转动使显微镜中的读数最明亮、清晰	10	不正确扣 1～10 分		
		将仪器置于中心桩 O 点上顺架空线路前视辅助桩 A，水平读盘置零旋转 90°定出主杆坑 O_1，打倒镜定出 O_2	10	在杆位左右方向 5m 处各定一副桩作为定杆位用，不正确扣 10 分		
		将经纬仪置于 O_1 点上，瞄准 O 或 O_2 点，水平读盘置零，按反时针方向水平旋转 φ 角，在拉线方向量出 l 及 l_1，定出 N_1 及 E_1 点，$l=H\tan\beta$，$l_1=(H+h)\tan\beta$	20	不正确扣 1～20 分		
		将水平读盘按顺时针方向水平旋转 2φ 角，在拉线方向量出 l 及 l_1 用同样的方法定出 N_4 及 E_4	10	不正确扣 1～10 分		
		将经纬仪置于 O_2 点上用同样的方法定出 N_2 及 E_2，N_3 及 E_3 拉线坑位	10	不正确扣 1～10 分		
		为避免电杆同一侧的两根拉线交叉点叠压，在分坑时应将电杆同一侧的一个拉线棒出土点距杆坑的距离减少或增加一段距离	10	不正确扣 1～10 分		

续表

序号	项目名称	质量要求	满分	扣分标准	扣分原因	得分
4	其他要求	（1）要求着装正确（工作服、工作胶鞋、安全帽）。 （2）操作动作熟练。 （3）将仪器一次性装箱成功。 （4）清理工作现场符合要求。 （5）在规定的时间内完成	5	不符合要求，每项扣 1～2 分，扣完为止		
合计			100			

Jc0003342013　直线塔正方形基础分坑的操作。（100 分）

考核知识点：分坑操作

难易度：中

技能等级评价专业技能考核操作工作任务书

一、任务名称

直线塔正方形基础分坑的操作。

二、适用工种

架空线路工高级工。

三、具体任务

使用经纬仪对直线塔正方形基础进行分坑。

四、工作规范及要求

1. 操作要求

（1）要求单独操作，两人配合记录，画出分坑图、写计算过程。

（2）选用光学经纬仪，J2、J6 型均可。

（3）选空旷场地。

2. 安全要求

（1）防止高处坠落。

（2）防止物体打击。

（3）防止感应电。

（4）严格遵守现场“十不干”。

五、考核及时间要求

考核时间共 20 分钟，每超过 2 分钟扣 1 分，到 25 分钟终止考核。

技能等级评价专业技能考核操作评分标准

<table>
<tr><td>工种</td><td colspan="5">架空线路工</td><td>评价等级</td><td>高级工</td></tr>
<tr><td>项目模块</td><td colspan="4">基本技能—经纬仪及其他测绘仪器的使用</td><td>编号</td><td colspan="2">Jc0003342013</td></tr>
<tr><td>单位</td><td colspan="2"></td><td>准考证号</td><td colspan="2"></td><td>姓名</td><td></td></tr>
<tr><td>考试时限</td><td colspan="2">20 分钟</td><td>题型</td><td colspan="2">单项操作</td><td>题分</td><td>100 分</td></tr>
<tr><td>成绩</td><td></td><td>考评员</td><td></td><td>考评组长</td><td></td><td>日期</td><td></td></tr>
<tr><td>试题正文</td><td colspan="7">直线塔正方形基础分坑的操作</td></tr>
</table>

续表

需要说明的问题和要求	一人操作，一人配合，画出分坑图、写计算过程					
序号	项目名称	质量要求	满分	扣分标准	扣分原因	得分
1	分坑工器具的准备					
1.1	工器具	经纬仪、计算器、木桩、手锤、皮尺	5	差一项不得分		
1.2	选定仪器的测量点	将仪器置于指定中心桩位置	5	不正确扣 5 分		
		确定架空线路方向桩位置	5	不正确扣 5 分		
2	调整仪器					
2.1	仪器对中、整平、对光	在观测点位置将仪器对中、整平、对光	10	不正确扣 5 分		
3	分坑、计算					
3.1	观测顺架空线路方向桩确定横架空线路方向桩，根据塔基根开计算出坑口距离	将仪器竖盘照明反光镜转动使显微镜中的读数最明亮、清晰	10	不正确扣 1～10 分		
		将仪器支在中心桩 O 处，以架空线路方向为起点右转 45°，在距 O 点 0.707x 距离的地方钉出坑位中心 O_1	10	不正确扣 1～10 分		
		距 O 点 0.707（x−a）、0.707（x+a）的地方分别钉出 1、3 点	10	不正确扣 1～10 分		
		取 2a 线长使其两端与 1、3 两点重合，在此线中点拉紧得出 2 点，折向另一侧得出 4 点	20	不正确扣 1～20 分		
		用同样的方法，分别得出另外三个坑位	20	不正确扣 1～20 分		
4	其他要求	（1）要求着装正确（工作服、工作胶鞋、安全帽）。 （2）操作动作熟练。 （3）将仪器一次性装箱成功。 （4）清理工作现场符合文明生产要求。 （5）在规定的时间内完成	5	不符合要求，每项扣 1～2 分，扣完为止		
合计			100			

Jc0003342014　用经纬仪测量出 A、B 两点间的水平距离和高差。(100 分)

考核知识点：水平距离和高差的测量

难易度：中

技能等级评价专业技能考核操作工作任务书

一、任务名称

用经纬仪测量出 A、B 两点间的水平距离和高差。

二、适用工种

架空线路工高级工。

三、具体任务

用经纬仪测量给定两点的水平距离和高差。

四、工作规范及要求

（1）本题包括测量和计算两部分。仪器包含经纬仪一台、塔尺、钢卷尺。

（2）使用光学经纬仪用视距法测量，视距常数 K=100。

（3）操作时需1名普工配合。

五、考核及时间要求

（1）本考核操作时间为20分钟，时间到停止考评。

（2）考评过程中如果由于考试人员操作不规范，有可能引发不安全因素的，停止考评，该项考核项目不得分，但不影响其他项目。

技能等级评价专业技能考核操作评分标准

工种	架空线路工					评价等级	高级工
项目模块	基本技能—经纬仪及其他测绘仪器的使用				编号	Jc0003342014	
单位			准考证号			姓名	
考试时限	20分钟		题型	单项操作		题分	100分
成绩		考评员		考评组长		日期	
试题正文	用经纬仪测量出A、B两点间的水平距离和高差						
需要说明的问题和要求	（1）要求工器具检查完备，考评员监护。 （2）流程合理。 （3）正确测定						

序号	项目名称	质量要求	满分	扣分标准	扣分原因	得分
1	经纬仪的使用					
1.1	仪器出箱	操作正确	5	不正确扣3～5分		
1.2	仪器架设高度	同操作者身高相符	3	不符扣2～3分		
1.3	经纬仪对中	对中准确	7	不准确扣3～7分		
1.4	经纬仪整平	水准管气泡居中	2.5	不准确扣2.5分		
1.5	经纬仪精平	水准管气泡居中	2.5	不准确扣2.5分		
2	读取数据					
2.1	仪高的量取	准确	5	不准确扣2～5分		
2.2	塔尺读数	准确。根据考核人实际情况分为读半视和全视两种	8	不准确扣3～8分		
2.3	竖直角读数	读数准确	7	不准确扣3～7分		
3	计算					
3.1	水平距离计算	经纬仪视准线同塔尺垂直时，利用公式$D=KL$计算。经纬仪视准线同塔尺不垂直时，利用公式$D=KL\cos^2\alpha$计算。L代表全视距离，K为常数取100，α代表观测的竖直角	25	公式选择不正确扣15分； 计算不正确扣5～10分		
3.2	高差计算	经纬仪视准线同塔尺垂直时，利用公式$H=i-s$计算。经纬仪视准线同塔尺不垂直呈仰角，利用公式$H=1/2KL\sin2\alpha+i-s$计算。经纬仪视准线同塔尺不垂直呈俯角，利用公式$H=1/2KL\sin2\alpha-i+s$计算。L代表全视距离，K为常数取100，α代表观测的竖直角，i代表仪高	31	公式选择不正确扣15分； 计算不正确扣5～16分		
4	操作熟练程度	熟练	4	操作不熟练扣2～4分		
合计			100			

Jc0003342015　档端角度法测量导线弧垂操作。（100 分）

考核知识点：导线弧垂测量

难易度：中

技能等级评价专业技能考核操作工作任务书

一、任务名称

档端角度法测量导线弧垂操作。

二、适用工种

架空线路工高级工。

三、具体任务

使用经纬仪运用档端角度法测量导线弧垂。

四、工作规范及要求

1. 操作要求

（1）要求单独操作，一人配合记录，写出计算过程。

（2）给出档距、前后杆塔呼称高。

（3）选用光学经纬仪，J2、J6 型均可。

（4）在培训架空线路上操作。

2. 安全要求

（1）防止高处坠落。

（2）防止物体打击。

（3）防止感应电。

（4）严格遵守现场“十不干”。

五、考核及时间要求

考核时间共 30 分钟，每超过 2 分钟扣 1 分，到 35 分钟终止考核。

技能等级评价专业技能考核操作评分标准

工种	架空线路工			评价等级	高级工
项目模块	基本技能—经纬仪及其他测绘仪器的使用		编号	Jc0003342015	
单位		准考证号		姓名	
考试时限	30 分钟	题型	单项操作	题分	100 分
成绩		考评员		考评组长		日期	
试题正文	档端角度法测量导线弧垂操作				
需要说明的问题和要求	（1）一人操作，一人配合记录。 （2）给出档距、前后杆塔呼称高。 （3）熟练使用经纬仪				

序号	项目名称	质量要求	满分	扣分标准	扣分原因	得分
1	工具材料准备、检查					
1.1	工器具	经纬仪、塔尺、计算器	5	差一项扣 5 分		
1.2	选定仪器的测量点	观测点位置，在该杆塔所测导线挂线点正投影至地面上的点	10	不正确每项扣 5 分，扣完为止		

续表

序号	项目名称	质量要求	满分	扣分标准	扣分原因	得分
2	调整仪器					
2.1	仪器对中、整平、对光，采集该档观测点处杆塔呼称高	在观测点位置将仪器对中、整平、对光	10	不正确扣 5～10 分		
		量出经纬仪仪高（望远镜转轴中心至杆塔基面的高度）	10	不正确扣 1～10 分		
		用观测点导线挂点至杆塔高度减去仪高	10	不正确扣 1～10 分		
		核对该档档距、观测点、导线挂点高度是否准确	10	不正确扣 5～10 分		
3	测量，计算					
3.1	测量导线弧垂最低点垂直角度，计算弧垂	将仪器竖盘照明反光镜转动使显微镜中的读数最明亮、清晰	5	不正确扣 5 分		
		转动镜筒瞄准导线方向锁紧望远镜制动手轮	5	不正确扣 5 分		
		转动望远镜微动手轮使十字丝中横丝与导线弧垂最低点精确相切，精确读出垂直角 α	10	不正确扣 1～10 分		
		转动望远镜微动手轮使十字丝中横丝与导线挂线点精确相切，精确读出垂直角 β	10	不正确扣 1～10 分		
		计算： $B=$档距 $(\tan\beta-\tan\alpha)$ 再按照异长法公式 $f=\frac{1}{4}(\sqrt{a}+\sqrt{b})^2$ 计算	10	不正确扣 1～10 分		
4	其他要求	（1）要求着装正确（工作服、工作胶鞋、安全帽）。 （2）操作动作熟练。 （3）将仪器一次性装箱成功。 （4）清理工作现场符合文明生产要求。 （5）在规定的时间内完成	5	不符合要求，每项扣 1～2 分，扣完为止		
合计			100			

Jc0003342016　档外角度法测量导线弧垂操作。（100 分）

考核知识点： 导线弧垂测量

难易度： 中

技能等级评价专业技能考核操作工作任务书

一、任务名称

档外角度法测量导线弧垂操作。

二、适用工种

架空线路工高级工。

三、具体任务

使用经纬仪运用档外角度法测量导线弧垂。

四、工作规范及要求

1. 操作要求

（1）要求单独操作，一人配合记录，写计算过程。

（2）给出档距、前后杆塔呼称高。
（3）选用光学经纬仪，J2、J6 型均可。
（4）在培训架空线路上操作。
2. 安全要求
（1）防止高处坠落。
（2）防止物体打击。
（3）防止感应电。
（4）严格遵守现场“十不干”。

五、考核及时间要求

考核时间共 30 分钟，每超过 2 分钟扣 1 分，到 35 分钟终止考核。

技能等级评价专业技能考核操作评分标准

工种	架空线路工					评价等级	高级工
项目模块	基本技能—经纬仪及其他测绘仪器的使用				编号	Jc0003342016	
单位			准考证号			姓名	
考试时限	30 分钟		题型	单项操作		题分	100 分
成绩		考评员		考评组长		日期	
试题正文	档外角度法测量导线弧垂操作						
需要说明的问题和要求	（1）要求单独操作，一人配合记录，写计算过程。 （2）给出档距、前后杆塔呼称高						

序号	项目名称	质量要求	满分	扣分标准	扣分原因	得分
1	工具材料准备、检查					
1.1	工器具	经纬仪、塔尺、计算器	5	差一项扣 5 分		
1.2	选定仪器的测量点	观测点位置，在该杆塔所测导线挂线点正投影至地面上的点	5	不正确扣 5 分		
2	调整仪器					
2.1	仪器对中、整平、对光，采集该档观测点处杆塔呼称高	在观测点位置将仪器对中、整平、对光	5	不正确扣 5 分		
		量出经纬仪仪高（望远镜转轴中心至杆塔基面的高度）	10	不正确扣 1～10 分		
		用观测点导线挂点至杆塔高度减去仪高	10	不正确扣 1～10 分		
		核对该档档距、观测点、导线挂点高度是否准确	10	不正确扣 5～10 分		
3	测量，计算					
3.1	测量导线弧垂最低点垂直角度，计算弧垂	将仪器竖盘照明反光镜转动使显微镜中的读数最明亮、清晰	10	不正确扣 1～10 分		
		转动镜筒瞄准导线方向锁紧望远镜制动手轮	10	不正确扣 1～10 分		
		转动望远镜微动手轮使十字丝中横丝与导线弧垂最低点精确相切，精确读出垂直角 α	10	不正确扣 1～10 分		

续表

序号	项目名称	质量要求	满分	扣分标准	扣分原因	得分
3.1	测量导线弧垂最低点垂直角度，计算弧垂	转动望远镜微动手轮使十字丝中横丝分别与被测相邻两基杆塔导线挂线点精确相切，分别精确读出垂直角 β、φ	10	不正确扣 1～10 分		
		计算：$b=(l_1+l)(\tan\beta-\tan\alpha)$ $a=L_1(\tan\varphi-\tan\alpha)$ 再按照异长法公式 $f=\frac{1}{4}(\sqrt{a}+\sqrt{b})^2$ 计算	10	不正确扣 1～10 分		
4	其他要求	（1）要求着装正确（工作服、工作胶鞋、安全帽）。 （2）操作动作熟练。 （3）将仪器一次性装箱成功。 （4）清理工作现场符合文明生产要求。 （5）在规定的时间内完成	5	不符合要求，每项扣 1～2 分，扣完为止		
合计			100			

Jc0003342017　导线弧垂检查操作。（100 分）

考核知识点：导线弧垂检查

难易度：中

技能等级评价专业技能考核操作工作任务书

一、任务名称

导线弧垂检查操作。

二、适用工种

架空线路工高级工。

三、具体任务

使用经纬仪测量导线弧垂。

四、工作规范及要求

1. 操作要求

（1）要求单独操作，一人配合记录，写计算过程。

（2）给出档距、前后杆塔呼称高。

（3）选用光学经纬仪，J2、J6 型均可。

（4）在培训架空线路上操作。

2. 安全要求

（1）防止高处坠落。

（2）防止物体打击。

（3）防止感应电。

（4）严格遵守现场“十不干”。

五、考核及时间要求

考核时间共 30 分钟，每超过 2 分钟扣 1 分，到 35 分钟终止考核。

技能等级评价专业技能考核操作评分标准

工种	架空线路工				评价等级	高级工
项目模块	基本技能—经纬仪及其他测绘仪器的使用			编号	Jc0003342017	
单位			准考证号		姓名	
考试时限	30 分钟	题型	单项操作		题分	100 分
成绩		考评员		考评组长	日期	
试题正文	导线弧垂检查操作					
需要说明的问题和要求	（1）一人操作，一人配合记录，写计算过程。 （2）给出档距、前后杆塔呼称高					

序号	项目名称	质量要求	满分	扣分标准	扣分原因	得分
1	工具材料准备、检查					
1.1	工器具	经纬仪、塔尺、计算器	5	差一项扣 5 分		
1.2	选定仪器的测量点	观测点位置，在该杆塔所测导线挂线点正投影至地面上的点	5	不正确扣 5 分		
2	调整仪器					
2.1	仪器对中、整平、对光，采集该档观测点处杆塔呼称高	在观测点位置将仪器对中、整平、对光	5	不正确扣 5 分		
		量出经纬仪仪高（望远镜转轴中心至杆塔基面的高度）	10	不正确扣 1～10 分		
		用观测点导线挂点至杆塔高度减去仪高	10	不正确扣 1～10 分		
		核对该档档距、观测点、导线挂点高度是否准确	10	不正确扣 5～10 分		
3	测量，计算					
3.1	测量导线弧垂最低点垂直角度，计算弧垂	将仪器竖盘照明反光镜转动使读数最明亮、清晰	10	不正确扣 1～10 分		
		转动镜筒瞄准导线方向锁紧望远镜制动手轮	10	不正确扣 1～10 分		
		转动望远镜微动手轮使十字丝中横丝与导线弧垂最低点精确相切，精确读出垂直角 α	10	不正确扣 1～10 分		
		转动望远镜微动手轮使十字丝中横丝分别与被测相邻两基杆塔导线挂线点精确相切，分别精确读出垂直角 β、φ	10	不正确扣 1～10 分		
		计算：$b=(l_1+l)(\tan\beta-\tan\alpha)$ $a=L_1(\tan\varphi-\tan\alpha)$ 再按照异长法公式 $f=\frac{1}{4}(\sqrt{a}+\sqrt{b})^2$ 计算	10	不正确扣 1～10 分		
4	其他要求	（1）要求着装正确（工作服、工作胶鞋、安全帽）。 （2）操作动作熟练。 （3）将仪器一次性装箱成功。 （4）清理工作现场符合文明生产要求。 （5）在规定的时间内完成	5	不符合要求，每项扣 1～2 分，扣完为止		
合计			100			

Jc0003342018　预制 Z3 双杆底盘安装质量检查。（100 分）

考核知识点：双杆底盘安装质量检查

难易度：中

技能等级评价专业技能考核操作工作任务书

一、任务名称

预制 Z3双杆底盘安装质量检查。

二、适用工种

架空线路工高级工。

三、具体任务

使用经纬仪对预制 Z3双杆底盘安装进行质量检查。

四、工作规范及要求

1. 操作要求

要求单人操作，一人配合。

2. 安全要求

（1）防止高处坠落。

（2）防止物体打击。

（3）防止感应电。

（4）严格遵守现场“十不干”。

五、考核及时间要求

本考核操作时间为40 钟，每超过 2 分钟扣 1 分，到 45 分钟终止考核。

技能等级评价专业技能考核操作评分标准

工种	架空线路工					评价等级	高级工
项目模块	基本技能—工器具、测量仪表的使用知识				编号	Jc0003342018	
单位			准考证号			姓名	
考试时限	40 分钟		题型	单项操作		题分	100 分
成绩		考评员		考评组长		日期	
试题正文	预制 Z3 双杆底盘安装质量检查						
需要说明的问题和要求	（1）要求单人操作。 （2）根开尺寸 4.5m、架空线路方向桩、架空线路中心桩。 （3）要求着装正确（工作服、工作胶鞋、安全帽）						

序号	项目名称	质量要求	满分	扣分标准	扣分原因	得分
1	工具选用					
1.1	个人工具	钢卷尺	5	不正确每项扣 1～5 分		
1.2	专用工具	吊线锤	5	不正确每项扣 1～5 分		
		花杆	5	不正确每项扣 1～5 分		
		经纬仪	5	不正确每项扣 1～5 分		
2	检查中心桩、方向桩					
2.1	中心桩的位置	检查桩位是否有移动、破坏	5	不正确每项扣 1～5 分		

续表

序号	项目名称	质量要求	满分	扣分标准	扣分原因	得分
2.2	方向桩的位置	检查桩位是否有移动、破坏	5	不正确每项扣1～5分		
3	复测					
3.1	仪器对中、整平、对光	在观测点位置将仪器对中、整平、对光	5	不正确每项扣1～5分		
3.2	将卡尺置于两杆坑地盘中心点位置	测得两杆埋身距离是否一致	5	不正确每项扣1～5分		
3.3	将经纬仪置于杆位中心桩顺架空线路方向复测架空线路方向桩有无偏差	检查架空线路方向桩是否有移动	10	不正确每项扣1～10分		
3.4	将经纬仪目镜横架空线路转 90°复测杆位方向桩	杆位方向桩是否有移动	10	不正确每项扣1～10分		
3.5	细棉绳两端置于杆位方向桩并进行固定	检查细棉绳是否通过杆位中心桩	10	不正确每项扣1～10分		
3.6	用钢卷尺从架空线路方向桩量取1.25m的棉线绳处做记号，确定一杆位中心桩，用同样的方式确定另一杆位中心桩	量取距离正确	10	不正确每项扣1～10分		
3.7	在坑位中心棉线绳做记号位置用吊线锤，检查底盘中心	检查底盘是否在中心	10	不正确每项扣1～10分		
4	检查底盘	底盘四周回填土是否夯实	10	不正确每项扣1～10分		
合计			100			

Jc0003342019　使用 LWJ 7810 型钳形接地电阻测量仪测量接地电阻的操作。（100 分）

考核知识点：接地电阻测量

难易度：中

技能等级评价专业技能考核操作工作任务书

一、任务名称

使用 LWJ 7810型钳形接地电阻测量仪测量接地电阻的操作。

二、适用工种

架空线路工高级工。

三、具体任务

使用钳形接地电阻测量仪测量接地电阻。

四、工作规范及要求

（1）使用 LWJ 7810 型钳形接地电阻测量仪。

（2）只测一组接地体电阻值。

（3）要求着装正确（工作服、工作胶鞋、安全帽）。

（4）在培训架空线路上操作（个人工器具）。

五、考核及时间要求

考核时间共 10 分钟，每超过 2 分钟扣 1 分，到 15 分钟终止考核。

技能等级评价专业技能考核操作评分标准

工种	架空线路工				评价等级	高级工
项目模块	基本技能—工器具、测量仪表的使用知识			编号	Jc0003343019	
单位		准考证号			姓名	
考试时限	10 分钟	题型	单项操作		题分	100 分
成绩		考评员		考评组长		日期	
试题正文	接地电阻测量的操作					
需要说明的问题和要求	（1）用 LWJ 7810 型钳形接地电阻测量仪。 （2）只测一组接地体电阻值。 （3）要求着装正确（工作服、工作胶鞋、安全帽）					

序号	项目名称	质量要求	满分	扣分标准	扣分原因	得分
1	电阻测量仪的检查	（1）外观检查测量仪器。 （2）检查仪器有效期。 （3）开机前，扣压扳机 1～2 次，确保钳口闭合良好	10	不正确每项扣 3 分，扣完为止		
2	开机					
2.1	开机操作	钳型接地电阻测量仪器摆放位置。开机时，要保持钳表的自然静止状态，不能翻转钳表，不能对钳口施加外力	10	不正确每项扣 3 分，扣完为止		
		开机后，首先自动测试液晶显示器，其符号全部显示。开机时，不能扣压扳机，不能张开钳口，不能钳任何导体	10	不正确每项扣 3 分，扣完为止		
		检查开机及显示是否正常。开机完成，显示“OLΩ”后，才能扣压扳机，打开钳口，钳被测导体	10	不正确每项扣 3 分，扣完为止		
3	操作接地电阻的测量仪、读数					
3.1	调试电阻测量仪	测试环检验。其显示值应该与测试环上的标称值一致（5.1Ω）。测试环上的标称值是在温度为 20℃下的值。显示值与标称值相差一个字，是正常的。如：测试环的标称值为 5.1Ω 时，显示 5.0Ω 或 5.2Ω 都是正常的	10	不正确扣 5～10 分		
3.2	设定报警临界值	根据被测接地体设计值。闪烁显示报警符号，同时具有间歇“嘟…嘟…嘟…”声，表示被测电阻超出了电阻报警临界值	10	不正确扣 5～10 分		
3.3	测量	确保进入电阻测量模式。在 HOLD 状态下，需先按 HOLD 键退出 HOLD 状态，才能继续测量。在 MR 状态下，需先按 MEM 键退出 MR 状态，才能继续测量	10	不正确扣 5～10 分		
3.4	读数	在测试模式下，按 HOLD 键锁定当前显示值，显示 HOLD 符号	10	不正确扣 5～10 分		

续表

序号	项目名称	质量要求	满分	扣分标准	扣分原因	得分
4	关机	测量结束，恢复仪表。 钳表在开机后，按 POWER 键关机。 钳表在开机 5 分钟后，液晶显示屏进入闪烁状态，闪烁状态持续 30 秒后自动关机，以降低电池消耗。在闪烁状态按 POWER 键可延时关机，钳表继续工作。 在 HOLD 状态下，需先按 HOLD 键退出 HOLD 状态，再按 POWER 键关机。 在设定报警临界值状态下，需先按 POWER 键或按 AL 键 3 秒退出设定报警临界值状态，再按 POWER 键关机	10	不正确扣 10 分		
5	安全文明生产	（1）测量过程中，裸手不得触碰绝缘电阻表接线头，防止触电。 （2）操作动作熟练连贯。 （3）按照规定时间完成此项目	10	不正确每项扣 2 分，扣完为止		
合计			100			

Jc0003342020　铁塔基础检查。（100 分）

考核知识点：铁塔基础检查

难易度：中

技能等级评价专业技能考核操作工作任务书

一、任务名称

铁塔基础检查。

二、适用工种

架空线路工高级工。

三、具体任务

使用经纬仪对铁塔基础尺寸数据进行检查。

四、工作规范及要求

（1）相关工器具的准备。

（2）工器具、仪器仪表的正确使用及安全措施。

五、考核及时间要求

（1）本考核操作时间为 20 分钟，时间到停止考评。

（2）考评过程中如果由于测试人员操作不规范，有可能引发不安全因素的，停止考评，该项考核项目不得分，但不影响其他项目。

技能等级评价专业技能考核操作评分标准

工种	架空线路工					评价等级	高级工
项目模块	基本技能—工器具、测量仪表的使用知识				编号	Jc0003343020	
单位			准考证号			姓名	
考试时限	20 分钟		题型	单项操作		题分	100 分
成绩		考评员		考评组长		日期	
试题正文	铁塔基础检查						

续表

需要说明的问题和要求	（1）要求工器具检查完备，考评员监护。 （2）流程合理。 （3）正确检查					
序号	项目名称	质量要求	满分	扣分标准	扣分原因	得分
1	准备工作					
1.1	周边环境不影响检测	周边环境不影响施工	5	影响施工中途停止，一次扣 5 分		
1.2	工器具完备	检查测试仪器仪表、材料及工具是否齐全、符合作业要求	5	工器具不齐全扣 2～5 分		
2	操作步骤					
2.1	操作前准备	选用经纬仪，正确支放经纬仪	5	操作不正确扣 5 分		
2.2	调平	在所给中心桩处进行经纬仪调平	10	调平不合格扣 10 分		
2.3	检查	（1）基础地脚螺栓或主角钢的根开及对角线的距离偏差，同组地脚螺栓中心对立柱中心的偏移。 （2）基础顶面或主角钢操平印记的相对高差。 （3）基础立柱断面尺寸。 （4）整基基础的中心位移及扭转	60	检查操作不正确每项扣 5～15 分，扣完为止		
2.4	评定	根据检查记录给出评定	5	评定不正确扣 5 分		
3	工作结束					
3.1	工作现场清理	清理现场，整理工器具	10	未清理现场扣 5 分； 未整理工器具扣 5 分		
合计			100			

Jc0004342021　现浇混凝土现场制作。（100 分）

考核知识点：现浇混凝土制作

难易度：中

技能等级评价专业技能考核操作工作任务书

一、任务名称

现浇混凝土现场制作。

二、适用工种

架空线路工高级工。

三、具体任务

在施工现场自制混凝土。

四、工作规范及要求

（1）相关工器具的准备。

（2）工器具、仪器仪表的正确使用及安全措施。

五、考核及时间要求

（1）本考核操作时间为 30 分钟，时间到停止考评。

（2）考评过程中如果由于测试人员操作不规范，有可能引发不安全因素的，停止考评，该项考核项目不得分，但不影响其他项目。

技能等级评价专业技能考核操作评分标准

工种	架空线路工					评价等级	高级工
项目模块	专业知识—线路基础的安装、浇制				编号	Jc0004342021	
单位			准考证号			姓名	
考试时限	30 分钟		题型	单项操作		题分	100 分
成绩		考评员		考评组长		日期	
试题正文	现浇混凝土现场制作						
需要说明的问题和要求	（1）要求工器具检查完备，考评员监护。 （2）流程合理。 （3）正确测定						

序号	项目名称	质量要求	满分	扣分标准	扣分原因	得分
1	准备工作					
1.1	查看混凝土配合比	了解所需的技术数据	5	根据配合比计算的材料用量不正确扣 5 分		
1.2	工器具完备	检查磅秤、砂石水泥水等原材料及工具是否齐全、符合作业要求	5	工器具不齐全扣 2～5 分		
2	操作步骤					
2.1	控制水灰比	使用规定标号的水泥，正确配出 $1m^3$ 混凝土所使用的水泥和水用量	25	操作不正确扣 5～25 分		
2.2	砂石配合比	根据要求的标号材料，正确配出 $1m^3$ 混凝土所使用的砂和石用量	25	操作不正确扣 5～25 分		
2.3	搅拌	正确使用搅拌机搅拌	20	操作不正确扣 10～20 分		
2.4	振捣	混凝土倒入模具中，使用振动棒正确振捣	10	操作不正确扣 5～10 分		
3	工作结束					
3.1	工作现场清理	清理现场，整理工器具	10	未清理现场扣 5 分； 未整理工器具扣 5 分		
合计			100			

Jc0004342022　110kV 直线杆塔更换复合绝缘子。（100 分）

考核知识点：更换绝缘子

难易度：中

技能等级评价专业技能考核操作工作任务书

一、任务名称

110kV 直线杆塔更换复合绝缘子。

二、适用工种

架空线路工高级工。

三、具体任务

完成直线杆塔复合绝缘子更换。

四、工作规范及要求

（1）相关工器具的准备。

（2）工器具的正确使用及安全措施。

五、考核及时间要求

（1）本考核操作时间为 40 分钟，时间到停止考评。

（2）考评过程中如果由于测试人员操作不规范，有可能引发不安全因素的，停止考评，该项考核项目不得分，但不影响其他项目。

技能等级评价专业技能考核操作评分标准

<table>
<tr><td>工种</td><td colspan="5">架空线路工</td><td>评价等级</td><td>高级工</td></tr>
<tr><td>项目模块</td><td colspan="4">专业知识—导线、地线架设</td><td>编号</td><td colspan="2">Jc0004342022</td></tr>
<tr><td>单位</td><td colspan="2"></td><td>准考证号</td><td colspan="2"></td><td>姓名</td><td></td></tr>
<tr><td>考试时限</td><td colspan="2">40 分钟</td><td>题型</td><td colspan="2">多项操作</td><td>题分</td><td>100 分</td></tr>
<tr><td>成绩</td><td></td><td>考评员</td><td></td><td>考评组长</td><td></td><td>日期</td><td></td></tr>
<tr><td>试题正文</td><td colspan="7">110kV 直线杆塔更换复合绝缘子</td></tr>
<tr><td>需要说明的问题和要求</td><td colspan="7">（1）按要求选择工具及材料。
（2）严格按照工作流程及工艺要求进行操作。
（3）本考核为单人操作，强场配辅助作业人员一名、工作负责人一名。轴助工作人员只协助考生完成塔上工具、材料的上吊和下卸工作，工作负责人只监护工作安全</td></tr>
</table>

序号	项目名称	质量要求	满分	扣分标准	扣分原因	得分
1	着装	正确佩戴安全帽，穿工作服，穿工作胶鞋，戴手套	5	未正确佩戴安全帽扣 1 分； 未穿工作服扣 1 分； 未穿工作胶鞋扣 1 分； 未戴手套进行操作扣 1 分； 工作服领口、袖口扣子未系好扣 1 分		
2	工具选用	工器具选用满足施工需要，工器具做外观检查	5	选用不当扣 3 分； 工器具未做外观检查扣 2 分		
3	登杆前检查	（1）登杆前核对线路双重编号，应先检查杆根部、基础和拉线是否牢固。 （2）对安全带、登杆工具进行冲击试验	5	未做检查，每项扣 2 分； 未做试验扣 3 分		
4	登杆	杆塔上作业人员携带传递绳登塔至作业点，将安全带、后备保护绳系在横担主材上，在横担的适当位置挂好传递绳	5	后备保护使用不正确扣 2 分； 作业过程中失去安全带保护扣 3 分		
5	下导线	辅助人员将软梯、导线保护绳和手扳葫芦传递上杆塔。杆塔上作业人员在横担主材上打好软梯，对软梯进行冲击后下到导线上	10	下到导线前未检查绝缘子、弹簧销子扣 5 分； 未对软梯进行安装检查扣 5 分		
6	更换合成绝缘子	（1）安装导线保护绳及手扳葫芦提升导线。 （2）当手扳葫芦受力后，确认连接无误和受力良好后拔出碗头弹簧销脱开绝缘子。 （3）导线上作业人员在绝缘子串适当位置系好传递绳，与辅助人员配合退出旧绝缘子，同时提升新合成绝缘子，并进行安装，绝缘子均压环开口方向是否符合规定双均压环开口一致。 （4）检查绝缘子的受力情况无误，拆除手扳葫芦及导线保护绳	40	未使用导线保护绳扣 10 分； 手扳葫芦承力后不冲击扣 10 分； 系绳不牢固绝缘子脱落扣 10 分； 绝缘子均压环开口方向不正确扣 5 分； 未观察导线、检查绝缘子受力情况扣 5 分		
7	拆除软梯	解除安全带沿软梯上到横担上，系好安全带后拆除软梯	10	爬软梯失去保护扣 10 分		
8	下塔	检查导线及横担无遗物携带传递绳下塔，动作规范，熟练	10	动作不规范扣 5 分； 不熟练扣 5 分		
9	安全文明生产	操作过程中无落物，工作完毕后清理现场，交还工器具	10	未在规定时间完成，每超时 1 分钟扣 2 分； 未清理考场扣 5 分； 高处落物，每次扣 5 分； 扣完为止		
合计			100			

Jc0004342023　更换 110kV 耐张单串绝缘子。（100 分）

考核知识点： 更换绝缘子

难易度： 中

技能等级评价专业技能考核操作工作任务书

一、任务名称

更换110kV 耐张单串绝缘子。

二、适用工种

架空线路工高级工。

三、具体任务

完成耐张单串绝缘子更换。

四、工作规范及要求

1. 操作要求

（1）相关工器具的准备。

（2）工器具的正确使用及做好安全措施。

2. 安全要求

（1）防止高处坠落。

（2）防止物体打击。

（3）防止感应电。

（4）严格遵守现场“十不干”。

五、考核及时间要求

考核时间共 50 分钟。每超过 2 分钟扣 1 分，到 55 分钟终止考核。

技能等级评价专业技能考核操作评分标准

<table>
<tr><td>工种</td><td colspan="6">架空线路工</td><td>评价等级</td><td>高级工</td></tr>
<tr><td>项目模块</td><td colspan="5">专业知识—导线、地线架设</td><td>编号</td><td colspan="2">Jc0004342023</td></tr>
<tr><td>单位</td><td colspan="3"></td><td>准考证号</td><td colspan="2"></td><td>姓名</td><td></td></tr>
<tr><td>考试时限</td><td colspan="2">50 分钟</td><td>题型</td><td colspan="3">多项操作</td><td>题分</td><td>100 分</td></tr>
<tr><td>成绩</td><td></td><td>考评员</td><td colspan="2"></td><td>考评组长</td><td></td><td>日期</td><td></td></tr>
<tr><td>试题正文</td><td colspan="8">更换 110kV 耐张单串绝缘子</td></tr>
<tr><td>需要说明的问题和要求</td><td colspan="8">（1）按要求选择工具及材料。
（2）严格按照工作流程及工艺要求进行操作。
（3）本项目为单人操作，现场配辅助作业人员一名、工作负责人一名。辅助工作人员只协助考生完成塔上工具、材料的上吊和下卸工作，工作负责人只监护工作安全</td></tr>
</table>

序号	项目名称	质量要求	满分	扣分标准	扣分原因	得分
1	杆上 1、2 号作业人员相继登杆，停在横担上绝缘子挂点处，系好安全带及人身二道防护绳，拴好循环绳	（1）将循环绳牢固绑扎在绝缘子上方的主材上。 （2）高处作业必须使用安全带和戴好安全帽。 （3）安全带的使用符合要求，上杆时要顺架空线路上，1 号作业人员要站位合适，方便使用操作杆	10	循环绳挂点位置不合适扣 3 分； 安全带和安全帽佩戴不正确、不合格扣 4 分； 安全带使用不规范，影响使用操作杆扣 3 分		

续表

序号	项目名称	质量要求	满分	扣分标准	扣分原因	得分
2	地面作业人员将绝缘拉板和卡具组装好，连同操作杆、托瓶架、保护绳依次传至杆塔上	（1）工具要在帆布上摆放、组装、防止受潮破损。 （2）上、下工具时要防止相互碰撞	10	工具直接放置地面上扣 5 分； 工具上下杆塔时碰撞 1 次扣 3 分，扣完为止		
3	杆上 2 号作业人员用操作杆钩住前卡上的吊环，杆上的 1 号作业人员操作后卡，两人配合装好前卡（螺栓线夹卡卡住耐张线夹颈部、钢帽卡卡住爆压线夹钢帽，双联碗头螺栓处），后卡卡住挂点 U 形环，并穿上前卡封口销子，紧后卡固定螺栓	（1）安装前后卡具时一定要按照要求安装，不得虚挂，挂好后要再次确认是否挂好，前后卡的螺栓和销子一定要完全插到位置。 （2）杆上 1、2 号作业人员站位要合理	20	卡具安装不合格扣 5～10 分； 未检查卡具安装情况扣 5 分； 绝缘工具最小绝缘长度不满足要求扣 5 分		
4	利用绝缘拉板作滑道，安装托瓶架，杆上 1、2 号作业人员配合大号保护绳	托瓶架要安装牢固，一定要防止受力后出现翻转现象，导线保护绳应按实际受力情况选用长短合适，转角时，保护绳就打在外角	10	托瓶架安装不合格扣 5 分； 未使用导线后备保护绳扣 5 分		
5	杆上 1 号作业人员将循环绳吊住横担端第二片绝缘子，拔绝缘子串两端弹簧销，收紧丝杆至适当程度，将绝缘子串脱离球头挂环后稍向前推，杆上 2 号作业人员用操作杆将绝缘子串脱离前端碗头	收紧丝杆前，应再次检查前卡封口销子是否穿好，后卡固定是否牢固。两条丝杆收紧时，受力要均衡。密切注意两个绝缘拉板和金具的受力情况，是否有变形和滑动。拨出弹簧销前要向工作负责人汇报，经得同意后才可继续工作	15	未进行丝杠检查扣 5 分； 丝杠受力不均衡扣 5 分； 未汇报工作负责人扣 5 分		
6	地面作业人员收紧循环绳，落下旧绝缘子，吊起新绝缘子	绝缘子安装前应逐个将表面清擦干净，并应进行外观检查。 对绝缘子应用不低于 5000V 的绝缘电阻表逐个进行绝缘测定。在干燥的情况下绝缘电阻小于 500MΩ者，不得使用，安装时应检查碗头、球头与弹簧销之间的间隙。在安装好弹簧销的情况下，球头不得自碗头中脱出。复合绝缘子要统计编号，进行外观检查，无龟裂、破损	15	绝缘子未清扫表面扣 5 分； 绝缘子未检测电阻扣 5 分； 未检查连接情况扣 5 分		
7	依相反的顺序装好新绝缘子和弹簧销	安装新绝缘子时 1、2 号作业人员要配合默契，并按照 GB 50233—2014《110kV～500kV 架空电力架空线路施工及验收规范》7.4. 1、7.4. 6 的质量标准安装	10	安装质量不符合要求扣 5～10 分		
8	拆卸工具、人员下杆，工作结束	拆除工具与安装工具程序相反	10	拆除工作不熟练扣 3～10 分		
合计			100			

Jc0004342024　更换 220kV 耐张单串绝缘子。（100 分）

考核知识点：更换绝缘子

难易度：中

技能等级评价专业技能考核操作工作任务书

一、任务名称

更换220kV耐张单串绝缘子。

二、适用工种

架空线路工高级工。

三、具体任务

在规定时间内完成220kV耐张单串绝缘子更换。

四、工作规范及要求

1. 操作要求

（1）相关工器具的准备。

（2）工器具的正确使用及做好安全措施。

2. 安全要求

（1）防止高处坠落。

（2）防止物体打击。

（3）防止感应电。

（4）严格遵守现场“十不干”。

五、考核及时间要求

考核时间共50分钟。每超过2分钟扣1分，到55分钟终止考核。

技能等级评价专业技能考核操作评分标准

<table>
<tr><td>工种</td><td colspan="5">架空线路工</td><td>评价等级</td><td>高级工</td></tr>
<tr><td>项目模块</td><td colspan="4">专业知识—导线、地线架设</td><td>编号</td><td colspan="2">Jc0004342024</td></tr>
<tr><td>单位</td><td colspan="3"></td><td>准考证号</td><td></td><td>姓名</td><td></td></tr>
<tr><td>考试时限</td><td colspan="2">50分钟</td><td>题型</td><td colspan="2">多项操作</td><td>题分</td><td>100分</td></tr>
<tr><td>成绩</td><td></td><td>考评员</td><td></td><td>考评组长</td><td></td><td>日期</td><td></td></tr>
<tr><td>试题正文</td><td colspan="7">更换220kV耐张单串绝缘子</td></tr>
<tr><td>需要说明的问题和要求</td><td colspan="7">（1）按要求选择工具及材料。
（2）严格按照工作流程及工艺要求进行操作。
（3）本项目为单人操作，现场配辅助作业人员一名、工作负责人一名。辅助工作人员只协助考生完成塔上工具、材料的上吊和下卸工作，工作负责人只监护工作安全</td></tr>
</table>

序号	项目名称	质量要求	满分	扣分标准	扣分原因	得分
1	杆上1、2号作业人员相继登杆，停在横担上绝缘子挂点处，系好安全带及人身二道防护绳，拴好循环绳	（1）将循环绳牢固绑扎在绝缘子上方的主材上。 （2）高处作业必须使用安全带和戴好安全帽。 （3）安全带的使用符合要求，上杆时要顺架空线路上，1号作业人员要站位合适，方便使用操作杆	10	循环绳挂点位置不合适扣3分； 安全带和安全帽佩戴不正确、不合格扣4分； 安全带使用不规范，影响使用操作杆扣3分		
2	杆上2号作业人员用“绝缘子零值检测仪”测量绝缘子	测量绝缘子时要由有经验的工作人员操作或监督，要保证测量工具的使用正确无误，要保证良好绝缘子9片以上方可进行作业，安全距离满足要求，并按照《测量零值绝缘子作业指导书》进行作业	15	未进行零值测量扣5分； 测量方法不正确扣5分； 安全距离不满足要求扣5分		

续表

序号	项目名称	质量要求	满分	扣分标准	扣分原因	得分
3	地面作业人员将绝缘拉板和卡具组装好，连同操作杆、托瓶架、保护绳依次传至杆塔上	（1）工具要在帆布上摆放、组装、防止受潮破损。 （2）上、下工具时要防止相互碰撞	10	工具直接放置地面上扣 5 分； 工具上下杆塔时碰撞 1 次扣 3 分，扣完为止		
4	杆上 2 号作业人员用操作杆钩住前卡上的吊环，杆上的 1 号作业人员操作后卡，两人配合装好前卡（螺栓线夹卡卡住耐张线夹颈部、钢帽卡卡住爆压线夹钢帽，双联碗头螺栓处），后卡卡住挂点 U 形环，并穿上前卡封口销子，紧后卡固定螺栓	（1）安装前后卡具时一定要按照要求安装，不得虚挂，挂好后要再次确认是否挂好，前后卡的螺栓和销子一定要完全插到位置。 （2）杆上 1、2 号作业人员站位要合理，使用操作杆和绝缘工具时要按照规定：绝缘操作杆保证 2.1m 有效绝缘长度，绝缘承力工具和绳索保证 1.8m 有效绝缘长度	15	卡具安装不合格扣 5 分； 未检查卡具安装情况扣 5 分； 绝缘工具最小绝缘长度不满足要求扣 5 分		
5	利用绝缘拉板作滑道，安装托瓶架，杆上 1、2 号作业人员配合大号保护绳	托瓶架要安装牢固，一定要防止受力后出现翻转现象，导线保护绳应按实际受力情况选用长短合适，转角时，保护绳就打在外角	10	托瓶架安装不合格扣 5 分； 未使用导线后备保护绳扣 5 分		
6	杆上 1 号作业人员将循环绳吊住横担端第二片绝缘子，拨绝缘子串两端弹簧销，收紧丝杆至适当程度，将绝缘子串脱离球头挂环后稍向前推，杆上 2 号作业人员用操作杆将绝缘子串脱离前端碗头	收紧丝杆前，应再次检查前卡封口销子是否穿好，后卡固定是否牢固。两条丝杆收紧时，受力要均衡。密切注意两个绝缘拉板和金具的受力情况，是否有变形和滑动。拨出弹簧销前要向工作负责人汇报，经得工作负责人同意后方可继续工作	15	未进行丝杠检查扣 5 分； 丝杠受力不均衡扣 5 分； 未汇报工作负责人扣 5 分		
7	地面作业人员收紧循环绳，落下老绝缘子，吊起新绝缘子	绝缘子安装前应逐个将表面清擦干净，并应进行外观检查。 对绝缘子应用不低于 5000V 的绝缘电阻表逐个进行绝缘测定。在干燥的情况下绝缘电阻小于 500MΩ者，不得使用，安装时应检查碗头、球头与弹簧销之间的间隙。在安装好弹簧销的情况下，球头不得自碗头中脱出。复合绝缘子要统计编号，进行外观检查，为龟裂、破损	15	绝缘子未清扫表面扣 5 分； 绝缘子未检测电阻扣 5 分； 未检查连接情况扣 5 分		
8	依相反的顺序装好新绝缘子和弹簧销	安装新绝缘子时 1、2 号作业人员要配合默契，并按照 GB 50233—2014《110kV～500kV 架空电力架空线路施工及验收规范》7.4.1、7.4.6 的质量标准安装	5	安装质量不符合要求扣 5 分		
9	拆卸工具、人员下杆，工作结束	拆除工具与安装工具程序相反	5	拆除工作不熟练扣 5 分		
合计			100			

Jc0004342025　110kV 直线杆塔更换悬垂线夹。（100 分）

考核知识点：更换悬垂线夹

难易度：中

技能等级评价专业技能考核操作工作任务书

一、任务名称

110kV 直线杆塔更换悬垂线夹。

二、适用工种

架空线路工高级工。

三、具体任务

在规定时间内完成直线杆塔悬垂线夹更换。

四、工作规范及要求

（1）相关工器具的准备。

（2）工器具的正确使用及安全措施。

五、考核及时间要求

（1）本考核操作时间为 40 分钟，时间到停止考评。

（2）考评过程中如果由于测试人员操作不规范，有可能引发不安全因素的，停止考评，该项考核项目不得分，但不影响其他项目。

技能等级评价专业技能考核操作评分标准

<table>
<tr><td>工种</td><td colspan="5">架空线路工</td><td>评价等级</td><td>高级工</td></tr>
<tr><td>项目模块</td><td colspan="4">专业知识—导线、地线架设</td><td>编号</td><td colspan="2">Jc0004342025</td></tr>
<tr><td>单位</td><td colspan="3"></td><td>准考证号</td><td></td><td>姓名</td><td></td></tr>
<tr><td>考试时限</td><td>40 分钟</td><td>题型</td><td colspan="3">多项操作</td><td>题分</td><td>100 分</td></tr>
<tr><td>成绩</td><td></td><td>考评员</td><td></td><td>考评组长</td><td></td><td>日期</td><td></td></tr>
<tr><td>试题正文</td><td colspan="7">110kV 直线杆塔更换悬垂线夹</td></tr>
<tr><td>需要说明的问题和要求</td><td colspan="7">（1）按要求选择工具及材料。
（2）严格按照工作流程及工艺要求进行操作。
（3）本考核为单人操作，现场配辅助作业人员一名、工作负责人一名。辅助工作人员只协助考生完成塔上工具、材料的上吊和下卸工作，工作负责人只监护工作安全</td></tr>
</table>

序号	项目名称	质量要求	满分	扣分标准	扣分原因	得分
1	着装	正确佩戴安全帽，穿工作服，穿工作胶鞋，戴手套	5	未正确佩戴安全帽扣 1 分； 未穿工作服扣 1 分； 未穿工作胶鞋扣 1 分； 未戴手套进行操作扣 1 分； 工作服领口、袖口扣子未系好扣 1 分		
2	工具选用	工器具选用满足施工需要，工器具做外观检查	5	选用不当扣 3 分； 工器具未做外观检查扣 2 分		
3	登杆前检查	（1）登杆前检查杆根。 （2）对登杆工具进行冲击试验	10	未检查杆根扣 5 分； 不做冲击试验扣 5 分		
4	登塔	携带传递绳登杆	10	动作不规范扣 5 分； 不熟练扣 5 分		
5	横担上的工作	（1）作业人员在到达作业地点，将后备保护绳和安全带分别系在不同牢固构件上后，将传递绳选择好位置挂好。 （2）使用传递绳传递工具到杆塔，在横担上挂好钢丝绳套、手扳葫芦	10	安全带、保护绳使用不规范扣 5 分； 悬挂位置不适合扣 5 分		

续表

序号	项目名称	质量要求	满分	扣分标准	扣分原因	得分
6	导线上的工作	沿绝缘子串下至导线上，坐在导线上，拆卸悬垂线夹固定螺钉	5	沿绝缘子串下至导线没有系好安全带扣2分； 没有保险绳的保护扣3分		
		安装导线保护绳，将手扳葫芦下钩钩住导线，将绝缘子重量转移到手扳葫芦上，做冲击试验合格，拆除悬垂线夹、铝包带并传递至地面	5	未使用导线保护绳扣3分； 未做冲击试验扣2分		
7	缠绕新铝包带	缠绕铝包带，铝包带应缠绕紧密，其缠绕方向应与外层铝股的绞制方向一致；所缠绕铝包带应露出防振锤线夹，但不应超过10mm，其端头应回缠绕于线夹内压住	10	缠绕不正确扣5分； 缠绕铝包带大于或少于10mm，每10mm扣3分； 铝包带端头没有压住扣2分		
8	更换悬垂线夹	安装新悬垂线夹，绝缘子串应与地面垂直，个别情况下，顺线路方向的倾斜度不应超过5°，且最大偏移不应超过200mm。穿钉开口销子必须开口60°～90°，销子开口后不得有折断、裂纹等现象	10	悬垂串不符合要求扣6分； 开口销不符合要求扣4分		
9	下传工具	放松手扳葫芦，取下手扳葫芦及钢丝绳套、导线保护绳，传递至地面	10	不熟练扣10分		
10	下塔	检查导线及横担无遗留物，携带传递绳下塔，动作规范，熟练	10	动作不规范扣5分； 不熟练扣5分		
11	安全文明生产	操作过程中无落物，工作完毕后清理现场，交还工器具	10	未在规定时间完成，每超时1分钟扣2分； 未清理考场扣5分； 高处落物，每次扣5分； 扣完为止		
合计			100			

Jc0004342026　制作安装整条拉线。(100分)

考核知识点：拉线制作安装

难易度：中

技能等级评价专业技能考核操作工作任务书

一、任务名称

制作安装整条拉线。

二、适用工种

架空线路工高级工。

三、具体任务

在规定时间内完成整条拉线制作安装。

四、工作规范及要求

（1）相关工器具的准备。

（2）工器具的正确使用及安全措施。

五、考核及时间要求

（1）本考核操作时间为30分钟，时间到停止考评。

（2）考评过程中如果由于考试人员操作不规范，有可能引发不安全因素的，停止考评，该项考核项目不得分，但不影响其他项目。

技能等级评价专业技能考核操作评分标准

<table>
<tr><td>工种</td><td colspan="4">架空线路工</td><td>评价等级</td><td>高级工</td></tr>
<tr><td>项目模块</td><td colspan="4">专业知识—电杆组立</td><td>编号</td><td>Jc0004342026</td></tr>
<tr><td>单位</td><td colspan="2"></td><td>准考证号</td><td></td><td>姓名</td><td></td></tr>
<tr><td>考试时限</td><td>30 分钟</td><td>题型</td><td colspan="2">单项操作</td><td>题分</td><td>100 分</td></tr>
<tr><td>成绩</td><td></td><td>考评员</td><td></td><td>考评组长</td><td>日期</td><td></td></tr>
<tr><td>试题正文</td><td colspan="6">制作安装整条拉线</td></tr>
<tr><td>需要说明的问题和要求</td><td colspan="6">（1）工器具选用满足工作需要，进行外观检查。
（2）选用材料的规格、型号、数量符合要求，进行外观检查。
（3）拉线的制作及安装的方法和作业流程。
（4）绑线的缠绕方法及工艺要求</td></tr>
</table>

序号	项目名称	质量要求	满分	扣分标准	扣分原因	得分
1	着装	正确佩戴安全帽，穿工作服，穿工作胶鞋，戴手套	5	未正确佩戴安全帽扣 1 分； 未穿工作服扣 1 分； 未穿工作胶鞋扣 1 分； 未戴手套进行操作扣 1 分； 工作服领口、袖口扣子未系好扣 1 分		
2	工具及材料选择	工器具选用满足施工需要，工器具做外观检查	5	工器具未做外观检查扣 2 分； 漏选、错选扣 3 分		
3	截取钢绞线	按给定尺寸量取长度，在钢绞线剪断处扎线绑扎 30mm，绑扎牢固，一人扶线一人剪，钢绞线无散股	10	量取钢绞线长度误差超出±500mm 扣 5 分 断线处不做绑扎扣 5 分		
4	上把制作	钢绞线上量出弯曲部位尺寸，钢绞线短头出线方向应在凸肚处，钢绞线与舌块紧密，间隙小于 2mm，绑扎尺寸符合标准，紧密、匀称，不伤线，规范收尾	15	尾线长度错误扣 4 分； 尾线穿向错误扣 4 分； 钢绞线与舌块间隙过大扣 4 分； 绑扎尺寸不标准扣 3 分		
5	登杆	登杆前明确线路杆位编号、检查杆根、杆身及检查，对登杆工具进行冲击试验，登杆动作规范、熟练，站位合适，安全带系绑正确	10	未检查扣 3 分； 未做冲击试验扣 2 分； 登杆不熟练、不规范扣 3 分； 安全带系绑错误扣 2 分		
6	上把安装	将拉线抱箍连接延长环传递到杆上并固定安装在合适的位置，调整好拉线抱箍方向。吊起拉线上把。楔形线夹与延长环穿入螺栓，插入销钉，螺栓穿向正确	10	传递绳使用不规范扣 3 分； 拉线抱箍安装不合适扣 3 分； 螺栓、销钉穿向错误扣 4 分		
7	下杆	清查杆上遗留物，人员规范下杆，下杆全程不得失去安全带保护，脚扣离地面 500mm 才能脱离脚扣着地	5	下杆过程不规范扣 3 分； 杆上有遗留物每件扣 2 分		
8	下把制作与安装	紧线力度合适，制作安装过程熟练。副线从线夹凸肚侧穿出，舌板安装紧密，绑扎尺寸符合标准，紧密、匀称，不伤线，规范收尾。双螺帽接触紧密，螺杆露出长度 1/3 左右，上下线夹凸肚方向一致	15	紧线力度不合适扣 3 分； 副线穿向错误扣 3 分； 舌板安装间隙过大扣 2 分； 尾线绑扎不标准扣 2 分； 螺杆露出长度不准确扣 2 分； 上下凸肚方向不一致扣 3 分		
9	自查验收	依据施工验收规范对施工工艺、质量进行自查收	5	未验收，扣 5 分		
10	安全文明生产	操作过程中无落物，工作完毕后清理现场，交还工器具	20	未在规定时间完成，每超时 1 分钟扣 2 分； 未清理考场扣 5 分； 高处落物，每次扣 5 分； 扣完为止		
合计			100			

Jc0004342027　导线耐张线夹铝管穿管及压接工艺。(100 分)

考核知识点：导线接续管压接

难易度：中

技能等级评价专业技能考核操作工作任务书

一、任务名称

导线耐张线夹铝管穿管及压接工艺。

二、适用工种

架空线路工高级工。

三、具体任务

在规定时间内完成导线耐张线夹铝管穿管及压接。

四、工作规范及要求

（1）相关工器具的准备。

（2）工器具、仪器仪表的正确使用及安全措施。

五、考核及时间要求

（1）本考核操作时间为 15 分钟，时间到停止考评。

（2）考评过程中如果由于考试人员操作不规范，有可能引发不安全因素的，停止考评，该项考核项目不得分，但不影响其他项目。

技能等级评价专业技能考核操作评分标准

工种	架空线路工					评价等级	高级工
项目模块	专业知识—导线、地线液压连接				编号	Jc0004342027	
单位			准考证号			姓名	
考试时限	15 分钟		题型	单项操作		题分	100 分
成绩		考评员		考评组长		日期	
试题正文	导线耐张线夹铝管穿管及压接工艺						
需要说明的问题和要求	（1）要求工器具检查完备，考评员监护。 （2）流程合理。 （3）正确完成导线耐张线夹铝管穿管及压接，质量合格						

序号	项目名称	质量要求	满分	扣分标准	扣分原因	得分
1	准备工作					
1.1	周边环境不影响坍落度检测	周边环境不影响施工	5	影响施工中途停止，一次扣 5 分		
1.2	工器具完备	检查测试仪器仪表、材料及工具是否齐全洁净、符合作业要求	5	工器具不齐全扣 2～5 分		
2	实验步骤					
2.1	实验前准备	钢锚压接后，在远离钢锚环根部（加工端面处）3～5mm 处画定位标记于 A4，量取 A4 至 B 的距离为 L_3	10	未定位 A4 扣 5 分； 未测量 L_3 及读取数值不正确扣 5 分		
2.2	穿管	将耐张线夹铝管顺向旋转推入至导线切割绑扎处，松开绑扎，补涂电力脂后，继续旋至穿耐张线夹铝管左端面与 A4 重合	10	穿管方法不正确扣 5 分； 最终位置不正确扣 5 分		
2.3	画压接标记	自钢锚环根部 A4 处，向耐张线夹管口量取 L_3，画压接标记于 A5，自 A5 处向钢锚环根部量取钢锚压接起始端到导线切割处距离 L_4，画压接标记于 A6	10	A5 标记不正确扣 5 分； A6 标记不正确扣 5 分		

续表

序号	项目名称	质量要求	满分	扣分标准	扣分原因	得分
2.4	调整位置	将钢锚环与耐张线夹铝管引流板的连接方向调整至规定位置，且二者的中心线在同一个平面内	10	未调整位置或位置不正确扣 10 分		
2.5	压接	钢芯铝绞线接续管铝管的压接操作顺序：第一模压接模具的端面与 A6 重合，向钢锚环侧压接一模。跨过不压区，将压接模具的端面与 A5 重合，依次施压至钢锚管端面	30	第一模压接位置不正确扣 10 分； 压接顺序不正确扣 10 分； 压接压力未达到规定压力值扣 10 分		
2.6	压后测量	使用游标卡尺及钢卷尺测量压接后钢管长度及对边距尺寸并记录。测量结束后在铝管上涂防锈漆等进行保护	10	压接后测量结果超出推荐值范围扣 5 分； 压接后钢管外观质量不佳扣 5 分		
3	工作结束					
3.1	工作现场清理	清理现场，整理工器具	10	未清理现场扣 5 分； 未整理工器具扣 5 分		
合计			100			

Jc0004342028　更换 500kV 输电线路直线塔边相导线防振锤。（100 分）

考核知识点：更换导线防振锤

难易度：中

技能等级评价专业技能考核操作工作任务书

一、任务名称

更换 500kV 输电线路直线塔边相导线防振锤。

二、适用工种

架空线路工高级工。

三、具体任务

在规定时间内更换 500kV 输电线路直线塔边相导线防振锤。

四、工作规范及要求

（1）相关工器具的准备。

（2）工器具、仪器仪表的正确使用及做好安全措施。

五、考核及时间要求

（1）本考核操作时间为 30 分钟，时间到停止考评。

（2）考评过程中如果由于考试人员操作不规范，有可能引发不安全因素的，停止考评，该项考核项目不得分，但不影响其他项目。

技能等级评价专业技能考核操作评分标准

工种	架空线路工					评价等级	高级工
项目模块	专业知识—导线、地线架设				编号	Jc0004342028	
单位			准考证号			姓名	
考试时限	30 分钟	题型		单项操作		题分	100 分
成绩		考评员		考评组长		日期	
试题正文	更换 500kV 输电线路直线塔边相导线防振锤						

续表

需要说明的问题和要求	（1）要求工器具检查完备，考评员监护。 （2）流程合理。 （3）正确完成更换 500kV 输电线路直线塔边相导线防振锤，质量合格

序号	项目名称	质量要求	满分	扣分标准	扣分原因	得分
1	准备工作					
1.1	作业人员入场	现场作业人员身体状况、精神状态必须良好，符合要求	0.5	精神不振、注意力不集中、明显疲劳困乏者不宜参加考核； 服装不整齐、不符合要求扣 0.5 分		
1.2	穿戴个人防护用品	作业人员劳保用品穿戴正确	3.5	未穿长袖工作服或屏蔽服、工作防滑鞋扣 0.5 分； 作业人员安全帽配戴不正确扣 0.3 分； 所系安全帽带不符合要求扣 0.2 分； 作业人员未戴手套扣 0.5 分； 未使用全身安全带佩出线绳扣 0.5 分； 肩、腿、腰带松弛或安全带系配错误扣 0.5 分； 未检查安全带（绳）及后备保护绳、保护双钩损坏情况扣 0.5 分； 个人工具及安全防护用品不齐全扣 0.5 分		
1.3	工作申请	作业人员人向考评员说明工作项目和内容。获得考评员许可后方可工作	1	申请内容缺项，如线路名称、工作内容、现场气象环境扣 0.5 分； 未经考评员许可就开始工作扣 0.5 分		
1.4	核对线路名称、塔号	核对线路双重命名和杆号	1	未核对线路双重命名或杆号扣 0.5 分； 未报核对结果扣 0.5 分		
1.5	工具、材料检查	各类工具外观检查、检测合格，方法正确	2.5	所选取的工具、材料、数量与杆塔上安装的设备型号规格不符扣 0.5 分； 工具、材料不齐全扣 0.3 分； 作业人员裸手持、拿或脚踩工具、材料扣 0.2 分； 未检查专用扳手、是否灵活、好用扣 0.5 分； 未检查防振锤及配件是否齐全扣 0.5 分； 工具材料检查结果未汇报扣 0.5 分		
1.6	杆塔检查	基础、铁塔本体检查合格	1.5	未检查基础设施扣 0.5 分； 未检查脚钉、塔材缺失和紧固情况扣 0.5 分； 未报告检查结果扣 0.5 分		
2	登塔					
2.1	攀登铁塔	作业人员携带所用工具、材料登塔，上塔过程中不得失去防坠器或保护双钩的保护	6	未进行安全带、绳、钩、扣环冲击试验扣 1 分； 作业人员未向工作负责人申请即开始登塔扣 0.5 分； 未正确使用防坠器或保护锁卡扣 1 分 没有背工具包上塔扣 0.5 分； 上塔手脚打滑、踏空扣 0.5 分/次； 安全带、绳缠绕、钩住扣 0.5 分/次； 高处掉落个人工具及材料扣 1 分/次； 作业人员发生险情（后备保护起效）扣 1 分/次		
2.2	作业点	要求作业点位置安全、准确	4	塔上选择好适当的作业点未系好安全带做下一项工作扣 1 分； 未检查扣环是否扣牢扣 0.5 分； 未系好出线绳后，解开安全带扣 0.5 分； 未使用双重保护携带工具包上线扣 1 分		

续表

序号	项目名称	质量要求	满分	扣分标准	扣分原因	得分
3	更换导线防振锤					
3.1	塔上作业人员应采取的安全措施	（1）验电前站位正确。验电前操作人员站位，应按照《安规》规定的人体与带电体保持的最小距离 （2）进一步检查验电是否合格。 （3）验电方法正确。 （4）正确安装个人保安线。 （5）正确使用安全带和后备保护绳	23	站位超过安全距离扣5分； 站位距离验电器接触不到导线扣3分； 验电前未检查验电器扣5分； 未按照《安规》要求正确安装个人保安线扣5分； 作业转位时安全带低挂高用或失去保护扣5分		
3.2	复位防振锤工作	防振锤复位回原位	22	未将导线防振锤安装在正确的位置上扣3分； 防振锤铝包带缠绕不正确扣3分； 螺栓未紧固到位扣3分； 防振锤安装距离不符合要求扣4分； 导线防振锤未与地面垂直扣2分； 未按距离允许偏差±30mm 安装扣3分； 螺栓紧固力未达到扭矩要求扣2分； 拆卸地线防振锤过程中掉工具、材料扣1分； 复位导线防振锤过程中将导线损伤扣2分		
3.3	技术要求	安装工艺要求	25	未用专用扳手将防振锤夹板螺栓螺帽拧紧扣5分； 防振锤安装时大头未朝塔身安装扣5分； 防振锤握手螺栓未由线路外侧向内侧穿入扣5分； 导线防振锤未与地线平行、与地面垂直扣5分； 平垫片、弹簧垫圈不齐全，锁紧时弹簧垫圈未压平扣5分		
4	工作结束					
4.1	作业结束	作业结束，准确进行检查、汇报	2	作业人员未检查塔上有无遗留物扣1分； 未经工作负责人同意即开始下塔扣1分		
4.2	下塔	工作结束后携带工具下塔，下塔过程中不得失去防坠器的保护	4	下塔未使用防坠器扣2分/次； 下塔手脚打滑、踏空扣1分/次； 绝缘绳、安全带缠绕、钩住扣1分/次		
4.3	报告工作结束、退场	工作负责人向监考员汇报工作结束，并得到许可（计时）	2	未汇报工作结束退场扣1分； 汇报内容缺项（线路名称、工作完成情况、设备已恢复正常、人员已撤离、可恢复调度终结时间）扣1分/次		
4.4	时间段	规定时间30分钟，自考评员下开工令至所有工作结束汇报为止	2	规定时间内完成，提前不加分，超时减分，超出规定时间10分钟以内扣2分； 超出规定时间15分钟取消考试资格		
合计			100			

Jc0004342029 用闭式卡具更换330kV耐张串单片绝缘子。（100分）

考核知识点：更换绝缘子

难易度：中

技能等级评价专业技能考核操作工作任务书

一、任务名称

用闭式卡具更换330kV耐张串单片绝缘子。

二、适用工种

架空线路工高级工。

三、具体任务

在规定时间内用闭式卡具更换330kV耐张串单片绝缘子。

四、工作规范及要求

（1）要求单独操作，杆下一人监护，三人配合。

（2）更换的绝缘子从横担向线夹数第14片。

（3）用闭式卡具进行更换单片绝缘子。

（4）要求着装正确（安全帽）。

（5）在培训架空线路上操作。

五、考核及时间要求

考核时间共30分钟，每超过2分钟扣1分，到35分钟终止考。

技能等级评价专业技能考核操作评分标准

工种	架空线路工				评价等级	高级工	
项目模块	专业知识—导线、地线架设			编号	Jc0004342029		
单位		准考证号			姓名		
考试时限	30分钟	题型	单项操作		题分	100分	
成绩		考评员		考评组长		日期	
试题正文	用闭式卡具更换330kV耐张串单片绝缘子						
需要说明的问题和要求	（1）要求单独操作，杆下一人监护，三人配合。 （2）更换的绝缘子从横担向线夹数第14片。 （3）用闭式卡具进行更换单片绝缘子。 （4）要求着装正确（工作服、工作胶鞋、安全帽）						

序号	项目名称	质量要求	满分	扣分标准	扣分原因	得分
1	工具材料准备、检查					
1.1	工器具的选用	（1）脚扣、安全带、绝缘延长绳外观检查，进行冲击试验。 （2）全套屏蔽服是否连接可靠	10	安全带、延长绳未检查做冲击试验扣10分； 全套屏蔽服连接不可靠扣10分		
1.2	材料的选用	检查绝缘子是否干净无缺陷	5	型号不正确每项扣1～5分		
2	登杆	（1）登杆时脚扣不得相碰。 （2）步幅与身体相互协调。 （3）上、下横担时动作规范。 （4）正确使用安全带，安全带应系在牢固的构件上，检查扣环闭锁是否扣好	15	登杆动作不协调熟练扣1～10分； 安全带、延长绳闭锁装置未按要求扣好扣5分		
3	横担上的工作	绝缘延长绳应系在牢固的构件上检查扣环闭锁是否扣好	10	不正确酌情扣1～10分		

续表

序号	项目名称	质量要求	满分	扣分标准	扣分原因	得分
4	进入工作位置	沿绝缘子串同手同脚方法由横担进入至作业点，挂好绝缘无极绳及滑车	20	作业人员未按作业要求进入扣 5～20 分		
5	更换绝缘子					
5.1	安装卡具	（1）卡具吊上安装时应按照卡四取二的方法进行。 （2）将卡具卡住要更换的绝缘子检查卡具是否卡到位，对受力丝杠部件并做相应的冲击试验。 （3）取弹簧销，收紧卡具丝杠，至绝缘子一次取出，不得反复	15	卡具安装未一次到位扣 5 分； 未检查卡具丝杠等受力部件扣 5 分； 绝缘子未一次取出扣 5 分		
5.2	更换绝缘子、退出	起吊绝缘子时绝缘子绑扎方法应正确	5	绝缘子绑扎不正确扣 2～5 分		
		安装新绝缘子时弹簧销方向应由上往下穿入	5	绝缘子弹簧销穿向不正确扣 5 分		
		松卡具丝杠时应检查绝缘子各部件连接可靠时方可取下并绑扎牢固放置地面	5	未按照要求上下传递物品扣 5 分		
		作业人员返回时与进入方法一致	5	作业人员未按作业要求退出扣 5 分		
6	其他要求	（1）要求着装正确（工作服、工作胶鞋、安全帽）。 （2）操作动作熟练。 （3）高处不得落物。 （4）清理工作现场符合要求。 （5）在规定的时间内完成	5	每项要求酌情扣 1～2 分，扣完为止； 高处落物扣 5 分		
合计			100			

Jc0004342030　更换 330kV 水平双分裂导线间隔棒。（100 分）

考核知识点：更换导线间隔棒

难易度：中

技能等级评价专业技能考核操作工作任务书

一、任务名称

更换330kV 水平双分裂导线间隔棒。

二、适用工种

架空线路工高级工。

三、具体任务

在规定时间内处理损坏间隔棒。

四、工作规范及要求

（1）杆塔上单独操作，使用飞车。

（2）杆塔下一人配合，一人监护。

（3）要求着装正确（穿工作服、工作胶鞋、戴安全帽）。

（4）直线杆塔上下飞车。

五、考核及时间要求

考核时间共 60 分钟，每超过 2 分钟扣 1 分，到 65 分钟终止考核。

技能等级评价专业技能考核操作评分标准

工种	架空线路工			评价等级	高级工
项目模块	专业知识—导线、地线架设		编号	Jc0004342030	
单位		准考证号		姓名	
考试时限	60 分钟	题型	单项操作	题分	100 分
成绩		考评员		考评组长		日期	
试题正文	更换 330kV 水平双分裂导线间隔棒				
需要说明的问题和要求	（1）杆塔上单独操作，使用飞车。 （2）杆塔下一人配合，一人监护				

序号	项目名称	质量要求	满分	扣分标准	扣分原因	得分
1	飞车检查					
1.1	结构牢固、无变形、无裂纹	检查部位正确、合格适用	4	不正确扣 1～4 分		
1.2	转动机构灵活，轮子挂胶完好	检查部位正确，合格适用	3	不正确扣 1～3 分		
1.3	刹车可靠，计算器可靠	检查部位正确，合格适用	3	不正确扣 1～3 分		
2	挂飞车					
2.1	选择工作杆塔	选择直线杆塔上飞车	2	不正确扣 1～2 分		
2.2	登杆塔动作熟练	动作正确	3	不正确扣 1～3 分		
2.3	使用安全带	正确使用安全带，检查扣环是否扣牢	3	不正确扣 1～3 分		
2.4	吊飞车上杆塔	可挂滑车，由杆下人员拉上，也可以不用滑车，由杆上人员站在横担上，直接将飞车吊上	5	不正确扣 2～5 分		
2.5	打开前后活门，将飞车吊起超过导线高度，从两根导线中间插入	操作正确	5	不正确扣 1～5 分		
2.6	沿绝缘子串下至导线，检查飞车确实挂好	操作正确	5	不正确扣 1～5 分		
3	更换间隔棒					
3.1	慢慢坐上飞车	稳住飞车（必要时用吊绳固定）	5	不正确扣 1～5 分		
3.2	关闭前后活门，系好安全带	安全带系在正确位置上（绕住导线，并且不妨碍飞车运行）	5	不正确扣 1～5 分		
3.3	将传递强带上飞车	操作正确	4	不正确扣 1～4 分		
3.4	慢慢蹬动飞车	用稳定速度行驶	5	不正确扣 1～5 分		
3.5	行至脱落的间隔棒边，拆除旧间隔棒，吊下旧间隔棒，吊上新间隔棒并安装好	操作正确	5	不正确扣 1～5 分		
3.6	装螺栓	螺栓由线束外侧向内穿入并切实拧紧	5	不正确扣 1～5 分		
3.7	过间隔棒	先拆除，飞车过后再安装	5	不正确扣 1～5 分		
3.8	下飞车	行至悬垂绝缘子边，稳住飞车，抱住绝缘子，人坐至导线上，打开飞车活门	5	不正确扣 1～5 分		

续表

序号	项目名称	质量要求	满分	扣分标准	扣分原因	得分
3.9	将飞车从导线上取出	吊绳绑好飞车，人站在导线上，安全带系在绝缘子串上将飞车取出	5	不正确扣1～5分		
3.10	飞车吊下杆塔	操作正确	4	不正确扣1～5分		
3.11	人沿绝缘子串上横担，下杆塔	动作正确	4	不正确不给分		
4	其他要求					
4.1	动作要求	动作熟练流畅	5	不熟练扣1～5分		
4.2	着装正确	穿工作服、工作胶鞋，戴安全帽	5	漏一项扣2分，扣完为止		
4.3	时间要求	按时完成	5	超过时间不给分，每超过2分钟扣1分		
合计			100			

Jc0004342031　单耐张串绝缘子紧线画印及挂线。(100分)

考核知识点：平衡挂线

难易度：中

技能等级评价专业技能考核操作工作任务书

一、任务名称

单耐张串绝缘子紧线画印及挂线。

二、适用工种

架空线路工高级工。

三、具体任务

在规定时间内完成单耐张串绝缘子紧线画印及挂线。

四、工作规范及要求

1. 操作要求

（1）杆塔上单人操作。

（2）指挥一人，监护一人，杆塔下配合两人。

（3）机动绞磨一台（含人员）。

（4）弧垂观测人员1人。

（5）导线一端已经挂上，桩锚已设好，临时拉线已装好。

（6）可同时鉴定弧垂观测人员及杆塔下配合人员、指挥人员，操作一相导线。

2. 安全要求

（1）防止高处坠落。

（2）防止物体打击。

（3）防止感应电。

（4）严格遵守现场“十不干”。

五、考核及时间要求

考核时间共50分钟，每超过2分钟扣1分，到55分钟终止考核。

技能等级评价专业技能考核操作评分标准

工种	架空线路工				评价等级	高级工
项目模块	专业知识—导线、地线架设			编号	Jc0004342031	
单位		准考证号			姓名	
考试时限	50 分钟	题型	单项操作		题分	100 分
成绩		考评员		考评组长	日期	
试题正文	单耐张串绝缘子紧线画印及挂线					
需要说明的问题和要求	（1）杆塔上单人操作。 （2）指挥 1 人，监护 1 人，杆塔下配合 2 人。 （3）机动绞磨一台（含人员）。 （4）弧垂观测人员 1 人。 （5）导线一端已经挂上，桩锚已设好，临时拉线已装好。 （6）可同时鉴定弧垂观测人员及杆塔下配合人员、指挥人员，操作一相导线					

序号	项目名称	质量要求	满分	扣分标准	扣分原因	得分
1	登杆					
1.1	整理吊绳、登杆	动作正确、带吊绳	4	不正确扣 1～4 分		
1.2	正确使用安全带	安全带所系位置正确，并检查扣环是否扣牢	4	不正确扣 1～4 分		
2	安装紧线工具					
2.1	站在或坐在横担杆挂线点附近，将钢丝绳套吊上电杆	操作正确	4	不正确扣 1～4 分		
2.2	钢丝绳套所挂位置正确	要求牵引钢丝绳在不妨碍挂线情况下，离挂线点越近越好	5	不正确扣 1～5 分		
2.3	将牵引钢丝绳及紧线滑轮车吊上杆塔	操作正确	5	不正确扣 1～5 分		
2.4	紧线滑车挂在钢丝绳绳套上	要求滑车口离挂线点高差越小越好	5	不正确扣 1～5 分		
2.5	检查滑车开盖	切实关好并上保险	4	不正确不给分		
2.6	检查并整理牵引钢丝绳	不得缠绕	4	不正确扣 1～4 分		
3	画印					
3.1	导线紧到弧垂合格时，听从指挥画印	一般用胶带或胶布在牵引钢丝绳上做印记	4	不正确扣 1～4 分		
3.2	看准位置画印	要求从挂线孔中心的铅垂线与横担中心线平行的铅垂面与牵引钢丝绳交点处为印记处	5	不正确扣 1～5 分		
3.3	印画好后，通知指挥人员将导线落地	通知语言或手势信号正确	4	不正确扣 1～4 分		
4	地面人员耐张线夹挂线					
4.1	紧线快到位时，一手拉住直角挂板，另一手拿着直角挂板的螺栓，通知再牵引一点	用正确的语言或手势信号指挥牵引	5	不正确扣 1～5 分		
4.2	紧线到位后将直角挂板螺栓孔对齐挂线孔，将螺栓穿上	螺栓穿入方向由上向下，拧紧螺母，插上开口销	5	不正确扣 1～5 分		

续表

序号	项目名称	质量要求	满分	扣分标准	扣分原因	得分
4.3	转动绝缘子串，检查弹簧销及线夹位置正确，通知松牵引	使弹簧销一律由上往下穿，线夹位置正确	5	不正确扣1～5分		
5	清理工作现场					
5.1	从导线上取下三角卡线器	用双股吊绳一端挂在碗头处，另一端绑于横担上，人坐在吊绳上，将三角卡线器取下	5	不正确扣1～5分		
5.2	人回到横担上，解下吊绳	动作正确	4	不正确扣1～4分		
5.3	将杆塔上工用具用吊绳吊下	动作正确	4	不正确扣1～4分		
5.4	杆下放松临时拉线，杆上拆除临时拉线吊下	操作正确	4	不正确扣1～4分		
6	其他要求					
6.1	着装正确	应穿工作服，工作胶鞋，戴安全帽	5	每漏一项扣2分，扣完为止		
6.2	动作要求	动作熟练流畅	5	不熟练扣1～5分		
6.3	时间要求	按时完成	5	超过时间不给分，每超过2分钟扣1分		
6.4	安全要求	杆上不能掉东西	5	每掉一件小材料扣1分； 掉一件工具扣3分； 以上扣分，扣完为止		
合计			100			

Jc0004342032　750kV 架空线路更换双串耐张单片瓷绝缘子。（100 分）

考核知识点：更换瓷绝缘子

难易度：中

技能等级评价专业技能考核操作工作任务书

一、任务名称

750kV 架空线路更换双串耐张单片瓷绝缘子。

二、适用工种

架空线路工高级工。

三、具体任务

在规定时间内完成750kV 架空线路更换双串耐张单片瓷绝缘子。

四、工作规范及要求

1. 操作要求

（1）塔上单独操作，塔下一人监护，两人辅助工作。

（2）更换的绝缘子从横担侧算起第十五片。

（3）要求着装正确（穿工作服、工作胶鞋，戴安全帽）。

2. 安全要求

（1）防止高处坠落。

（2）防止物体打击。

（3）防止感应电。

（4）严格遵守现场“十不干”。

五、考核及时间要求

考核时间共60分钟，每超过2分钟扣1分，到70分钟终止考核。

技能等级评价专业技能考核操作评分标准

工种	架空线路工				评价等级	高级工
项目模块	专业知识—导线、地线架设			编号	Jc0004342032	
单位		准考证号			姓名	
考试时限	60 分钟	题型	单项操作		题分	100 分
成绩		考评员		考评组长	日期	
试题正文	750kV 架空线路更换双串耐张单片瓷绝缘子					
需要说明的问题和要求	（1）绝缘子串的更换操作为单人依次进行，在 60 分钟内完成。 （2）绝缘子更换的给定条件：线路已做好停电、验电、装设接地线等技术措施。 （3）绝缘子更换操作时，塔上独立操作，地面 2 名辅工配合。 （4）本细则依据 GB 50233—2014《110kV～750kV 架空输电线路施工及验收规范》					

序号	项目名称	质量要求	满分	扣分标准	扣分原因	得分
1	工具材料准备、检查					
1.1	个人工具检查	齐全、符合质量要求	2	少一项扣 2 分，扣完为止		
1.2	专用工具检查	外观检查符合要求，调整好卡具、安全带、延长绳等	2	少一项扣 2 分，扣完为止		
1.3	材料检查	对瓷绝缘子进行外观检查，并用绝缘电阻表测量瓷绝缘子绝缘电阻符合要求	2	漏检查扣 1 分，扣完为止		
1.4	登塔前检查	检查基础、塔身、名称及编号	2	漏查一项扣 1 分，扣完为止		
1.5	工器具冲击试验	在正式登塔前，对安全带、延长绳进行冲击试验无异常	2	未做冲击试验扣 1 分； 漏一项扣 1 分，扣完为止		
2	登塔及横担上的操作					
2.1	登塔					
2.1.1	正确沿脚钉上塔		2	不正确扣 2 分		
2.1.2	横担上的操作	（1）登塔人员携带传递绳登杆塔至横担合适位置。 （2）系好安全带及延长绳。 （3）在横担上操作不能失去安全带的保护	5	不正确系安全带扣 2 分； 没有带传递绳扣 1 分； 不正确装设延长绳扣 1 分； 有危险动作扣 1 分		
3	绝缘子串上操作					
3.1	沿绝缘子串进入作业点	（1）安全带、延长绳正确使用。 （2）不得出现危险动作	10	一项不正确扣 5 分，扣完为止		
3.2	挂好绳索	绳索挂在不需工作的一串绝缘子上	3	不正确扣 3 分		
3.3	安装卡具	（1）利用循环绳把卡具提升至需更换的绝缘子附近。 （2）安装方法正确。 （3）安装位置正确	15	一项不正确扣 5 分，扣完为止		
3.4	收紧丝杠	丝杠应同时收紧，防止受力不均，损坏丝杠	5	方法不正确扣 5 分		

续表

序号	项目名称	质量要求	满分	扣分标准	扣分原因	得分
3.5	更换绝缘子	（1）收紧紧线器，使绝缘子串呈松弛状态。 （2）进行冲击试验无异常。 （3）取掉绝缘子串两侧碗头R销。 （4）采用上下交替法更换绝缘子。 （5）更换完毕后，检查绝缘子连接及受力情况	10	错漏1项扣2分，扣完为止		
3.6	检查并清理工作点	（1）R销位置正确。 （2）球头到位。 （3）绝缘子清扫。 （4）不得有遗留物	5	R销未穿到位扣2分； 球头不到位扣1分； 有遗留物扣1分； 其他项不符合要求，每项扣1分		
3.7	沿绝缘子串返回横担	（1）取下传递绳，随身携带返回横担。 （2）安全带、延长绳正确使用。 （3）不得出现危险动作	10	一项不正确扣4分，扣完为止		
4	下塔					
4.1	下塔方法	（1）正确下塔。 （2）下塔时应手抓主材，踏稳脚钉。 （3）动作流畅，无危险动作	5	一项不正确扣2分，扣完为止		
5	其他要求					
5.1	塔上操作	（1）不得有高处坠物。 （2）动作流畅，无危险动作。 （3）吊绳使用正确，不得有缠绕死结	5	有高处坠物不得分； 其他项不符合要求每项扣2分，扣完为止		
5.2	着装	工作服、工作胶鞋、安全帽、劳保手套穿戴正确	5	漏一项扣2分，扣完为止		
5.3	清理现场	符合安全文明施工要求	5	不正确扣2～5分		
5.4	完成时间	在规定时间内按要求完成	5	每超过2分钟扣1分，到70分钟终止考核		
合计			100			

Jc0004342033　更换750kV直线V形整串复合绝缘子。（100分）

考核知识点：更换复合绝缘子

难易度：中

技能等级评价专业技能考核操作工作任务书

一、任务名称

更换750kV直线V形整串复合绝缘子。

二、适用工种

架空线路工高级工。

三、具体任务

在规定时间内更换750kV直线V形整串绝缘子。

四、工作规范及要求

1. 操作要求

（1）塔上2人操作，塔下3人配合，1人监护。

（2）采用绞磨更换。

（3）要求着装正确（穿工作服、工作胶鞋，戴安全帽）。

2. 安全要求

（1）防止高处坠落。

（2）防止物体打击。
（3）防止感应电。
（4）严格遵守现场“十不干”。

五、考核及时间要求

考核时间共60分钟。每超过1分钟扣2分，到70分钟终止考核。

技能等级评价专业技能考核操作评分标准

工种	架空线路工				评价等级	高级工
项目模块	专业知识—导线、地线架设			编号	Jc0004342033	
单位			准考证号		姓名	
考试时限	60分钟	题型	多项操作		题分	100分
成绩		考评员		考评组长		日期	
试题正文	更换750kV直线V形整串复合绝缘子					
需要说明的问题和要求	（1）塔上2人操作，塔下3人配合，1人监护。 （2）塔下3人操作绞磨。 （3）更换过程中注意操作要点及安全					

序号	项目名称	质量要求	满分	扣分标准	扣分原因	得分
1	塔上1、2号作业人员相继登塔，停在横担上绝缘子挂点处，系好安全带，挂好循环绳	（1）将循环绳牢固绑扎在绝缘子上方的主材上。 （2）高处作业必须使用安全带和戴好安全帽。 （3）安全带的使用符合要求，上塔时要顺线路上	10	循环绳挂点位置不合适扣5分； 安全带和安全帽佩戴不正确、不合格扣5分		
2	作业电工及1、2号作业人员装设吊篮引绳及组二滑车绳	装设牢固可靠，位置正确	10	吊篮导绳安装位置不正确扣5分； 吊篮导绳长度不合适扣5分； 组二滑车绳安装位置错误扣5分		
3	作业电工用吊篮进入导线	作业电工穿全套合格的屏蔽服，并戴面罩，电位转移必须使用电位转移棒	10	未穿全套合格的屏蔽服扣5分； 未使用电位转移棒扣5分		
4	地面作业人员将绝缘拉板和卡具组装好，保护拉板或拉棒依次传至杆塔上	（1）工具要在帆布上摆放、组装，防止受潮破损。 （2）上、下工具时要防止相互碰撞	10	工具直接放置地面扣5分； 工具上下杆塔时碰撞1次扣3分； 未检查后备保护情况扣5分		
5	杆上1、2号作业人员配合安装好导线保护拉板或拉棒，安装卡具	导线保护拉板或拉棒应按实际受力情况选用长短合适，并观察导线钩是否封好。卡具安装牢固	15	导线保护拉板或拉棒长度不合适扣5分； 导线钩未封好扣5分； 卡具安装不牢固或不合适扣5分		
6	收紧丝杠、作业电工取出横担端销子	同时收紧两端丝杠，绑扎绝缘子位置正确	10	未同时收紧丝杠扣5分； 绝缘子绑扎不正确扣5分		
7	杆上1号作业人员用循环绳挂住上端第二片绝缘子位置，拔出第一片绝缘子销子，绑扎好绝缘子串，将绝缘子串脱离金具	在绑扎绝缘子时，一定绑扎牢靠，以免下落时脱落，伤及地面人员	15	绝缘子绑扎位置不合适扣5分； 绑扎不牢固扣10分		
8	地面作业人员绑扎循环绳，塔上1号作业人员将绝缘子串脱离球头挂环，拆除老绝缘子，同时起吊新绝缘子串，将新绝缘子安装在原处，装好销子	绝缘子安装前应将表面清擦干净，并应进行外观检查。 绝缘子串安装完毕后，各部分金具应连接可靠、牢固，球头不得自碗头中脱出	15	绝缘子未清扫表面扣5分； 未检查金具连接情况扣5～10分		
9	拆卸工具，人员下塔，工作结束	拆卸工具与安装工具程序相反。检查塔身是否有遗留物	5	拆除工具动作不熟练扣3分； 未检查塔身是否有遗留物扣3分		
合计			100			

Jc0004342034　螺栓式耐张线夹制作及配合单串耐张绝缘子串挂线的操作。(100 分)

考核知识点：螺栓式耐张线夹制作及平衡挂线

难易度：中

技能等级评价专业技能考核操作工作任务书

一、任务名称

螺栓式耐张线夹制作及配合单串耐张绝缘子串挂线的操作。

二、适用工种

架空线路工高级工。

三、具体任务

在规定时间内完成螺栓式耐张线夹制作及配合单串耐张绝缘子串挂线。

四、工作规范及要求

1. 操作要求

(1) 杆塔上单人操作，指挥 1 人，监护 1 人。

(2) 杆塔下单人操作，派 2 人配合。

(3) 机动绞磨 1 台（含人员），弧垂观测人员 1 人。

(4) 导线一端已经挂上，桩锚已设好，临时拉线已装好。

(5) 可同时鉴定弧垂观测人员、机动绞磨操作人员、杆上操作人员。

(6) 操作一相导线。

(7) 螺栓式线夹可以重复使用。

2. 安全要求

(1) 防止高处坠落。

(2) 防止物体打击。

(3) 防止感应电。

(4) 严格遵守现场“十不干”。

五、考核及时间要求

考核时间共 60 分钟，每超过 2 分钟扣 1 分，到 65 分钟终止考核。

技能等级评价专业技能考核操作评分标准

工种	架空线路工					评价等级	高级工
项目模块	专业知识—导线、地线架设				编号	Jc0004342034	
单位			准考证号			姓名	
考试时限	60 分钟	题型		多项操作		题分	100 分
成绩		考评员		考评组长		日期	
试题正文	螺栓式耐张线夹制作及配合单串耐张绝缘子串挂线的操作						
需要说明的问题和要求	(1) 杆塔上单人操作，指挥 1 人，监护 1 人。 (2) 机动绞磨一台（含人员），弧垂观测人员 1 人，杆塔下单人操作，派 2 人配合。 (3) 导线一端已经挂上，桩锚已设好，临时拉线已装好。 (4) 可同时鉴定弧垂观测人员、机动绞磨操作人员、杆上操作人员。 (5) 操作一相导线						

序号	项目名称	质量要求	满分	扣分标准	扣分原因	得分
1	工作准备					
1.1	所选工作面正确	处于画印点正投影处	2	不正确扣 1～2 分		

续表

序号	项目名称	质量要求	满分	扣分标准	扣分原因	得分
1.2	所有工器具及材料认真检查	摆放整齐有序	2	不正确扣 1～2 分		
1.3	组装耐张绝缘子串	绝缘子串排列方向正确，直角挂板处朝挂线点	2	不正确扣 1～2 分		
1.4	装绝缘子弹簧销	绝缘子弹簧销插入方向一致	2	不正确扣 1～2 分		
1.5	制作一根与耐张串的实际长度等长的比尺	从直角挂板孔中心量至耐张线夹导线拐弯处，尺寸准确	2	不正确扣 1～2 分		
2	定出耐张线夹的位置					
2.1	拖动紧线滑轮上的牵引钢丝绳至工作面，在绳套头上装上三角卡线器（鬼爪紧线器）	操作正确	4	不正确扣 1～4 分		
2.2	将卡线器卡在导线的适当位置	线紧到弧垂合格后，卡线器离紧线滑车距离在不妨碍画印情况下越近越好，不能返工	5	不正确扣 1～2 分； 返工一次扣 5 分		
2.3	紧线、观测弧垂、画印		0			
2.4	画印后放下导线，不能动卡线器；拉紧导线和钢丝绳，每人用双手同时捏紧导线和牵引钢丝绳比平画印	将钢丝绳上印记比画在导线上，并清除钢丝绳上的印记，以利于下次紧线	5	不正确扣 1～5 分		
2.5	比尺一头对准印记，一头朝卡线器方向，比出耐张线夹安装位置并画印	尺寸准确	5	不正确扣 1～5 分		
2.6	量出耐张线夹需要缠绕铝包带的位置并画印	位置正确	4	不正确扣 1～4 分		
2.7	留出引流线（耐张跳线）的长度，剪断导线	留出引流线的长度符合设计要求	4	不正确扣 1～4 分		
3	制作耐张线夹					
3.1	缠绕铝包带	应紧密缠绕，其缠绕方向应与外层铝股绞制作方向一致，从中间画印处开始向两边缠绕	4	不正确扣 1～4 分		
3.2	将导线上的印记转移到铝包带上，铝包带端，应压回线夹内	所缠铝包带可露出夹口，但不应超过 10mm，端头应压回线夹内	5	不正确扣 1～5 分		
3.3	耐张线夹导线拐弯处，对准导线上的印记，安装耐张线夹	耐张线夹安装方向正确，倒装式线夹、U 形螺栓在引流线上	5	不正确扣 1～5 分		
3.4	注意留下作引流线（耐张跳线）的导线的自然弧度	要与引流线（耐张跳线）弧度方向一致	4	不正确扣 1～4 分		
3.5	装张线夹	耐张线夹压块要装正，U 形螺栓两处丝一样长。螺栓按规定拧紧，所有垫圈、销钉不能丢失，螺栓销钉穿向正确	5	不正确扣 1～5 分		
4	装防振锤					
4.1	按图纸要求量出防振锤安装位置	防振锤安装距离偏差不大于±30mm	4	不正确扣 1～4 分		
4.2	按规定要求缠绕铝包带	所缠铝包带可露出夹口，但不应超过 10mm，端头应压回夹口内	4	不正确扣 1～4 分		

续表

序号	项目名称	质量要求	满分	扣分标准	扣分原因	得分
4.3	安装防振锤	防振锤下垂方向与引流线（耐张跳线）下垂方向一致，螺栓拧紧、穿向正确	5	不正确扣1～5分		
5	挂线					
5.1	拆下三角卡线器后，将其卡于防振锤附近，以不碰防振锤即可	操作正确	4	不正确扣1～4分		
5.2	用铁丝将绝缘子串绑于牵引钢丝绳上，多绑几道或用专用托架将绝缘子串托住绑于牵引钢丝绳上	操作正确	5	不正确扣1～5分		
5.3	紧线、挂线	符合规定要求	0			
6	其他要求					
6.1	动作要求	动作熟练流畅	6	不熟练扣1～6分		
6.2	着装正确	应穿工作服、工作胶鞋，戴安全帽	6	漏一项扣2分，扣完为止		
6.3	时间要求	按时完成	6	超过时间不给分，每超过2分钟扣1分		
合计			100			

Jc0005341035 挂设一组10kV线路接地线（单人操作）。（100分）

考核知识点：线路接地线挂设

难易度：易

技能等级评价专业技能考核操作工作任务书

一、任务名称

线路接地线挂设。

二、适用工种

架空线路工高级工。

三、具体任务

在规定时间内完成10kV线路接地线挂设。

四、工作规范及要求

（1）相关工器具的准备。

（2）工器具、仪器仪表的正确使用及安全措施。

五、考核及时间要求

（1）本考核操作时间为15分钟，时间到停止考评。

（2）考评过程中如果由于测试人员操作不规范，有可能引发不安全因素的，停止考评，该项考核项目不得分，但不影响其他项目。

技能等级评价专业技能考核操作评分标准

工种	架空线路工			评价等级	高级工
项目模块	线路技术管理—线路施工管理		编号	Jc0005341035	
单位		准考证号		姓名	

续表

考试时限	15 分钟		题型	单项操作		题分	100 分
成绩		考评员		考评组长		日期	
试题正文	挂设一组 10kV 线路接地线（单人操作）						
需要说明的问题和要求	（1）要求工器具检查完备，考评员监护。 （2）流程合理。 （3）正确挂设一组 10kV 线路接地线						

序号	项目名称	质量要求	满分	扣分标准	扣分原因	得分
1	工作前准备工作					
1.1	选择安全用具及工器具	选择安全用具、登杆工具等，并检查完好	5	选择不正确扣 1～5 分		
1.2	着装、穿戴	工作服、工作鞋、安全帽等穿戴正确无误	5	不正确扣 1～5 分		
1.3	选择接地线	试验标签在试验范围内、接地线完好，可以使用	5	不正确扣 1～5 分		
2	作业过程					
2.1	登杆前检查	登杆前检查杆根和拉线	5	未做检查一项扣 2 分，扣完为止		
2.2	登杆工具检查	对登杆工具进行冲击试验	5	不做试验扣 5 分		
2.3	验电器使用前确定	在明确有电时证明其完好	5	未验电扣 5 分		
2.4	登杆	动作规范、熟练	5	不熟练扣 2～5 分		
2.5	工作位置确定	站位合适，安全带系绑正确	5	过高、过矮均扣 3～5 分		
2.6	验电	验电方法及顺序正确	10	顺序错误扣 10 分； 出错一次扣 2 分，扣完为止		
2.7	接电线装设	先接接地端后接导线端，操作中人身不碰触接地线	15	碰触一次扣 5 分，扣完为止		
2.8	操作顺序	操作熟练、逐相挂设	5	不熟练扣 2～5 分		
3	工作终结验收					
3.1	接电线装设	接地线与导线连接可靠	10	连接不可考扣 5～10 分		
		没有缠绕现象	5	缠绕扣 5 分		
		接地棒在地下深度不小于 600mm	5	深度小于 600mm 扣 5 分		
3.2	安全文明生产	操作过程中无跌落物，工作完毕清理现场、交还工器具	10	落物一次扣 2 分； 工器具整理不整齐扣 3 分； 现场清理不彻底扣 2 分； 未交还工器具扣 3 分		
合计			100			

Jc0005341036 基坑回填标准工艺要求。（100 分）

考核知识点： 基坑回填标准工艺

难易度： 易

技能等级评价专业技能考核操作工作任务书

一、任务名称

基坑回填标准工艺要求。

二、适用工种

架空线路工高级工。

三、具体任务

简述《国家电网有限公司输变电工程标准工艺（架空线路工程分册）》中对基坑回填施工的工艺标准要求及关键工序控制。

四、工作规范及要求

按照《国家电网有限公司输变电工程标准工艺（架空线路工程分册）》中对基坑回填施工的工艺标准要求描述。

五、考核及时间要求

（1）本考核时间为30分钟，时间到停止考评。

（2）字迹清晰。

（3）考试过程中不得翻阅相关书籍和使用电子设备。

技能等级评价专业技能考核操作评分标准

工种	架空线路工					评价等级	高级工
项目模块	线路技术管理—线路施工管理				编号	Jc0005341036	
单位			准考证号			姓名	
考试时限	30分钟		题型	单项操作		题分	100分
成绩		考评员		考评组长		日期	
试题正文	基坑回填施工标准工艺要求						
需要说明的问题和要求	（1）要求考试人员独立完成答题。 （2）考试过程中不得翻阅相关书籍和使用电子设备。 （3）书写干净，字迹清晰						

序号	项目名称	质量要求	满分	扣分标准	扣分原因	得分
1	基坑回填施工的工艺标准	基础坑口的地面上应筑有防沉层，防沉层应高于原始地面，低于基础表面，其上部边宽不得小于坑口边宽，平整规范。移交时回填土不应低于地面且不得高于基础顶面	30	未答出或回答错误，每条扣10分，扣完为止		
2	基坑回填施工的关键工序控制	（1）回填的土料，必须符合设计或施工规范的规定，回填时应清除坑内杂物，并不得在边坡范围内取土，回填土要对称均匀回填并应保持内角高于外角，确保回填过程中基础立柱稳固不位移。 （2）基坑回填优先采用机械回填施工。基坑的回填应连续进行，尽快完成。 （3）泥水坑应先排除坑内积水然后回填夯实。对岩石基坑应以碎石掺土回填夯实，碎石与土的比例为3:1，回填过程中石块不得相互叠加，并应将石块间缝隙用碎石或砂土充实。 （4）雨季施工时应有防雨措施，要防止地面水流入基坑内，以免边坡塌方或基土遭到破坏。 （5）冻土回填时应先将坑内冰雪清除干净，把冻土块中的冰雪清除并捣碎后进行回填夯实。冻土坑回填在经历一个雨季后应进行二次回填。 （6）湿陷性黄土回填，根据湿陷性黄土具有大孔和垂直节理，应先将坑内大土块捣碎，在回填土中添加石灰拌均匀后分层铺摊，蛙式打夯机每层铺土厚度为300mm，人工打夯不大于200mm。每层铺摊耙平后方可夯实	70	未答出或回答错误，每条扣8分，扣完为止		
合计			100			

Jc0005341037 接地引下线施工标准工艺要求。(100 分)
考核知识点：接地引下线施工标准工艺
难易度：易

技能等级评价专业技能考核操作工作任务书

一、任务名称

接地引下线施工标准工艺要求。

二、适用工种

架空线路工高级工。

三、具体任务

简述《国家电网有限公司输变电工程标准工艺（架空线路工程分册）》中对接地引下线施工的工艺标准要求及施工要点。

四、工作规范及要求

按照《国家电网有限公司输变电工程标准工艺（架空线路工程）》中对接地引下线施工的工艺标准要求描述。

五、考核及时间要求

（1）本考核时间为 30 分钟，时间到停止考评。

（2）字迹清晰。

（3）考试过程中不得翻阅相关书籍和使用电子设备。

技能等级评价专业技能考核操作评分标准

工种	架空线路工					评价等级	高级工
项目模块	线路技术管理—线路施工管理				编号	Jc0005341037	
单位			准考证号			姓名	
考试时限	30 分钟		题型	单项操作		题分	100 分
成绩		考评员		考评组长		日期	
试题正文	接地引下线制作标准工艺要求						
需要说明的问题和要求	（1）要求考试人员独立完成答题。 （2）考试过程中不得翻阅相关书籍和使用电子设备。 （3）书写干净，字迹清晰						

序号	项目名称	质量要求	满分	扣分标准	扣分原因	得分
1	接地引下线施工的工艺标准	（1）架空线路杆塔的每一腿都应与接地体线连接。 （2）接地引下线材料、规格及连接方式要符合规定，要进行热镀锌处理。 （3）接地引下线联板与杆塔的连接应接触良好，接地引下线应紧贴塔材和保护帽及基础表面，引下顺畅、美观，便于运行测量检修。 （4）接地引下线引出方位与杆塔接地孔位置相对应。接地引下线应平直、美观。 （5）接地螺栓安装应设防松螺母或防松垫片，宜采用可拆卸的防盗螺栓	40	未答出或回答错误，每条扣 6 分，扣完为止		

续表

序号	项目名称	质量要求	满分	扣分标准	扣分原因	得分
2	接地引下线施工的关键工序控制	（1）煨弯。引下线煨弯宜采用专用煨弯工具，应避免在煨弯过程中引下线与基础及保护帽磕碰造成边角破损影响美观。 （2）安装引下线。 1）接地引下线与铁塔的连接螺栓应符合设计要求。 2）接地引下线要紧贴塔材和基础及保护帽表面引下，应顺畅、美观。接地板与塔材应接触紧密	60	未答出或回答错误，每条扣 12 分，扣完为止		
合计			100			

Jc0005341038　导线耐张绝缘子串安装标准工艺要求。（100 分）

考核知识点：导线耐张绝缘子串安装标准工艺

难易度：易

技能等级评价专业技能考核操作工作任务书

一、任务名称

导线耐张绝缘子串安装标准工艺要求。

二、适用工种

架空线路工高级工。

三、具体任务

简述《国家电网有限公司输变电工程标准工艺（架空线路工程分册）》中对导线耐张绝缘子串安装的工艺标准要求及关键工序控制。

四、工作规范及要求

按照《国家电网有限公司输变电工程标准工艺（架空线路工程分册）》中对导线耐张绝缘子串安装的工艺标准要求描述。

五、考核及时间要求

（1）本考核时间为 30 分钟，时间到停止考评。

（2）字迹清晰。

（3）考试过程中不得翻阅相关书籍和使用电子设备。

技能等级评价专业技能考核操作评分标准

工种	架空线路工					评价等级	高级工
项目模块	线路技术管理—线路施工管理				编号	Jc0005341038	
单位		准考证号				姓名	
考试时限	30 分钟	题型	单项操作			题分	100 分
成绩		考评员		考评组长		日期	
试题正文	导线耐张绝缘子串安装标准工艺要求						
需要说明的问题和要求	（1）要求考试人员独立完成答题。 （2）考试过程中不得翻阅相关书籍和使用电子设备。 （3）书写干净，字迹清晰						

续表

序号	项目名称	质量要求	满分	扣分标准	扣分原因	得分
1	导线耐张绝缘子串安装的工艺标准	（1）绝缘子表面完好干净。在安装好弹簧销子的情况下，球头不得自碗头中脱出。绝缘子串与端部附件不应有明显的歪斜。 （2）绝缘子串上的各种螺栓、穿钉及弹簧销子，除有固定的穿向外，其余穿向应统一。 （3）金具上所用开口销和闭口销的直径必须与孔径相配合，且弹力适度。开口销和闭口销不应有折断和裂纹等现象，当采用开口销时应对称开口，开口角度不宜小于60°，不得用线材和其他材料代替开口销和闭口销。 （4）球头和碗头连接的绝缘子应有可靠的锁紧装置。 （5）绝缘子串与金具连接符合图纸要求，金具表面应无锈蚀、裂纹、气孔、砂眼、飞边等现象。 （6）耐张绝缘子串倒挂时，耐张线夹应采用填充电力脂等防冻胀措施，并在线夹尾部打渗水孔	40	未答出或回答错误，每条扣10分，扣完为止		
2	导线耐张绝缘子串安装的施工关键工序控制	（1）金具外观检查、绝缘子零值检测。 1）金具、绝缘子安装前应检查，并进行试组装，严禁使用不合格品。 2）对绝缘子串应逐个进行检查，绝缘子表面要擦洗干净，避免损伤。按设计要求加装异色绝缘子。 3）盘形悬式瓷绝缘子安装前现场应逐个进行零值检测。 （2）绝缘子串地面组装与吊装。 1）金具串连接要注意检查碗口球头与弹簧销子是否匹配。应采取防止工器具碰撞复合绝缘子伞套的措施，不得踩踏复合绝缘子。 2）锁紧销的装配应使用专用工具，以免损坏金属附件的镀锌层	60	未答出或回答错误，每条扣10分，扣完为止		
合计			100			

Jc0005342039 角钢铁塔分解组立施工标准工艺要求。（100分）

考核知识点：角钢铁塔分解组立施工标准工艺

难易度：中

技能等级评价专业技能考核操作工作任务书

一、任务名称

角钢铁塔分解组立施工标准工艺要求。

二、适用工种

架空线路工高级工。

三、具体任务

简述《国家电网有限公司输变电工程标准工艺（架空线路工程分册）》中对角钢铁塔分解组立施工的工艺标准要求及关键工序控制。

四、工作规范及要求

按照《国家电网有限公司输变电工程标准工艺（架空线路工程分册）》中对角钢铁塔分解组立施

工的工艺标准要求描述。

五、考核及时间要求

（1）本考核时间为30分钟，时间到停止考评。

（2）字迹清晰。

（3）考试过程中不得翻阅相关书籍和使用电子设备。

技能等级评价专业技能考核操作评分标准

工种	架空线路工				评价等级	高级工
项目模块	线路技术管理—线路施工管理			编号	Jc0005342039	
单位		准考证号			姓名	
考试时限	30分钟	题型	单项操作		题分	100分
成绩	考评员		考评组长		日期	
试题正文	角钢铁塔分解组立施工标准工艺要求					
需要说明的问题和要求	（1）要求考试人员独立完成答题。 （2）考试过程中不得翻阅相关书籍和使用电子设备。 （3）写干净，字迹清晰					

序号	项目名称	质量要求	满分	扣分标准	扣分原因	得分
1	角钢铁塔分解组立的工艺标准	（1）塔材、螺栓、脚钉及垫片等应有出厂合格证。 （2）塔材无弯曲、脱锌、变形、错孔、磨损。 （3）各构件的组装应牢靠，交叉处有空隙时应装设相应厚度的垫圈或垫板。螺栓加垫时，每端不宜超过2个垫圈。螺栓应与构件平面垂直，螺栓头与构件间的接触不应有空隙。螺栓的螺纹不应进入剪切面。 （4）部件安装有困难时应查明原因，不得强行组装。个别螺栓需扩孔时，扩孔部分不应超过3mm,当扩孔需要超过3mm时，应先堵焊再重新打孔，并应进行防锈处理，不得用气割扩孔或烧孔。 （5）螺栓紧固力矩符合规范要求，且上限不宜超过规定值的20%。 （6）自立式转角塔、终端塔应组立在斜平面的基础上，向受力反方向预倾斜，预倾斜符合规定。 （7）铁塔组立后，各相邻主材节点间弯曲度不得超过1/750。 （8）每腿均设置接地孔，接地孔位置应保证接地引下线联板顺利安装。 （9）螺栓穿向应一致美观，并符合规范要求。螺母拧紧后，螺杆露出螺母的长度:对单螺母，不应小于两个螺距;对双螺母，可与螺母相平。螺栓露扣长度不宜超过20mm或10个螺距。 （10）杆塔脚钉安装应齐全，脚蹬侧不得露丝，弯钩朝向应一致向上。 （11）防盗螺栓安装到位，安装高度符合设计要求。防松帽安装齐全。 （12）直线塔结构倾斜率:对一般塔不大于0.3%，对高塔不大于0.15%。耐张塔架线后不向受力侧倾斜	55	未答出或回答错误每条扣5分，扣完为止		

续表

序号	项目名称	质量要求	满分	扣分标准	扣分原因	得分
2	角钢铁塔分解组立的施工关键工序控制	（1）前期准备。 1）基础混凝土强度必须经第三方质量检测，达到设计强度的 70%，方能进行分解组塔。 2）铁塔现场组立前应对塔材镀锌层厚度、焊接质量等进行检查，对紧固件螺栓、螺母及铁附件进行抽样检测，经确认合格后方可使用。 3）测量确认基础、地脚螺栓根开、对角线符合设计要求，基础预高值符合要求。 （2）吊件吊装。 1）铁塔组装前应根据塔型结构图分段选料核对塔材，并对塔材进行外观检查，不符合规范要求的塔材不得组装。 2）塔脚板就位后，上齐匹配的垫板和螺帽，组立完成后拧紧螺帽并做好防卸措施。 3）铁塔组立应有防止塔材变形、磨损的措施，临时接地应连接可靠，接触良好。每段安装完毕铁塔辅材、螺栓应装齐，严禁强行组装。 4）抱杆每次提升前，须将已组立塔段的横隔材装齐，所有节点螺栓必须紧固合格。 5）吊片就位应先低后高，严禁强行组装。 6）塔身分片吊装，吊点应选在两侧主材节点处，距塔片上段距离不大于该片高度的 1/3。对于吊点位置根开较大、辅材较弱的吊片应采取补强措施。 7）在施工过程中需加强对基础和塔材的成品保护。 8）铁塔组装完成后,塔脚板与主材之间不应出现缝隙；塔脚板与基础面应接触良好，出现空隙时，应加铁片垫实，并应浇筑水泥砂浆	45	未答出或回答错误每条扣 5 分，扣完为止		
合计			100			

Jc0005343040 钢筋混凝土板柱基础施工标准工艺要求。(100 分)

考核知识点：基础施工标准工艺

难易度：难

技能等级评价专业技能考核操作工作任务书

一、任务名称

钢筋混凝土板柱基础施工标准工艺要求。

二、适用工种

架空线路工高级工。

三、具体任务

简述《国家电网有限公司输变电工程标准工艺（架空线路工程分册）》中对钢筋混凝土板柱基础施工的工艺标准要求及关键工序控制。

四、工作规范及要求

按照《国家电网有限公司输变电工程标准工艺（架空线路工程分册）》中对钢筋混凝土板柱基础施工的工艺标准要求描述。

五、考核及时间要求

（1）本考核时间为30分钟，时间到停止考评。

（2）字迹清晰。

（3）考试过程中不得翻阅相关书籍和使用电子设备。

技能等级评价专业技能考核操作评分标准

工种	架空线路工					评价等级	高级工
项目模块	线路技术管理—线路施工管理				编号	Jc0005343040	
单位			准考证号			姓名	
考试时限	30分钟		题型	单项操作		题分	100分
成绩		考评员		考评组长		日期	
试题正文	钢筋混凝土板柱基础施工标准工艺要求						
需要说明的问题和要求	（1）要求考试人员独立完成答题。 （2）考试过程中不得翻阅相关书籍和使用电子设备。 （3）书写干净，字迹清晰						

序号	项目名称	质量要求	满分	扣分标准	扣分原因	得分
1	钢筋混凝土板柱基础施工原材料标准	（1）水泥宜采用通用硅酸盐水泥，强度等级大于等于42.5。 （2）细骨料宜采用中砂，选用的天然砂、人工砂或混合砂相关参数应符合JGJ 52—2006《普通混凝土用砂、石质量及检验方法标准（附条文说明）》的规定。不得使用海砂。 （3）粗骨料采用碎石或卵石，相关参数应符合JGJ 52—2006《普通混凝土用砂、石质量及检验方法标准（附条文说明）》的规定。 （4）宜采用饮用水或经检测合格的地表水、地下水、再生水拌和及养护，不得使用海水。 （5）外加剂、掺合料品种及掺量应根据需要，通过试验确定。 （6）冬期施工的混凝土，应优先选用硅酸盐水泥或普通硅酸盐水泥。水泥强度等级不应低于42.5，浇筑C15以上强度等级混凝土时，最小胶凝材料用量应符合JGJ 55—2011《普通混凝土配合比设计规程》的规定，且最小水泥用量不宜低于280kg/m^3，水胶比不应大于0.55	20	未答出或回答错误，每条扣1～3分，扣完为止		
2	钢筋混凝土板柱基础施工的工艺标准	（1）地脚螺栓及钢筋规格、数量符合设计要求，螺栓与螺帽标记匹配，加工质量经第三方抽检符合规范规定且制作工艺良好。安装位置符合设计要求，钢筋笼位置调整所采用的混凝土垫块应有足够的强度和密实性，强度不得低于基础设计强度。采用其他材料制作的垫块时，除应满足使用强度的要求外，其材料中不应含有对混凝土产生不利影响的成分。钢筋表面干净，不得使用表面有颗粒状、片状老锈或有损伤的钢筋。 （2）混凝土密实，表面平整、光滑，棱角分明，一次成型。 （3）当转角、终端塔设计要求采取预偏时，同一基基础的四个立柱顶面应按预偏值抹成斜平面，并应共在一个整斜平面或平行平面内。	20	未答出或回答错误（1）（2）各扣5分，（3）扣10分，扣完为止		

续表

序号	项目名称	质量要求	满分	扣分标准	扣分原因	得分
2	钢筋混凝土板柱基础施工的工艺标准	（4）允许偏差： 1）基础埋深：+100mm，−50mm。 2）立柱及各底座断面尺寸：−1%。 3）钢筋保护层厚度：−5mm。 4）基础根开及对角线：一般塔±2‰，高塔±0.7‰。 5）基础顶面高差：5mm。 6）同组地脚螺栓对立柱中心偏移：10mm。 7）整基基础中心位移：顺线路方向 30mm，横线路方向 30mm。 8）整基基础扭转：一般塔 10′，高塔 5′。 9）地脚螺栓露出混凝土面高度：+10mm，−5mm		未答出或回答错误（1）（2）各扣 5 分，（3）扣 10 分，扣完为止		
3	直柱大板基础施工的施工要点					
3.1	定位分坑	（1）定位分坑前应对塔位中心桩、方向桩进行校核。 （2）基坑开挖前应做好对塔位中心桩、方向桩的保护措施，并注明桩号和线路方向。 （3）对于施工中不便于保留的中心桩，应在基础外围设置辅助桩，保留原始记录，基础回填后，应及时恢复中心桩，宜浇筑 300mm×300mm×100mm 的混凝土块对中心桩进行保护	10	未答出或回答错误，每条扣 5 分，扣完为止		
3.2	基坑开挖	（1）基坑开挖根据土层地质条件按 DL 5009.2—2013《电力建设安全工作规程 第 2 部分：电力线路》的规定确定放坡系数。根据地形、地质条件，优选挖掘机进行机械开挖，距设计深度为 300～400mm 时，宜改用人工开挖。发生超挖时，应按照设计及规范要求处理。 （2）地下水位较高时，应采取有效的降水措施。基础浇筑时应保证无水施工。针对基坑出水量不大，开挖到设计深度后，出现淤泥等情况，应按照设计及规范要求施工。 （3）冬期施工时，已开挖的基坑底面应有防冻措施	10	未答出或回答错误，每条扣 2～4 分，扣完为止		
3.3	钢筋绑扎、地脚螺栓找正	（1）钢筋加工应符合 GB 50204—2015《混凝土结构工程施工质量验收规范》要求，钢筋箍筋、拉筋的末端应按设计要求做弯钩。弯钩的弯折角度、弯折后平直段长度应符合标准规定。 （2）钢筋连接应符合 JGJ 18—2012《钢筋焊接及验收规程》和 JGJ 107—2016《钢筋机械连接技术规程》要求，在同一连接区段内的接头应错开布置，纵向受力钢筋的接头面积百分率应符合设计要求；设计无要求时，受拉接头不应大于 50%，受拉钢筋应力较小部位或纵向受压钢筋，接头面积百分率可不受限制。钢筋绑扎牢固、均匀、满扎，不得跳扎。 （3）钢筋保护层厚度控制符合设计要求。 （4）混凝土浇筑前应将钢筋、地脚螺栓去除浮锈、杂物，表面清理干净，地脚螺栓螺纹部分应予以保护；复核钢筋、地脚螺栓规格、数量、间距，同时应对地脚螺栓螺杆、螺母型号匹配情况进行检查。 （5）混凝土浇筑前应对基础根开、立柱标高等进行复核；转角、终端塔设计要求采取预偏时，浇筑前应对预偏值进行复核	10	未答出或回答错误，每条扣 2～4 分，扣完为止		

续表

序号	项目名称	质量要求	满分	扣分标准	扣分原因	得分
3.4	模板支护	（1）模板支护应进行承载力核算，确保混凝土模板具有足够的承载力、刚度和整体稳固性。操作平台应与模板支护系统分离，确保浇筑过程中模板不位移。 （2）模板表面应平整且接缝严密，模板内不应有杂物、积水或冰雪等。 （3）模板安装前表面应均匀涂脱模剂，脱模剂不得沾污钢筋、不得对环境造成污染；脱模剂的质量应符合 JC/T 949—2021《混凝土制品用脱模剂》的规定	10	未答出或回答错误，每条扣 5 分，扣完为止		
3.5	混凝土浇筑	（1）现场浇筑混凝土应采用机械搅拌，并应采用机械捣固。在有条件的地区，应使用预拌混凝土，预拌混凝土质量应符合 GB/T 14902—2012《预拌混凝土》的规定，并按 GB 50204—2015《混凝土结构工程施工质量验收规范》、GB 50666—2011《混凝土结构工程施工规范》相关规定提供质量证明文件。 （2）搅拌运输车在装料前应将搅拌罐内的积水排尽，装料后严禁向搅拌罐内的混凝土拌和物中加水。预拌混凝土从搅拌机卸入搅拌运输车至卸料时的运输时间不宜大于 90min，当采用翻斗车时，运输时间不应大于 45min。 （3）混凝土下料高度超过 3m 时，应采取防止离析措施。混凝土浇筑过程中严格控制水胶比，每班日或每个基础腿，混凝土坍落度应至少检查 2 次；每班日或每基基础，混凝土配合比材料用量应对照混凝土配合比设计至少检查两次。雨雪天应重新核算用水量，确保水胶比的准确性。 （4）现场浇筑混凝土的振捣应采用机械搅拌、机械捣固的方式，特殊地形无法机械搅拌、捣固时，应有专门的质量保证措施。 （5）冬期施工应采取防冻措施，混凝土拌和物的入模温度不得低于 5℃。高温施工时混凝土浇筑入模温度不应高于 35℃。雨季施工基坑或模板内应采取防止积水措施，混凝土浇筑完毕后应及时采取防雨措施。基础混凝土应根据季节和气候采取相应的养护措施。现场浇筑混凝土的养护规定：在终凝后 12h 内开始浇水养护，天气炎热、干燥有风时，应在 3h 内开始浇水养护。养护时应在基础模板外侧加遮盖物，浇水次数应能够保持混凝土表面始终湿润。外露的混凝土浇水养护时间不宜少于 5 昼夜。日平均气温低于 5℃时，不得浇水养护。 （6）基础混凝土应一次浇筑成型，浇筑完成的基础应及时清除地脚螺栓上的残余水泥砂浆，并对基础及地脚螺栓进行保护	20	未答出或回答错误，每条扣 4～7 分，扣完为止		
合计			100			

Jc0005343041　编写一份中级工技能培训方案。（100 分）

考核知识点：技能培训方案

难易度：难

技能等级评价专业技能考核操作工作任务书

一、任务名称

编写一份中级工技能培训方案。

二、适用工种

架空线路工高级工。

三、具体任务

某单位有张三等15名架空线路中级工需进行技能培训。针对此项工作，考生编写一份中级工技能培训方案。

四、工作规范及要求

结合培训任务，按照以下要求完成技能培训方案的编写：

（1）培训项目为实操项目。

（2）培训相关内容由考生自行组织。

五、考核及时间要求

考核时间共60分钟，每超过2分钟扣1分，到60分钟终止考核。

技能等级评价专业技能考核操作评分标准

工种	架空线路工				评价等级	高级工
项目模块	线路技术管理—线路施工管理			编号	Jc0005343041	
单位		准考证号			姓名	
考试时限	60 分钟	题型	单项操作		题分	100 分
成绩		考评员		考评组长	日期	
试题正文	编写一份中级工技能培训方案					
需要说明的问题和要求	（1）培训内容应为技能实操项目。 （2）内容不作限制，由考生自行组织					

序号	项目名称	质量要求	满分	扣分标准	扣分原因	得分
1	培训目标	应有明确的培训目标	10	缺少一项扣 10 分		
2	培训人	应有明确的授课人	10	缺少一项扣 10 分		
3	培训对象	应明确培训对象	10	缺少一项扣 10 分		
4	培训内容	（1）应有具体的培训项目名称。 （2）应有项目的具体内容	20	缺少一项扣 10 分，扣完为止		
5	培训方式	应有明确的培训方式，培训方式为实操	10	缺少一项扣 10 分		
6	培训时间与地点	应明确培训时间、培训地点	20	缺少一项扣 10 分，扣完为止		
7	培训考核方式	应明确培训的考核方式，考核方式为实操	10	缺少一项扣 10 分		
8	其他相关事宜	其他相关的培训事宜，如奖惩方式、劳动纪律等要求	10	缺少一项扣 10 分		
合计			100			

Jc0005343042　完成指定工作任务的第一种工作票填写。（100 分）

考核知识点：工作票

难易度：难

技能等级评价专业技能考核操作工作任务书

一、任务名称

完成指定工作任务的第一种工作票填写。

二、适用工种

架空线路工高级工。

三、具体任务

完成第一种工作票准备工作，能够正确、规范填写第一种工作票，掌握其他注意事项。

四、工作规范及要求

（1）理解、掌握停电检修（施工）工作任务。

（2）现场勘察内容完整、准确。

（3）规范填写第一种工作票。

（4）教室类考场，考生自带蓝（黑）色圆珠笔或签字笔。

五、考核及时间要求

考核时间共30分钟，到30分钟终止考核。

技能等级评价专业技能考核操作评分标准

<table>
<tr><td>工种</td><td colspan="6">架空线路工</td><td>评价等级</td><td>高级工</td></tr>
<tr><td>项目模块</td><td colspan="5">线路技术管理一施工安全管理</td><td>编号</td><td colspan="2">Jc0005343042</td></tr>
<tr><td>单位</td><td colspan="3"></td><td>准考证号</td><td colspan="2"></td><td>姓名</td><td></td></tr>
<tr><td>考试时限</td><td colspan="2">30 分钟</td><td>题型</td><td colspan="3">单项操作</td><td>题分</td><td>100 分</td></tr>
<tr><td>成绩</td><td></td><td>考评员</td><td></td><td>考评组长</td><td colspan="2"></td><td>日期</td><td></td></tr>
<tr><td>试题正文</td><td colspan="8">完成指定工作任务的第一种工作票填写（见附表）</td></tr>
<tr><td>需要说明的问题和要求</td><td colspan="8">（1）教室类考场，考生自带笔，提供纸质空白第一种工作票（见附表）。
（2）给定考生停电检修（施工）工作任务、单位、人员、时间等。
（3）给定考生停电范围、保留的带电部位，给定现场勘察结果和设备接线图。
（4）根据工作任务和现场勘察结果，在规定时间内规范填写第一种工作票</td></tr>
</table>

序号	项目名称	质量要求	满分	扣分标准	扣分原因	得分
1	现场勘察	现场勘察的内容准确、全面	5	勘察内容不完整、不准确，每项扣 1 分，扣完为止		
2	填写单位	规范填写单位、班组，使用全称	5	填写不规范扣 5 分		
3	填写人员	规范填写工作负责人、工作班成员	5	小组负责人填写不规范扣 2 分； 超过 10 人时填写错误扣 3 分		
4	填写工作的线路或设备双重名称	（1）填写电压等级、线路编号和名称。 （2）同杆架设停电线路填写双重称号	20	未填写电压等级扣 10 分； 未填写双重称号扣 10 分		
5	填写工作任务	（1）工作地点和地段，填写停电范围内的地段。 （2）工作内容，简要、明确地填写工作项目内容	10	未按规定填写线路名称、起止杆号，每处扣 3 分； 工作内容填写不规范扣 5 分； 以上扣分，扣完为止		
6	填写计划工作时间	按照公历的年、月、日和 24 小时制填写计划工作时间	5	时间填写不规范，每处扣 1 分，扣完为止		

续表

序号	项目名称	质量要求	满分	扣分标准	扣分原因	得分
7	填写安全措施	（1）规范、完整地填写应改为检修状态的线路间隔名称和应拉开的断路器（开关）、隔离开关（刀闸）、熔断器（包括分支线、用户线路和配合停电线路）。 （2）规范、完整地填写保留或临近的带电线路、设备，包括平行、交叉跨越等线路和设备，此栏不能为空白，如没有带电线路和设备时填“无”。 （3）其他安全措施和注意事项如加装的遮围栏、警示牌等安全措施，如没有时填写“无”。 （4）完整、规范、明确地填写应挂的接地线的位置、接地线的编号	15	应拉开的设备填写不完整、不规范每处扣 3 分； 保留或邻近带电设备填写有遗漏或不规范，每处扣 2 分； 其他安全措施填写有遗漏或不规范，每处扣 2 分； 接地线位置填写不规范扣 2 分； 漏挂接地线位置遗漏、错误，每处扣 3 分； 接地线编号填写不规范，每处扣 3 分；以上扣分，扣完为止		
8	许可开始工作命令	完整、规范地填写许可命令，许可方式应按规程填写：当面通知、电话下达、派人送达	3	许可方式填写不规范扣 3 分		
9	工作班组人员签名	所有工作人员都应签字确认	3	少或多人员扣 3 分		
10	工作负责人变动情况及作业人员变动情况	规范详细地填写变动人员情况，告知全体人员	3	人员变动没有日期扣 3 分		
11	工作票延期	延长期的申请应该在工作检修时间内完成	3	时间不正确扣 3 分		
12	工作票终结	（1）工作接地线全部填写。 （2）规范、完整填写终结报告方式	3	终结报告方式填写不规范扣 3 分		
13	填写备注栏	（1）工作负责人、签发人对有触电危险、施工复杂容易发生事故的工作设专责监护人和监护地点、范围安全措施等填写在备注栏。 （2）工作间断、开工的注意事项填入备注栏	10	工作监护人，监护地点、范围、安全措施未填写或填写不规范，每处扣 2 分； 工作间断、恢复工作填写不规范扣 5 分； 以上扣分，扣完为止		
14	填写的其他注意事项	（1）工作票填写的设备术语必须与现场一致，填写要字迹工整不得任意涂改。 （2）改动要求：计划工作时间不能涂改。设备名称、编号、接地线位置不能涂改。操作动词不能涂改。安全标识牌名称不能涂改。非关键词涂改不得超过 3 处（每处不超过 3 字），否则重新开票	10	如有补充安全措施未填写或填写不规范，每处扣 2 分； 工作票中设备术语填写不规范，每处扣 2 分； 工作票中涂改不规范，每处扣 2 分； 以上扣分，扣完为止		
合计			100			

附表

电力线路第一种工作票

单位：________________ 编号：__________

1. 工作负责人（监护人）：________ 班组：__________

2. 工作班人员：（不包括工作负责人）______________________________

____共____人

3. 工作的线路或设备双重名称（多回路应注明双重称号）

____

4. 工作任务：

工作地点或地段 （注明分、支线路名称、线路的起止杆号）	工 作 内 容

5. 计划工作时间

自____年__月__日__时__分至____年__月__日__时__分

6. 安全措施（必要时可附页绘图说明）

6.1 应改为检修状态的线路间隔名称和应拉开的断路器（开关）、隔离开关（刀闸）、熔断器（包括分支线、用户线路和配合停电线路）：______________________

____

____

____

____

____

6.2 保留或邻近的带电线路、设备：______________________

____

____

____

____

6.3 其他安全措施和注意事项：______________________

____

____

____

____

6.4 应挂的接地线

线路名称及杆号						
接地线编号						

工作票签发人签名__________ _____年____月____日___时___分
工作负责人签名__________ _____年____月____日___时___分收到工作票
7. 确认本工作票 1～6 项，许可工作开始

许可方式	许可人	工作负责人签名	许可工作的时间
			年 月 日 时 分
			年 月 日 时 分
			年 月 日 时 分

8. 确认工作负责人布置的任务和本施工项目安全措施工作班组人员签名：

____
____
____
____
____
____

9. 工作负责人变动情况
原工作负责人______________离去，变更__________为工作负责人。
工作票签发人签名_________ ________年____月____日___时___分
10. 工作人员变动情况（变动人员姓名、日期及时间）

____
____
____

工作负责人签名____________
11. 工作票延期
有效期延长到______年___月____日____时___分
工作负责人签名__________ _________年___月___日___时___分
工作许可人签名__________ _________年___月___日___时___分
12. 工作票终结
12.1 现场所挂的接地线编号______________________ 共______组，已全部拆除、带回。
12.2 工作终结报告

终结报告的方式	许可人	工作负责人签名	终结报告时间
			年 月 日 时 分
			年 月 日 时 分
			年 月 日 时 分

13. 备注

（1）指定专责监护人______________ 负责监护____

____

____（人员、地点及具体工作）

指定专责监护人______________ 负责监护____

____

____（人员、地点及具体工作）

（2）其他事项____

____

____

第四部分 技 师

第七章　架空线路工技师技能笔答

Jb0001211001　简述项目部级交底内容。（5 分）

考核知识点：交底内容

难易度：易

标准答案：

一般包括以下内容：

（1）项目管理实施规划。

（2）安全管控措施。

（3）施工方案。

（4）施工图纸。

（5）本工程项目的危险源和环境因素及相应的预控措施。

（6）各项有关质量、安全与环境管理要求和业主要求等。

Jb0001211002　起重指挥有哪些要求？（5 分）

考核知识点：起重指挥

难易度：易

标准答案：

（1）起重吊装作业的指挥人员应持证上岗，作业时应与操作人员密切配合，执行规定的指挥信号。

（2）起重指挥信号应简明、统一、畅通。

（3）操作人员应按照指挥人员的信号进行作业，当信号不清或错误时，操作人员可拒绝执行。

（4）操作室远离地面的起重机械，在正常指挥发生困难时地面及作业层（高处）的指挥人员均应采用对讲机等有效的通信联络进行指挥。

Jb0001211003　杆塔拆除应根据现场地形、交跨情况确定拆塔方案，还应遵守哪些规定？（5 分）

考核知识点：杆塔拆除

难易度：易

标准答案：

（1）分解拆除铁塔时，应按照组塔的逆顺序操作，先将待拆构件受力后，方准拆除连接螺栓。

（2）整体倒塔时应有专人指挥，设立 1.2 倍倒杆距离警戒区，由专人巡查监护，明确倒杆方向。

（3）拉线塔拆除时应该先将原永久拉线更换为临时拉线再进行拆除作业。

Jb0001211004　塔上组装应遵守哪些规定？（5 分）

考核知识点：铁塔组立

难易度：易

标准答案：

（1）多人组装同一塔段（片）时，应由一人负责指挥。

（2）高处作业人员应站在塔身内侧或其他安全位置，且安全防护用具已设置可靠后方准作业。
（3）需要地面人员协助操作时，应经现场指挥人下达操作指令。
（4）塔片就位时应先低侧后高侧，主材与侧面大斜材未全部连接牢固前，不得在吊件上作业。

Jb0001211005 索道架设应按哪些因素精确计算索道架设弛度？（5分）
考核知识点：索道架设
难易度：易
标准答案：
（1）索道设计运输能力。
（2）选用的承力索规格。
（3）支撑点高度和高差。
（4）跨越物高度和索道档距。

Jb0001211006 在停电的电力线路上工作，安全技术措施有哪些？（5分）
考核知识点：安全技术措施
难易度：易
标准答案：
（1）停电。
（2）验电。
（3）接地。
（4）使用个人保安线。
（5）悬挂标示牌和装设遮栏（围栏）。

Jb0001211007 安全工器具使用前的外观检查有哪些？（5分）
考核知识点：安全工器具检查
难易度：易
标准答案：
安全工器具使用前的外观检查应包括绝缘部分有无裂纹、老化、绝缘层脱落、严重伤痕，固定连接部分有无松动、锈蚀、断裂等现象。对其绝缘部分的外观有疑问时应进行绝缘试验合格后方可使用。

Jb0001211008 停电作业接地有何要求？（5分）
考核知识点：停电作业接地
难易度：易
标准答案：
（1）应在作业范围的两端挂接地线。
（2）接地线规格不小于25mm^2，临时接地棒埋深不小于0.6m，材料采用多股软铜线。
（3）先接接地端，后接导线端，接地线连接要可靠，不准缠绕，同时使三相短路。

Jb0001212009 哪些安全工器具禁止采购和使用？（5分）
考核知识点：安全工器具采购和使用

难易度：中
标准答案：
（1）无生产许可证。
（2）无产品合格证。
（3）无安全鉴定证。
（4）无生产日期的安全工器具。

Jb0001212010　挖掘机开挖土方时应遵守哪些规定？（5分）
考核知识点：土方开挖
难易度：中
标准答案：
（1）应避让作业点周围的障碍物及架空线。
（2）人员不应进入挖斗内，不应在伸臂及挖斗下面通过或逗留。
（3）不得利用挖斗递送物件。
（4）暂停作业时，应将挖斗放到地面。
（5）挖掘机作业时，在同一基坑内不应有人员同时作业。

Jb0001212011　安全工器具符合哪些条件即予以报废？（5分）
考核知识点：安全工器具报废条件
难易度：中
标准答案：
安全工器具符合下列条件之一者，即予以报废：
（1）经试验或检验不符合国家或行业标准的。
（2）超过有效使用期限，不能达到有效防护功能指标的。
（3）外观检查明显损坏影响安全使用的。

Jb0001212012　张力放线施工过程中，为预防雷电及高压电力线作业时的感应电，应采取哪些措施？（5分）
考核知识点：防止感应电安全措施
难易度：中
标准答案：
（1）架线前，放线施工段内的杆塔可靠接地。
（2）牵引设备和张力设备应可靠接地。操作人员应站在干燥的绝缘垫上且不得与未站在绝缘垫上的人员接触。
（3）牵引机及张力机的出线端的牵引绳及导线上应安装接地滑车。
（4）跨越不停电线路时，跨越档两端的导线应接地。
（5）应根据平行电力线路情况，采取专项接地措施。

Jb0002211013　简述架空导线常用的接续方法。（5分）
考核知识点：导线接续方法
难易度：易

标准答案：

插接法、钳压法、液压法、爆压法、并沟线夹连接法。

Jb0002211014 导地线损伤在什么情况下允许缠绕修补？（5分）

考核知识点：导线接续方法

难易度：易

标准答案：

钢芯铝绞线或钢芯铝合金绞线，在同一截面处损伤超过修复标准，但强度损失不超过总拉断力的5%，且截面积损伤不超过总截面积的7%时，镀锌钢绞线为19股者断1股的情况下，采用缠绕修补办法处理。

Jb0002211015 常见的组塔方式主要有哪些？（5分）

考核知识点：组塔方式

难易度：易

标准答案：

（1）内悬浮外拉线抱杆组塔。

（2）内悬浮内拉线抱杆组塔。

（3）落地双平臂抱杆组塔。

（4）落地双摇臂抱杆组塔。

（5）流动式起重机组塔。

Jb0002211016 架空地线作用是什么？（5分）

考核知识点：架空地线的作用

难易度：易

标准答案：

（1）把雷电流引入大地。

（2）保护线路绝缘免遭大气过电压的破坏。

Jb0002211017 采用螺栓连接构件时，应符合哪些技术规定？（5分）

考核知识点：螺栓连接构件的规定

难易度：易

标准答案：

（1）螺杆应与构件面垂直，螺杆头平面与构件间不应有空隙。

（2）必须加垫者，每端不宜超过两个垫片。

（3）螺母拧紧后，螺杆露出螺母的长度：对单螺母不应小于两个螺距，对双螺母可与螺杆相平。

Jb0002211018 架空线的应力过大或过小对架空线路的影响有哪些？（5分）

考核知识点：应力对线路的影响

难易度：易

标准答案：

（1）应力过大，易发生断线事故。

（2）应力过小，会使架空线弧垂过大。

Jb0002211019　凝土的和易性是一项综合指标，有哪几方面内容？（5分）

考核知识点：混凝土和易性

难易度：易

标准答案：

流动性、黏聚性、保水性。

Jb0002211020　混凝土的和易性对混凝土构件质量的影响有哪些？（5分）

考核知识点：混凝土和易性

难易度：易

标准答案：

（1）影响构件内部的密实性。

（2）影响构件表面的质量。

（3）影响构件棱角的质量。

Jb0002211021　混凝土质量缺陷有哪些？（5分）

考核知识点：混凝土和易性

难易度：易

标准答案：

麻面、蜂窝、露筋、空洞。

Jb0002212022　铁塔组装的关键是什么？（5分）

考核知识点：铁塔组立

难易度：中

标准答案：

铁塔组装的关键是熟悉图纸。组装前应先核对铁塔编号、塔段尺寸及编号，螺栓位置和方向是否与图纸规定符合，然后根据施工图纸，确定横担的组装方向及位置等。注意图纸上的装置有无特殊规定，角钢安装时注意正反面标记，螺栓穿向符合规范要求。

Jb0002212023　线路常见的接地体有几种类型？（5分）

考核知识点：铁塔组立

难易度：中

标准答案：

（1）单一的垂直接地体。

（2）单一的水平接地体。

（3）水平环形接地体。

（4）水平辐射接地体。

Jb0002212024　杆塔接地电阻为什么不能过大？一般规定是多少？（5分）

考核知识点：铁塔组立

难易度：中

标准答案：

（1）当雷击地线或雷击塔顶后，雷电流就要通过接地装置向大地泄放，降低雷电过电压的幅值，如果接地电阻过大，就会使雷电流流过之后产生的电压过高，逆向反击导线。实践证明，杆塔的接地电阻越大，逆闪络的概率就越高，因此接地电阻不能过大。

（2）土壤电阻率 $\rho \leqslant 100$（Ω·m）时工频接地电阻不大于 10Ω。

（3）土壤电阻率 100（Ω·m）$\leqslant \rho \leqslant$ 500（Ω·m）时工频接地电阻不大于 15Ω。

（4）土壤电阻率 500（Ω·m）$\leqslant \rho \leqslant$ 1000（Ω·m）时工频接地电阻不大于 20Ω。

（5）土壤电阻率 1000（Ω·m）$\leqslant \rho \leqslant$ 2000（Ω·m）时工频接地电阻不大于 25Ω。

（6）土壤电阻率 $\rho \geqslant 2000$（Ω·m）时工频接地电阻不大于 30Ω。

Jb0002212025 山地铁塔地面组装应遵守哪些规定？（5 分）

考核知识点：铁塔组立

难易度：中

标准答案：

（1）塔材不得顺斜坡堆放。

（2）选料应由上往下搬运，不得强行拽拉。

（3）山坡上的塔片垫物应稳固，且应有防止构件滑动的措施。

（4）组装管形构件时，构件间未连接前应采取防止滚动的措施。

Jb0002212026 铁塔组立使用内悬浮抱杆分解组塔时应遵循哪些规定？（5 分）

考核知识点：铁塔组立

难易度：中

标准答案：

（1）抱杆根应置于铁塔结构中心线上，并通过 4 根承托绳悬挂在铁塔的 4 根主材上。

（2）抱杆的临时拉线采用外拉线时，地锚应位于基础中心线夹角为 45° 的延长线上，外拉线对地夹角不小于 45°。

（3）抱杆的临时拉线采用内拉线时，其挂线点应位于已组塔段顶端主材节点的下方。

（4）抱杆拉线、地锚及承托绳应以主要腕力状态作为计算选择的依据。

（5）奉引装置应布置在不妨碍塔片组装的方向且距铁塔不小于塔高的位置。

（6）地锚设置应根据受力及土质条件选用直埋钢板地锚、圆木地锚、螺旋地钻或铁桩等。采用地钻或铁桩时，每处不得少于两只，且应在工程开工前进行拉力试验。两只地钻或铁桩间应用可调工具和钢丝绳连接牢固。

（7）抱杆的倾斜角不宜超过 15°。

（8）控制绳对地夹角不宜大于 45°。

Jb0002212027 接地引下线在安装时应注意哪些事项？（5 分）

考核知识点：铁塔组立

难易度：中

标准答案：

（1）接地引下线材料、规格及连接方式要符合规定，要进行热镀锌处理。

（2）接地引下线连板与杆塔的连接应接触良好，接地引下线应平敷于基础及保护帽表面。

（3）接地引下线引出方位与杆塔接地孔位置相对应。接地引下线应平直、美观。

（4）接地引下线与杆塔的连接应接触良好，顺畅、美观，便于运行测量检修。

（5）接地螺栓安装应设防松螺母或防松垫片，宜采用可拆卸的防盗螺栓。

Jb0002212028　组立铁塔必须具备哪些条件？需做好哪些准备工作？（5 分）

考核知识点：铁塔组立

难易度：中

标准答案：

（1）铁塔基础应经中间检查验收合格。

（2）分解组立铁塔时，混凝土的抗压强度应达到设计强度的 70%。

（3）整体立塔时，混凝土的抗压强度应达到设计强度的 100%。

（4）按图核对塔材型号、规格、数量，按件号及起吊顺序分类排列。

（5）螺栓应按规格分类堆放，不能掺合混放，以免用错。

（6）立塔施工必须有技术措施（包括安全技术措施），并在施工前对全体施工人员进行交底。

（7）按照作业指导书的要求准备好立塔所需的工器具。

Jb0002212029　螺栓使用双帽及螺帽下加弹簧垫圈的作用是什么？如何起作用？（5 分）

考核知识点：铁塔组立

难易度：中

标准答案：

螺栓使用双帽及螺帽加弹簧垫圈的作用，是为了防止螺帽在运行过程中受机械力和振动而回松，即防松。螺栓戴双帽的防松作用是靠两只螺帽相互挤压来达到的，因此戴双帽的构件必须将双帽相互拧紧方能起到作用。弹簧垫圈的防松作用是由弹簧垫被螺帽压紧后，它对螺帽产生的反作用力来完成的。它们都是使螺帽和螺栓上螺纹间的摩擦力增加，螺帽不易回松。

Jb0002212030　输电线路铁塔图纸中粗实线、虚线、点划线和波浪线表示什么？（5 分）

考核知识点：铁塔组立

难易度：中

标准答案：

粗实线表示可见轮廓线，虚线表示不可见轮廓线，点划线表示轴心线、对称中心线，波浪线表示机件断裂处的边界线。

Jb0002212031　塔材变形有哪些基本形式？（5 分）

考核知识点：铁塔组立

难易度：中

标准答案：

（1）拉伸和压缩：在杆件两端沿轴线作用一对纵向力，使杆件沿轴线方向产生伸长或缩短。

（2）剪切：如果在杆件的两侧面上所受外力的大小相等、方向相反，作用线相隔较近，并将各自推着所作用的物件部分，沿着与作用线平面发生错动的变形。

（3）扭转：如果在垂直于杆轴线的两平面内加上一对转向相同的力偶，则使这两平面内的段杆件沿着力偶方向产生的变形。

（4）弯曲：当杆件受到垂直于轴线的外力作用时，其轴线发生沿外力方向的变形。

Jb0002213032 简要解释档距、水平档距、垂直档距、代表档距和临界档距的含义。（5分）

考核知识点： 档距定义

难易度： 难

标准答案：

（1）档距是指相邻两杆塔中心点之间的水平距离。

（2）水平档距是指某杆塔两侧档距的算术平均值。

（3）垂直档距是指某杆塔两侧档导线最低点之间的水平距离。

（4）耐张段内，当直线杆塔上出现不平均张力差，悬垂绝缘子串发生偏斜，而趋于平衡时，导线的应力（称代表应力）在状态方程式中所对应的档距，即为代表档距。

（5）临界档距是指由一种导线应力控制气象条件过渡到另一种控制气象条件临界点的档距大小。

Jb0002213033 何为架空线的弧垂？其大小受哪些因素的影响？（5分）

考核知识点： 档距定义

难易度： 难

标准答案：

弧垂：是指架空导线或架空地线上的任意一点至两悬点连线间的竖直距离。

影响因素：架空线的档距、架空线的应力、架空线所处的环境气象条件。

Jb0002213034 架空送电线路上的三相导线为什么要换位？（5分）

考核知识点： 导线换位知识

难易度： 难

标准答案：

（1）架空线路三相导线在空间排列往往是不对称的，由此引起三相系统电磁特性不对称。

（2）三相导线电磁特性不对称引起各相电抗不平衡，从而影响三相系统的对称运行。

（3）为保证三相系统能始终保持对称运行，三相导线必须进行换位。

Jb0002222035 画出线路弧垂示意图。（5分）

考核知识点： 平断面图的概念

难易度： 中

标准答案：

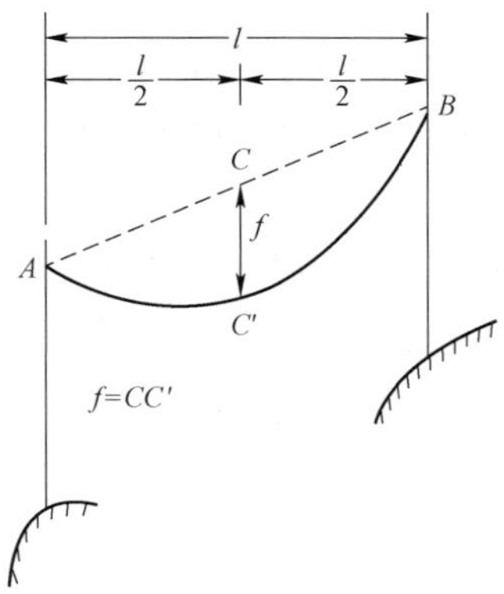

图 Jb0002222035

Jb0002232036　220kV 送电线路在紧线施工时，紧线张力为 23kN，请计算牵引绳最小破断拉力？（可不考虑钢丝绳破断力换算系数）(5 分)

考核知识点：牵引绳破断拉力计算

难易度：中

标准答案：

已知计算公式 $T=KK_1P$

其中：T 为紧线时钢丝绳最小破断拉力；K 为安全系数，取 3；K_1 为动荷系数，取 1.2；P 为紧线张力。

所以 $T=3\times1.2\times23=82.8$（kN）

答：牵引绳最小破断拉力为 82.8kN。

Jb0002232037　如图 Jb0002232037 所示，$P_1=30$N，$P_2=30$N，当它们的夹角 $\alpha=90°$ 时，求其合力的大小和方向（指合力 R 与 P_1 的夹角）。(结果保留 2 位小数)(5 分)

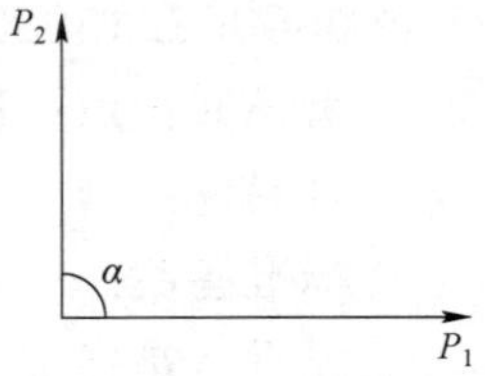

图 Jb0002232037

考核知识点：受力计算

难易度：中

标准答案：

$$R=\sqrt{P_1^2+P_2^2}=\sqrt{30^2+30^2}=42.43\text{（N）}$$

$$\beta=\arctan\frac{P_2}{P_1}=\arctan\frac{30}{30}=45°$$

答：其合力的大小为42.42N，方向为45°。

Jb0002232038　计算丝扣进剪切面、丝扣未进剪切面两种情况下的 M16 螺栓允许剪切力。提示 M16 螺栓的毛面积 $S_1=2\text{cm}^2$，净面积 $S_2=1.47\text{cm}^2$，允许剪应力$[\sigma]=10\,000\text{N/cm}^2$。(5 分)

考核知识点：螺栓允许剪切力计算

难易度：中

标准答案：

（1）丝扣进剪切面允许剪切力

$$\tau_1=[\sigma]S_2=10\,000\times1.47=14\,700\ \text{（N）}$$

（2）丝扣未进剪切面允许剪切力

$$\tau_2=[\sigma]S_1=10\,000\times2=20\,000\ \text{（N）}$$

丝扣进剪切面允许剪切力为14 700N，丝扣未进剪切面允许剪切力为20 000N。

Jb0002232039　线路施工紧线时，计算牵引力为 25kN，牵引绳对地夹角为 $\theta=30°$，求横担所受的下压力。(结果保留 1 位小数)(5 分)

考核知识点：受力计算

难易度：中

标准答案：

$$N=T\sin\theta=25\times\sin30°=12.5\text{（kN）}$$

答：横担所受的下压力为12.5kN。

Jb0002232040 更换某耐张绝缘子串，导线为 LGJ-150/25 型。已知导线的计算截面 $S=173.11\text{mm}^2$，应力 $\sigma=98\text{MPa}$，试估算一下收紧导线时工具需承受多大的拉力。(5分)

考核知识点：拉力计算

难易度：中

标准答案：

$$T=S\sigma=98\times10^6\times173.11\times(10^{-3})^2=16\,964.8\ (\text{N})$$

答：收紧导线时工具需承受16 964.8N的拉力。

Jb0002222041 某 35kV 线路采用镀锌螺栓连接横担与连板，已知导线最大拉力 $F=43\text{kN}$，镀锌螺栓的剪切强度极限为 $T_b=560\text{MPa}$，安全系数为 2.5。试计算采用 M16×40 的螺栓能否满足要求？(5分)

考核知识点：力学知识

难易度：中

标准答案：

$$\text{截面积}\ S=\pi r^2=3.14\times8^2=201\text{mm}^2$$

$$K=ST_b/F=(201\times10^{-6}\times560\times10^{-6})/(43\times10^3)=2.6>2.5$$

答：计算采用 M16×40 的螺栓能满足要求。

Jb0002232042 如图 Jb0002232042 所示用白棕绳起吊及牵引重物。安全系数 K 取 5.5，动荷系数 K_1 取 1.2，1-1 滑轮组动滑车重量取被起吊物重量的 0.05 倍，效率 $\eta=0.9$，白棕绳的瞬时拉断力 T_p 为 15kN。试求最大允许起吊重量为多少（kg）？(5分)

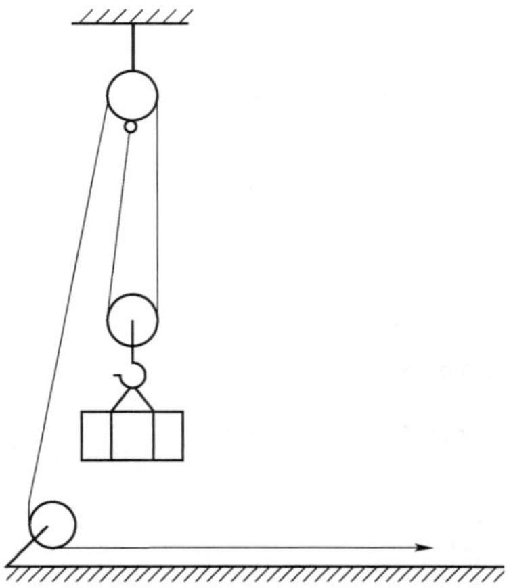

图 Jb0002232042

考核知识点：滑车组受力

难易度：中

标准答案：

$$[T]=\frac{T_p}{K}=\frac{15\times10^3}{5.5}=2727\ (\text{N})$$

$$[T]=\frac{K_1Q}{n\eta}=\frac{1.2\times1.05[Q]}{n\eta}$$

$$[Q]\leqslant\frac{[T]n\eta}{1.2\times1.05}=\frac{2727\times2\times0.9}{1.2\times1.05}=3896\ (\text{N})=397\ (\text{kg})$$

答：最大允许起吊重量为397kg。

Jb0002232043　某 2–2 滑轮组起吊一重 Q=1000kg 的物体，牵引绳由动滑轮引出，由人力绞磨牵引。提升该重物所需拉力为多少？（已知单滑轮工作效率为 95%，滑轮组的综合效率 η=90%。结果保留 2 位小数）(5 分)

考核知识点：力学知识

难易度：中

标准答案：

$$P=\frac{Q\times 9.8}{(n+1)\times\eta}=\frac{1000\times 9.8}{(4+1)\times 0.9}=2177.78\text{（N）}$$

答：提升该重物所需拉力为2177.78N。

Jb0002232044　如图 Jb0002232044 所示，已知滑轮组的综合效率 90%，分别求出提升如下重物 Q=292kg 所需拉力分别是多少？（结果保留 1 位小数）(5 分)

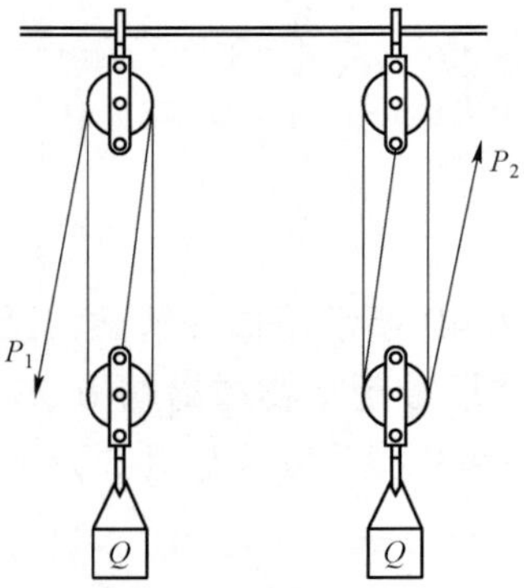

图 Jb0002232044

考核知识点：受力计算

难易度：中

标准答案：

（1）P_1 的牵引绳由定滑轮引出，滑轮数$n=3$

$$P_1=\frac{Q\times 9.8}{n\eta}=\frac{292\times 9.8}{3\times 0.9}=1059.9\text{（N）}$$

（2）P_2 的牵引绳由动滑轮引出，滑轮数 $n=3$

$$P_1=\frac{Q\times 9.8}{(1+n)\eta}=\frac{292\times 9.8}{(1+3)\times 0.9}=794.9\text{（N）}$$

答：拉力分别是1059.9N、797.9N。

Jb0002232045　某 1–2 滑轮组提升 Q=3000kg 重物，牵引绳从定滑轮引出，由人力绞磨牵引，求提升该重物所需钢丝绳的破断力为多少？（5 分）

已知：单滑轮工作效率为 95%，滑轮组综合效率 η=90%，钢丝绳动荷系数 K_1＝1.2，安全系数为 K=5.0。结果保留 1 位小数。

考核知识点：力学知识

难易度：中

标准答案：

$$T_D=\frac{9.8QKK_1}{n\eta}=\frac{9.8\times3000\times5.0\times1.2}{3\times0.9}=65\,333.3\text{（N）}$$

答：提升该重物所需钢丝绳的破断力为多少 65 333.3N。

Jb0002232046 用某公司生产的白棕绳作牵引用，白棕绳直径 $d_1=25$mm，瞬时拉断力 $T_p=23.52$kN，使用的滑轮直径 $d_2=180$mm，安全系数 $K=6$。白棕绳的最大使用拉力为多少？（结果保留 2 位小数）（5 分）

考核知识点：力学知识

难易度：中

标准答案：

$$\because\frac{d_2}{d_1}=\frac{180}{25}=7.2<10$$

∴白棕绳的使用拉力降低25%，即

$$T\leqslant\frac{T_p}{K}\times75\%=\frac{23.52}{6}\times75\%=2.94\text{（kN）}$$

答：白棕绳的最大使用拉力为2.94kN。

Jb0002233047 平面汇交力系如图 Jb0002233047 所示，已知 $P_1=300$N，$P_2=400$N，$P_3=200$N，$P_4=150$N。它们的合力在 x 轴方向投影为多少？在 y 轴方向投影为多少？（结果保留 2 位小数）（5 分）

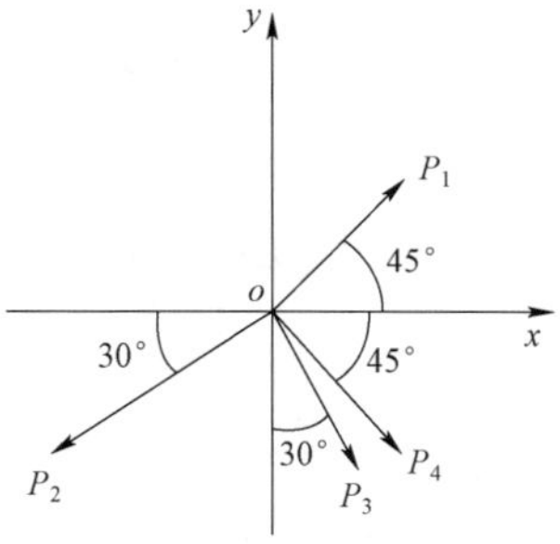

图 Jb0002233047

考核知识点：受力计算

难易度：难

标准答案：

$$\begin{aligned}R_x&=\sum X=X_1-X_2+X_3+X_4=P_1\cos\alpha_1-P_2\cos\alpha_2+P_3\sin\alpha_3+P_4\cos\alpha_4\\&=300\times\cos45^\circ-400\times\cos30^\circ+200\sin30^\circ+150\cos45^\circ=71.79\text{（N）}\end{aligned}$$

$$\begin{aligned}R_Y&=\sum Y=Y_1-Y_2-Y_3-Y_4=P_1\sin\alpha_1-P_2\sin\alpha_2-P_3\cos\alpha_3-P_4\sin\alpha_4\\&=300\times\sin45^\circ-400\times\sin30^\circ+200\cos30^\circ-150\sin45^\circ=-267.14\text{（N）}\end{aligned}$$

式中：α_1是P_1与X轴的夹角；α_2 是 P_2 与 X 轴的夹角；α_3是P_3与Y轴的夹角；α_4 是 P_4 与 X 轴的夹角。

答：在 x 轴方向投影为71.79N，在 y 轴方向投影为–267.14N。

Jb0002233048　如图 Jb0002233048 所示，用钢丝绳起吊重物，安全系数 K=4.5，动荷系数 K_1=1.3，不均衡系数 K_2=1.4，重物的重量 Q=1500kg，钢丝绳起吊的许用拉力为多少？（取整）（5 分）

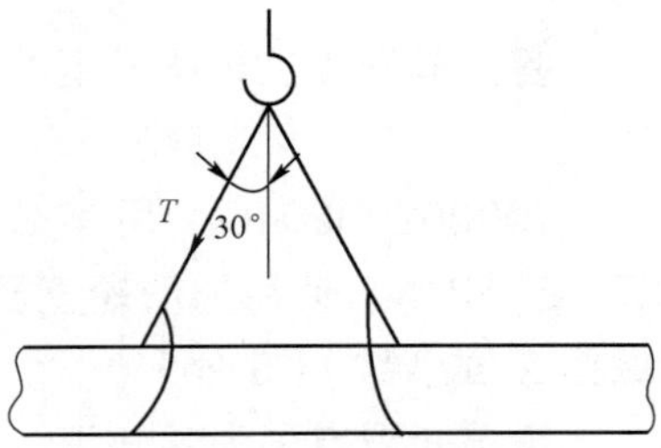

图 Jb0002233048

考核知识点：钢丝绳受力计算

难易度：难

标准答案：

∵钢丝绳所有拉力为

$$T = K_1K_2\frac{9.8Q}{2}\times\frac{1}{\cos\alpha} = 1.3\times1.4\frac{9.8\times1500}{2}\times\frac{1}{\cos30°} = 13\,240\text{（kN）}$$

∴钢丝绳的允许拉力

$$[T] = T\times K = 13\,240\times4.5 = 59\,580\text{（kN）}$$

答：钢丝绳起吊的许用拉力59 580kN。

Jb0002233049　组塔吊装塔材，如图 Jb0002233049 所示，已知塔材重 Q=6000N（包括补强木的重量），两根吊点绳夹角为 90°，请计算一根吊点绳受力。（5 分）

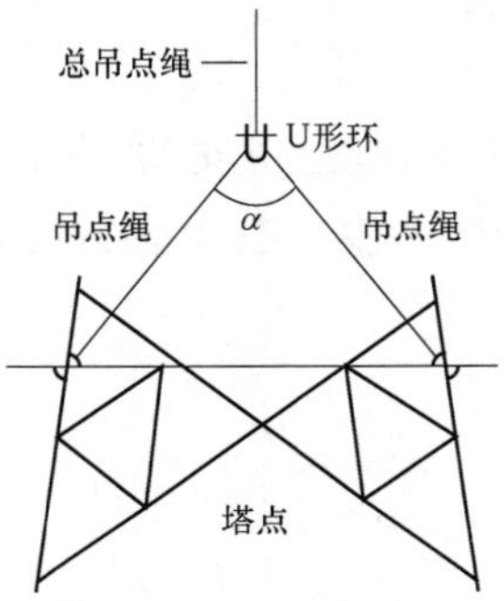

图 Jb0002233049

考核知识点：钢丝绳受力计算

难易度：难

标准答案：

吊点绳受力：$F=Q\times\cos(\alpha/2)=6000\times\cos45°=4243$（N）

答：一根吊点绳受力 4243N。

Jb0003212050　简述全站仪测量的主要步骤。（5 分）

考核知识点：全站仪测量的步骤

难易度：中

标准答案：

（1）在观测站安置好三脚架，将仪器安放在机座上，并进行对中、整平，然后开启电源开关。

（2）设置气象改正、大地曲率等参数（参数值由仪器说明书查取）。

（3）量取仪器高。

（4）在目标点安置棱镜，根据测程选择不同的棱镜组，经对中整平后，将棱镜的反光镜对准全站仪。

（5）用望远镜瞄准反光镜后，按下“测量”按钮，测量结果显示在仪器显示屏上，运用键盘可显示平距、高差等数据。

Jb0003212051 简述提高GPS线路复测准确性的具体措施。(5分)

考核知识点：GPS线路复测

难易度：中

标准答案：

（1）采用规划部门提供的线路复测段落内的任意3个标准点（具备WGS84和北京54坐标），建立匹配三点的坐标系，匹配的精度越高，复测时的准确性越高。

（2）直接采用勘查定位人员提供的各桩位点坐标进行复测。采用不同的转换坐标系复测同一点，注意测点校准。

（3）参考基站最好选择开阔的位置，保证电台信号发射的通畅。

（4）建立转换坐标系的3个控制点所连区域尽量能够覆盖整个复测段。

（5）将基站电台的发射频率调至高频。

Jb0003212052 GPS线路复测采用的转换坐标系是哪些？（5分）

考核知识点：GPS线路复测的转换坐标。

难易度：中

标准答案：

GPS线路复测采用的转换坐标系是通过匹配计算各控制点的WGS84坐标、北京54坐标、西安80、CGC2000坐标进行建立的。

Jb0003212053 送电线路GPS量测系统主要包括哪几部分？（5分）

考核知识点：GPS量测系统的组成

难易度：中

标准答案：主要包括参考基站主机、参考基站电源、参考基站电台、参考基站卫星信号接收天线、流动站主机、流动站卫星信号接收天线、流动站显示器及对中杆。

Jb0003212054 抱杆有何作用？（5分）

考核知识点：抱杆

难易度：中

标准答案：

（1）在起立杆塔时，当牵引与平置在地面的杆塔夹角呈0°时，则使杆塔起立的垂直分力为零，而水平分力又与控制杆塔窜动的制动力相抵消，因此杆塔无法起立。

（2）只有当牵引力对平置地面的杆塔有一定的垂直分力，方能对杆塔起到牵引作用，最终使杆塔起立到垂直位置。

（3）抱杆的作用就是事先将牵引力改变一定的角度，人为制造一个垂直分力，当抱杆随牵引力方向运行时，则杆塔随与抱杆连接的绑点绳徐徐起立。

（4）在空中，当杆塔绑点绳的合力点、抱杆顶点和牵引地锚三点成一线时，抱杆便失去作用，从抱杆环中自行脱落。

（5）杆塔在牵引力的直接牵引下，便可徐徐竖立起来。

Jb0003212055 简述立塔工程七步骤。(5分)

考核知识点：铁塔组立

难易度：中

标准答案：

（1）组织进行现场调查，进行危险点和关键环节分析，并制定相应的预控措施。

（2）根据现场的实际情况，编制组立塔施工作业指导书及安全防护措施，对施工人员进行全员安全技术交底并签字。

（3）施工人员进场前要进行安全教育及《安规》考试，合格后方可进场施工。

（4）施工前要填写安全施工作业票，并要经相关人员审核批准。

（5）坚持班前班后交代制度，做到日检查日安排，实现任务分工明确，安全交底清楚。

（6）根据施工现场的实际情况，编制正确使用各种工器具、设备的相关规定，并且对所使用的工器具、设备要有针对性地在显要位置设置安全警示标志和性能标志。

（7）施工现场所使用的机械设备、工器具都必须经过试验鉴定，并要有试验报告。在使用过程中，要做好维护和保养记录。

Jb0003212056　放线滑车的使用应符合哪些规定？（5分）

考核知识点：放线滑车

难易度：中

标准答案：

（1）应与牵放方式相匹配。牵引绳通过滑车的专用轮槽时，滑车应保持平衡稳定。

（2）牵引板应与放线滑车相匹配，并应保证牵引板的通过性。

（3）放线滑车应符合现行行业标准的规定。

（4）OPGW 放线滑轮槽底直径不应小于 OPGW 直径的 40 倍，且不得小于 500mm。

（5）槽形和轮槽宽度应能顺畅通过接续管、接续管保护套及各种连接器。

Jb0003212057　卸扣的使用应遵守哪些规定？（5分）

考核知识点：安全工器具

难易度：中

标准答案：

（1）不得处于吊件的转角处。不得横向受力。

（2）销轴不得扣在能活动的绳套或索具内。

（3）当卸扣有裂纹、塑性变形、螺纹脱扣、销轴和扣体断面磨损达原尺寸 3%～5%时，不得使用。卸扣上的缺陷不允许补焊。

（4）禁止用普通材料的螺栓取代卸扣销轴。

Jb0003212058　简述金具上开口销、闭口销的使用注意事项。（5分）

考核知识点：开口销、闭口销

难易度：中

标准答案：

（1）开口销、闭口销的直径必须与孔径相配合，且弹力适度。

（2）开口销、闭口销不应有折断和裂纹等现象。

（3）当采用开口销时应对称开口，开口角度为 60°～90°。

（4）不得用线材和其他材料代替开口销和闭口销。

Jb0003212059 弧垂观测档的选择应符合哪些规定？（5 分）

考核知识点：弧垂观测

难易度：中

标准答案：

（1）紧线段在 5 档及以下时靠近中间选择一档。

（2）紧线段在 6～12 档时靠近两端各选择一档。

（3）紧线段在 12 档以上时靠近两端及中间可选 3～4 档。

（4）观测档宜选档距较小和悬挂点高差较小及接近代表档距的线档。

Jb0003212060 缓冲器的使用要求有哪些？（5 分）

考核知识点：缓冲器

难易度：中

标准答案：

（1）缓冲器所有部件应平滑，无材料和制造缺陷，无尖角或锋利边缘。

（2）织带型缓冲器的保护套应完整，无破损、开裂等现象。

（3）缓冲器与安全绳及安全带配套使用时，作业高度要足以容纳安全绳和缓冲器展开的安全坠落空间。

（4）缓冲器禁止多个串联使用。

（5）缓冲器与安全带、安全绳连接应使用连接器，禁止绑扎使用。

Jb0003212061 绞磨和卷扬机的牵引绳在卷筒或磨芯上缠绕有哪些要求？（5 分）

考核知识点：绞磨和卷扬机

难易度：中

标准答案：

卷筒应与牵引绳保持垂直。牵引绳应从卷筒下方卷入，且排列整齐，通过磨芯时不得重叠或相互缠绕，在卷筒或磨芯上缠绕不得少于 5 圈，绞磨卷筒与牵引绳最近的转向滑车应保持 5m 以上的距离。

Jb0003213062 简述跨越带电线路施工前应复测的内容。（5 分）

考核知识点：跨越复测内容

难易度：难

标准答案：

（1）跨越点交叉角度。

（2）被跨越不停电电力线路架空地线在交叉点的对地高度。

（3）下导线在交叉点的对地高度。

（4）导线边线间宽度。

（5）地形。

Jb0003232063 一铁塔混凝土现场浇制基础，地形为平地，混凝土量 $58m^3$，混凝土强度 C20，每立方米混凝土按水泥:中砂:碎石:水为 0.344:0.46:0.85:0.18 计算，请计算现场应准备水泥、中砂和碎石各为多少？［损耗率按《电力建设工程定额和费用计算规定（2018 年版）》］（5 分）

考核知识点：配合比及损耗率计算

难易度：中

标准答案：

损耗率为水泥5%、中砂15%、石子10%。

水泥为

$$58 \times 0.344 \times 1.05 = 20.949 \text{（t）}$$

中砂为

$$58 \times 0.46 \times 1.15 = 30.682 \text{（m}^3\text{）}$$

碎石为

$$58 \times 0.85 \times 1.10 = 54.23 \text{（m}^3\text{）}$$

答：58m^3混凝土需用量（包括损耗）为水泥20.949t、中砂30.682m^3、碎石54.23m^3。

Jb0003232064　已知某330kV紧线张力架线，导线型号为2×JL/G1A-630/45-48/7钢芯铝绞线，铝单丝直径4.22mm，钢芯单丝直径2.81mm，导线直径33.8mm，则张力放线时放线滑车及主张力机轮槽直径应满足什么要求？（5分）

考核知识点：工器具选择计算

难易度：中

标准答案：

（1）放线滑车轮槽槽底直径

$$D_1 \geqslant 20d = 20 \times 33.8 = 676\text{mm}$$

（2）主张力机轮槽槽底直径

$$D_2 \geqslant 40d - 100 = 40 \times 33.8 - 100 = 1252\text{mm}$$

答：放线滑车轮槽槽底直径$D_1 \geqslant 676$mm，主张力机轮槽槽底直径$D_2 \geqslant 1252$mm。

Jb0003232065　已知某220kV线路，直线绝缘子串采用XP-70型14片，XP-70型绝缘子爬电距离$h_x = 29.5$cm，则直线串绝缘子的爬电比距为多少？（5分）

考核知识点：绝缘子“爬电比距”

难易度：中

标准答案：

爬电比距为

$$\lambda = \frac{nh_x}{1.15U_N} = \frac{14 \times 29.5}{1.15 \times 220} = 1.63\text{（cm/kV）}$$

答：直线串绝缘子的爬电比距为1.63cm/kV。

Jb0003232066　一般钢筋混凝土电杆的容重$\gamma = 2650\text{kg/m}^3$，试求杆长为$L = 12$m，壁厚$t = 50$mm，梢径$D = 190$mm的拔梢杆的重量为多少。（5分）

考核知识点：电杆重量计算

难易度：中

标准答案：

解：按题意求解，得

$$H = D + \lambda L$$
$$= 190 + \frac{1}{75} \times 12 \times 10^3 = 350\text{(mm)}$$
$$V = \pi\left(\frac{D+d}{2} - t\right)tL$$
$$= 3.14 \times \left(\frac{0.35 + 190 \times 10^{-3}}{2} - 50 \times 10^{-3}\right) \times 50 \times 10^{-3} \times 12 = 0.414\text{(m}^3\text{)}$$
$$G = V\gamma = 0.414 \times 2650 = 1098\text{(kg)}$$

答：电杆重为1098kg。

Jb0004211067 普通基础分坑和开挖质量检查项目有哪些？（5分）
考核知识点：质量检查
难易度：易
标准答案：
基础坑中心根开及对角线尺寸、基础坑深。

Jb0004211068 拉线基础坑分坑和开挖质量检查项目有哪些？（5分）
考核知识点：质量检查
难易度：易
标准答案：
拉线基础坑位置、拉线基础坑深度、拉线马道坡度及方向。

Jb0004211069 岩石、掏挖基础分坑和开挖检质量查项目有哪些？（5分）
考核知识点：质量检查
难易度：易
标准答案：基础坑深、基础坑中心根开及对角线尺寸、基坑底及坑口断面尺寸。

Jb0004211070 施工基面及电气开方质量检查项目有哪些？（5分）
考核知识点：质量检查
难易度：易
标准答案：施工基面高程、塔位边坡净距、风偏及对地净距。

Jb0004211071 现浇基础埋深允许偏差为多少？（5分）
考核知识点：质量检查
难易度：易
标准答案：
+100mm，−50mm。

Jb0004211072 内拉线抱杆组塔时，腰滑车的作用有哪些？（5分）
考核知识点：抱杆组塔
难易度：易
标准答案：

（1）减少抱杆轴向受力。

（2）避免牵引绳摩擦、碰撞。

（3）使牵引绳在抱杆两侧保持平衡。

Jb0004211073　简述跨越架拆除注意事项。（5分）

考核知识点：跨越架拆除

难易度：易

标准答案：

（1）附件安装完毕后，方可拆除跨越架。

（2）钢管、木质、毛竹跨越架应自上而下逐根拆除，并应有人传递，不得抛扔。

（3）不得上下同时拆除跨越架或将跨越架整体推倒。

（4）采用提升架拆除金属格构式跨越架架体时，应控制拉线并用经纬仪监测垂直度。

Jb0004211074　孤立档、较小耐张段及大跨越挂线时的过牵引长度应符合哪些规定？（5分）

考核知识点：过牵引

难易度：易

标准答案：

（1）耐张段长度大于300m时，过牵引长度不宜超过为200mm。

（2）耐张段长度为200～300m时，过牵引长度不宜超过耐张段长度的0.5‰。

（3）除变电站进出口档外，耐张段长度为200m以内时，过牵引长度应根据导线的安全系数不小于2的规定进行控制。

（4）大跨越档的过牵引值应由设计验算确定。

Jb0004211075　简述复合绝缘子安装注意事项。（5分）

考核知识点：复合绝缘子安装

难易度：易

标准答案：

（1）轻拿轻放，不应投掷，并避免与尖硬物碰撞、摩擦。

（2）起吊时绳结要打在金属附件上，禁止直接在伞套上绑扎，绳子触及伞套部分应用软布包裹保护。

（3）禁止踩踏绝缘子伞套。

（4）正确安装均压装置，注意安装到位，不得装反，并仔细调整环面与绝缘子轴线垂直。

Jb0004211076　在连续档距的导、地线上挂梯（或飞车）时，其导、地线的截面有什么规定？（5分）

考核知识点：飞车使用条件

难易度：易

标准答案：

钢芯铝绞线和铝合金绞线120mm^2，钢绞线50mm^2（等同OPGW光缆和配套的LGJ–70/40导线）。

Jb0004211077　安装悬垂串、预绞丝有哪些工艺要求？（5分）

考核知识点：悬垂串的安装工艺标准

难易度：易

标准答案：

（1）悬垂串安装完毕后要垂直于地面，偏差小于 5°，且偏移量一般地区不超过 200mm，高山大岭区不超过 300mm，连续上（下）山坡处铁塔上的悬垂线夹的安装位置应符合设计规定。

（2）预绞丝的末端整齐，分布均匀，误差不大于 10mm，同层预绞丝无重叠现象。

（3）预绞丝缠绕完毕后应整齐美观，无缝隙和压股现象。

（4）内层预绞丝末端的光缆无划伤现象。

Jb0004211078 简述紧线施工过程中，中间耐张塔耐张绝缘子串安装操作流程。（5 分）

考核知识点：耐张塔软挂耐张绝缘子串

难易度：易

标准答案：

（1）在耐张塔两侧耐张线夹位置以外约 3m 处的导线上安装卡线器，并在卡线器与横担锚线孔间设置锚线工具。

（2）将操作塔放线滑车预先吊挂在横担上，并在卡线器后侧用尼龙绳将导线拢绑在锚线绳上。

（3）同步收紧耐张塔横担两侧锚线装置，使锚线工具逐渐受力，两侧锚线卡线器间的导线呈松弛状态。

（4）拆除放线滑车，安装高处作业平台，在两侧耐张线夹位置处割断导线，高处压接导线耐张线夹。

Jb0004211079 牵引场转向布置应符合哪些规定？（5 分）

考核知识点：张牵场布置

难易度：易

标准答案：

（1）使用专用的转向滑车，锚固应可靠。

（2）各转向滑车的荷载应均衡，不得超过允许承载力。

（3）牵引过程中，各转向滑车围成的区域内侧不得有人。

Jb0004211080 阻尼线安装质量控制要点有哪些？（5 分）

考核知识点：阻尼线安装

难易度：易

标准答案：

（1）阻尼线与被连接导线或架空地线应在同一铅垂面内，设计有要求时按设计要求安装。

（2）阻尼线安装距离应符合设计要求，其允许偏差不超过±30mm。

（3）阻尼线的规格应符合设计要求，且使用未受过力的原状线，凡有扭曲、松股、磨伤、断股等现象的，均不得使用。

（4）阻尼线安装要自然下垂，固定点距离和小弧垂要符合设计规定，弧垂要自然、顺畅。

（5）固定夹具上的螺栓穿向应符合规范要求，紧固扭矩应符合该产品说明书要求。

Jb0004211081 导地线压接有什么要求？（5 分）

考核知识点：导线压接

难易度：易

标准答案：
（1）导地线压接作业前压接管应用汽油、酒精等清洗剂清洗压接管和线夹内壁。
（2）使用精度不低于 0.02mm 的游标卡尺检测接续管及耐张线夹内、外直径。
（3）割线印记准确，断口整齐，不得伤及钢芯。
（4）铝管相邻两模重叠压接不应少于 10mm。

Jb0004211082　光纤的熔接应符合哪些规定？（5 分）
考核知识点：光纤的熔接
难易度：易
标准答案：
（1）熔接应由专业人员操作。
（2）剥离光纤的外层套管、骨架时不得损伤光纤。
（3）应防止光纤接线盒内有潮气或水分进入，安装接线盒时螺栓应紧固，橡皮封条应安装到位。
（4）光纤熔接后应进行接头光纤衰耗值测试，不合格者应重接。

Jb0004211083　简述架线工程验收内容。（5 分）
考核知识点：架线工程验收
难易度：易
标准答案：
（1）导线及架空地线的弧垂。
（2）绝缘子的规格、数量，绝缘子的清洁，悬垂绝缘子串的倾斜。
（3）金具的规格、数量及连接安装质量，金具螺栓或销钉的规格、数量、穿向。
（4）引流线安装的连接质量、弧垂及最小电气间隙。

Jb0004212084　采用汽车运输的砂石，每多少立方米为一验收批量？（5 分）
考核知识点：砂石的验收批量
难易度：中
标准答案：
400m^3。

Jb0004212085　现浇混凝土铁塔基础项目检查中哪些为重要项目？（5 分）
考核知识点：浇混凝土铁塔基础项目检查
难易度：中
标准答案：
钢筋规格数量、钢筋保护层厚度、混凝土强度、底板断面尺寸、基础根开尺寸及高差。

Jb0004212086　混凝土的冬期施工掺用防冻剂养护应符合哪些规定？（5 分）
考核知识点：冬期施工掺用防冻剂混凝土养护的相关规定。
难易度：中
标准答案：
（1）在负温条件下养护时，严禁浇水，外露表面必须覆盖。
（2）混凝土的初期养护温度，不得低于防冻剂的规定温度。

（3）模板和保温层在混凝土达到要求并冷却到 5℃后方可拆除，当拆模后混凝土表面温度与环境温度之差大于 15℃时，应对混凝土采用保温材料覆盖养护。

Jb0004212087 输电线路现场浇筑基础时试块制作数量应符合哪些规定？（5 分）

考核知识点：现场浇筑基础时试块制作数量的相关规定。

难易度：中

标准答案：

（1）耐张塔和直线转角塔基础每基应取一组。

（2）一般线路的直线塔基础，同一施工队每 5 基或不满 5 基应取一组，单基或连续浇筑混凝土量超过 $100m^3$ 时亦应取一组。

（3）按大跨越设计的直线塔基础，每腿应取一组，但当基混凝土量不超过同工程中大转角或终端塔基础时，则应每基取一组。

（4）当采用钻孔灌注桩基础时应每根桩取 1 组，承台、连梁每基应取 1 组。

（5）当原材料变化、配合比变更时应另外制作。

Jb0004212088 铁塔现浇基础对搅拌和浇灌混凝土有哪些要求？（5 分）

考核知识点：现浇基础对搅拌和浇灌混凝土的要求

难易度：中

标准答案：

（1）按混凝土强度和所选水泥、砂、石进行配合比计算。

（2）严格掌握水灰比（水和水泥的质量比），它是影响混凝土质量的重要因素。水灰比小，混凝土强度高，但如果太小，则拌制困难，和易性差，混凝土太干，不易流动，捣固困难，又容易产生蜂窝、麻面，甚至出现空洞。常用测定坍落度来监视水灰比。

（3）认真按质量配合比配料，允许偏差：砂、石为±3%。水泥为±2%。

（4）分层浇灌，分层捣固，每层200mm。捣固宜用振捣器。

（5）浇制时密切注意模板及支撑是否变形、下沉、移动、有无跑浆现象。钢筋骨架与四周的空隙是否有过大过小现象。地脚螺栓位置是否有变动等。

（6）拌制用水必须清洁，不含油、糖、酸、碱类杂质。一般饮用水均可使用，泥水、污水、海水均不可用。必要时应经化验鉴定。

（7）设计允许在现浇混凝土基础中掺入大块石时，掺入的大块石不得有裂缝、夹层，其强度不得低于混凝土用石标准。大块石的尺寸宜为150～250mm，且不宜使用卵石。

Jb0004212089 杆塔在符合哪些条件后方可拆除临时拉线？（5 分）

考核知识点：临时拉线拆除条件

难易度：中

标准答案：

（1）杆塔的地脚螺栓已紧固。

（2）永久拉线全部安装完毕。

（3）转角塔的临时拉线，要在转角塔两侧的架空线全部安装完成后方可拆除。

（4）其他有特殊规定者，依照规定执行。

Jb0004212090 捆绑起吊操作的要点是什么？（5 分）

考核知识点：捆绑起吊操作

难易度：中

标准答案：

（1）捆绑物件或设备之前，应根据物件或设备的形状及其重心的位置确定适当的绑扎点。一般情况下，构件或设备都设有专供起吊的吊环。未开箱的货件常标明吊点位置。搬运时，应该利用吊环和按照指定吊点。起吊竖直细长的物件时，应在重心两侧的对称位置捆绑牢固。起吊前应先行试吊，如发现倾斜，应立即将物件落下，重新捆绑后再起吊。

（2）捆绑重物，还必须考虑起吊时吊索与水平面要具有一定的角度，一般以60°为宜。角度过小，吊索所受的力过大。角度过大，则需很长的吊索，使用也不方便，同时，还要考虑吊索拆除是否方便，重物就位后，会不会把吊索压住或压坏。

（3）捆绑有棱角的物件时，应衬垫软物，以免物件棱角和钢丝绳受到损伤。

（4）起吊各种零散物件时，如麻袋包、货箱、生铁块、钢板、钢管等，须采用与其相适应的捆缚夹具，以保证吊运平稳安全。

（5）一般不得用单根吊索悬吊重物，以防重物旋转而将吊索扭伤。使用两根或多根吊索悬吊重物时，应避免吊索并列，否则，吊索由于长短不同，短吊索受力过大，容易断裂。正确的方法应使用两根吊索，并有适当的角度。

Jb0004212091　组立杆塔前对工器具有什么要求？（5分）

考核知识点：铁塔组立

难易度：中

标准答案：

工器具在使用前应经过技术检验，不合格的严禁使用，应根据施工设计的要求选用合适的工器具，使用前施工负责人和安全员应全面检查工器具是否安全可靠，工器具不得以小代大。

Jb0004212092　牵引场、张力场的选择应符合什么规定？（5分）

考核知识点：牵引场、张力场的选择

难易度：中

标准答案：

满足下列条件时，可作为牵引场、张力场：

（1）牵引机、张力机能直接运达，或道路桥梁稍加修整加固后即可运达。

（2）场地地形及面积能满足设备、导线布置及施工操作要求。

（3）相邻直线塔允许做过轮临锚，锚线对地角度符合设计要求，且满足锚线及压接导线作业要求。

（4）耐张塔、上扬杆塔附近。

有下列情况之一，不宜选做牵引场、张力场：

（1）需以直线换位塔或直线转角塔作过轮临锚塔。

（2）档内有重要交叉跨越或变叉跨越次数较多。

（3）档内不允许导线、地线接头。

（4）牵引机、张力机进出口仰角大于15°。

（5）相邻杆塔不允许临锚。

Jb0004212093　张力放线应作布线设计，布线应符合什么规定？（5分）

考核知识点：布线设计

难易度：中

标准答案：

（1）可有效控制接续管位置。

（2）接续管数量应减至最少。

（3）紧线后余线应最少。

（4）直线松锚后放线区段内导线不应落地。

（5）放线中产生的不能继续使用的短线头应最少。

（6）转场时余线转运量应较少。

Jb0004212094 直线松锚升空操作，应符合什么规定？（5分）

考核知识点：直线松锚升空操作

难易度：中

标准答案：

（1）松锚前应先压接相邻两紧线段的接续管。

（2）在地面的放线临锚附近应安装卡线器，并应接入牵引滑车或其他牵引工具作为松锚工具还应收紧松锚工具至放线临锚钢丝绳不再受力时，方可拆除待紧线段及已紧线段的放线临锚。

（3）放松松锚工具后，应用压线装置控制导地线高度，待松锚工具完全不受力后方可将其拆除；再慢慢放松压线装置至完全不受力时，方可拆除压线装置；紧线操作端应同时配合收紧导地线，并应保持导地线始终有适当的架空高度；当紧线段内有重要跨越物时，应派专人监护。

（4）同一相（极）的各子导线应对称松锚，并应使放线滑车保持平衡。

（5）松锚时应避免子导线相互缠绕。

（6）余线较多时，不宜将一根线一次松完后再松另一根线。

Jb0004212095 非紧线操作的耐张串导线挂线作业，在耐张塔两侧应同时对称（平衡）进行空中锚线，应平衡收紧两侧导线，使两侧锚线卡线器间的导线松弛，如何操作？（5分）

考核知识点：平衡挂线

难易度：中

标准答案：

（1）在耐张线夹外适当位置安装锚线卡线器。

（2）以横担挂线板上的施工孔为锚线孔，在卡线器与锚线孔间安装锚线钢丝绳套、手扳葫芦等锚线工具。

（3）两侧同时收紧手扳葫芦，使锚线工具受力，导线逐渐松弛。收紧时应保持操作塔前后对称平衡受力。

（4）断线前，在卡线器后侧 0.5～1.0m 处，用绳索将导线捆绑在锚线绳上，导线松线时不得出现硬弯，断线后，用绳索将导线松下。

Jb0004212096 测定间隔棒安装位置的方法有哪些？（5分）

考核知识点：间隔棒安装

难易度：中

标准答案：

（1）手持激光测距仪定位。

（2）计程器定位。
（3）测绳高处测量定位。
（4）地面测量定位。

Jb0004212097　光缆盘运到现场后，应进行哪些检查和验收？（5分）
考核知识点：光缆盘检查和验收
难易度：中

标准答案：

（1）光缆的型号、规格。
（2）光缆盘号与长度。
（3）光缆端头密封的防潮封口有无松脱现象。
（4）光纤衰减值。

Jb0004212098　液压施工方案应至少包括哪些内容？（5分）
考核知识点：液压操作
难易度：中
标准答案：
（1）导地线的规格型号及有关参数。
（2）接续管及耐张线夹的规格尺寸。
（3）压接应达到额定的工作压力。
（4）施工流程和工艺设计。

Jb0004212099　导地线展放前应进行哪些检查？（5分）
考核知识点：导地线展放前检查
难易度：中
标准答案：
（1）绞制方向。
（2）厂家。
（3）规格。
（4）材质。
（5）压后质量检验标准。

Jb0004212100　人力及机械牵引放线，导线、地线（光缆）被通道内障碍物卡住，处理时应注意哪些安全事项？（5分）
考核知识点：人力展放导线、地线注意事项
难易度：中
标准答案：
（1）导线、地线（光缆）被障碍物卡住时，作业人员应站在线弯的外侧。
（2）应使用工具处理，不得直接用手推拉。

Jb0004212101　灌注桩施工应遵守哪些规定？（5分）

考核知识点：灌注桩施工规定

难易度：中

标准答案：

（1）潜水钻机的电钻应使用封闭式防水电机，接入电机的电缆不得破损、漏电。

（2）孔顶应埋设护筒，埋深应不小于1m。

（3）不得超负荷进钻。

（4）应由专人收放进浆胶管。

（5）接钻杆时，应先停止钻机转动，后提升钻杆。

（6）施工人员不得进入没有护筒或其他防护设施的钻孔中工作。

（7）应按规定排放泥浆。

Jb0004212102 试述基础混凝土发生蜂窝麻面的原因及处理方法。（5分）

考核知识点：基础混凝土

难易度：中

标准答案：

（1）产生蜂窝比较严重的原因是材料配比不当，浆少石多，搅拌不匀，捣固不密实，模板严重漏浆。处理方法：当蜂窝比较严重时，应凿去薄弱的混凝土层和突出的骨料颗粒，然后用钢丝刷清洗表面，再用高一级的细砂石混凝土填塞抹平，并加养护。

（2）产生一般麻面的原因是振捣不足，模板湿润不够，搅拌不匀或养护不好。处理方法：先用钢丝刷清洗，再用1:2.5水泥砂浆抹平并加养护。

Jb0004212103 基础施工质量事故的范围包括哪些？（5分）

考核知识点：基础质量

难易度：中

标准答案：

凡在施工过程发生工程质量不符合设计要求或施工偏差超过质量标准的允许范围，需要返工或造成永久性缺陷者或在施工（包括装卸、搬运、试运）过程中由于操作、使用、调整及保管不当，造成设备、材料损坏者均属质量事故。

Jb0004212104 电缆线路测量参数试验，主要测量哪些参数？（5分）

考核知识点：线路参数测试

难易度：中

标准答案：正序阻抗、零序阻抗、电容、直流电阻、互感阻抗。

Jb0004212105 钢筋按定尺长度交货时的长度允许偏差为多少？（5分）

考核知识点：钢筋质量要求

难易度：中

标准答案：

$^{+50}_{0}$ mm。

Jb0004212106 用一只四接线柱的接地绝缘电阻表，测量杆塔的接地电阻，请画出其接线简图。

（5分）

考核知识点：接地绝缘电阻表

难易度：中

标准答案：

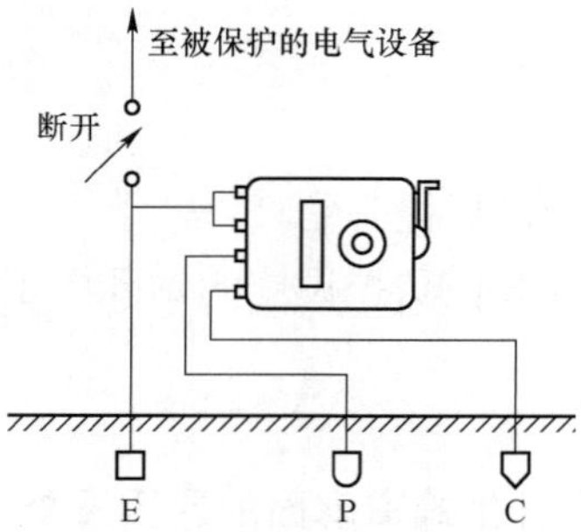

图 Jb0004212116

Jb0005212107　输电线路工程的项目管理实施规划包含哪些内容？（5分）

考核知识点：项目管理实施规划

难易度：中

标准答案：

（1）工程情况简介。包括工程发承包方式，业主、设计、监理和施工单位，要求工期，开竣工日期，质量等级以及对工程施工提出的重要要求等。

（2）工程概况。包括工程特点、工程量、线路路径特点，沿线地形及气象条件、交通运输及地方资源条件、交叉跨越情况等。

（3）编制依据。

（4）施工组织和施工方案。包括施工组织机构的设置和人力资源计划，施工程序和综合进度计划（包括影响项目工程施工进度的主要因素分析和保证工期措施），施工方案。

（5）施工总平面布置图及说明。包括工程项目部、材料站和施工班组驻地。

（6）主要施工方案和重大施工措施（包括主要交叉配合施工方案、重大起吊运输方案、关键性和季节性施工措施）。

（7）技术和物资供应计划。

（8）质量规划、质量计划和保证措施。

（9）安全文明施工和职业健康和环境保护目标和保证措施（包括危险点分析）。

（10）降低工程成本和推广新技术等主要计划和措施。

Jb0005213108　“三算”包含哪些内容？（5分）

考核知识点：“三算”

难易度：难

标准答案：

（1）一是拉线必须经过计算校核。

（2）二是地锚必须经过计算校核。

（3）三是临近带电体作业安全距离必须经过计算校核。

Jb0006212109　什么是竣工验收检查？其项目有哪些？（5分）

考核知识点： 竣工验收

难易度： 中

标准答案：

（1）竣工验收检查是指全部线路或其中一段线路所有工程项目全部结束后所进行的验收检查。

（2）竣工验收检查包括：

1）在进行竣工验收检查时，要检查在中间验收检查时所查出的问题是否完成处理。

2）线路附近的障碍物是否清楚。

3）各项记录是否齐全，正确。

4）线路有无遗留未完的项目。

Jb0006212110 线路投产送电前应具备哪些条件？（5 分）

考核知识点： 竣工验收

难易度： 中

标准答案：

（1）线路巡线人员已配齐。

（2）线路已有杆号，相位等标志。

（3）线路上的临时接地及障碍物均已全部拆除。

（4）线路上已无人登杆作业，在安全距离内的一切作业均已停止，并对线路进行一次巡视检查。

（5）按设计规定线路的继电保护和自动装置均已调试合格。

第八章　架空线路工技师技能操作

Jc0003242001　耐张塔正方形铁塔基础施工分坑测量操作。(100 分)

考核知识点：分坑测量

难易度：中

技能等级评价专业技能考核操作工作任务书

一、任务名称

耐张塔正方形铁塔基础施工分坑测量操作。

二、适用工种

架空线路工技师。

三、具体任务

对耐张塔正方形铁塔基础施工进行分坑。

四、工作规范及要求

(1)工器具选用 J2 光学经纬仪、榔头、标杆、卷尺(30m)满足工作需要，并经外观检查。

(2)材料选用圆木桩、铁钉、记号笔。

(3)仪器架设。

(4)基础分坑。

(5)画平面图。

五、考核及时间要求

(1)本考核操作时间为 60 分钟，时间到停止考评。

(2)考评过程中如果由于测试人员操作不规范，有可能引发不安全因素的，停止考评，该项考核项目不得分，但不影响其他项目。

技能等级评价专业技能考核操作评分标准

工种	架空线路工					评价等级	技师
项目模块	基本技能—经纬仪及其他测绘仪器的使用				编号	Jc0003242001	
单位		准考证号				姓名	
考试时限	60 分钟	题型	单项操作			题分	100 分
成绩	考评员		考评组长			日期	
试题正文	耐张塔正方形铁塔基础施工分坑测量操作						
需要说明的问题和要求	(1)要求工器具检查完备，考评员监护。 (2)流程合理。 (3)正确分坑正方形铁塔基础						

序号	项目名称	质量要求	满分	扣分标准	扣分原因	得分
1	着装	正确佩戴安全帽，穿工作服，穿工作胶鞋，戴手套	5	未正确佩戴安全帽扣 2 分； 未穿工作服扣 1 分； 未穿工作胶鞋扣 1 分； 未戴手套进行操作扣 1 分		

续表

序号	项目名称	质量要求	满分	扣分标准	扣分原因	得分
2	工器具、材料准备	工器具、材料选用准确、齐全，并做外观检查	5	工器具、材料缺一项扣 1 分，扣完为止		
3	仪器架设	检查中心桩，并将经纬仪放于铁塔中心桩上，将标杆插于线路方向桩上，复测转角度数θ	5	对中、调平、对光不正确扣 2 分； 前、后方未测量、检查中心桩是否正确扣 3 分		
4	确定二等分线方向	将经纬仪在线路方向水平角度归零，向内角侧转α[α=(180－θ)/2]度，定辅助桩 M 即为二等分线方向	10	方向不正确扣 10 分		
5	钉顺线路方向的辅助桩	转动水平度盘 90°，钉下顺线路方向的辅助桩 N	10	未用十字丝双丝段精密夹住标杆扣 5 分； 钉出的顺线路方向桩不正确扣 5 分		
6	测量出塔脚的中心桩和开挖面辅助桩	将经纬仪对准顺线路方向 OP 后，以中心桩方向 OP 向右转动 45°，在此方向上用卷尺量出塔腿中心 C，同时找出开挖面辅助桩。打倒镜后同理得出 A 塔腿的位置。转动 45°后，可分别得出 B 塔腿和 D 塔腿的位置	30	经纬仪角度使用不正确扣 5 分； 计算半对角线不正确扣 5 分； 目镜读数不清晰扣 5 分； 中心桩不在目镜的十字丝上扣 5 分； 塔腿中心桩位置不准确扣 5 分； 塔腿开挖面辅助桩位置不准确扣 5 分		
7	绘图	算出在分坑过程中所用的计算公式及数据，并在纸上按比例绘制平面分坑图	20	计算公式不正确扣 10 分； 绘制的平面图不正确扣 10 分		
8	自查验收	组织依据施工验收规范对施工工艺、质量进行自查验收	5	未组织自查扣 2 分； 分坑尺寸超过标准值的 2%扣 3 分		
9	安全文明	工器具在操作中归位，工器具材料不乱扔乱放	10	操作中及结束后工器具材料乱放扣 5～10 分		
合计			100			

Jc0003242002 导线与被跨电力线路间距离测量。（100 分）

考核知识点： 交叉跨越距离测量

难易度： 中

技能等级评价专业技能考核操作工作任务书

一、任务名称

导线与被跨电力线路间距测量。

二、适用工种

架空线路工技师。

三、具体任务

测量导线与被跨电力线路之间的最小距离。

四、工作规范及要求

（1）相关工器具的准备。

（2）工器具、仪器仪表的正确使用及安全措施。

五、考核及时间要求

（1）本考核操作时间为 15 分钟，时间到停止考评。

（2）考评过程中如果由于测试人员操作不规范，有可能引发不安全因素的，停止考评，该项考核项目不得分，但不影响其他项目。

技能等级评价专业技能考核操作评分标准

工种	架空线路工				评价等级	技师	
项目模块	基本技能—经纬仪及其他测绘仪器的使用			编号	Jc0003242002		
单位		准考证号			姓名		
考试时限	15 分钟	题型	单项操作		题分	100 分	
成绩	考评员		考评组长		日期		
试题正文	导线与被跨电力线路间距离测量						
需要说明的问题和要求	（1）要求工器具检查完备，考评员监护。 （2）流程合理。 （3）正确测量导线与被跨电力线路间最小距离						

序号	项目名称	质量要求	满分	扣分标准	扣分原因	得分
1	准备工作					
1.1	周边环境不影响测量	周边环境不影响施工	5	影响施工中途停止，一次扣 5 分		
1.2	工器具完备	检查测试仪器仪表、材料及工具是否齐全洁净、符合作业要求	5	工器具不齐全，少一个扣 2 分，扣完为止		
2	实验步骤					
2.1	实验前准备	选择适当位置，安装经纬仪，对中、整平。记录测量时温度	10	操作不正确扣 5 分； 未记录温度扣 5 分		
2.2	测量被测点距离	指挥辅助人员在被测点导线下方竖直立塔尺，操作人员调节经纬仪目镜，读取测量数据，并计算出所需数据	20	测量点位置（依据现场条件可口述）不正确扣 10 分； 读数不正确扣 5 分； 计算方法不正确扣 5 分		
2.3	测量被测点电力线路与水平线夹角	固定水平度盘，移动目镜，对准被测电力线路，测量树木与水平线夹角	15	未固定水平度盘扣 5 分； 角度读取不正确扣 10 分		
2.4	测量被测点导线与水平线夹角	固定水平度盘，移动目镜，对准被测导线，测量被测点导线与水平线夹角	15	未固定水平度盘扣 5 分； 角度读取不正确扣 10 分		
2.5	计算最小距离	利用所测数据，列公式计算导线对地面最小距离（以米为单位，保留两位小数）	20	计算公式不正确扣 10 分； 计算结果不正确扣 10 分		
3	工作结束					
3.1	工作现场清理	清理现场，整理工器具	10	未清理现场扣 5 分； 未整理工器具扣 5 分		
合计			100			

Jc0004241003　编写一份 330kV 架空线路基础工程施工组织方案。（100 分）

考核知识点：施工组织方案

难易度：易

技能等级评价专业技能考核操作工作任务书

一、任务名称

编写一份 330kV 架空线路基础工程施工组织方案。

二、适用工种

架空线路工技师。

三、具体任务

某 330kV 架空线路基础工程开始进行基础施工。针对此项工作，要求考生编写一份 330kV 架空线路基础工程施工组织方案。

四、工作规范及要求

请按以下要求完成330kV架空线路基础工程施工组织方案的编写，方案编写在教室内完成。

（1）人员配置分工合理、职责清楚（方案中不得出现真实单位名称及个人姓名）。

（2）工器具配置清楚。

（3）施工内容清楚。

（4）施工质量标准清楚。

（5）组织、安全、技术、环保等措施齐全。

五、考核及时间要求

考核时间共60分钟，每超过2分钟扣1分，到65分钟终止考核。

技能等级评价专业技能考核操作评分标准

工种	架空线路工					评价等级	技师
项目模块	专业知识—线路基础的安装、浇制				编号	Jc0004241003	
单位			准考证号			姓名	
考试时限	60分钟		题型	单项操作		题分	100分
成绩		考评员		考评组长		日期	
试题正文	编写一份330kV架空线路基础工程施工组织方案						
需要说明的问题和要求	（1）学员集中于教室在60分钟内完成方案编写。 （2）方案中施工班组、作业人员不指定，由考生自行填写，但不得出现真实单位名称和个人姓名。 （3）所用工具、材料由考生根据施工需要进行安排						

序号	项目名称	质量要求	满分	扣分标准	扣分原因	得分
1	整体要求					
1.1	标题	要写清楚架空线路名称、杆号及作业内容	5	少一项扣2分，扣完为止		
1.2	工作概况介绍	应对工作概况或该工作的背景进行简单描述	5	没有工程概况介绍扣5分		
2	组织措施					
2.1	工作内容	应写清楚工作的架空线路名称、杆号、工作内容	10	少一项内容扣3分，扣完为止		
2.2	工作人员及分工	（1）写清楚工作班组和人数；或者逐一填写工作人员名字。 （2）单位名称和个人姓名不得使用真实名称。 （3）有明确分工	5	一项不正确扣2分，扣完为止		
2.3	工作时间	应写清楚计划工作时间，计划工作开始及工作结束时间均应以年、月、日、时、分填写清楚	5	没有填写时间扣5分； 时间填写不清楚扣3分		
3	施工内容					
3.1	表面	应对基础表面有明确的质量要求	4	无相关内容扣4分		
3.2	强度	应对基础强度有明确的强度要求	4	无相关内容扣4分		
3.3	尺寸	应包括以下方面明确的技术要求： （1）高差。 （2）根开。 （3）螺距。 （4）保护层厚度。 （5）断面尺寸	14	少一项扣3分，扣完为止		
3.4	基础回填土	有对基础回填土情况的要求	4	无相关内容扣4分		

续表

序号	项目名称	质量要求	满分	扣分标准	扣分原因	得分
3.5	资料	应对施工记录进行检查	4	无相关内容扣4分		
4	安全措施					
4.1	基础开挖时的安全措施	应对基础开挖时有一定的安全要求	10	无相关内容扣10分； 内容不全酌情扣分，扣完为止		
5	技术措施					
5.1	工器具的使用要求	应有测量工器具的使用有明确的要求	20	无相关内容扣20分； 内容不全酌情扣分，扣完为止		
6	工具					
6.1	工具	应有工具清单，并根据需要对工器具的型号作出一定的要求	10	没有型号要求扣2分； 少一项扣2分，扣完为止		
合计			100			

Jc0004241004　编写一份330kV架空线路铁塔组立施工组织方案。(100分)

考核知识点：施工组织方案

难易度：易

技能等级评价专业技能考核操作工作任务书

一、任务名称

编写一份330kV架空线路铁塔组立施工组织方案。

二、适用工种

架空线路工技师。

三、具体任务

某330kV架空线路基础工程已经施工完成，根据安排，要进行铁塔组立施工。针对此项工作，要求考生编写一份330kV架空线路铁塔组立施工组织方案。

四、工作规范及要求

该架空线路杆塔工程全部为自立式铁塔，请按以下要求完成330kV架空线路铁塔组立施工组织方案的编写，方案编写在教室内完成：

（1）人员配置分工合理、职责清楚（方案中不得出现真实单位名称及个人姓名）。

（2）工器具配置清楚。

（3）施工内容清楚。

（4）施工质量标准清楚。

（5）组织、安全、技术措施齐全。

五、考核及时间要求

考核时间共60分钟，每超过2分钟扣1分，到65分钟终止考核。

技能等级评价专业技能考核操作评分标准

<table>
<tr><td>工种</td><td colspan="4">架空线路工</td><td>评价等级</td><td>技师</td></tr>
<tr><td>项目模块</td><td colspan="3">专业知识—铁塔组立</td><td>编号</td><td colspan="2">Jc0004241004</td></tr>
<tr><td>单位</td><td colspan="2"></td><td>准考证号</td><td></td><td>姓名</td><td></td></tr>
<tr><td>考试时限</td><td>60分钟</td><td>题型</td><td colspan="2">单项操作</td><td>题分</td><td>100分</td></tr>
</table>

续表

成绩		考评员		考评组长		日期	
试题正文	编写一份 330kV 架空线路铁塔组立施工组织方案						
需要说明的问题和要求	（1）学员集中于教室在 60 分钟内完成方案编写。 （2）方案中施工班组、作业人员不指定，由考生自行填写，但不得出现真实单位名称和个人姓名。 （3）该架空线路杆塔工程全部为自立式铁塔。 （4）所用工具、材料由考生根据施工需要进行安排						

序号	项目名称	质量要求	满分	扣分标准	扣分原因	得分
1	整体要求					
1.1	标题	要写清楚架空线路名称、杆塔号及作业内容	5	少一项扣 2 分，扣完为止		
1.2	工作概况介绍	应对工作概况或该工作的背景进行简单描述	5	没有工程概况介绍扣 5 分		
2	组织措施					
2.1	工作内容	应写清楚工作的架空线路、杆塔号、工作内容	10	少一项内容扣 3 分，扣完为止		
2.2	工作人员及分工	（1）应写清楚作业班组和人数，或者逐一填写工作人员名字。 （2）单位名称和个人姓名不得使用真实名称。 （3）应有明确分工	5	一项不正确扣 2 分，扣完为止		
2.3	工作时间	应写清楚计划工作时间，计划工作开始及工作结束时间均应以年、月、日、时、分填写清楚	5	没有填写时间扣 5 分； 时间填写不清楚扣 3 分		
3	施工内容					
3.1	工艺要求	应对铁塔组立方面有明确技术质量的要求： （1）统一规定（螺栓穿向、脚钉布置）。 （2）螺栓紧固要求。 （3）接地安装	6	少一项扣 2 分，扣完为止		
3.2	施工方案	应对铁塔组立方面有明确要求： （1）塔形段别组成及塔重。 （2）组塔方案选择。 （3）吊车参数及相关计算。 （4）现场平面布置示意图	20	少一项扣 5 分，扣完为止		
3.3	质量要求	（1）基础成品保护措施。 （2）铁塔的螺栓、垫圈、垫块规格的正确使用。 （3）质量通病防治措施	2	少一项扣 2 分		
3.4	资料	应对施工记录进行检查	2	少一项扣 2 分		
4	安全措施					
4.1	高处作业的安全措施	（1）有防高处坠落措施。 （2）有防止高处落物伤人的措施	20	无此项内容扣 20 分； 内容不全酌情扣分，扣完为止		
5	技术措施					
5.1	实测实量的使用要求	应有实测实量工器具并有明确的要求	10	无此项内容扣 10 分； 内容不全酌情扣分，扣完为止		
6	工器具	应有工器具清单，并根据需要对工器具的型号作出一定的要求	10	没有型号要求扣 2 分； 少一项扣 2 分，扣完为止		
合计			100			

Jc0004241005　编写一份更换 220kV 直线塔单串瓷瓶的施工方案。（100 分）

考核知识点：施工方案

难易度：易

技能等级评价专业技能考核操作工作任务书

一、任务名称

编写一份更换 220kV 直线塔单串瓷瓶的施工方案。

二、适用工种

架空线路工技师。

三、具体任务

220kV 某线#5 塔（ZM 型）A 相绝缘子串的玻璃瓷瓶由于表面脏污，某单位计划将其更换为防污瓷瓶串，针对此项工作，考生编写一份 更换 220kV 直线塔整串瓷瓶的施工方案。

四、工作规范及要求

请按以下要求完成更换 220kV 直线塔单串瓷瓶的施工方案，方案编写在教室内完成。

（1）人员配置分工合理（方案中不得出现真实单位名称及个人姓名）。

（2）工器具及材料清楚。

（3）主要作业程序正确。

（4）关键工序工艺质量标准清楚。

（5）组织、安全、技术措施齐全。

五、考核及时间要求

考核时间共 60 分钟，每超过 2 分钟扣 1 分，到 65 分钟终止考核。

技能等级评价专业技能考核操作评分标准

<table>
<tr><td>工种</td><td colspan="5">架空线路工</td><td>评价等级</td><td colspan="2">技师</td></tr>
<tr><td>项目模块</td><td colspan="4">专业知识—导线、地线架设</td><td>编号</td><td colspan="3">Jc0004241005</td></tr>
<tr><td>单位</td><td colspan="2"></td><td>准考证号</td><td colspan="2"></td><td>姓名</td><td colspan="2"></td></tr>
<tr><td>考试时限</td><td colspan="2">60 分钟</td><td>题型</td><td colspan="2">单项操作</td><td>题分</td><td colspan="2">100 分</td></tr>
<tr><td>成绩</td><td></td><td>考评员</td><td></td><td>考评组长</td><td></td><td>日期</td><td colspan="2"></td></tr>
<tr><td>试题正文</td><td colspan="8">编写一份更换 220kV 直线塔单串瓷瓶的施工方案</td></tr>
<tr><td>需要说明的问题和要求</td><td colspan="8">（1）学员集中于教室在 60 分钟内完成方案编写。
（2）方案中施工班组、作业人员不指定，由考生自行填写，但不得出现真实单位名称和个人姓名。
（3）导线提升工具可选择丝杠、倒链、手扳葫芦等。
（4）所用工具、材料由考生根据施工需要进行安排</td></tr>
</table>

序号	项目名称	质量要求	满分	扣分标准	扣分原因	得分
1	整体要求					
1.1	标题	要写清楚架空线路名称、杆号及作业内容	5	少一项扣 2 分，扣完为止		
1.2	施工工作介绍	应对施工工作概况或该工作的背景进行简单描述	5	没有工程概况介绍扣 5 分		
2	组织措施					
2.1	工作内容	应写清楚工作的架空线路、杆塔号、工作内容	10	少一项内容扣 3 分，扣完为止		
2.2	工作人员及分工	（1）应写清楚工作班组和人数；或者逐一填写工作人员名字。 （2）单位名称和个人姓名不得使用真实名称。 （3）应有明确分工	5	一项不正确扣 2 分，扣完为止		

续表

序号	项目名称	质量要求	满分	扣分标准	扣分原因	得分
2.3	工作时间	应写清楚计划工作时间，计划工作开始及工作结束时间均应以年、月、日、时、分填写清楚	5	没有填写时间扣 5 分； 时间填写不清楚扣 3 分		
3	作业程序					
3.1	准备工作	（1）安全措施宣讲及落实（作业人员着装正确，正确佩戴安全帽，系安全带，验电，挂接地线）。 （2）人员分工（塔上作业及地面配合人员）。 （3）作业开始前的检查（绝缘子串的表面检查、安全带及延长绳的外观检查和冲击试验、导线提升工具的检查）	8	少一项扣 2 分，扣完为止		
3.2	登塔及更换绝缘子	（1）登塔。 （2）挂吊绳，起吊导线后备保护钢丝绳和提升工具。 （3）挂导线后备保护钢丝绳。 （4）挂好导线提升工具，提升导线。 （5）绑扎绝缘子串，取销子。 （6）落绝缘子串，并起吊新绝缘子串。 （7）安装新绝缘子串及销子。 （8）落导线提升工具和导线后备保护钢丝绳。 （9）下塔，清理现场	12	少一步扣 2 分，扣完为止		
4	安全措施					
4.1	防触电措施	（1）核对架空线路名称。 （2）在作业点两端验电、挂接地线。 （3）加装个人保安线	5	少一项扣 2 分，扣完为止		
4.2	防止高处坠物措施	（1）安全带及延长绳外观检查及冲击试验。 （2）登塔过程中应全程使用安全带。 （3）杆上人员作业过程中不得失去保护	5	少一项扣 2 分，扣完为止		
4.3	防止高处落物伤人措施	（1）杆上作业人员应将工具放置在牢固的构件上。 （2）上下传递工具材料应使用绳索传递，不得抛掷。 （3）作业人员应正确佩戴安全帽。 （4）作业点下方不得有人逗留或通过	5	少一项扣 2 分，扣完为止		
4.4	防止掉线措施	（1）应使用导线后备保护钢丝绳。 （2）断开绝缘子前应检查导线提升工具	5	少一项扣 2 分，扣完为止		
5	技术措施					
5.1	工器具的使用要求	导线提升工具的使用要求	10	无此项内容扣 10 分； 内容不全酌情扣分，扣完为止		
5.2	质量要求	销子安装质量	10	无此项内容扣 10 分； 内容不全酌情扣分，扣完为止		
6	工具材料					
6.1	工具	（1）应有工具清单。 （2）应含有导线提升工具、导线后备保护钢丝绳、绳索、滑车等工具，并应根据情况选择适当的型号。 （3）应含有验电器、接地线、安全带、延长绳、脚扣等安全工器具	5	没有型号要求扣 2 分； 少一项扣 2 分，扣完为止		
6.2	材料	（1）应有材料清单。 （2）应有防污瓷瓶、销子等材料，并应根据情况选择适当的型号	5	没有型号要求扣 2 分； 少一项扣 3 分，扣完为止		
合计			100			

Jc0004241006　编写更换 110kV 直线杆单根拉线施工方案。（100 分）
考核知识点：施工方案
难易度：易

技能等级评价专业技能考核操作工作任务书

一、任务名称

编写更换 110kV 直线杆单根拉线施工方案。

二、适用工种

架空线路工技师。

三、具体任务

110kV 某线 8 号杆（杆型 Z3）A 拉由于外力破坏造成了断股，某单位计划对该拉线进行更换。针对此项工作，考生编写一份更换 110kV 直线杆单根拉线的施工方案。

四、工作规范及要求

请按以下要求完成更换 110kV 直线杆单根拉线的施工方案，方案编写在教室内完成。
（1）人员配置分工合理（方案中不得出现真实单位名称及个人姓名）。
（2）工器具及材料清楚。
（3）主要作业程序正确。
（4）关键工序工艺质量标准清楚。
（5）组织、安全、技术措施齐全。

五、考核及时间要求

考核时间共 60 分钟。每超过 2 分钟扣 1 分，到 65 分钟终止考核。

技能等级评价专业技能考核操作评分标准

工种	架空线路工				评价等级	技师
项目模块	专业知识—电杆组立			编号	Jc0004241006	
单位		准考证号			姓名	
考试时限	60 分钟	题型	单项操作		题分	100 分
成绩	考评员		考评组长		日期	
试题正文	编写更换 110kV 直线杆单根拉线施工方案					
需要说明的问题和要求	（1）考生集中于教室在 60 分钟内完成方案编写。 （2）方案中施工班组、作业人员不指定，由考生自行填写，但不得出现真实单位名称和个人姓名。 （3）所用工具、材料由考生根据施工需要进行安排					

序号	项目名称	质量要求	满分	扣分标准	扣分原因	得分
1	整体要求					
1.1	标题	要写清楚架空线路名称、杆号及作业内容	5	少一项扣 2 分，扣完为止		
1.2	施工工作介绍	应对施工工作概况或该工作的背景进行简单描述	5	没有工程概况介绍扣 5 分		
2	组织措施					
2.1	工作内容	应写清楚工作的架空线路、杆号、工作内容	10	少一项内容扣 3 分，扣完为止		
2.2	工作人员及分工	（1）应写清楚工作班组和人数；或者逐一填写工作人员名字。 （2）单位名称和个人姓名不得使用真实名称。 （3）应有明确分工	5	一项不正确扣 2 分，扣完为止		

续表

序号	项目名称	质量要求	满分	扣分标准	扣分原因	得分
2.3	工作时间	应写清楚计划工作时间，计划工作开始及工作结束时间均应以年、月、日、时、分填写清楚	5	没有填写时间扣 5 分； 时间填写不清楚扣 3 分		
3	作业程序					
3.1	准备工作	（1）安全措施宣讲及落实（作业人员着装正确，戴安全帽，系安全带）。 （2）人员分工（杆上作业及地面配合人员）。 （3）作业开始前的检查（检查杆身倾斜、杆根培土及拉线松紧情况）	8	少一项扣 2 分，扣完为止		
3.2	更换拉线	（1）登杆，吊钢丝绳。 （2）装设临时拉线。 （3）拆除旧拉线。 （4）装新拉线。 （5）调整新拉线。 （6）拆除临时拉线	12	少一步扣 2 分，扣完为止		
4	安全措施					
4.1	防触电措施	作业人员应保持与带电体至少 1.5m 的安全距离	5	少一项扣 2 分，扣完为止		
4.2	防止高处坠落措施	（1）安全带及延长绳外观检查及冲击试验。 （2）登杆过程中不得失去安全带的保护。 （3）杆上人员作业过程中不得失去安全带保护	5	少一项扣 2 分，扣完为止		
4.3	防止高处落物伤人措施	（1）杆上作业人员应将工具放置在牢固的构件上。 （2）上下传递工具材料应使用绳索传递，不得抛掷。 （3）作业人员应正确佩戴安全帽。 （4）作业点下方不得有人逗留或通过	5	少一项扣 2 分，扣完为止		
4.4	防止倒杆措施	应设置专责监护人随时检查拉线的松紧情况及杆身倾斜情况	5	少写扣 5 分		
5	技术措施					
5.1	工器具的使用要求	收紧钢绞线的倒链或手扳葫芦的使用要求	8	无此项内容扣 8 分； 内容不全酌情扣分，扣完为止		
5.2	质量要求	（1）拉线的松紧程度。 （2）与交叉拉线的摩擦。 （3）尾线回头长度。 （4）扎线长度及工艺。 （5）尾线穿线的方向	12	无此项内容扣 12 分； 内容不全酌情扣分，扣完为止		
6	工具材料					
6.1	工具	（1）应有工具清单。 （2）应含有钢绞线卡头、套筒、紧线器（倒链、手扳葫芦）、钢丝绳套、绳索、滑车等工具，并应根据情况选择适当的型号。 （3）应含有安全带、延长绳、脚扣等安全工器具	5	没有型号要求扣 2 分； 少一项扣 2 分，扣完为止		
6.2	材料	（1）应有材料清单。 （2）应有楔形线夹、NUT 线夹、铁丝、扎丝等材料，并应根据情况选择适当的型号	5	没有型号要求扣 2 分； 少一项扣 3 分，扣完为止		
合计			100			

Jc0004241007　编写更换 110kV 直线杆防振锤的施工方案。(100 分)

考核知识点：施工方案

难易度：易

技能等级评价专业技能考核操作工作任务书

一、任务名称

编写更换 110kV 直线杆防振锤的施工方案。

二、适用工种

架空线路工技师。

三、具体任务

110kV 某线 8 号杆（杆型 Z3）A 相大号侧防振锤下滑 1m，计划对该防振锤进行更换。针对此项工作，考生编写一份更换更换 110kV 直线杆防振锤的施工方案。

四、工作规范及要求

请按以下要求完成更换 110kV 直线杆防振锤的施工方案，方案编写在教室内完成：

（1）人员配置分工合理（方案中不得出现真实单位名称及个人姓名）。

（2）工器具及材料清楚。

（3）主要作业程序正确。

（4）关键工序工艺质量标准清楚。

（5）组织、安全、技术措施齐全。

五、考核及时间要求

考核时间共 60 分钟。每超过 2 分钟扣 1 分，到 65 分钟终止考核。

技能等级评价专业技能考核操作评分标准

<table>
<tr><td>工种</td><td colspan="5">架空线路工</td><td>评价等级</td><td>技师</td></tr>
<tr><td>项目模块</td><td colspan="4">专业知识—导线、地线架设</td><td>编号</td><td colspan="2">Jc0004241007</td></tr>
<tr><td>单位</td><td colspan="2"></td><td>准考证号</td><td colspan="2"></td><td>姓名</td><td></td></tr>
<tr><td>考试时限</td><td>60 分钟</td><td>题型</td><td colspan="3">单项操作</td><td>题分</td><td>100 分</td></tr>
<tr><td>成绩</td><td>考评员</td><td></td><td>考评组长</td><td colspan="2"></td><td>日期</td><td></td></tr>
<tr><td>试题正文</td><td colspan="7">编写更换 110kV 直线杆防振锤的施工方案</td></tr>
<tr><td>需要说明的问题和要求</td><td colspan="7">（1）考生集中于教室在 60 分钟内完成方案编写。
（2）方案中施工班组、作业人员不指定，由考生自行填写，但不得出现真实单位名称和个人姓名。
（3）所用工具、材料由考生根据施工需要进行安排</td></tr>
</table>

序号	项目名称	质量要求	满分	扣分标准	扣分原因	得分
1	整体要求					
1.1	标题	要写清楚架空线路名称、杆号及作业内容	5	少一项扣 2 分，扣完为止		
1.2	施工工作介绍	应对施工工作概况或该工作的背景进行简单描述	5	没有工程概况介绍扣 5 分		
2	组织措施					
2.1	工作内容	应写清楚工作的架空线路、杆号、工作内容	10	少一项内容扣 3 分，扣完为止		
2.2	工作人员及分工	（1）应写清楚工作班组和人数，或者逐一填写工作人员名字。 （2）单位名称和个人姓名不得使用真实名称。 （3）应有明确分工	5	一项不正确扣 2 分，扣完为止		

续表

序号	项目名称	质量要求	满分	扣分标准	扣分原因	得分
2.3	工作时间	应写清楚计划工作时间，计划工作开始及工作结束时间均应以年、月、日、时、分填写清楚	5	没有填写时间扣 5 分； 时间填写不清楚扣 3 分		
3	作业程序					
3.1	准备工作	（1）安全措施宣讲及落实（作业人员着装正确，正确佩戴安全帽，系好安全带）。 （2）人员分工（杆上作业及地面配合人员）。 （3）作业开始前的准备（防振锤及螺栓、平、弹垫、铝包带的检查）	8	少一项扣 2 分，扣完为止		
3.2	更换防振锤	（1）登杆。 （2）沿绝缘子下导线。 （3）出导线。 （4）量出安装位置。 （5）缠绕铝包带。 （6）安装防振锤。 （7）拆除旧防振锤及铝包带。 （8）下杆	12	少一步扣 2 分，扣完为止		
4	安全措施					
4.1	防触电措施	（1）作业前应核对架空线路双重名称。 （2）在作业点两端验电、挂接地线。 （3）加装个人保安线	10	少一项扣 2 分，扣完为止		
4.2	防止高处坠落措施	（1）安全带及延长绳外观检查及冲击试验。 （2）登杆过程中应全程使用安全带。 （3）杆上人员作业过程中不得失去安全带保护	10	少一项扣 2 分，扣完为止		
4.3	防止高处落物伤人措施	（1）杆上作业人员应将工具放置在牢固的构件上。 （2）上下传递工具材料应使用绳索传递，不得抛掷。 （3）作业人员应正确佩戴安全帽。 （4）作业点下方不得有人逗留或通过	10	少一项扣 2 分，扣完为止		
5	技术措施					
5.1	质量要求	（1）铝包带的缠绕方向、出头及质量。 （2）螺栓穿向。 （3）防振锤安装位置及质量	10	无此项内容扣 10 分； 内容不全酌情扣分，扣完为止		
6	工具材料					
6.1	工具	（1）应有工具清单。 （2）应含有安全带、延长绳、脚扣等安全工器具	5	没有型号要求扣 2 分； 少一项扣 2 分，扣完为止		
6.2	材料	（1）应有材料清单。 （2）应有防振锤及配件、铝包带等材料，并应根据情况选择适当的型号	5	没有型号要求扣 2 分； 少一项扣 3 分，扣完为止		
合计			100			

Jc0004241008 编写使用人字抱杆整体组立 15m 双杆的施工组织方案。（100 分）

考核知识点：施工组织方案

难易度：易

技能等级评价专业技能考核操作工作任务书

一、任务名称

编写使用人字抱杆整体组立15m双杆的施工组织方案。

二、适用工种

架空线路工技师。

三、具体任务

110kV某线因交叉跨越距离不满足要求，输电工区计划在9～10号杆中间新立一基呼高为15m的钢筋混凝土双杆，作业方法为人字抱杆整体组立，针对此项工作，要求考生编写一份使用人字抱杆整体组立15m双杆的施工组织方案。

四、工作规范及要求

双杆已组装完毕，请按以下要求完成使用人字抱杆整体110kV双杆整体组立施工组织方案的编写，方案编写在教室内完成。

（1）人员配置分工合理（方案中不得出现真实单位名称及个人姓名）。

（2）工器具及材料清楚。

（3）主要作业程序正确。

（4）关键工序工艺质量标准清楚。

（5）组织、安全、技术措施齐全。

五、考核及时间要求

考核时间共60分钟，每超出2分钟扣1分，到65分钟终止考核。

技能等级评价专业技能考核操作评分标准

工种	架空线路工				评价等级	技师
项目模块	专业知识—电杆组立			编号	Jc0004241008	
单位		准考证号			姓名	
考试时限	60分钟	题型	单项操作		题分	100分
成绩		考评员		考评组长	日期	
试题正文	编写使用人字抱杆整体组立15m双杆的施工组织方案					
需要说明的问题和要求	（1）学员集中于教室在60分钟内完成方案编写。 （2）方案中施工班组、作业人员不指定，由考生自行填写，但不得出现真实单位名称和个人姓名。 （3）电杆为15m钢筋混凝土双杆，已组装完毕，组立方式为使用人字抱杆整体组立。 （4）所用工具、材料由考生根据施工需要进行安排					

序号	项目名称	质量要求	满分	扣分标准	扣分原因	得分
1	整体要求					
1.1	标题	要写清楚架空线路名称、杆号及作业内容	5	少一项扣2分，扣完为止		
1.2	工程概况介绍	应对工程概况或该工作的背景进行简单描述	5	没有工程概况介绍扣5分		
2	组织措施					
2.1	工作内容	应写清楚工作的架空线路、杆号、工作内容、工作范围	10	少一项内容扣3分，扣完为止		
2.2	工作人员及分工	（1）应写清楚工作班组和人数，或者逐一填写工作人员名字。 （2）单位名称和个人姓名不得使用真实名称。 （3）应有明确分工	5	一项不正确扣2分，扣完为止		

续表

序号	项目名称	质量要求	满分	扣分标准	扣分原因	得分
2.3	工作时间	应写清楚计划工作时间，计划工作开始及工作结束时间均应以年、月、日、时、分填写清楚	5	没有填写时间扣 5 分； 时间填写不清楚扣 3 分		
3	作业程序					
3.1	准备工作	（1）安全措施宣讲及落实（作业人员着装正确，戴安全帽，系安全带）。 （2）人员分工（指挥、安全监护、制动系统、临时拉线、机动绞磨、制作拉线、登杆各岗位人员分配）。 （3）作业开始前的检查（双杆距离、根开距离、坑内余土、马道、牵引地锚与电杆位置、制动地锚和牵引地锚及操作人员位置、临时拉线地锚位置、各绑扎点及吊点锁紧情况等方面的检查）	6	少一项扣 2 分，扣完为止		
3.2	立杆	（1）选择合适位置绑扎撑木梁进行补强。 （2）制动系统安装。 （3）抱杆安装。 （4）抱杆起立。 （5）起立电杆（电杆受力后应检查吊点平衡及制动系统，横担离地 30～50cm 时再检查各受力点及地锚，确无问题后再继续起立）。 （6）调整电杆及做拉线。 （7）电杆起立至 70° 时应停止绞磨，起立至 80° 时停止牵引。 （8）调整拉线至杆身竖直	10	少一步扣 2 分，扣完为止		
3.3	拆除工器具及临时拉线	（1）应固定好四方拉线，及时回填土并夯实，并拆除吊点钢丝绳套机牵引设备。 （2）拆除临时拉线	4	少一项扣 2 分，扣完为止		
4	安全措施					
4.1	防触电措施	（1）核对架空线路名称。 （2）在作业点两端验电、挂接地线（现场布置与架空线路、弱电架空线路保证足够的安全距离）	5	少一项扣 2 分，扣完为止		
4.2	防止高处坠落措施	（1）在正式拉线做好和杆基回填土夯实之前，不得登杆。 （2）安全带及延长绳外观检查及冲击试验。 （3）登杆过程中应全程使用安全带。 （4）杆上人员作业过程中不得失去保护	5	少一项扣 2 分，扣完为止		
4.3	防止高处落物伤人措施	（1）杆上作业人员应将工具放置在牢固的构件上。 （2）上下传递工具材料应使用绳索传递，不得抛掷。 （3）地锚及操作人员应在距杆根杆高 1.2 倍距离外。 （4）作业人员应正确佩戴安全帽	5	少一项扣 2 分，扣完为止		
4.4	防止倒杆措施	（1）杆塔起立后应对各受力点处、各地锚做一次全面检查并冲击，却无问题再继续起立。 （2）起吊过程中，应注意检查各绑扎点钢丝绳套锁紧情况及位置是否正确。 （3）正式拉线做好，杆基回填土夯实后，方可登杆拆除所有牵引和临时拉线	5	少一项扣 2 分，扣完为止		

续表

序号	项目名称	质量要求	满分	扣分标准	扣分原因	得分
5	技术措施					
5.1	工器具的使用要求	(1)地锚的使用要求。 (2)抱杆的使用要求。 (3)机动绞磨的使用要求等	10	少一项扣5分，扣完为止		
5.2	质量要求	(1)杆身质量(正直，无迈步、弯曲现象等)。 (2)拉线质量(拉线松紧合适，交叉处无摩擦，尾线长度、扎线长度符合要求等)	10	少一项扣5分，扣完为止		
6	工具材料					
6.1	工具	(1)应有工具清单。 (2)应含有钢丝绳套、地锚、抱杆、绳索、滑车等立杆工具，并应根据情况选择适当的型号。 (3)应含有验电器、接地线、安全带、延长绳、脚扣等安全工器具	5	没有型号要求扣2分； 少一项扣2分，扣完为止		
6.2	材料	(1)应有材料清单。 (2)应有钢绞线、铁丝、楔形线夹、NUT线夹等材料，并应根据情况选择适当的型号	5	没有型号要求扣2分； 少一项扣3分，扣完为止		
合计			100			

Jc0004241009　编写使用吊车整体组立ZM(7725－18)型铁塔的施工组织方案。(100分)

考核知识点：施工组织方案

难易度：易

技能等级评价专业技能考核操作工作任务书

一、任务名称

编写使用吊车整体组立ZM(7725－18)型铁塔的施工组织方案。

二、适用工种

架空线路工技师。

三、具体任务

110kV某线因交跨距离不满足要求，输电工区计划在将18号杆更换为ZM(7725－18)型铁塔，作业方法为吊车整体组立，铁塔已组装完毕。针对此项工作，考生须在60分钟内编写一份使用吊车整体组立ZM(7725－18)型铁塔的施工组织方案。

四、工作规范及要求

铁塔已组装完毕。请按以下要求完成使用吊车整体组立ZM(7725－18)型铁塔的施工组织方案的编写，方案编写在教室内完成。

(1)人员配置分工合理(方案中不得出现真实单位名称及个人姓名)。

(2)工器具及材料清楚。

(3)主要作业程序正确。

(4)关键工序工艺质量标准清楚。

(5)组织、安全、技术措施齐全。

五、考核及时间要求

考核时间共60分钟，每超过2分钟扣1分，到65分钟终止考核。

技能等级评价专业技能考核操作评分标准

<table>
<tr><td>工种</td><td colspan="5">架空线路工</td><td>评价等级</td><td>技师</td></tr>
<tr><td>项目模块</td><td colspan="4">专业知识—铁塔组立</td><td>编号</td><td colspan="2">Jc0004241009</td></tr>
<tr><td>单位</td><td colspan="2"></td><td>准考证号</td><td colspan="2"></td><td>姓名</td><td></td></tr>
<tr><td>考试时限</td><td>60 分钟</td><td>题型</td><td colspan="3">单项操作</td><td>题分</td><td>100 分</td></tr>
<tr><td>成绩</td><td></td><td>考评员</td><td></td><td>考评组长</td><td></td><td>日期</td><td></td></tr>
<tr><td>试题正文</td><td colspan="7">编写使用吊车整体组立 ZM（7725－18）型铁塔的施工组织方案</td></tr>
<tr><td>需要说明的问题和要求</td><td colspan="7">（1）学员集中于教室在 60 分钟内完成方案编写。
（2）方案中施工班组、作业人员不指定，由考生自行填写，但不得出现真实单位名称和个人姓名。
（3）铁塔型号为 ZM（7725－18）型，已组装完毕，组立方式为使用吊车整体组立。
（4）所用工具、材料由考生根据施工需要进行安排</td></tr>
</table>

序号	项目名称	质量要求	满分	扣分标准	扣分原因	得分
1	整体要求					
1.1	标题	要写清楚架空线路名称、杆号及作业内容	5	少一项扣 2 分，扣完为止		
1.2	工程概况介绍	应对工程概况或该工作的背景进行简单描述	5	没有工程概况介绍扣 5 分		
2	组织措施					
2.1	工作内容	应写清楚工作的架空线路、杆号、工作内容、工作范围	10	少一项内容扣 3 分，扣完为止		
2.2	工作人员及分工	（1）应写清楚工作班组和人数；或者逐一填写工作人员名字。 （2）单位名称和个人姓名不得使用真实名称。 （3）应有明确分工	5	一项不正确扣 2 分，扣完为止		
2.3	工作时间	应写清楚计划工作时间，计划工作开始及工作结束时间均应以年、月、日、时、分填写清楚	5	没有填写时间扣 5 分； 时间填写不清楚扣 3 分		
3	作业程序					
3.1	准备工作	（1）安全措施宣讲及落实（作业人员着装正确，戴安全帽，系安全带）。 （2）人员分工（指挥、安全监护、吊车操作登塔各岗位人员分配）。 （3）作业开始前的检查	6	少一项扣 2 分，扣完为止		
3.2	立塔	（1）选择合适挂点，挂点应为两个或者单吊点在塔腿上绑扎撑木进行补强。 （2）起吊铁塔，受力后停止起吊，对各吊点情况进行检查。 （3）继续起吊铁塔，铁塔稍一离地，再次检查吊点情况及铁塔有无变形等，确无问题后再起吊。 （4）调整铁塔位置，将铁塔落在基础上，地脚螺栓穿入塔脚螺栓孔内。 （5）紧固地脚螺栓及安装接地引下线	10	少一步扣 2 分，扣完为止		
3.3	拆除工器具及清理现场	（1）登塔紧固螺栓及脚钉。 （2）拆除吊点钢丝绳套。 （3）清理现场	6	少一项扣 2 分，扣完为止		
4	安全措施					
4.1	防触电措施	（1）核对架空线路名称。 （2）与周边 架空线路保持足够的安全距离，防止铁塔起吊过程中接近或触碰导线	5	少一项扣 2 分，扣完为止		

续表

序号	项目名称	质量要求	满分	扣分标准	扣分原因	得分
4.2	防止高处坠落措施	（1）在四个塔腿的地脚螺栓都安装之前，不得登塔。 （2）安全带及延长绳外观检查及冲击试验。 （3）登杆过程中应全程使用安全带，杆上作业过程中不得失去保护	5	少一项扣2分，扣完为止		
4.3	防止高处落物伤人措施	（1）作业人员应正确佩戴安全帽。 （2）起吊过程中作业点正下方不得有人逗留或通过。 （3）塔上传递工具材料，应使用绳索传递，不得抛掷	6	少一项扣2分，扣完为止		
4.4	防止机械伤人措施	（1）吊车应设专人指挥。 （2）安装地脚螺栓在找正螺栓孔时，不得将手指插入螺栓孔内	6	少一项扣2分，扣完为止		
5	技术措施					
5.1	工器具的使用要求	（1）吊车吨位的选择，统一指挥等。 （2）钢丝绳套绑扎位置及绑扎方法，使用过程进行安全检查等	10	吊车吨位未选择扣3分； 少一项扣5分，扣完为止		
5.2	质量要求	铁塔质量（检查塔材是否完整、弯曲损坏，螺栓是否紧固，塔身是否倾斜等）	10	没有质量要求扣10分		
6	工具材料					
6.1	工具	（1）应有工具清单。 （2）应含有吊车、钢丝绳套、绳索、钢钎、尖扳手、大锤等工具，并应根据情况选择适当的型号。 （3）应含有安全带、延长绳等安全工器具	6	没有型号要求扣2分； 少一项扣2分，扣完为止		
合计			100			

Jc0004241010　编写利用单抱杆进行空中组立18m铁塔的施工组织方案。（100分）

考核知识点：施工组织方案

难易度：易

技能等级评价专业技能考核操作工作任务书

一、任务名称

编写利用单抱杆进行空中组立18m铁塔的施工组织方案。

二、适用工种

架空线路工技师。

三、具体任务

110kV某线因交跨距离不满足要求，输电工区计划在将18号杆更换为ZM（7725－18）型铁塔，作业方法为使用单抱杆空中组立。针对此项工作，考生须在60分钟内编写一份使用单抱杆组立ZM（7725－18）型铁塔的施工组织方案。

四、工作规范及要求

请按以下要求完成使用单抱杆组立ZM（7725－18）型铁塔的施工组织方案的编写，方案编写在教室内完成。

（1）人员配置分工合理（方案中不得出现真实单位名称及个人姓名）。

（2）工器具及材料清楚。

（3）主要作业程序正确。
（4）关键工序工艺质量标准清楚。
（5）组织、安全、技术措施齐全。

五、考核及时间要求

考核时间共 60 分钟，每超过 2 分钟扣 1 分，到 65 分钟终止考核。

技能等级评价专业技能考核操作评分标准

<table>
<tr><td>工种</td><td colspan="6">架空线路工</td><td>评价等级</td><td>技师</td></tr>
<tr><td>项目模块</td><td colspan="5">专业知识—铁塔组立</td><td>编号</td><td colspan="2">Jc0004241010</td></tr>
<tr><td>单位</td><td colspan="3"></td><td>准考证号</td><td colspan="2"></td><td>姓名</td><td></td></tr>
<tr><td>考试时限</td><td colspan="2">60 分钟</td><td>题型</td><td colspan="3">单项操作</td><td>题分</td><td>100 分</td></tr>
<tr><td>成绩</td><td></td><td>考评员</td><td></td><td>考评组长</td><td colspan="2"></td><td>日期</td><td></td></tr>
<tr><td>试题正文</td><td colspan="8">编写利用单抱杆进行空中组立 18m 铁塔的施工组织方案</td></tr>
<tr><td>需要说明的问题和要求</td><td colspan="8">（1）学员集中于教室在 60 分钟内完成方案编写。
（2）方案中施工班组、作业人员不指定，由考生自行填写，但不得出现真实单位名称和个人姓名。
（3）铁塔型号为 ZM（7725－18）型，组立方式为使用单抱杆空中组立。
（4）所用工具、材料由考生根据施工需要进行安排</td></tr>
</table>

序号	项目名称	质量要求	满分	扣分标准	扣分原因	得分
1	整体要求					
1.1	标题	要写清楚架空线路名称、杆号及作业内容	5	少一项扣 2 分，扣完为止		
1.2	工程概况介绍	应对工程概况或该工作的背景进行简单描述	5	没有工程概况介绍扣 5 分		
2	组织措施					
2.1	工作内容	应写清楚工作的架空线路、杆号、工作内容、工作范围	10	少一项内容扣 3 分，扣完为止		
2.2	工作人员及分工	（1）应写清楚工作班组和人数；或者逐一填写工作人员名字。 （2）单位名称和个人姓名不得使用真实名称。 （3）应有明确分工	5	一项不正确扣 2 分，扣完为止		
2.3	工作时间	应写清楚计划工作时间，计划工作开始及工作结束时间均应以年、月、日、时、分填写清楚	5	没有填写时间扣 5 分； 时间填写不清楚扣 3 分		
3	作业程序					
3.1	准备工作	（1）安全措施宣讲及落实（作业人员着装正确，戴安全帽，系安全带）。 （2）人员分工（指挥、安全监护、各岗位人员分配）。 （3）作业前准备工作（地面整理，塔材检查、分组，单抱杆检查、组装）	6	少一项扣 2 分，扣完为止		
3.2	组塔	（1）安装单抱杆。 （2）安装塔材（采用分片组装，空中拼装方式；或在基础上固定四角主材后，依次在空中组装塔材方式等）。 （3）根据所选择的组装方法，将塔材在空中全部安装完毕	10	少一项扣 2 分，扣完为止		
3.3	紧固塔身螺栓、安装接地引下线及清理现场	（1）登塔紧固螺栓及脚钉。 （2）安装接地引下线。 （3）清理现场	4	少一项扣 2 分，扣完为止		

续表

序号	项目名称	质量要求	满分	扣分标准	扣分原因	得分
4	安全措施					
4.1	防触电措施	（1）核对架空线路名称。 （2）与周边架空线路保持足够的安全距离，防止塔材起吊过程中接近或触碰导线	5	少一项扣2分，扣完为止		
4.2	防止高处坠落措施	（1）安全带及延长绳外观检查及冲击试验。 （2）空中组塔人员应将安全带系在已经安装牢固的塔材上，不得失去保护或将安全带系在未安装牢固的塔材上	5	少一项扣2分，扣完为止		
4.3	防止高处落物伤人措施	（1）作业人员应正确佩戴安全帽。 （2）起吊过程中作业点正下方不得有人逗留或通过。 （3）塔上传递工具材料，应使用绳索传递，不得抛掷。 （4）起吊塔材过程中应绑扎牢固或使用专用挂钩挂好	10	少一项扣2分，扣完为止		
5	技术措施					
5.1	工器具的使用要求	应有对单抱杆的使用方法的要求（起吊主材或整片塔材时，单抱杆应打反向拉线）	10	少一项扣5分，扣完为止		
5.2	质量要求	铁塔质量（检查塔材是否完整、弯曲损坏，螺栓是否紧固，塔身是否倾斜等）	10	没有质量要求扣10分		
6	工具材料					
6.1	工具	（1）应有工具清单。 （2）应含有滑车、绳索、单抱杆、钢丝绳套等工具，并应根据情况选择适当的型号。 （3）应含有安全带、延长绳等安全工器具	10	没有型号要求扣2分； 少一项扣2分； 主要工器具少一项扣2分； 以上扣分，扣完为止		
合计			100			

Jc0004241011　编写更换110kV耐张塔单串复合绝缘子的施工方案。（100分）

考核知识点： 施工方案

难易度： 易

技能等级评价专业技能考核操作工作任务书

一、任务名称

编写更换110kV耐张塔单串复合绝缘子的施工方案。

二、适用工种

架空线路工技师。

三、具体任务

110kV某架空线路6号塔（JG1型）C相复合绝缘子由于表面脏污，输电工区计划将其更换，针对此项工作，考生编写一份更换110kV耐张塔复合绝缘子的施工方案。

四、工作规范及要求

请按以下要求完成更换110kV耐张塔单串复合绝缘子的施工方案，方案编写在教室内完成。

（1）人员配置分工合理（方案中不得出现真实单位名称及个人姓名）。

（2）工器具及材料清楚。

（3）主要作业程序正确。

（4）关键工序工艺质量标准清楚。

（5）组织、安全、技术措施齐全。

五、考核及时间要求

考核时间共60分钟，每超过2分钟扣1分，到65分钟终止考核。

技能等级评价专业技能考核操作评分标准

工种	架空线路工					评价等级	技师
项目模块	专业知识—导线、地线架设				编号	Jc0004241011	
单位			准考证号			姓名	
考试时限	60分钟		题型	单项操作		题分	100分
成绩		考评员		考评组长		日期	
试题正文	编写更换110kV耐张塔单串复合绝缘子的施工方案						
需要说明的问题和要求	（1）学员集中于教室在60分钟内完成方案编写。 （2）方案中施工班组、作业人员不指定，由考生自行填写，但不得出现真实单位名称和个人姓名。 （3）导线提升工具可选择丝杠、倒链、手扳葫芦等。 （4）所用工具、材料由考生根据施工需要进行安排						

序号	项目名称	质量要求	满分	扣分标准	扣分原因	得分
1	整体要求					
1.1	标题	要写清楚架空线路名称、杆号及作业内容	5	少一项扣2分，扣完为止		
1.2	施工工作介绍	应对施工工作概况或该工作的背景进行简单描述	5	没有工程概况介绍扣5分		
2	组织措施					
2.1	工作内容	应写清楚工作的架空线路、杆号、工作内容	10	少一项内容扣3分，扣完为止		
2.2	工作人员及分工	（1）应写清楚工作班组和人数，或者逐一填写工作人员名字。 （2）单位名称和个人姓名不得使用真实名称。 （3）应有明确分工	5	一项不正确扣2分，扣完为止		
2.3	工作时间	应写清楚计划工作时间，计划工作开始及工作结束时间均应以年、月、日、时、分填写清楚	5	没有填写时间扣5分； 时间填写不清楚扣3分		
3	作业程序					
3.1	准备工作	（1）安全措施宣讲及落实（作业人员着装正确，戴安全帽，系安全带）。 （2）人员分工（塔上作业及地面配合人员）。 （3）作业开始前的检查（复合绝缘子表面检查、安全带及延长绳的外观检查和冲击试验、导线提升工具的检查，验电、挂接地线）	8	少一项扣2分，扣完为止		
3.2	登塔及更换绝缘子	（1）登塔。 （2）挂吊绳，起吊导线后备保护钢丝绳和提升工具。 （3）挂导线后备保护钢丝绳和卡头。 （4）挂好导线提升工具，提升导线。 （5）绑扎绝缘子串，取销子。 （6）落绝缘子串，并起吊新绝缘子串。 （7）安装新绝缘子串及销子。 （8）落导线提升工具和导线后备保护钢丝绳、卡头。 （9）下塔，清理现场	12	少一步扣2分，扣完为止		

续表

序号	项目名称	质量要求	满分	扣分标准	扣分原因	得分
4	安全措施					
4.1	防触电措施	（1）核对架空线路名称。 （2）在作业点两端验电、挂接地线	5	少一项扣 2 分，扣完为止		
4.2	防止高处坠落措施	（1）安全带及延长绳外观检查及冲击试验。 （2）登杆过程中应全程使用安全带。 （3）杆上人员作业过程中不得失去保护	5	少一项扣 2 分，扣完为止		
4.3	防止高处落物伤人措施	（1）杆上作业人员应将工具放置在牢固的构件上。 （2）上下传递工具材料应使用绳索传递，不得抛掷。 （3）作业人员应正确佩戴安全帽。 （4）作业点下方不得有人逗留或通过	5	少一项扣 2 分，扣完为止		
4.4	防止掉线措施	（1）应使用导线后备保护钢丝绳及卡头。 （2）断开绝缘子前应检查导线提升工具	5	少一项扣 2 分，扣完为止		
5	技术措施					
5.1	工器具的使用要求	导线提升工具的使用要求	10	无此项内容扣 10 分； 内容不全酌情扣分，扣完为止		
5.2	质量要求	销子安装质量	10	无此项内容扣 10 分； 内容不全酌情扣分，扣完为止		
6	工具材料					
6.1	工具	（1）应有工具清单。 （2）应含有导线提升工具、导线后备保护钢丝绳、绳索、滑车等工具，并应根据情况选择适当的型号。 （3）应含有验电器、接地线、安全带、延长绳、脚扣等安全工器具	5	没有型号要求扣 2 分； 少一项扣 2 分，扣完为止		
6.2	材料	（1）应有材料清单。 （2）应有复合绝缘子、销子等材料，并应根据情况选择适当的型号	5	没有型号要求扣 2 分； 少一项扣 3 分，扣完为止		
合计			100			

Jc0004241012　编写更换 220kV 耐张双串单片绝缘子的施工方案。（100 分）

考核知识点：施工方案

难易度：易

技能等级评价专业技能考核操作工作任务书

一、任务名称

编写更换 220kV 耐张双串单片绝缘子的施工方案。

二、适用工种

架空线路工技师。

三、具体任务

220kV 某线 7 号塔（JG1）A 相大号侧第 3 片瓷瓶破损，输电工区计划对其进行更换。针对此项工作，考生编写一份更换 220kV 耐张双串单片绝缘子的施工方案。

四、工作规范及要求

作业方式采用闭式卡具，请按以下要求完成更换 220kV 耐张双串单片绝缘子的施工方案的编写，方案编写在教室内完成。

（1）人员配置分工合理（方案中不得出现真实单位名称及个人姓名）。

（2）工器具及材料清楚。

（3）主要作业程序正确。

（4）关键工序工艺质量标准清楚。

（5）组织、安全、技术措施齐全。

五、考核及时间要求

考核时间共60分钟，每超过2分钟扣1分，到65分钟终止考核。

技能等级评价专业技能考核操作评分标准

工种	架空线路工				评价等级	技师	
项目模块	专业知识—导线、地线架设			编号	Jc0004241012		
单位		准考证号			姓名		
考试时限	60分钟	题型	单项操作		题分	100分	
成绩		考评员		考评组长		日期	
试题正文	编写更换220kV耐张双串单片绝缘子的施工方案						
需要说明的问题和要求	（1）考生集中于教室在60分钟内完成方案编。 （2）方案中施工班组、作业人员不指定，由考生自行填写，但不得出现真实单位名称和个人姓名。 （3）更换方式为用闭式卡具。 （4）其他所用工具、材料由考生根据施工需要进行安排						

序号	项目名称	质量要求	满分	扣分标准	扣分原因	得分
1	整体要求					
1.1	标题	要写清楚架空线路名称、杆号及作业内容	5	少一项扣2分，扣完为止		
1.2	施工工作介绍	应对施工工作概况或该工作的背景进行简单描述	5	没有工程概况介绍扣5分		
2	组织措施					
2.1	工作内容	应写清楚工作的架空线路、杆号、工作内容、工作范围	10	少一项内容扣3分，扣完为止		
2.2	工作人员及分工	（1）应写清楚工作班组和人数，或者逐一填写工作人员名字。 （2）单位名称和个人姓名不得使用真实名称。 （3）应有明确分工	5	一项不正确扣2分，扣完为止		
2.3	工作时间	应写清楚计划工作时间，计划工作开始及工作结束时间均应以年、月、日、时、分填写清楚	5	没有填写时间扣5分； 时间填写不清楚扣3分		
3	作业程序					
3.1	准备工作	（1）安全措施宣讲及落实（作业人员着装正确，戴安全帽，系安全带）。 （2）人员分工（杆上作业及地面配合人员）。 （3）作业开始前的准备（检查卡具及绝缘子、安全带及延长绳外观检查及冲击试验）	8	少一项扣2分，扣完为止		
3.2	更换单片绝缘子	（1）登塔。 （2）挂滑车及绳索。 （3）起吊卡具。 （4）安装卡具。 （5）收紧丝杠拆破损绝缘子。 （6）起吊新绝缘子并安装。 （7）松丝杠拆除卡具。 （8）落卡具及丝杠。 （9）下塔	12	少一步扣2分，扣完为止		

续表

序号	项目名称	质量要求	满分	扣分标准	扣分原因	得分
4	安全措施					
4.1	防触电措施	（1）作业前应核对架空线路双重名称。 （2）在作业点两端验电、挂接地线	10	少一项扣2分，扣完为止		
4.2	防止高处坠落措施	（1）安全带及延长绳外观检查及冲击试验。 （2）登杆过程中应全程使用安全带。 （3）杆上人员作业过程中不得失去保护	10	少一项扣3分，扣完为止		
4.3	防止高处落物伤人措施	（1）杆上作业人员应将工具放置在牢固的构件上。 （2）上下传递工具材料应使用绳索传递，不得抛掷。 （3）作业人员应正确佩戴安全帽。 （4）作业点下方不得有人逗留或通过	10	少一项扣3分，扣完为止		
5	技术措施					
5.1	质量要求	绝缘子的安装质量要求（弹簧销的安装方向）	10	无此项内容扣10分； 内容不全酌情扣分，扣完为止		
6	工具材料					
6.1	工具	（1）应有工具清单。 （2）应含有安全带、延长绳等安全工器具。 （3）应有卡具、丝杠、滑车、绳索等，并根据要求选择合适的型号	5	没有型号要求扣2分； 少一项扣2分，扣完为止		
6.2	材料	（1）应有材料清单。 （2）应有绝缘子、弹簧销等，并根据需要选择绝缘子的型号	5	没有型号要求扣2分； 少一项扣3分，扣完为止		
合计			100			

Jc0004241013　编写更换110kV架空线路孤立档单根导线的施工组织方案。（100分）

考核知识点：施工组织方案

难易度：易

技能等级评价专业技能考核操作工作任务书

一、任务名称

编写更换110kV架空线路孤立档单根导线的施工组织方案。

二、适用工种

架空线路工技师。

三、具体任务

110kV某线10～11号孤立档A向导线破损严重，输电工区计划对其进行更换。针对此项工作，考生编写一份更换110kV架空线路孤立档单根导线的施工组织方案。

四、工作规范及要求

110kV某线10、11号耐张杆引流为并沟线夹连接，耐张绝缘子串为单串，请按以下要求完成更换110kV架空线路孤立档单根导线的施工组织方案，方案编写在教室内完成。

（1）人员配置分工合理（方案中不得出现真实单位名称及个人姓名）。

（2）工器具及材料清楚。

（3）主要作业程序正确。

（4）关键工序工艺质量标准清楚。

（5）组织、安全、技术措施齐全。

五、考核及时间要求

考核时间共60分钟，每超过2分钟扣1分，到65分钟终止考核。

技能等级评价专业技能考核操作评分标准

工种	架空线路工					评价等级	技师
项目模块	专业知识—导线、地线架设				编号	Jc0004241013	
单位			准考证号			姓名	
考试时限	60分钟		题型	单项操作		题分	100分
成绩		考评员		考评组长		日期	
试题正文	编写更换110kV架空线路孤立档单根导线的施工组织方案						
需要说明的问题和要求	（1）考生集中于教室在60分钟内完成方案编写。 （2）方案中施工班组、作业人员不指定，由考生自行填写，但不得出现真实单位名称和个人姓名。 （3）耐张杆引流线为并沟线夹连接，耐张绝缘子串均为单串。 （4）其他所用工具、材料由考生根据施工需要进行安排						

序号	项目名称	质量要求	满分	扣分标准	扣分原因	得分
1	整体要求					
1.1	标题	要写清楚架空线路名称、杆号及作业内容	5	少一项扣2分，扣完为止		
1.2	施工工作介绍	应对施工工作概况或该工作的背景进行简单描述	5	没有工程概况介绍扣5分		
2	组织措施					
2.1	工作内容	应写清楚工作的架空线路、杆号、工作内容、工作范围	10	少一项内容扣3分，扣完为止		
2.2	工作人员及分工	（1）应写清楚工作班组和人数，或者逐一填写工作人员名字。 （2）单位名称和个人姓名不得使用真实名称。 （3）应有明确分工	5	一项不正确扣2分，扣完为止		
2.3	工作时间	应写清楚计划工作时间，计划工作开始及工作结束时间均应以年、月、日、时、分填写清楚	5	没有填写时间扣5分； 时间填写不清楚扣3分		
3	作业程序					
3.1	准备工作	（1）安全措施宣讲及落实（作业人员着装正确，戴安全帽，系安全带）。 （2）人员分工（操作机动绞磨人员、防线、拖线人员，杆上作业及地面配合人员）。 （3）作业开始前的准备（检查工具、材料的数量、规格、质量及机动绞磨的状况）。 （4）办理工作票，在作业点两端杆塔验电、挂接地线	8	少一项扣2分，扣完为止		
3.2	更换导线	（1）登塔。 （2）起吊紧线钳及钢丝绳，并卡在导线上。 （3）拆除引流线，收紧绞磨断开导线与绝缘子的连接，放下旧导线。 （4）新导线挂线，展放新导线。 （5）紧线并观测弧垂，划印。 （6）导线切断，压接。 （7）将新导线与两端连接绝缘子新绝缘子并安装。 （8）拆除紧线钳与钢丝绳。 （9）连接引流线。 （10）下塔	12	少一步扣2分，扣完为止		

续表

序号	项目名称	质量要求	满分	扣分标准	扣分原因	得分
4	安全措施					
4.1	防触电措施	（1）作业前应核对架空线路双重名称。 （2）在作业点两端验电、挂接地线	5	少一项扣 2 分，扣完为止		
4.2	防止高处坠落措施	（1）安全带及延长绳外观检查及冲击试验。 （2）登杆过程中应全程使用安全带。 （3）杆上人员作业过程中不得失去保护	5	少一项扣 2 分，扣完为止		
4.3	防止高处落物伤人措施	（1）杆上作业人员应将工具放置在牢固的构件上。 （2）上下传递工具材料应使用绳索传递，不得抛掷。 （3）作业人员应正确佩戴安全帽。 （4）作业点下方不得有人逗留或通过	10	少一项扣 3 分，扣完为止		
4.4	防止机械伤人措施	（1）机动绞磨应由专人操作。 （2）收放导线过程中，任何人不得骑行或跨越导线	10	少一项扣 3 分，扣完为止		
5	技术措施					
5.1	质量要求	应有以下方面的质量要求： （1）导线的安装质量（导线弧垂，压接管的质量，引流线的连接质量）。 （2）连接金具质量（螺帽、开口销应齐全等）。 （3）防振锤安装质量（安装位置等）	10	无此项内容扣 10 分； 少一条扣 3 分，扣完为止		
6	工具材料					
6.1	工具	（1）应有工具清单。 （2）应含有安全带、脚扣、延长绳等安全工器具。 （3）应有紧线钳、钢丝绳、机动绞磨、滑车、绳索等，并根据要求选择合适的型号	5	没有型号要求扣 2 分； 少一项扣 2 分，扣完为止		
6.2	材料	（1）应有材料清单。 （2）应有导线、连接金具、防振锤等，并根据需要选择绝缘子的型号	5	没有型号要求扣 2 分； 少一项扣 3 分，扣完为止		
合计			100			

Jc0004241014　编写 330kV 架空线路导、地线工程施工的组织方案。（100 分）

考核知识点：施工组织方案

难易度：易

技能等级评价专业技能考核操作工作任务书

一、任务名称

编写 330kV 架空线路导、地线工程施工的组织方案。

二、适用工种

架空线路工技师。

三、具体任务

330kV 某架空线路架线工程已经施工完成，根据安排，输电工区要对其进行施工。针对此项工作，要求考生编写一份 330kV 架空线路导、地线工程施工的组织方案。

四、工作规范及要求

1. 操作要求

请按以下要求完成330kV架空线路导、地线工程施工的组织方案的编写，方案编写在教室内完成。

（1）人员配置分工合理、职责清楚（方案中不得出现真实单位名称及个人姓名）。

（2）工器具清楚。

（3）施工内容清楚。

（4）施工质量标准清楚。

（5）组织、安全、技术措施齐全。

2. 安全要求

（1）防止高处坠落。

（2）防止物体打击。

（3）防止感应电。

（4）严格遵守现场“十不干”。

五、考核及时间要求

考核时间共60分钟，每超过2分钟扣1分，到65分钟终止考核。

技能等级评价专业技能考核操作评分标准

<table>
<tr><td>工种</td><td colspan="5">架空线路工</td><td>评价等级</td><td>技师</td></tr>
<tr><td>项目模块</td><td colspan="4">专业知识—导线、地线架设</td><td>编号</td><td colspan="2">Jc0004241014</td></tr>
<tr><td>单位</td><td colspan="2"></td><td>准考证号</td><td colspan="2"></td><td>姓名</td><td></td></tr>
<tr><td>考试时限</td><td colspan="2">60分钟</td><td>题型</td><td colspan="2">单项操作</td><td>题分</td><td>100分</td></tr>
<tr><td>成绩</td><td></td><td>考评员</td><td></td><td>考评组长</td><td></td><td>日期</td><td></td></tr>
<tr><td>试题正文</td><td colspan="7">编写330kV架空线路导、地线工程施工的组织方案</td></tr>
<tr><td>需要说明的问题和要求</td><td colspan="7">（1）学员集中于教室在60分钟内完成方案编写。
（2）方案中施工班组、作业人员不指定，由考生自行填写，但不得出现真实单位名称和个人姓名。
（3）施工范围应包括导、地线和附件。
（4）所用工具、材料由考生根据施工需要进行安排</td></tr>
</table>

序号	项目名称	质量要求	满分	扣分标准	扣分原因	得分
1	整体要求					
1.1	标题	要写清楚架空线路名称、杆号及作业内容	5	少一项扣2分，扣完为止		
1.2	工作概况介绍	应对工作概况或该工作的背景进行简单描述	5	没有工程概况介绍扣5分		
2	组织措施					
2.1	工作内容	应写清楚工作的架空线路、杆号、工作内容、工作范围	10	少一项内容扣3分，扣完为止		
2.2	工作人员及分工	（1）应写清楚工作班组和人数，或者逐一填写工作人员名字。 （2）单位名称和个人姓名不得使用真实名称。 （3）应有明确分工	5	一项不正确扣2分，扣完为止		
2.3	工作时间	应写清楚计划工作时间，计划工作开始及工作结束时间均应以年、月、日、时、分填写清楚	5	没有填写时间扣5分； 时间填写不清楚扣3分		

续表

序号	项目名称	质量要求	满分	扣分标准	扣分原因	得分
3	施工内容					
3.1	导、地线	应对导、地线有以下明确的要求： （1）导线弛度。 （2）导线水平度。 （3）导线接头（压接管、接续管）数量。 （4）交跨距离。 （5）导、地线外观检查。 （6）引流线距离	6	少一项扣2分，扣完为止		
3.2	附件	应对附件有以下明确要求： （1）线夹、金具安装质量。 （2）防振锤安装位置、质量。 （3）螺帽及开口销是否齐全	6	少一项扣2分，扣完为止		
3.3	绝缘子	应对绝缘子有以下明确要求： （1）悬瓶钢脚弯曲度、表面清洁度、绝缘子型号、片数是否符合设计要求。 （2）复合绝缘子外观检查、倾斜度检查	6	少一项扣2分，扣完为止		
3.4	资料	应对设计图纸、施工记录进行检查	2	无此项扣2分		
4	安全措施					
4.1	登杆的安全措施	（1）有防高处坠落措施。 （2）有防止高处落物伤人的措施	10	少一项扣2分，扣完为止		
4.2	防止感应电伤人措施	接触导线作业须先加挂个人保安线	10	无此项内容扣10分		
5	技术措施					
5.1	工器具的使用要求	（1）应有测量工器具（经纬仪）的使用有明确的要求。 （2）测距杆的使用要求	20	无此项内容扣20分； 内容不全酌情扣分，扣完为止		
6	工具					
6.1	测量仪器	应有测量仪器清单，并根据需要对仪器的型号作出一定的要求	5	没有型号要求扣2分； 少一项扣2分，扣完为止		
6.2	安全工器具	登杆塔的工器具，安全带、脚扣、延长绳等	5	少一项扣2分，扣完为止		
合计			100			

Jc0004241015　编写220kV架空线路工程施工的组织方案。（100分）

考核知识点：施工组织方案

难易度：易

技能等级评价专业技能考核操作工作任务书

一、任务名称

编写220kV架空线路工程施工的组织方案。

二、适用工种

架空线路工技师。

三、具体任务

某220kV架空线路工程已经施工完成，根据安排，输电工区要对该架空线路进行施工。针对此项工作，要求考生编写一份220kV架空线路工程施工的组织方案。

四、工作规范及要求

1. 操作要求

请按以下要求完成220kV架空线路工程施工的组织方案的编写，方案编写在教室内完成。

（1）人员配置分工合理、职责清楚（方案中不得出现真实单位名称及个人姓名）。

（2）工器具清楚。

（3）施工内容清楚。

（4）施工质量标准清楚。

（5）组织、安全、技术措施齐全。

2. 安全要求

（1）防止高处坠落。

（2）防止物体打击。

（3）防止感应电。

（4）严格遵守现场“十不干”。

五、考核及时间要求

考核时间共60分钟，每超过2分钟扣1分，到65分钟终止考核。

技能等级评价专业技能考核操作评分标准

工种	架空线路工					评价等级	技师
项目模块	专业知识—导线、地线架设				编号	Jc0004241015	
单位			准考证号			姓名	
考试时限	60分钟		题型	单项操作		题分	100分
成绩		考评员		考评组长		日期	
试题正文	编写220kV架空线路工程施工的组织方案						
需要说明的问题和要求	（1）学员集中于教室在60分钟内完成方案编写。 （2）方案中施工班组、作业人员不指定，由考生自行填写，但不得出现真实单位名称和个人姓名。 （3）施工范围应包括架空线路除基础外的所有内容。 （4）所用工具、材料由考生根据施工需要进行安排						

序号	项目名称	质量要求	满分	扣分标准	扣分原因	得分
1	整体要求					
1.1	标题	要写清楚架空线路名称、杆号及作业内容	5	少一项扣2分，扣完为止		
1.2	工作概况介绍	应对工作概况或该工作的背景进行简单描述	5	没有工程概况介绍扣5分		
2	组织措施					
2.1	工作内容	应写清楚工作的架空线路、杆号、工作内容、工作范围	10	少一项内容扣3分，扣完为止		
2.2	工作人员及分工	（1）应写清楚工作班组和人数，或者逐一填写工作人员名字。 （2）单位名称和个人姓名不得使用真实名称。 （3）应有明确分工	5	一项不正确扣2分，扣完为止		
2.3	工作时间	应写清楚计划工作时间，计划工作开始及工作结束时间均应以年、月、日、时、分填写清楚	5	没有填写时间扣5分； 时间填写不清楚扣3分		

续表

序号	项目名称	质量要求	满分	扣分标准	扣分原因	得分
3	施工内容					
3.1	导、地线	应对导、地线有以下明确的要求： （1）导线弛度。 （2）导线水平度。 （3）导线接头（压接管、接续管）数量。 （4）交跨距离。 （5）表面有无损伤、散股、折弯现象。 （6）引流线对杆塔距离	6	少一项扣2分，扣完为止		
3.2	附件	应对附件有以下明确要求： （1）线夹安装质量。 （2）防振锤安装位置。 （3）螺帽及开口销是否齐全	6	少一项扣2分，扣完为止		
3.3	杆塔	应对杆塔有以下明确要求： （1）杆塔倾斜度。 （2）塔材挠度。 （3）杆塔防腐、防盗。 （4）耐张塔预偏。 （5）混凝土杆表面裂纹、迈步。 （6）螺栓、脚钉数量、穿向及紧固情况	6	少一项扣2分，扣完为止		
3.4	接地装置	应对接地装置有以下明确要求： （1）接地引下线连接情况。 （2）接地电阻要求	6	少一项扣2分，扣完为止		
3.5	通道	应对通道有以下明确要求： （1）通道交跨。 （2）线下树木、道路、河流等方面的要求。 （3）档距核对。 （4）砌护情况	4	少一项扣2分，扣完为止		
3.6	资料	应对设计图纸、施工记录进行检查	2	少一项扣2分，扣完为止		
4	安全措施					
4.1	登杆的安全措施	（1）有防高处坠落措施。 （2）有防止高处落物伤人的措施	10	少一项扣5分，扣完为止		
4.2	防止感应电伤人的措施	接触体作业前须加挂个人保安线	10	无此项内容扣10分		
5	技术措施					
5.1	工器具的使用要求	（1）应有测量工器具（经纬仪）的使用有明确的要求。 （2）测距杆的使用要求	10	无此项内容扣10分； 内容不全酌情扣分，扣完为止		
6	工具					
6.1	测量仪器	应有测量仪器清单，并根据需要对仪器的型号作出一定的要求	5	无此项内容扣5分； 内容不全酌情扣分，扣完为止		
6.2	安全工器具	登杆塔的工器具，安全带、脚扣、延长绳等	5	无此项内容扣5分； 内容不全酌情扣分，扣完为止		
合计			100			

Jc0004241016　编写更换220kV架空线路孤立档单根导线的施工组织方案。（100分）

考核知识点：施工组织方案

难易度：易

技能等级评价专业技能考核操作工作任务书

一、任务名称

编写更换 220kV 架空线路孤立档单根导线的施工组织方案。

二、适用工种

架空线路工技师。

三、具体任务

220kV 某线 10～11 号孤立档 A 向导线破损严重，输电工区计划对其进行更换。针对此项工作，考生编写一份更换 220kV 架空线路孤立档单根导线的施工组织方案。

四、工作规范及要求

220kV 某线 10、11 号耐张杆引流为并沟线夹连接，耐张绝缘子串为单串，请按以下要求完成更换 220kV 架空线路孤立档单根导线的施工组织方案，方案编写在教室内完成。

（1）人员配置分工合理（方案中不得出现真实单位名称及个人姓名）。

（2）工器具及材料清楚。

（3）主要作业程序正确。

（4）关键工序工艺质量标准清楚。

（5）组织、安全、技术措施齐全。

五、考核及时间要求

考核时间共 60 分钟，每超过 2 分钟扣 1 分，到 65 分钟终止考核。

技能等级评价专业技能考核操作评分标准

<table>
<tr><td>工种</td><td colspan="5">架空线路工</td><td>评价等级</td><td colspan="2">技师</td></tr>
<tr><td>项目模块</td><td colspan="4">专业知识—导线、地线架设</td><td>编号</td><td colspan="3">Jc0004241016</td></tr>
<tr><td>单位</td><td colspan="3"></td><td>准考证号</td><td colspan="2"></td><td>姓名</td><td></td></tr>
<tr><td>考试时限</td><td colspan="2">60 分钟</td><td>题型</td><td colspan="3">单项操作</td><td>题分</td><td>100 分</td></tr>
<tr><td>成绩</td><td></td><td>考评员</td><td></td><td>考评组长</td><td colspan="2"></td><td>日期</td><td></td></tr>
<tr><td>试题正文</td><td colspan="8">编写更换 220kV 架空线路孤立档单根导线的施工组织方案</td></tr>
<tr><td>需要说明的问题和要求</td><td colspan="8">（1）考生集中于教室在 60 分钟内完成方案编写。
（2）方案中施工班组、作业人员不指定，由考生自行填写，但不得出现真实单位名称和个人姓名。
（3）耐张杆引流线为并沟线夹连接，耐张绝缘子串均为单串。
（4）其他所用工具、材料由考生根据施工需要进行安排</td></tr>
</table>

序号	项目名称	质量要求	满分	扣分标准	扣分原因	得分
1	整体要求					
1.1	标题	要写清楚架空线路名称、杆号及作业内容	5	少一项扣 2 分，扣完为止		
1.2	施工工作介绍	应对施工工作概况或该工作的背景进行简单描述	5	没有工程概况介绍扣 5 分		
2	组织措施					
2.1	工作内容	应写清楚工作的架空线路、杆号、工作内容、工作范围	10	少一项内容扣 3 分，扣完为止		
2.2	工作人员及分工	（1）应写清楚工作班组和人数，或者逐一填写工作人员名字。 （2）单位名称和个人姓名不得使用真实名称。 （3）应有明确分工	5	一项不正确扣 2 分，扣完为止		

续表

序号	项目名称	质量要求	满分	扣分标准	扣分原因	得分
2.3	工作时间	应写清楚计划工作时间，计划工作开始及工作结束时间均应以年、月、日、时、分填写清楚	5	没有填写时间扣5分； 时间填写不清楚扣3分		
3	作业程序					
3.1	准备工作	（1）安全措施宣讲及落实（作业人员着装正确，戴安全帽，系安全带）。 （2）人员分工（操作机动绞磨人员、放线、拖线人员，杆上作业及地面配合人员）。 （3）作业开始前的准备（检查工具、材料的数量、规格、质量及机动绞磨的状况）。 （4）办理工作票，在作业点两端杆塔验电、挂接地线	8	少一项扣2分，扣完为止		
3.2	更换导线	（1）登塔。 （2）起吊紧线钳及钢丝绳，并卡在导线上。 （3）拆除引流线，收紧绞磨断开导线与绝缘子的连接，放下旧导线。 （4）新导线挂线，展放新导线。 （5）紧线并观测弧垂，划印。 （6）导线切断，压接。 （7）将新导线与两端连接绝缘子新绝缘子并安装。 （8）拆除紧线钳与钢丝绳。 （9）连接引流线。 （10）下塔	12	少一步扣2分，扣完为止		
4	安全措施					
4.1	防触电措施	（1）作业前应核对架空线路双重名称。 （2）在作业点两端验电、挂接地线	5	少一项扣2分，扣完为止		
4.2	防止高处坠落措施	（1）安全带及延长绳外观检查及冲击试验。 （2）登杆过程中应全程使用安全带。 （3）杆上人员作业过程中不得失去保护	5	少一项扣2分，扣完为止		
4.3	防止高处落物伤人措施	（1）杆上作业人员应将工具放置在牢固的构件上。 （2）上下传递工具材料应使用绳索传递，不得抛掷。 （3）作业人员应正确佩戴安全帽。 （4）作业点下方不得有人逗留或通过	10	少一项扣3分，扣完为止		
4.4	防止机械伤人措施	（1）机动绞磨应由专人操作。 （2）收放导线过程中，任何人不得骑行或跨越导线	10	少一项扣3分，扣完为止		
5	技术措施					
5.1	质量要求	（1）导线的安装质量（导线弧垂、压接管的质量，引流线的连接质量）。 （2）连接金具质量（螺帽、开口销应齐全等）。 （3）防振锤安装质量（安装位置等）	10	无此项内容扣10分； 少一条扣3分，扣完为止		
6	工具材料					
6.1	工具	（1）应有工具清单。 （2）应含有安全带、脚扣、延长绳等安全工器具。 （3）应有紧线钳、钢丝绳、机动绞磨、滑车、绳索等，并根据要求选择合适的型号	5	没有型号要求扣2分； 少一项扣2分，扣完为止		
6.2	材料	（1）应有材料清单。 （2）应有导线、连接金具、防振锤等，并根据需要选择绝缘子的型号	5	没有型号要求扣2分； 少一项扣3分，扣完为止		
合计			100			

Jc0004241017 编写 330kV 架空线路工程施工的组织方案。(100 分)

考核知识点：施工组织方案

难易度：易

技能等级评价专业技能考核操作工作任务书

一、任务名称

编写 330kV 架空线路工程施工的组织方案。

二、适用工种

架空线路工技师。

三、具体任务

某 330kV 架空线路工程基础已经施工完成，根据安排，输电工区要对该架空线路进行施工。针对此项工作，要求考生编写一份 330kV 架空线路工程施工的组织方案。

四、工作规范及要求

1. 操作要求

请按以下要求完成 330kV 架空线路工程施工的组织方案的编写，方案编写在教室内完成。

（1）人员配置分工合理、职责清楚（方案中不得出现真实单位名称及个人姓名）。

（2）工器具清楚。

（3）施工内容清楚。

（4）施工质量标准清楚。

（5）组织、安全、技术措施齐全。

2. 安全要求

（1）防止高处坠落。

（2）防止物体打击。

（3）防止感应电。

（4）严格遵守现场“十不干”。

五、考核及时间要求

考核时间共 60 分钟，每超过 2 分钟扣 1 分，到 65 分钟终止考核。

技能等级评价专业技能考核操作评分标准

工种	架空线路工					评价等级	技师
项目模块	专业知识—导线、地线架设				编号	Jc0004241017	
单位			准考证号			姓名	
考试时限	60 分钟		题型	单项操作		题分	100 分
成绩		考评员		考评组长		日期	
试题正文	编写 330kV 架空线路工程施工的组织方案						
需要说明的问题和要求	（1）学员集中于教室在 60 分钟内完成方案编写。 （2）方案中施工班组、作业人员不指定，由考生自行填写，但不得出现真实单位名称和个人姓名。 （3）施工范围应包括架空线路除基础外的所有内容。 （4）所用工具、材料由考生根据施工需要进行安排						

序号	项目名称	质量要求	满分	扣分标准	扣分原因	得分
1	整体要求					
1.1	标题	要写清楚架空线路名称、杆号及作业内容	5	少一项扣 2 分，扣完为止		

续表

序号	项目名称	质量要求	满分	扣分标准	扣分原因	得分
1.2	工作概况介绍	应对工作概况或该工作的背景进行简单描述	5	没有工程概况介绍扣5分		
2	组织措施					
2.1	工作内容	应写清楚工作的架空线路、杆号、工作内容、工作范围	10	少一项内容扣3分，扣完为止		
2.2	工作人员及分工	（1）应写清楚工作班组和人数，或者逐一填写工作人员名字。 （2）单位名称和个人姓名不得使用真实名称。 （3）应有明确分工	5	一项不正确扣2分，扣完为止		
2.3	工作时间	应写清楚计划工作时间，计划工作开始及工作结束时间均应以年、月、日、时、分填写清楚	5	没有填写时间扣5分； 时间填写不清楚扣3分		
3	施工内容					
3.1	导、地线	应对导、地线有以下明确的要求： （1）导线弛度。 （2）导线水平度。 （3）导线接头（压接管、接续管）数量。 （4）交跨距离。 （5）表面有无损伤、散股、折弯现象。 （6）引流线对杆塔距离	6	少一项扣2分，扣完为止		
3.2	附	应对附件有明确要求： （1）线夹安装质量。 （2）防振锤安装位置。 （3）螺帽及开口销是否齐全	6	少一项扣2分，扣完为止		
3.3	杆塔	应对杆塔有明确要求： （1）杆塔倾斜度。 （2）塔材挠度。 （3）杆塔防腐、防盗。 （4）耐张塔预偏。 （5）混凝土杆表面裂纹、迈步。 （6）螺栓、脚钉数量、穿向及紧固情况	6	少一项扣2分，扣完为止		
3.4	接地装置	应对接地装置有明确要求： （1）接地引下线连接情况。 （2）接地电阻要求	6	少一项扣2分，扣完为止		
3.5	通道	应对通道有明确要求： （1）通道交跨。 （2）线下树木、道路、河流等方面的要求。 （3）档距核对。 （4）砌护情况	4	少一项扣2分，扣完为止		
3.6	资料	应对设计图纸、施工记录进行检查	2	少一项扣2分，扣完为止		
4	安全措施					
4.1	登杆的安全措施	（1）有防高处坠落措施。 （2）有防止高处落物伤人的措施	10	少一项扣5分，扣完为止		
4.2	防止感应电伤人的措施	接触体作业前须加挂个人保安线	10	无此项内容扣10分		
5	技术措施					
5.1	工器具的使用要求	（1）应有测量工器具（经纬仪）的使用有明确的要求。 （2）测距杆的使用要求	10	无此项内容扣10分； 内容不全酌情扣分，扣完为止		

续表

序号	项目名称	质量要求	满分	扣分标准	扣分原因	得分
6	工具					
6.1	测量仪器	应有测量仪器清单，并根据需要对仪器的型号作出一定的要求	5	无此项内容扣 5 分； 内容不全酌情扣分，扣完为止		
6.2	安全工器具	登杆塔的工器具，安全带、脚扣、延长绳等	5	无此项内容扣 5 分； 内容不全酌情扣分，扣完为止		
合计			100			

Jc0004241018 编写 750kV 线路工程施工组织方案。（100 分）

考核知识点：施工组织方案

难易度：易

技能等级评价专业技能考核操作工作任务书

一、任务名称

编写 750kV 线路工程施工组织方案。

二、适用工种

架空线路工技师。

三、具体任务

某 750kV 线路工程已经完成施工，根据安排，输电工区要对该线路进行施工。针对此项工作，要求考生编写一份 750kV 线路工程施工组织方案。

四、工作规范及要求

1. 操作要求

请按以下要求完成 750kV 线路工程施工组织方案的编写，方案编写在教室内完成。

（1）人员配置分工合理、职责清楚（方案中不得出现真实单位名称及个人姓名）。

（2）工器具清楚。

（3）施工内容清楚。

（4）施工质量标准清楚。

（5）组织、安全、技术措施齐全。

（6）考核时间结束终止考试。

2. 安全要求

（1）防止高处坠落。

（2）防止物体打击。

（3）防止感应电。

（4）严格遵守现场“十不干”。

五、考核及时间要求

考核时间共 60 分钟。

技能等级评价专业技能考核操作评分标准

<table>
<tr><td>工种</td><td colspan="3">架空线路工</td><td>评价等级</td><td>技师</td></tr>
<tr><td>项目模块</td><td colspan="2">专业知识—导线、地线架设</td><td>编号</td><td colspan="2">Jc0004241018</td></tr>
<tr><td>单位</td><td></td><td>准考证号</td><td></td><td>姓名</td><td></td></tr>
</table>

续表

考试时限	60分钟		题型	单项操作		题分	100分
成绩		考评员		考评组长		日期	
试题正文	编写750kV线路工程施工组织方案						
需要说明的问题和要求	（1）学员集中于教室在60分钟内完成方案编写。 （2）方案中施工班组、作业人员不指定，由考生自行填写，但不得出现真实单位名称和个人姓名。 （3）施工范围应包括线路除基础外的所有内容。 （4）所用工具、材料由考生根据工程需要进行安排						

序号	项目名称	质量要求	满分	扣分标准	扣分原因	得分
1	整体要求					
1.1	施工依据	750kV架空线路工程竣工验收主要依据的规程、规范、标准、设计图纸等要罗列出来	5	少一项扣2分，扣完为止		
1.2	工程概况	应对工程概况或该工作的背景进行简单描述	5	没有工程概况介绍扣5分		
2	施工工作安排					
2.1	施工前的准备工作	应写清楚做好人员、工器具、车辆的准备情况，以及与各参建单位的沟通协调情况	10	少一项内容扣3分，扣完为止		
2.2	施工方式、内容和抽查比例	（1）明确施工采取的抽查方式和主要检查内容。 （2）明确现场各小组检查项目和抽查比例	5	一项不正确扣2分，扣完为止		
2.3	施工工作组织	（1）成立工作领导小组。 （2）成立现场工作组。 （3）明确各级施工组人员的职责（包括组长、副组长、成员）	10	少一项内容扣4分，扣完为止		
2.4	施工工作时间	应明确施工工作计划开始时间和结束时间，月、日采用双位计时	5	没有填写时间扣5分； 时间填写不正确扣3分		
3	施工内容					
3.1	导地线	应对导地线有以下明确的要求： （1）导线弛度。 （2）导线水平度。 （3）导线接头（压接管、接续管）数量。 （4）交跨距离。 （5）表面有无损伤、散股、折弯现象。 （6）引流线对杆塔距离	6	少一项扣2分，扣完为止		
3.2	附件	应对附件有以下明确要求： （1）线夹安装质量。 （2）防振锤安装位置。 （3）螺帽及开口销是否齐全	6	少一项扣2分，扣完为止		
3.3	杆塔	应对杆塔有以下明确要求： （1）杆塔倾斜度。 （2）塔材挠度。 （3）杆塔防腐、防盗。 （4）耐张塔预偏。 （5）混凝土杆表面裂纹、迈步。 （6）螺栓、脚钉数量、穿向及紧固情况	6	少一项扣2分，扣完为止		
3.4	接地装置	应对接地装置有以下明确要求： （1）接地引下线连接情况。 （2）接地电阻要求	6	少一项扣3分，扣完为止		
3.5	通道	应对通道有以下明确要求： （1）通道交跨。 （2）线下树木、道路、河流等方面的要求。 （3）档距核对。 （4）砌护情况	4	少一项扣1分，扣完为止		

续表

序号	项目名称	质量要求	满分	扣分标准	扣分原因	得分
3.6	资料	应对设计图纸、施工记录进行检查	2	少一项扣2分，扣完为止		
4	安全措施					
4.1	登塔的安全措施	（1）有防高处坠落措施。 （2）有防止高处落物伤人的措施	5	少一项扣5分，扣完为止		
4.2	防止感应电伤人的措施	接触导线作业前须安装接地线和加挂个人保安线	5	无此项内容扣5分		
5	技术措施					
5.1	工器具的使用要求	（1）应有测量工器具（经纬仪）的使用有明确的要求。 （2）测距杆的使用要求	5	无此项内容扣5分； 缺少1项扣3分，扣完为止		
5.2	设计图纸应用	依据设计图纸对工程施工技术方面进行施工	5	无此项内容扣5分		
6	工器具					
6.1	施工所需的工器具清单	主要工器具有经纬仪、塔尺、温度计、扭力扳手、接地电阻测试仪、游标卡尺、绝缘测绳、钢卷尺、工作接地线、软梯等	10	无此项内容扣10分； 缺少1件主要工器具扣1分，扣完为止		
合计			100			

Jc0004241019 编写更换750kV架空线路直线塔V形复合绝缘子串的施工方案。（100分）

考核知识点：施工方案

难易度：易

技能等级评价专业技能考核操作工作任务书

一、任务名称

编写更换750kV架空线路直线塔V形复合绝缘子串的施工方案。

二、适用工种

架空线路工技师。

三、具体任务

某750kV线路10号直线塔V形复合绝缘子串破损，输电工区计划对其进行更换，针对此项工作，考生编写一份施工方案。

四、工作规范及要求

1. 操作要求

请按以下要求完成更换750kV架空线路直线塔V形复合绝缘子串的施工方案。

（1）人员配置分工合理（方案中不得出现真实单位名称及个人姓名）。

（2）工器具及材料清楚。

（3）主要作业程序正确。

（4）关键工序工艺质量标准清楚。

（5）组织、安全、技术措施齐全。

（6）考核时间结束终止考试。

2. 安全要求

（1）防止高处坠落。

（2）防止物体打击。

（3）防止感应电。

（4）严格遵守现场“十不干”。

五、考核及时间要求

考核时间共60分钟。

技能等级评价专业技能考核操作评分标准

工种	架空线路工				评价等级	技师	
项目模块	专业知识—导线、地线架设			编号	Jc0004241019		
单位		准考证号			姓名		
考试时限	60分钟	题型	单项操作		题分	100分	
成绩		考评员		考评组长		日期	
试题正文	编写更换750kV架空线路直线塔V形复合绝缘子串的施工方案						
需要说明的问题和要求	（1）学员集中于教室在60分钟内完成方案编写。 （2）方案中施工班组、作业人员不指定，由考生自行填写，但不得出现真实单位名称和个人姓名。 （3）要求着装正确（穿工作服、工作胶鞋，戴安全帽）。 （4）告知需更换绝缘子的相序						

序号	项目名称	质量要求	满分	扣分标准	扣分原因	得分
1	整体要求					
1.1	标题	要写清楚线路名称、杆号及作业内容	5	少一项扣2分，扣完为止		
1.2	施工工作介绍	应对施工工作概况或该工作的背景进行简单描述	5	没有工程概况介绍扣5分		
2	组织措施					
2.1	工作内容	应写清楚工作的线路、杆号、工作内容	10	少一项内容扣3分，扣完为止		
2.2	工作人员及分工	（1）应写清楚工作班组和人数，或者逐一填写工作人员名字。 （2）单位名称和个人姓名不得使用真实名称。 （3）应有明确分工	5	一项不正确扣2分，扣完为止		
2.3	工作时间	应写清楚计划工作时间，计划工作开始及工作结束时间均应以年、月、日、时、分填写清楚	5	没有填写时间扣5分； 时间填写不清楚扣3分		
3	作业程序					
3.1	准备工作	（1）安全措施宣讲及落实（作业人员着装正确，戴安全帽，系安全带）。 （2）人员分工（塔上作业及地面配合人员）。 （3）作业开始前的检查（绝缘子串的表面检查、安全带及延长绳的外观检查和冲击试验、导线提升工具的检查）	8	少一项扣2分，扣完为止		
3.2	登塔及更换绝缘子	（1）登塔。 （2）挂吊绳，起吊导线后备保护拉板（或拉棒）和提升工具。 （3）挂导线后备保护拉板（或拉棒）。 （4）装设吊篮，工作人员进入吊篮并到达导线。 （5）挂好导线提升工具，提升导线。 （6）绑扎绝缘子串，取销子。 （7）落绝缘子串，并起吊新绝缘子串。 （8）安装新绝缘子串及销子。 （9）人员通过吊篮脱离导线。 （10）落导线提升工具和导线后备保护拉板（或拉棒）。 （11）下塔，清理现场	12	少一步扣2分，扣完为止		

续表

序号	项目名称	质量要求	满分	扣分标准	扣分原因	得分
4	安全措施					
4.1	防触电措施	（1）核对线路名称。 （2）塔上作业人员穿全套合格的屏蔽服。 （3）作业过程使用电位转移棒	5	少一项扣 2 分，扣完为止		
4.2	防止高处坠落措施	（1）安全带及延长绳外观检查及冲击试验。 （2）登杆过程中应全程使用安全带。 （3）杆上人员作业过程中不得失去保护	5	少一项扣 2 分，扣完为止		
4.3	防止高处落物伤人措施	（1）杆上作业人员应将工具放置在牢固的构件上。 （2）上下传递工具材料应使用绳索传递，不得抛掷。 （3）作业人员应正确佩戴安全帽。 （4）作业点下方不得有人逗留或通过	5	少一项扣 2 分，扣完为止		
4.4	防止掉线措施	（1）应使用导线后备保护拉板（或拉棒）。 （2）断开绝缘子前应检查导线提升工具	5	少一项扣 2 分，扣完为止		
5	技术措施					
5.1	工器具的使用要求	导线提升工具的使用要求：按照工作负荷正确选择拉板及液压机构型号，根据绝缘子串长度选择绝缘拉板长度	10	无此项内容扣 10 分； 内容不全酌情扣分，扣完为止		
5.2	质量要求	金具连接正确，安装到位，销子安装质量合格	10	无此项内容扣 10 分； 内容不全酌情扣分，扣完为止		
6	工具材料					
6.1	工具	（1）应有工具清单。 （2）应含有导线提升工具、吊篮、电位转移棒、导线后备保护拉板（或拉棒）、绳索、滑车等工具，并应根据情况选择适当的型号。 （3）应含有安全带等安全工器具	5	没有型号要求扣 2 分； 少一项扣 2 分，扣完为止		
6.2	材料	（1）应有材料清单。 （2）应有配套复合绝缘子、销子等材料，并应根据情况选择适当的型号	5	没有型号要求扣 2 分； 少一项扣 3 分，扣完为止		
合计			100			

Jc0004241020 指挥更换 110kV 架空线路孤立档导线。（100 分）

考核知识点：更换导线操作

难易度：易

技能等级评价专业技能考核操作工作任务书

一、任务名称

指挥更换 110kV 架空线路孤立档导线。

二、适用工种

架空线路工技师。

三、具体任务

指挥操作人员更换 110kV 架空线路孤立档导线。

四、工作规范及要求

1. 操作要求

（1）操作时只更换一相导线（只准备更换一相导线的材料）。

（2）引流线（跳线、弓子线）并沟线夹连接。
（3）耐张绝缘子为单串。
（4）准备足够的熟练工作人员。
2. 安全要求
（1）防止高处坠落。
（2）防止物体打击。
（3）防止感应电。
（4）严格遵守现场“十不干”。

五、考核及时间要求

考核时间共60分钟，每超过2分钟扣1分，到65分钟终止考核。

技能等级评价专业技能考核操作评分标准

工种	架空线路工					评价等级	技师
项目模块	专业知识—导线、地线架设				编号	Jc0004241020	
单位			准考证号			姓名	
考试时限	60分钟	题型		多项操作		题分	100分
成绩		考评员		考评组长		日期	
试题正文	指挥更换110kV架空线路孤立档导线						
需要说明的问题和要求	（1）全过程负责指挥，更换一相导线。 （2）模拟技能操作，人员分工后，指挥工作人员进行每项操作。 （3）现场模拟技能操作。 （4）准备足够的熟练工作人员						

序号	项目名称	质量要求	满分	扣分标准	扣分原因	得分
1	工作准备					
1.1	检查材料齐备情况	指定专人检查并亲自抽查	2	不正确扣1～2分		
1.2	检查材料规格型号及质量	指定专人检查并亲自抽查	3	不正确扣2～3分		
1.3	检查工具齐备情况	指定专人检查并亲自抽查	3	不正确扣1～3分		
1.4	检查工具规格型号、质量及符合安全要求	指定专人检查并亲自抽查	3	不正确扣1～3分		
1.5	检查验电器是否正常	指定专人检查并亲自抽查	4	不正确扣2～4分		
1.6	检查机动绞磨	指定专人检查并启动试验	4	不正确扣2～4分		
2	办理手续，领取工作票	手续正确	4	不正确扣2～4分		
3	人员分工					
3.1	安全员（副指挥）	1人	1	不正确不给分		
3.2	杆上人员	1号杆1～2人，2号杆2人	1	不正确扣0.5～1分		
3.3	杆下人员	1号杆3人（含作业组负责人1人），2号杆3人（含作业组负责人1人）（做临时拉线人员）	1	不正确扣0.5～1分		
3.4	操作绞磨人员	2人（指定机手及拉尾绳人）	1	不正确扣1分		
3.5	放线盘管理人员	2人（指定一人负责）	1	不正确扣0.5～1分		
3.6	拖线人员	足够（指定一人负责）	1	不正确扣1分		

续表

序号	项目名称	质量要求	满分	扣分标准	扣分原因	得分
4	宣读安全措施（要求结合实际）					
4.1	做好验电、挂接地线工作	指定专人操作并指定专人监护	1	每错、漏一项扣 1 分		
4.2	所使用的起重用具必须严格检查，严禁超载使用	指定专人操作	1	每错、漏一项扣 1 分		
4.3	松线前要认真检查杆根及拉线，必要时调整或更换拉线	指定专人负责	1	每错、漏一项扣 1 分		
4.4	只有安装好可靠的临时拉线后方可松线	指定专人负责	1	每错、漏一项扣 1 分		
4.5	工作中要统一指挥，保持通信良好	现场检查通信设备	1	每错、漏一项扣 1 分		
4.6	杆上工作人员要使用合格的安全带，现场人员应戴好安全帽	指定安全员检查	1	每错、漏一项扣 1 分		
4.7	牵引绳在绞磨芯上缠绕不少于 5 圈	指定专人负责	1	每错、漏一项扣 1 分		
4.8	任何人不得跨越受力钢丝绳子或停留在受力钢丝绳内侧	相互提醒	1	每错、漏一项扣 1 分		
4.9	受力时要认真检查受力装备	指定专人负责	1	每错、漏一项扣 1 分		
4.10	安全措施应根据具体情况增加	安全员、工作人员发言	1	每错、漏一项扣 1 分		
5	指挥现场布置及操作					
5.1	1 号杆挂线，2 号杆放紧线	布置正确、清楚、全面	2	每错、漏一项扣 1～2 分		
5.2	放线盘	放至 2 号杆杆根附近	2	每错、漏一项扣 1～2 分		
5.3	绞磨	放至 2 号杆适当位置松、紧线	2	每错、漏一项扣 1～2 分		
5.4	绞磨及绞磨导向滑轮	固定于专用锚桩上	2	每错、漏一项扣 1～2 分		
6	展放新导线					
6.1	指挥展放新导线。展放导线时三根线要切实分开，不得相互压住，并尽量在两挂线点的直线上	注意检查，能发现问题	2	不正确扣 1～2 分		
6.2	检查电杆及拉线，必要时调整或更换拉线	注意检查，能发现问题，指挥决定正确	2	不正确扣 1～2 分		
7	撤线					
7.1	验电、挂接地线	指挥正确	2	一项不正确扣 1～2 分		
7.2	在两耐张杆横担上安装临时拉线	指挥正确	2	一项不正确扣 1～2 分		
7.3	临时拉线上端应在两杆横担头部，用 8 字形结锁紧，并不得妨碍松紧线工作	指挥正确	2	一项不正确扣 1～2 分		

续表

序号	项目名称	质量要求	满分	扣分标准	扣分原因	得分
7.4	指挥杆上人员拆开引流线（跳线、弓子线）	指挥正确	2	一项不正确扣 1～2 分		
7.5	松、紧线用滑车和用钢丝绳套固定于横担挂线点附近，并不得妨碍松紧线工作	指挥正确	2	一项不正确扣 1～2 分		
7.6	将连接好的耐张线夹，用牵引绳安装位置并安装好	指挥正确	2	一项不正确扣 1～2 分		
7.7	将紧线钳卡在线夹与防振锤之间，绝缘子串和牵引钢丝绳绑扎在一起，绑扎不少于两点	指挥正确	2	一项不正确扣 1～2 分		
7.8	指挥绞磨收紧牵引钢丝绳，使绝缘子串不再受拉力	指挥正确	2	一项不正确扣 1～2 分		
7.9	拆下绝缘子串，指挥绞磨放下旧导线	指挥正确	2	一项不正确扣 1～2 分		
7.10	拆下 1 号杆的绝缘子串，放下旧导线（放下的旧导线要及时回收，以免妨碍新线紧线）	指挥正确	2	一项不正确扣 1～2 分		
8	安装新导线					
8.1	1 号杆上新导线和新绝缘子串	指挥正确，操作也正确	2	一项不正确扣 1～2 分		
8.2	紧新线并观测弧垂，画印	指挥正确，操作也正确	2	一项不正确扣 1～2 分		
8.3	将新导线和新绝缘子串挂上 2 号杆挂点	指挥正确，操作也正确	2	一项不正确扣 1～2 分		
8.4	搭接引流线（跳线、弓子线）	指挥正确，操作也正确	2	一项不正确扣 1～2 分		
8.5	拆除临时拉线	指挥正确，操作也正确	2	一项不正确扣 1～2 分		
8.6	检查施工现场，拆除接地线	清理现场，仔细检查确无问题，撤离工作现场	2	一项不正确扣 1～2 分		
9	其他要求					
9.1	指挥	指挥熟悉、果断、正确	5	不正确扣 1～5 分		
9.2	处理问题	处理问题快捷、正确	5	不正确扣 1～5 分		
9.3	工作终结恢复输电	以清晰、准确、规定的语言报告工作结束，恢复输电	2	不正确扣 1～2 分		
9.4	考核时间	按时完成	5	超过时间酌情扣分，扣完为止		
合计			100			

Jc0004241021　编写一份使用吊车组立 15m 双杆的施工组织方案。（100 分）

考核知识点：施工组织方案

难易度：易

技能等级评价专业技能考核操作工作任务书

一、任务名称

编写一份使用吊车组立 15m 双杆的施工组织方案。

二、适用工种

架空线路工技师。

三、具体任务

110kV 金水线因交叉跨越距离不满足要求，输配电运检室计划在 14～15 号杆中间新立一基呼高为 15m 的钢筋混凝土双杆，作业方法为吊车整体组立，双杆已组装完毕。针对此项工作，要求考生编写一份使用吊车组立 15m 双杆的施工组织方案。

四、工作规范及要求

双杆已组装完毕，请按以下要求完成使用吊车组立 15m 双杆的施工组织方案的编写，方案编写在教室内完成。

（1）人员配置分工合理（方案中不得出现真实单位名称及个人姓名）。

（2）工器具及材料清楚。

（3）主要作业程序正确。

（4）关键工序工艺质量标准清楚。

（5）组织、安全、技术措施齐全。

五、考核及时间要求

考核时间共 60 分钟，每超过 2 分钟扣 1 分，到 65 分钟终止考核。

技能等级评价专业技能考核操作评分标准

工种	架空线路工				评价等级	技师
项目模块	专业知识—电杆组立			编号	Jc0004241021	
单位		准考证号			姓名	
考试时限	60 分钟	题型	单项操作		题分	100 分
成绩		考评员		考评组长	日期	
试题正文	编写一份使用吊车组立 15m 双杆的施工组织方案					
需要说明的问题和要求	（1）学员集中于教室在 60 分钟内完成方案编写。 （2）方案中施工班组、作业人员不指定，由考生自行填写，但不得出现真实单位名称和个人姓名。 （3）电杆为 15m 钢筋混凝土双杆，组立方式为使用吊车整体组立。 （4）所用工具、材料由考生根据施工需要进行安排					

序号	项目名称	质量要求	满分	扣分标准	扣分原因	得分
1	整体要求					
1.1	标题	要写清楚架空线路名称、杆号及作业内容	5	少一项扣 2 分，扣完为止		
1.2	工程概况介绍	应对工程概况或该工作的背景进行简单描述	5	没有工程概况介绍扣 5 分		
2	组织措施					
2.1	工作内容	应写清楚工作的架空线路、杆号、工作内容、工作范围	10	少一项内容扣 3 分，扣完为止		
2.2	工作人员及分工	（1）应写清楚工作班组和人数，或者逐一填写工作人员名字。 （2）单位名称和个人姓名不得使用真实名称。 （3）应有明确分工	5	一项不正确扣 2 分，扣完为止		

续表

序号	项目名称	质量要求	满分	扣分标准	扣分原因	得分
2.3	工作时间	应写清楚计划工作时间，计划工作开始及工作结束时间均应以年、月、日、时、分填写清楚	5	没有填写时间扣 5 分； 时间填写不清楚扣 3 分		
3	作业程序					
3.1	准备工作	（1）安全措施宣讲及落实（作业人员着装正确，戴安全帽，系安全带）。 （2）人员分工（指挥、安全监护、吊车操作、临时拉线、制作拉线、登杆各岗位人员分配）。 （3）作业开始前的检查（双杆距离、根开距离、坑内余土等方面的检查）。 （4）根开复核	5	少一项扣 2 分，扣完为止		
3.2	立杆	选择合适位置绑扎撑木梁，进行补强。 （1）选择合适位置绑扎起吊点，对各绑扎点及吊点情况进行检查。 （2）起吊电杆（电杆受力后应检查各绑扎点及吊点，横担离地 30～50cm 时停止牵引，检查各受力点，确无问题后再起吊）。 （3）调整电杆位置，落杆入基础坑内。 （4）调整电杆及做拉线	10	少一步扣 2 分，扣完为止		
3.3	拆除工器具及清理现场	（1）杆根回填土并夯实。 （2）登杆拆除吊点钢丝绳套。 （3）清理现场	5	少一项扣 2 分，扣完为止		
4	安全措施					
4.1	防触电措施	（1）核对架空线路名称。 （2）在作业点两端验电、挂接地线	5	少一项扣 2 分，扣完为止		
4.2	防止高处坠落措施	（1）在正式拉线做好和杆根回填土夯实之前，不得登杆。 （2）安全带及延长绳外观检查及冲击试验。 （3）登杆过程中应全程使用安全带，杆上作业过程中不得失去保护	5	少一项扣 2 分，扣完为止		
4.3	防止高处落物伤人措施	（1）作业人员应正确佩戴安全帽。 （2）拆除补强木梁时应使用滑车、绳索吊落，不得抛掷。 （3）作业点正下方不得有人逗留或通过	5	少一项扣 2 分，扣完为止		
4.4	防止倒杆措施	（1）杆塔起立后及横担离地 30～50cm 时，应对各受力点处做一次全面检查并冲击，确无问题再继续起立。 （2）起吊过程中，应注意检查各绑扎点钢丝绳套锁紧情况及位置是否正确。 （3）正式拉线做好，杆基回填土夯实后，方可登杆拆除所有牵引和临时拉线。 （4）距杆根 1.2 倍杆高范围内，除指挥人员外其他人员不得入内	5	少一项扣 2 分，扣完为止		
5	技术措施					
5.1	工器具的使用要求	（1）吊车吨位选择，统一指挥等。 （2）钢丝绳套绑扎位置及绑扎方法，使用过程进行安全检查等	10	少一项扣 5 分，扣完为止		
5.2	质量要求	（1）杆身质量（正直，无迈步、弯曲现象等）。 （2）拉线质量（拉线松紧合适，交叉处无摩擦，尾线长度、扎线长度符合要求等）	10	少一项扣 5 分，扣完为止		

续表

序号	项目名称	质量要求	满分	扣分标准	扣分原因	得分
6	工具材料					
6.1	工具	（1）应有工具清单。 （2）应含有吊车、钢丝绳套、绳索等立杆工具，并应根据情况选择适当的型号。 （3）应含有验电器、接地线、安全带、延长绳、脚扣等安全工器具	5	没有型号要求扣 2 分； 少一项扣 2 分，扣完为止		
6.2	材料	（1）应有材料清单。 （2）应有钢绞线、铁丝、楔形线夹、NUT 线夹等材料，并应根据情况选择适当的型号	5	没有型号要求扣 2 分； 少一项扣 3 分，扣完为止		
合计			100			

Jc0004241022 指挥 30m 双杆整体组立操作。（100 分）

考核知识点： 整体组立水泥杆

难易度： 易

技能等级评价专业技能考核操作工作任务书

一、任务名称

指挥 30m 双杆整体组立操作。

二、适用工种

架空线路工技师。

三、具体任务

指挥施工人员将 30m 双杆整体进行组立。

四、工作规范及要求

1. 操作要求

（1）电杆已经组装完毕，所有地锚已经安装好。

（2）所有工具已在现场。

（3）模拟技能操作，人员分工后，指挥工作人员进行每项操作。

2. 安全要求

（1）防止高处坠落。

（2）防止物体打击。

（3）防止感应电。

（4）严格遵守现场“十不干”。

五、考核及时间要求

考核时间共 60 分钟，每超过 2 分钟扣 1 分，到 65 分钟终止考核。

技能等级评价专业技能考核操作评分标准

<table>
<tr><td>工种</td><td colspan="5">架空线路工</td><td>评价等级</td><td>技师</td></tr>
<tr><td>项目模块</td><td colspan="4">专业知识—电杆组立</td><td>编号</td><td colspan="2">Jc0004241022</td></tr>
<tr><td>单位</td><td colspan="2"></td><td>准考证号</td><td colspan="2"></td><td>姓名</td><td></td></tr>
<tr><td>考试时限</td><td>60 分钟</td><td>题型</td><td colspan="3">多项操作</td><td>题分</td><td>100 分</td></tr>
<tr><td>成绩</td><td></td><td>考评员</td><td></td><td>考评组长</td><td></td><td>日期</td><td></td></tr>
</table>

续表

试题正文	指挥30m双杆整体组立操作
需要说明的问题和要求	（1）全过程负责指挥组立双杆。 （2）模拟技能操作，人员分工后，指挥工作人员进行每项操作。 （3）现场模拟技能操作。 （4）准备足够的熟练工作人员

序号	项目名称	质量要求	满分	扣分标准	扣分原因	得分
1	宣讲安全措施（模拟技能操作）					
1.1	工作施工方法及信号，工作人员要明确分工，密切配合，服从指挥，并保持通信畅通	检查通信工具	1	一项不正确扣1分		
1.2	使用前严格检查起重工用具，严禁过载使用	指派安全员督促检查并亲自参与，所有起重工用具合格	1	一项不正确扣1分		
1.3	除指挥人员及指定人员外，其他人员必须远离杆下1.2倍杆高距离以外，行人不得进入工作现场	督促大家执行	1	一项不正确扣1分		
1.4	主牵引、制动系统中心，杆塔中心及双抱杆顶）应在同一垂直面上	指派专人（副指挥）负责检查	1	一项不正确扣1分		
1.5	抱杆受力均匀、两侧拉绳应控制好、不得左右滑动根据土质地形采取防沉、防滑措施	指派专人（副指挥）负责检查	1	一项不正确扣1分		
1.6	杆塔起立离地后，应对各受力点处、各地锚做一切全面检查并冲击，确无问题，再继续起立。起立60°后，应减慢速度，拉好后方拉线，并密切注意各侧拉线	指挥有关人员负责检查并亲自参与	1	一项不正确扣1分		
1.7	只有正式接线做好、杆基回土夯实后、方可登杆拆除所有牵引和临时拉线	指派专人负责检查	1	一项不正确扣1分		
1.8	工作现场人员着装正确，戴安全帽，杆上人员使用安全带	督促大家执行	1	一项不正确扣1分		
1.9	安全措施根据现场情况增加	安全员和大家发言	1	一项不正确扣1分		
2	人员分工（模拟技能操作）					
2.1	副指挥一人，并负责电杆侧面指挥	人员安排正确	1	错、漏一项扣1分		
2.2	安全员一人	人员安排正确	1	错、漏一项扣1分		
2.3	两制动系统各两人，共4人（共负责反方向拉绳）	人员安排正确	1	错、漏一项扣1分		
2.4	左右临时接线各两人，共4人	人员安排正确	0			

续表

序号	项目名称	质量要求	满分	扣分标准	扣分原因	得分
2.5	机动绞磨一人，尾绳两人，共3人	人员安排正确	1	错、漏一项扣1分		
2.6	做拉线4人（制动系统和左右临时接线抽4人协助）	人员安排正确	1	错、漏一项扣1分		
2.7	登杆工作两人	人员安排正确	1	错、漏一项扣1分		
2.8	其他工作人员4～6人	人员安排正确	1	错、漏一项扣1分		
3	工作开始前检查	模拟操作进要仔细分派人员、交代工作、提出要求				
3.1	检查双杆横担处与双杆根部交叉距离是否相等	指派专人负责检查	1	一项不正确扣1分		
3.2	检查根开是否正确	指派专人负责检查	1	一项不正确扣1分		
3.3	杆坑内有无余土	指派专人负责检查	1	一项不正确扣1分		
3.4	马道是否合格，双马道坡度是否一致	指派专人负责检查	1	一项不正确扣1分		
3.5	检查总牵引地锚与电杆中心、制动双地锚中心是否在一条直线上	指派专人负责检查并亲自参与	1	一项不正确扣1分		
3.6	检查制动地锚操作人员及总牵引地锚位置是否符合要求（大于杆高1.2倍的距离）	指派专人负责检查并亲自参与	1	一项不正确扣1分		
3.7	检查左右临时拉线地锚位置是否正确，与两主杆坑为一直线，距离大于杆高1.2倍	指派专人负责检查并亲自参与	1	一项不正确扣1分		
3.8	检查各绑扎点及吊点钢丝绳套锁紧情况及位置是否正确	指派专人负责检查并亲自参与	2	一项不正确扣2分		
4	制动系统安装	模拟操作时：要仔细分派人员、交代工作、提出要求				
4.1	将两根直径25mm制动钢丝绳分别一端锁紧在电杆根部，锁紧位置距离杆根应为20cm左右并有防止滑动措施；另一端通过滑轮组锁紧在制动地锚上	锁紧位置距离杆根应为20cm左右，并有防止滑动措施。	2	不正确扣1～2分		
5	抱杆安装	模拟操作时，要仔细分派人员、交代工作、提出要求				
5.1	将一副16～18m高的抱杆布置好，抱杆根部距离电杆根部约6m处	指挥正确，操作也正确	3	不正确扣1～3分		
5.2	抱杆两根部距离约5～6m，并用钢丝绳锁紧腿部	指挥正确，操作也正确	3	不正确扣1～3分		
5.3	将两根等长的、直径不小于15.5mm的吊点钢丝绳套穿过抱杆顶端的两只滑轮。吊点钢丝套上端绑于双杆横担处	指挥正确，操作也正确	3	不正确扣1～3分		

续表

序号	项目名称	质量要求	满分	扣分标准	扣分原因	得分
5.4	两下端连接两只不小于 50kN 的滑车作为滑动吊点，连接下吊点钢丝绳套	指挥正确，操作也正确	3	不正确扣 1～3 分		
5.5	下吊点钢丝绳套绑扎点要正确，两点大致将电杆高度分为三部分	指挥正确，操作也正确	3	不正确扣 1～3 分		
5.6	将两只 100kN 四轮滑轮组安装于至牵引地锚及脱帽环上	指挥正确，操作也正确	3	一项不正确扣 1～3 分		
5.7	将抱杆脚制动钢丝绳锁紧在电杆上。锁紧受力要均衡，方向要正确	指挥正确，操作也正确	3	一项不正确扣 1～3 分		
6	抱杆起立					
6.1	一副小抱杆置于主抱杆根部，小抱杆顶支起总牵引绳，并将抱杆立起至对地夹角为 60°左右，用白棕绳一根，翻过主牵引钢丝绳绑住小抱杆	指挥正确，操作也正确	2	一项不正确扣 1～2 分		
6.2	开动绞磨牵引，使小抱杆慢慢倒下、大抱杆慢慢立起，小抱杆失效前小抱杆的棕绳，使小抱杆慢慢放倒地面后，将棕绳及小抱杆收起	指挥正确，操作也正确	2	一项不正确扣 1～2 分		
6.3	大抱杆起立至 60°差一点停止牵引，将所有吊点钢丝套调平，并受力均衡（也可用专用钢丝牵引起立大抱杆，牵引至角度扣再挂上总牵引绳，使总牵引绳受力）	指挥正确，操作也正确	2	一项不正确扣 1～2 分		
6.4	大抱杆起立过程中要注意，及时放松制动钢丝，大抱杆到位后要将制动钢丝水平转 180°，安装成反向制动绳	指挥正确，操作也正确	3	一项不正确扣 1～3 分		
6.5	将牵引钢丝缠上绞磨芯，所缠圈数为 5～6 圈	注意督促检查	3	一项不正确扣 1～3 分		
7	起立电杆					
7.1	收紧制动钢丝至电杆快移动时止	指挥正确，操作也正确	3	不正确扣 1～3 分		
7.2	开动绞磨，指挥左右临时拉线，使电杆慢慢受力	指挥正确，操作也正确	3	不正确扣 1～3 分		
7.3	检查左右吊点钢丝绳套是否平衡，不平衡应松牵引及时调整	指挥正确，操作也正确	3	不正确扣 1～3 分		
7.4	检查制动，要求杆根位置正确	指挥正确，操作也正确	3	不正确扣 1～3 分		

续表

序号	项目名称	质量要求	满分	扣分标准	扣分原因	得分
7.5	开动绞磨，使电杆慢慢离开地面，至横担离地 30～50cm 时再检查各受力点，各地锚，再冲击检查，确无问题，继续起立电杆	指挥正确，操作也正确	3	不正确扣 1～3 分		
7.6	立杆过程中控制左右临时拉线，使电杆中心线制动系统中心线、抱杆中心线、牵引系统四部一直处于同一垂直面上	指挥正确，操作也正确	3	不正确扣 1～3 分		
7.7	电杆起立过程中还要由侧向指挥人员指挥，及时调整制动，使电杆根对准底盘中心	指挥正确，操作也正确	3	一项不正确扣 1～3 分		
7.8	密切监视抱杆，抱杆失效前要控制好绑住抱杆的绳子，抱杆一失效慢慢松开，使抱杆慢慢倒下	指挥正确，操作也正确	3	一项不正确扣 1～3 分		
7.9	电杆起立至 60°左右时，要减慢牵引速度，拴好反方向拉线	指挥正确，操作也正确	3	一项不正确扣 1～3 分		
7.10	电杆起立至 80°时，要停止牵引，将正式拉线用紧线器卡，调整接线，使杆身缓缓正直	指挥正确，操作也正确	3	不正确扣 1～3 分		
8	调整电杆及做拉线					
8.1	做好四方正式拉线	指挥正确，操作也正确	1	不正确扣 0.5～1 分		
8.2	及时回填土并夯实	指挥正确，操作也正确	1	不正确扣 0.5～1 分		
8.3	拆除吊点钢丝套及牵引设备，拆除临时拉线	指挥正确，操作也正确	1	不正确扣 0.5～1 分		
9	其他要求					
9.1	指挥要求	指挥熟练、果断、正确	5	不正确扣 1～5 分		
9.2	时间要求	按时完成	2	超过时间不给分，每超过 2 分钟扣 1 分		
合计			100			

Jc0004241023 组织指挥导线、架空地线架设。(100 分)

考核知识点：导、地线架设操作

难易度：易

技能等级评价专业技能考核操作工作任务书

一、任务名称

组织指挥导线、架空地线架设。

二、适用工种

架空线路工技师。

三、具体任务

按要求在120分钟内完成组织指挥导线、架空地线架设。

四、工作规范及要求

1. 操作要求

（1）全过程负责指挥，非张力架线。

（2）模拟技能操作，人员分工好扣，指挥工作人员进行每项操作。

（3）准备施工图纸一套。

（4）现场模拟技能操作。

（5）准备部分工作人员。

2. 安全要求

（1）防止高处坠落。

（2）防止物体打击。

（3）防止感应电。

（4）严格遵守现场“十不干”。

五、考核及时间要求

考核时间共120分钟，每超过2分钟扣1分，到125分钟终止考核。

技能等级评价专业技能考核操作评分标准

工种	架空线路工				评价等级	技师
项目模块	专业知识—导线、地线架设			编号	Jc0004241023	
单位		准考证号			姓名	
考试时限	120分钟	题型	多项操作		题分	100分
成绩		考评员		考评组长		日期
试题正文	组织指挥导线、架空地线架设					
需要说明的问题和要求	（1）全过程负责指挥架线操作。 （2）模拟技能操作，人员分工后，指挥工作人员进行每项操作。 （3）现场模拟技能操作。 （4）准备足够的熟练工作人员					

序号	项目名称	质量要求	满分	扣分标准	扣分原因	得分
1	认真看施工图纸，了解工程概况					
1.1	架空线路架设长度	回答结果正确	0.5	错、漏一项扣0.5分		
1.2	导线、架空地线型号	回答结果正确	0.5	错、漏一项扣0.5分		
1.3	绝缘子、金具型号及连接方式，导线、架空地线不准接头情况	回答结果正确	0.5	错、漏一项扣0.5分		
1.4	地形情况	回答结果正确	0.5	错、漏一项扣0.5分		
1.5	交叉跨越情况	回答结果正确	0.5	错、漏一项扣0.5分		
1.6	初步选定弧垂观测档并计算观测值	回答结果正确	0.5	错、漏一项扣0.5分		
1.7	讲出工程所需主要材料名称及数量	回答结果正确	0.5	错、漏一项扣0.5分		

续表

序号	项目名称	质量要求	满分	扣分标准	扣分原因	得分
2	模拟回答查看工作现场的内容					
2.1	查交叉跨越的电力线、通信线、公路、铁路、河流等（含需要办申请的被跨电力线名称及电源点）	回答内容正确	0.5	错、漏一项扣 0.5 分		
2.2	查运输道路、德惠以线、挂线点及导线展放方向	回答内容正确	0.5	错、漏一项扣 0.5 分		
2.3	查各杆塔、拉线情况，必要时调整及加固	回答内容正确	0.5	错、漏一项扣 0.5 分		
2.4	确定临时补强拉线数量	回答内容正确	0.5	错、漏一项扣 0.5 分		
2.5	查地形、地貌及特殊地形选用的特殊措施	回答内容正确	0.5	错、漏一项扣 0.5 分		
2.6	查沿线村庄和庄稼，派对外联系人进行赔偿洽谈	回答内容正确	0.5	错、漏一项扣 0.5 分		
2.7	确定弧垂观测档及观测点，确定弧垂观测方法	回答内容正确	0.5	错、漏一项扣 0.5 分		
3	组织分工，确定以下人员					
3.1	作业负责人	人员安排正确	0.5	错、漏一项扣 0.5 分		
3.2	安全员	人员安排正确	0.5	错、漏一项扣 0.5 分		
3.3	停、输电联系人员	人员安排正确	0.5	错、漏一项扣 0.5 分		
3.4	对外联系人员	人员安排正确	0.5	错、漏一项扣 0.5 分		
3.5	技术负责人员	人员安排正确	0.5	错、漏一项扣 0.5 分		
3.6	质检员	人员安排正确	0.5	错、漏一项扣 0.5 分		
3.7	材料管理人员	人员安排正确	0.5	错、漏一项扣 0.5 分		
3.8	弧垂观测人员	人员安排正确	0.5	错、漏一项扣 0.5 分		
3.9	爆（液）压人员	人员安排正确	0.5	错、漏一项扣 0.5 分		
3.10	施工班组	人员安排正确，充足	0.5	错、漏一项扣 0.5 分		
4	宣讲安全措施清楚明了（模拟技能操作）					
4.1	所有被跨越电力线必须停电并做好验电、接地工作。所有断路器要挂警告牌或设专人看守	指定专人负责	1	错、漏一项扣 1 分		
4.2	所有跨越架要保证高度和宽度，并要切实牢固，并派专人看守	指定专人负责，亲自检查	1	错、漏一项扣 1 分		
4.3	跨越有人通行但没有跨越架的地方有专人看守	指定专人负责	1	错、漏一项扣 1 分		

续表

序号	项目名称	质量要求	满分	扣分标准	扣分原因	得分
4.4	在有可能磨伤导线的地方、有可能挂住导线的地方，要采取措施并派人看守	指定专人负责看守	1	错、漏一项扣1分		
4.5	每基杆塔要挂上合格的放线滑车，每基杆塔都有专人看守	指定专人负责看守	1	错、漏一项扣1分		
4.6	所有看守人员，牵引人员或人力拖线带队人员、指挥人员之间的通信联络要畅通	检查通信设备良好	1	错、漏一项扣1分		
4.7	爆炸压接人员要严格按《安规》操作，起爆一定要保持安全距离	指定专人负责	1	错、漏一项扣1分		
4.8	所有紧线工用具要认真检查，不合格严禁使用，严禁超载使用	指定安全员负责检查	1	错、漏一项扣1分		
4.9	所有工作人员不得跨在导线或站在导线内角侧	督促所有工作人员执行	1	错、漏一项扣1分		
4.10	现场工作人员要正确着装，戴安全帽	督促所有工作人员执行	1	错、漏一项扣1分		
4.11	杆塔上工作人员要使用安全带，要按《安规》操作，杆塔下要加强监护	督促所有工作人员执行	1	错、漏一项扣1分		
4.12	现场工作人员要严守《安规》，互相关心施工安全，监督《安规》及现场安全措施的落实	督促所有工作人员执行	1	错、漏一项扣1分		
4.13	增加补充安全措施	安全员和大家发言	1	错、漏一项扣1分		
5	宣讲技术规范及要求					
5.1	放线过程中，对展放的导线及架空地线应认真进行外观检查。对制造厂在线上设有的操作或断头标志的地方，应查明情况，妥善处理	指定专人负责检查	1	错、漏一项扣1分		
5.2	放线滑车的轮槽尺寸、轮槽底部直径及轮槽材料应与导线或架空地线相适应，保证符合国家现行标准	撰写专人负责检查，保证导线、架空地线通过时不受损伤	1	错、漏一项扣1分		
5.3	尽力减少导线操作，如受损伤要按规范标准进行补修处理或割断重新以接续管连接	指定专人负责检查，讲出导线损伤补修标准	1	错、漏一项扣1分		
5.4	导线、架空地线的弧垂不平衡偏差应在允许范围内	讲出标准	1	错、漏一项扣1分		

续表

序号	项目名称	质量要求	满分	扣分标准	扣分原因	得分
5.5	架线后应测量导线与被跨越物的净空距离，将导线蠕变伸长换算到最大弧垂时，必须符合设计规定	讲出规定	1	错、漏一项扣1分		
5.6	绝缘子金具等要求检查测试合格	指定专人负责检查	1	错、漏一项扣1分		
5.7	架线后要及时进行附件安装	指定专人负责通知	1	错、漏一项扣1分		
5.8	悬垂线表安装后，绝缘子串应垂直地面。个别情况的位移不超过5°，偏移最大值不超过200mm	指定质检人员负责检查	1	错、漏一项扣1分		
5.9	各种螺栓、穿钉及弹簧销穿入方向合格	讲解穿钉及弹簧销穿入方向，指定质检人员负责检查	1	错、漏一项扣1分		
5.10	导线与线夹、导线与防振锤夹紧部位应缠绕铝包带，铝包带缠绕方向应与导线外层铝股的绞制方向一致。铝包带可需露出夹口，但不应超过10mm，其端头应回夹内压住	指定质检人员负责检查	1	错、漏一项扣1分		
5.11	引流线（耐张调线）应呈悬链线状自然下垂，其对杆塔及拉线等的电气间隙必须符合设计要求	指定专人负责检查	1	错、漏一项扣1分		
6	施工准备					
6.1	导、地线提前运至导线展放点，并说得好放线盘，要派专人看守	指挥正确，操作也正确	2	每错一项扣1～2分		
6.2	通过选择线轴控制压接管的位置	指挥正确，操作也正确	2	每错一项扣1～2分		
6.3	每基杆塔提前挂好放线滑车	指挥正确，操作也正确	2	每错一项扣1～2分		
6.4	耐张杆塔提前拉好临时拉线	指挥正确，操作也正确	2	每错一项扣1～2分		
7	跨越架搭设					
7.1	重要公路、铁路、河流等要事先联系好，搭好可靠的跨越架	指定专人负责	2	每错一项扣1～2分		
7.2	该搭跨越架的地方都要搭好可靠的跨越架	指定专人负责	2	每错一项扣1～2分		
7.3	跨越架要注意高度符合下方通行车、船安全通过限距	指定专人负责检查并亲自参与	2	每错一项扣1～2分		
7.4	跨越架方向要与架空线路方向垂直	指定专人负责检查并亲自参与	2	每错一项扣1～2分		
7.5	跨越架中心要以架空线路中心吻合	指定专人负责并亲自参与	2	每错一项扣1～2分		

续表

序号	项目名称	质量要求	满分	扣分标准	扣分原因	得分
7.6	跨越架宽度要超出两边线各 2m，设置外伸羊角	指定专人负责检查并亲自参与	2	每错、漏一项扣 1～2 分		
8	导线、架空地线展放					
8.1	派专人带领人员拖导线、架空地线（或牵引钢丝绳）。所拖放的线要尽量走直线，而且线与线之间不能交叉	指挥正确，操作也正确	1	每错一项扣 1 分		
8.2	导线、架空地线拖至直线杆塔后，应及时通过放线滑轮	指定专人负责	1	每错一项扣 1 分		
8.3	滑轮上应挂上一根大绳，大绳一头绑住导线或架空地线（或牵引钢丝），另一头将导线通过滑轮。注意线头一定要绑好	指定专人负责	1	每错一项扣 1 分		
8.4	线拉至挂线点应多拖点距离，考虑导线及耐张绝缘子串挂上杆塔	指定专人负责	1	每错一项扣 1 分		
8.5	导线如和地面坚硬物发生采取措施防止导线受损	指定专人负责	1	每错一项扣 1 分		
8.6	如需要接头要由专人负责压接，接头检查合格要打钢印	指定专人负责	1	每错一项扣 1 分		
9	紧线及弧垂观测					
9.1	导线、架空地线挂好后，及时通知紧线	指挥正确，操作也正确	2	每错一项扣 1～2 分		
9.2	紧线牵引应在导线方向的直线延长线上。对地夹角一般为 30°左右，尽量不用换向滑轮	指挥正确，操作也正确	2	每错一项扣 1～2 分		
9.3	紧线牵引受力后要通知全线检查，确没有挂住其他障碍物后方可继续紧线	指挥正确，操作也正确	2	每错一项扣 1～2 分		
9.4	竖线快至合格弧垂需要减慢牵引速度，听从弧垂观测人员的指挥	指挥正确，操作也正确	2	每错一项扣 1～2 分		
9.5	弧垂观测人员要注意气温变化，变化如超过 5℃要及时调整观测值	指挥正确，操作也正确	2	每错一项扣 1～2 分		
9.6	弧垂合格后要停止牵引，让导线或架空地线稳定后再次观测，合格后再通知在牵引绳上画印	指挥正确，操作也正确	2	每错一项扣 1～2 分		
9.7	牵引绳放松，将牵引绳上的印记比至导线或架空地线上，按要求做耐张线夹	指挥正确，操作也正确	2	每错一项扣 1～2 分		

续表

序号	项目名称	质量要求	满分	扣分标准	扣分原因	得分
9.8	再次紧线将线挂上	指挥正确，操作也正确	2	每错一项扣 1～2 分		
9.9	再次观测弧垂并要求合格	指挥正确，操作也正确	2	每错一项扣 1～2 分		
9.10	重复操作至所有线全部挂上	指挥正确，操作也正确	2	每错一项扣 1～2 分		
10	模拟技能操作					
10.1	导线（或架空地线）全部挂好后就可以通知附件安装	指挥正确，操作也正确	1	每错一项扣 1 分		
10.2	一般由杆上作业人员用专用工具自行提升导线或架空地线，安装线夹	指挥正确，操作也正确	1	每错一项扣 1 分		
10.3	按设计要求安装防振锤，注意包好铝包带及螺栓穿入方向	指挥正确，操作也正确	1	每错一项扣 1 分		
10.4	按要求安装引流线（耐张跳线）。如果是用螺栓或耐张线夹做线夹时就要注意导线自然弧垂方向	指挥正确，操作也正确	1	每错一项扣 1 分		
11	自检工作					
11.1	认真检查工作现场并施工施工质量	质检人员组织检查	1	每错一项扣 1 分		
11.2	测量交叉距离	测量人员负责检查	1	每错一项扣 1 分		
11.3	整理工用具，拆除跨越架	指挥正确，操作也正确	1	每错一项扣 1 分		
11.4	被架空线路联系恢复输电	联系人员负责	1	每错一项扣 1 分		
12	其他要求					
12.1	措施要求	措施全面（要求根据现场情况补充）	3	不符合要求酌情扣分，扣完为止		
12.2	指挥要求	指挥熟练、果断、正确	3	不符合要求酌情扣分，扣完为止		
12.3	时间要求	按时完成	4	不符合要求酌情扣分，扣完为止		
合计			100			

Jc0004241024 指挥更换 220kV 架空线路孤立档导线。（100 分）

考核知识点：孤立档导线架设操作

难易度：易

技能等级评价专业技能考核操作工作任务书

一、任务名称

指挥更换 220kV 架空线路孤立档导线。

二、适用工种

架空线路工技师。

三、具体任务

指挥操作人员更换 220kV 架空线路孤立档导线。

四、工作规范及要求

1. 操作要求

（1）操作时只更换一相导线（只准备更换一相导线的材料）。

（2）引流线（跳线、弓子线）并沟线夹连接。

（3）耐张绝缘子为单串。

（4）准备足够的熟练工作人员。

2. 安全要求

（1）防止高处坠落。

（2）防止物体打击。

（3）防止感应电。

（4）严格遵守现场“十不干”。

五、考核及时间要求

考核时间共60分钟，每超过2分钟扣1分，到65分钟终止考核。

技能等级评价专业技能考核操作评分标准

工种	架空线路工					评价等级	技师
项目模块	专业知识—导线、地线架设				编号	Jc0004241024	
单位			准考证号			姓名	
考试时限	60分钟	题型		综合操作		题分	100分
成绩		考评员		考评组长		日期	
试题正文	指挥更换220kV架空线路孤立档导线						
需要说明的问题和要求	（1）全过程负责指挥更换导线。 （2）模拟技能操作，人员分工后，指挥工作人员进行每项操作。 （3）现场模拟技能操作。 （4）准备足够的熟练工作人员						

序号	项目名称	质量要求	满分	扣分标准	扣分原因	得分
1	工作准备					
1.1	检查材料齐备情况	指定专人检查并亲自抽查	2	不正确扣1～2分		
1.2	检查材料规格型号及质量	指定专人检查并亲自抽查	3	不正确扣2～3分		
1.3	检查工具齐备情况	指定专人检查并亲自抽查	3	不正确扣1～3分		
1.4	检查工具规格型号、质量及符合安全要求	指定专人检查并亲自抽查	3	不正确扣1～3分		
1.5	检查验电器是否正常	指定专人检查并亲自抽查	4	不正确扣2～4分		
1.6	检查机动绞磨	指定专人检查并启动试验	4	不正确扣2～4分		
2	办理 手续，领取工作票	手续正确	4	不正确扣2～4分		
3	人员分工					
3.1	安全员（副指挥）	1人	1	不正确扣1分		
3.2	杆上人员	1号杆1～2人，2号杆2人	1	不正确扣0.5～1分		
3.3	杆下人员	1号杆3人（含作业组负责人1人）、2号杆3人（含作业组负责人1人）（做临时拉线人员）	1	不正确扣0.5～1分		
3.4	操作绞磨人员	2人（指定机手及拉尾绳人）	1	不正确扣1分		

续表

序号	项目名称	质量要求	满分	扣分标准	扣分原因	得分
3.5	放线盘管理人员	2 人（指定一人负责）	1	不正确扣 0.5～1 分		
3.6	拖线人员	足够（指定一人负责）	1	不正确扣 1 分		
4	宣读安全措施（要求结合实际）					
4.1	切实做好验电、挂接地线工作	指定专人操作并指定专人监护	1	每错、漏一项扣 1 分		
4.2	所使用的起重用具必须严格检查，严禁超载使用	指定专人操作	1	每错、漏一项扣 1 分		
4.3	松线前要认真检查杆根及拉线，必要时调整或更换拉线	指定专人负责	1	每错、漏一项扣 1 分		
4.4	只有安装好可靠的临时拉线后方可松线	指定专人负责	1	每错、漏一项扣 1 分		
4.5	工作中要统一指挥，保持通信良好	现场检查通信设备	1	每错、漏一项扣 1 分		
4.6	杆上工作人员要使用合格的安全带，现场人员应戴好安全帽	指定安全员检查	1	每错、漏一项扣 1 分		
4.7	牵引绳在绞磨芯上缠绕不少于 5 圈	指定专人负责	1	每错、漏一项扣 1 分		
4.8	任何人不得跨越受力钢丝绳或停留在受力钢丝绳内侧	相互提醒	1	每错、漏一项扣 1 分		
4.9	受力时要认真检查受力装备	指定专人负责	1	每错、漏一项扣 1 分		
4.10	安全措施应根据具体情况增加	安全员、工作人员发言	1	每错、漏一项扣 1 分		
5	指挥现场布置及操作					
5.1	1 号杆挂线，2 号杆放紧线	布置正确、清楚、全面	2	每错、漏一项扣 1～2 分		
5.2	放线盘	放至 2 号杆杆根附近	2	每错、漏一项扣 1～2 分		
5.3	绞磨	放至 2 号杆适当位置松、紧线	2	每错、漏一项扣 1～2 分		
5.4	绞磨及绞磨导向滑轮	固定于专用锚桩上	2	每错、漏一项扣 1～2 分		
6	展放新导线					
6.1	指挥展放新导线。展放导线时三根线要切实分开，不得相互压住，并尽量在两挂线点的直线上	注意检查，能发现问题	2	不正确扣 1～2 分		
6.2	检查电杆及拉线，必要时调整或更换拉线	注意检查，能发现问题，指挥决定正确	2	不正确扣 1～2 分		
7	撤线					
7.1	验电、挂接地线	指挥正确	2	一项不正确扣 1～2 分		
7.2	在两耐张杆横担上安装临时拉线	指挥正确	2	一项不正确扣 1～2 分		

续表

序号	项目名称	质量要求	满分	扣分标准	扣分原因	得分
7.3	临时拉线上端应在两杆横担头部，用 8 字形结锁紧，并不得妨碍松紧线工作	指挥正确	2	一项不正确扣 1～2 分		
7.4	指挥杆上人员拆开引流线（跳线、弓子线）	指挥正确	2	一项不正确扣 1～2 分		
7.5	松、紧线用滑车和用钢丝绳套固定于横担挂线点附近，并不得妨碍松紧线工作	指挥正确	2	一项不正确扣 1～2 分		
7.6	将连接好的耐张线夹，用牵引绳安装位置并安装好	指挥正确	2	一项不正确扣 1～2 分		
7.7	将紧线钳卡在线夹与防振锤之间，绝缘子串和牵引钢丝绳绑扎在一起，绑扎不少于两点	指挥正确	2	一项不正确扣 1～2 分		
7.8	指挥绞磨收紧牵引钢丝绳，使绝缘子串不再受拉力	指挥正确	2	一项不正确扣 1～2 分		
7.9	拆下绝缘子串，指挥绞磨放下旧导线	指挥正确	2	一项不正确扣 1～2 分		
7.10	拆下 1 号杆的绝缘子串，放下旧导线（放下的旧导线要及时回收，以免妨碍新线紧线）	指挥正确	2	一项不正确扣 1～2 分		
8	安装新导线					
8.1	1 号杆上新导线和新绝缘子串	指挥正确，操作也正确	2	一项不正确扣 1～2 分		
8.2	紧新线并观测弧垂，画印	指挥正确，操作也正确	2	一项不正确扣 1～2 分		
8.3	将新导线和新绝缘子串挂上 2 号杆挂点	指挥正确，操作也正确	2	一项不正确扣 1～2 分		
8.4	搭接引流线（跳线、弓子线）	指挥正确，操作也正确	2	一项不正确扣 1～2 分		
8.5	拆除临时拉线	指挥正确，操作也正确	2	一项不正确扣 1～2 分		
8.6	检查施工现场，拆除接地线	清理现场，仔细检查确无问题，撤离工作现场	2	一项不正确扣 1～2 分		
9	其他要求					
9.1	指挥	指挥熟悉、果断、正确	5	不正确扣 1～3 分		
9.2	处理问题	处理问题快捷、正确	5	不正确扣 1～5 分		
9.3	工作终结恢复输电	以清晰、准确、规定的语言报告工作结束，恢复输电	2	不正确扣 1～2 分		
9.4	考核时间	按时完成	5	超过时间酌情扣分，扣完为止		
	合计		100			

Jc0004241025　指挥用单抱杆起立 15m 拔梢杆的操作。（100 分）

考核知识点： 抱杆起立水泥杆操作

难易度：易

技能等级评价专业技能考核操作工作任务书

一、任务名称

指挥用单抱杆起立 15m 拔梢杆的操作。

二、适用工种

架空线路工技师。

三、具体任务

在 30 分钟内指挥使用单抱杆起立 15m 拔梢杆。

四、工作规范及要求

1. 操作要求

（1）工具、材料已在现场，所有锚桩已经安装好。

（2）指挥布置工作现场，指挥各道工序，设一安全员协助检查。

（3）立电杆的单抱杆用小抱杆起立。

2. 安全要求

（1）防止高处坠落。

（2）防止物体打击。

（3）防止感应电。

（4）严格遵守现场“十不干。

五、考核及时间要求

考核时间共 30 分钟。每超过 2 分钟扣 1 分，到 35 分钟终止考核。

技能等级评价专业技能考核操作评分标准

工种	架空线路工				评价等级	技师
项目模块	专业知识—电杆组立			编号	Jc0004241025	
单位		准考证号			姓名	
考试时限	30 分钟	题型	综合操作		题分	100 分
成绩		考评员		考评组长	日期	
试题正文	指挥用单抱杆起立 15m 拔梢杆的操作					
需要说明的问题和要求	（1）全过程负责指挥更换导线。 （2）模拟技能操作，人员分工后，指挥工作人员进行每项操作。 （3）现场模拟技能操作。 （4）准备足够的熟练工作人员					

序号	项目名称	质量要求	满分	扣分标准	扣分原因	得分
1	工作准备					
1.1	检查材料齐备情况	指定专人检查并亲自抽查	1	不正确扣 1 分		
1.2	检查材料规格型号及质量	指定专人检查并亲自抽查	1	不正确扣 1 分		
1.3	检查工具齐备情况	指定专人检查并亲自抽查	2	不正确扣 1～2 分		
1.4	检查工具规格型号、质量及符合安全要求	指定专人检查并亲自抽查	2	不正确扣 1～2 分		
1.5	检查机动绞磨	指定专人检查并启动试验	4	不正确扣 1～2 分		
1.6	检查杆坑尺寸	指定专人检查并亲自参与	2	不正确扣 1～2 分		

续表

序号	项目名称	质量要求	满分	扣分标准	扣分原因	得分
2	人员分工（具体落实到人）					
2.1	副指挥 1 人	具体落实到人	1	每错、漏一项扣 1 分		
2.2	安全员 1 人	人员安排正确	1	每错、漏一项扣 1 分		
2.3	临时拉线每点 2 人，共 8 人	人员安排正确	1	每错、漏一项扣 1 分		
2.4	机动绞磨 2 人	人员安排正确	1	每错、漏一项扣 1 分		
2.5	杆上人员及机动人员	人员安排正确	1	每错、漏一项扣 1 分		
3	宣讲安全事项					
3.1	统一指挥信号	讲解正确	1	一项不正确扣 1 分		
3.2	所有工作人员要服从指挥，互相关心施工安全	督促大家执行	1	一项不正确扣 1 分		
3.3	所有起重工具认真检查，不合格者不准使用，不准超载	指派安全员或专人负责检查落实	1	一项不正确扣 1 分		
3.4	电杆起立时，除指定人员外，其他人员在杆高 1.2 倍距离以外	督促大家执行	1	一项不正确扣 1 分		
3.5	不能站在受力钢丝绳内侧，不准跨越受力钢丝绳	督促大家执行	1	一项不正确扣 1 分		
3.6	各桩锚有专人看守	指派专人负责	1	一项不正确扣 1 分		
3.7	不准闲人进入工作现场	督促大家执行	1	一项不正确扣 1 分		
3.8	现场工作人员应戴安全帽，杆上工作人员应使用安全带	督促大家执行	1	一项不正确扣 1 分		
3.9	根据现场情况补充	安全员和作业人员发言	1	一项不正确扣 1 分		
4	起立抱杆准备工作					
4.1	将四方的临时拉线锚桩安装好	指挥正确，结果也正确。安装距离为杆高 1.2～1.3 倍，方向为 90°，其中两根应与电杆和抱杆脚连线方向一致，并在一条直线上	3	每错、漏一项扣 1～3 分		
4.2	将机动绞磨锚桩安装好	指挥正确，结果也正确。安装方向应与电杆摆设方向一致，距离为电杆高度 1.2 倍以上	3	每错、漏一项扣 1～3 分		
4.3	单抱杆脚应设在离杆坑 1m 左右，视土质情况，距离近些为好。必要时采取防沉、防塌措施	指挥正确，结果也正确	3	每错、漏一项扣 1～3 分		
4.4	单抱杆摆放应与电杆同一方向，根部朝机动绞磨方向	指挥正确，结果也正确	3	每错、漏一项扣 1～3 分		
4.5	在单抱杆根部安一角桩，代替制动，必要时安装抱杆制动系统	指挥正确，结果也正确	3	每错、漏一项扣 1～3 分		

续表

序号	项目名称	质量要求	满分	扣分标准	扣分原因	得分
4.6	小抱杆双脚分开 1.8m 左右，双脚放在单抱杆根部，向头部方向前进约 1.5m，两脚连线与大抱杆垂直	指挥正确，结果也正确	3	每错、漏一项扣 1～3 分		
4.7	将滑轮组及四方临时拉线挂在单抱杆头部，动滑轮挂在单抱杆根部	指挥正确，结果也正确	3	每错、漏一项扣 1～3 分		
4.8	四方临时拉线分开拉至各自的锚桩	指挥正确，结果也正确	3	每错、漏一项扣 1～3 分		
4.9	将牵引钢丝绳放在小抱杆顶部，并用一根吊绳中部绑紧小抱杆头，一端翻过牵引钢丝绳作为小抱杆反向拉绳，另一端作为木抱杆起立拉绳	指挥正确，结果也正确	3	每错、漏一项扣 1～3 分		
5	起立抱杆					
5.1	派两人各自稳住木抱杆根部，再派两人稳住小抱杆。两人拉起立拉绳的一端将木抱杆拉起至 60°左右，并将吊绳两端暂时固定	指挥正确，结果也正确。检查调整使单抱杆中心、小抱杆中心、单抱杆制动中心、牵引中心在一条直线上	3	一项不正确扣 1～3 分		
5.2	收紧牵引钢丝绳，使它受力，松开吊绳两端，开动绞磨并指挥临时拉线使单抱杆平稳立起	指挥正确，结果也正确	3	一项不正确扣 1～3 分		
5.3	小抱杆快失效时要拉紧小抱杆反向拉绳，使小抱杆轻轻倒下并及时收走	指挥正确，结果也正确	3	一项不正确扣 1～3 分		
5.4	松开动滑轮与抱杆根部的连接。将四方临时拉线调整好并扎紧	指挥正确，结果也正确。使动滑轮自然下垂对准杆坑的边部（抱杆一受力就能对准杆坑）	3	一项不正确扣 1～3 分		
6	起立电杆					
6.1	计算出抱杆有效高度并留下 0.5m 左右余量，确定电杆吊点位置，一定要在重心以上	在不影响工作前提下，吊点高有利于电杆调直。指挥正确，结果也正确	3	一项不正确扣 1～3 分		
6.2	用大于 12.5mm 的钢丝绳套在吊点位置上，并用卸扣与动滑轮连接好，杆梢绑两根棕绳	指挥正确，结果也正确	3	一项不正确扣 1～3 分		
6.3	用大于 12.5mm 的钢丝扣在抱杆根部，上连接 10～20kN 的导向滑轮，牵引绳从滑轮穿出	指挥正确，结果也正确	3	一项不正确扣 1～3 分		
6.4	开动绞磨，待电杆离地后认真检查各受力点及各锚桩并冲击检查，确无问题，继续起吊。密切注意电杆重心变化，必要时用钢钎移动电杆，将电杆重心对准杆坑	指挥正确，结果也正确	3	一项不正确扣 1～3 分		

续表

序号	项目名称	质量要求	满分	扣分标准	扣分原因	得分
6.5	电杆根部快离地时，派两人用绳子套住电杆根部，控制电杆摆动，继续起吊，并将电杆对准杆坑，及时停止牵引	指挥正确，结果也正确	3	一项不正确扣1～3分		
6.6	绞磨倒车将电杆慢慢放杆坑，到位后拉动杆梢绳子，调整电杆铅直，并及时回土分层夯实	指挥正确，结果也正确	3	一项不正确扣1～3分		
6.7	杆根牢固后，登杆拆除吊绳及吊点	指挥正确，结果也正确	3	一项不正确扣1～3分		
7	其他要求					
7.1	技术要求	指挥熟练、果断、正确、有条理	5	不正确扣1～5分		
7.2	处理问题	老练正确	5	不正确扣1～5分		
7.3	时间要求	按时完成	4	模拟操作超时扣4分； 技能操作超时酌情扣分，扣完为止		
合计			100			

Jc0004242026　500kV直线杆塔更换单串复合绝缘子。(100分)

考核知识点：更换复合绝缘子操作

难易度：中

技能等级评价专业技能考核操作工作任务书

一、任务名称

500kV直线杆塔更换单串复合绝缘子。

二、适用工种

架空线路工技师。

三、具体任务

某500kV直线杆塔更换单串复合绝缘子损坏，更换单串复合绝缘子。

四、工作规范及要求

(1)相关工器具的准备。

(2)工器具的正确使用及安全措施。

五、考核及时间要求

(1)本考核操作时间为40分钟，时间到停止考评。

(2)考评过程中如果由于测试人员操作不规范，有可能引发不安全因素的，停止考评，该项考核项目不得分，但不影响其他项目。

技能等级评价专业技能考核操作评分标准

工种	架空线路工					评价等级	技师
项目模块	专业知识—导线、地线架设				编号	Jc0004242026	
单位			准考证号			姓名	
考试时限	40分钟		题型	单项操作		题分	100分
成绩		考评员		考评组长		日期	

续表

试题正文	500kV 直线杆塔更换单串复合绝缘子
需要说明的问题和要求	（1）要求一人操作，四人配合，一名工作负责人。 （2）工器具及材料选用满足工作需求，进行外观检查。 （3）登杆前检查工作全面到位。 （4）杆塔上作业完成，清理杆上遗留物，得到工作负责人许可后方可下杆。 （5）绝缘子的更换符合工艺要求

序号	项目名称	质量要求	满分	扣分标准	扣分原因	得分
1	着装	正确佩戴安全帽，穿工作服，穿工作胶鞋，戴手套	5	未正确佩戴安全帽扣 1 分； 未穿工作服扣 1 分； 未穿工作胶鞋扣 1 分； 未戴手套进行操作扣 1 分； 工作服领口、袖口扣子未系好扣 1 分		
2	选用工器具材料	（1）专用工器具选用满足施工需要，工器具做外观检查。 （2）专用工具包括 3t 手扳葫芦、四分裂提线器、吊带、软梯、导线保护绳、速差保护器、ϕ12 传递绳 1 根、弹簧销钳子一把。 （3）个人工具包括常用电工工器具一套。 （4）材料准备包括复合绝缘子（包括弹簧销）、均压环	10	工器具选用不当扣 5 分（操作开始后再次拿工具，每件扣 1 分）； 工器具漏检一件扣 1 分，最多扣 3 分； 复合绝缘子未检查扣 1 分； 均压环未检查扣 1 分		
3	登杆	（1）登杆塔前检查杆塔基础牢固，核对线路名称及杆无误后作业人员登杆塔。 （2）杆塔上作业人员携带拔销器，速差保护器、滑车、传递绳至作业横担，系好安全带，速差自锁器，在作业横担合适位置挂好传递绳	10	未核对线路名称及杆塔号，扣 2 分； 登杆塔工具携带不全，每少一样扣 1 分，最多扣 2 分； 速差自锁器使用不正确，扣 2 分； 作业过程中失去安全保护，扣 4 分		
4	传递工具	（1）地面人员将导线保护绳传递至作业横担。 （2）杆塔上作业人员安装好导线保护绳。 （3）杆塔上作业人员携带拔销器，系好安全带和速差自锁器后沿绝缘子串至需要更换绝缘子处。 （4）地面人员通过传递绳提升工器具如手扳葫芦、卸扣、导线保护绳、软梯等至杆塔上作业人员	10	传递工具发生撞击每次扣 2 分，最多扣 4 分； 上绝缘子串前未检查绝缘子、弹簧销子，扣 2 分； 传递工具每少一样扣 2 分，最多扣 4 分		
5	挂牢软梯	将软梯在横担头侧面钩挂和塔材绑扎牢靠	5	未对软梯进行安装检查扣 2 分； 绑扎不牢靠扣 3 分		
6	进入作业位置	沿软梯进入作业位置	5	上软梯前不做冲击试验扣 2 分； 爬软梯失去安全保护扣 3 分		
7	安装导线保护绳	安装好导线保护绳	5	未使用导线保护绳扣 3 分； 导线保护绳使用不正确扣 2 分		
8	提升导线	（1）将提线工具两端吊钩挂好提升导线。 （2）导线侧吊钩距线夹中心位置不超过 500mm	5	提线工具使用不熟练扣 3 分； 导线侧吊钩距线夹中心超过 500mm 扣 2 分		
9	拔出弹簧销	（1）当提线工具受力后应暂停，确认连接无误和受力良好。 （2）拔出导线侧绝缘子与碗头连接的弹簧销。 （3）继续提升导线至绝缘子不受力并脱开。 （4）另一名作业人员在横担侧横担上作业人员在复合绝缘子的适当位置系好传递绳。 （5）拔出横担侧的弹簧销	8	未检查提线工具的连接扣 2 分； 提线工具承力后不冲击扣 2 分； 提升导线高度不合适扣 2 分； 绳结使用不正确扣 2 分		
10	更换复合绝缘子	（1）与杆下作业人员配合退出旧绝缘子。 （2）同时提升新复合绝缘子	4	吊起、放下绝缘子过程中发生滑动、撞击，每次扣 2 分，最多扣 4 分		

续表

序号	项目名称	质量要求	满分	扣分标准	扣分原因	得分
11	安装好弹簧销	（1）作业人员安装好横担侧和导线侧合成绝缘子。 （2）安装好弹簧销	3	弹簧销安装方向不正确扣1分； 安装好横担侧和导线侧合成绝缘子后不检查扣2分		
12	拆除后备保护和软梯	（1）松葫芦直至复合绝缘子受力。 （2）拆除提线工具。 （3）拆除导线后备保护绳。 （4）沿软梯上到横担，系好安带。 （5）拆除软梯	10	换上新绝缘子后未观察导线及绝缘子受力情况扣2分； （2）～（5）每项不合格，扣2分； 爬软梯失去保护，每次加扣5分		
13	拆除塔上工器具	（1）杆塔上作业人员与地面配合，将所有工器具及安全措施拆除传递至地面。 （2）检查杆塔无遗留物后携带传递绳依次下塔	10	工器具及安全措施拆除不彻底，每件扣2分，最多扣6分； 未检查作业面遗留物扣2分； 传递绳缠绕扣2分		
14	安全文明生产	（1）将工器具整理打包，并检查工作场地无遗留物，工作完毕交还工器具，清理现场。 （2）动作熟练、规范	10	现场不做清理扣3分； 不交还工器具扣2分； 动作不熟练扣1～5分		
合计			100			

Jc0004243027　500kV 架空线路四分裂导线间隔棒更换。（100分）

考核知识点：导线间隔棒更换

难易度：难

技能等级评价专业技能考核操作工作任务书

一、任务名称

500kV 架空线路四分裂导线间隔棒更换。

二、适用工种

架空线路工技师。

三、具体任务

某500kV 架空线路四分裂导线间隔棒损坏，更换损坏的间隔棒。

四、工作规范及要求

（1）着装规范，工器具选用满足工作需要，进行外观检查。

（2）登塔、下塔检查工作全面、到位。

（3）导线间隔棒型号与导线型号相配合，外观完好无损。

（4）导线间隔棒安装好后，安装距离偏差不应大于±30mm，间隔棒线夹螺栓由下向上穿入。

五、考核及时间要求

（1）本考核操作时间为60分钟，时间到停止考评。

（2）考评过程中如果由于测试人员操作不规范，有可能引发不安全因素的，停止考评，该项考核项目不得分，但不影响其他项目。

技能等级评价专业技能考核操作评分标准

工种	架空线路工				评价等级	技师
项目模块	专业知识—导线、地线架设			编号	Jc0004243027	
单位		准考证号			姓名	
考试时限	60分钟	题型	单项操作		题分	100分

续表

成绩		考评员		考评组长		日期	
试题正文	500kV 架空线路四分裂导线间隔棒更换						
需要说明的问题和要求	（1）着装规范。 （2）工器具选用满足工作需要，进行外观检查。 （3）间隔体的安装质量符合工艺要求。 （4）杆塔上作业熟练，没有遗留物。 （5）要求操作过程熟练连贯，施工有序，工具、材料存放整齐，现场清理干净。 （6）发生安全事故本项考核不及格						

序号	项目名称	质量要求	满分	扣分标准	扣分原因	得分
1	工作准备					
1.1	着装	正确佩戴安全帽，穿工作服，穿工作胶鞋，戴手套	5	未正确佩戴安全帽扣 2 分； 未穿工作服扣 1 分； 未穿工作胶鞋扣 1 分； 未戴手套扣 1 分		
1.2	工器具选用	选择工器具满足工作需要，工器具做外观检查（个人工具、防护用具、500kV 验电器、接地线、防坠装置、围栏、安全标示牌、滑车及传递绳 1 条、导线飞车、套筒扳手、导线间隔棒 JT4－45400）	5	工器具、材料缺一项扣 1 分； 未做外观检查扣 1 分； 扣完为止		
1.3	登塔前检查	（1）登杆前检查线路名称、铁塔杆号。 （2）对登杆工具（安全带、防坠器）进行冲击试验	10	未检查线路名称、铁塔杆号扣 5 分； 不做冲击试验扣 5 分		
2	到工作地点					
2.1	登塔	（1）登塔：必须沿脚钉（爬梯）正确登塔，使用防坠装置。 （2）沿绝缘子串下至导线。 （3）安全带、后备保护绳使用正确，爬绝缘子串时不失。 （4）挂无极绳：推好安全带；无极绳挂在适当位置处	10	未沿脚钉（爬梯）登塔扣 2 分； 未正确使用防坠装置扣 2 分； 安全带、后备保护绳使用不正确扣 2 分； 未拴好安全带扣 2 分； 无极绳悬挂位置不正确扣 2 分		
2.2	更换间隔棒	（1）使用安全带：分裂导线上正确使用双保险安全带。 （2）进入工作点：飞车滑动过程中速度平稳，不撞击导线附件。 （3）拆除旧间隔棒：使用单导线飞车，应有控制分裂距离措施；绳结使用正确，传递绳不缠绕。 （4）传递材料：传递材料正确；传递过程中不得出现缠绕、死结、撞击。 （5）缠绕铝包带：顺导线绕制方向，所缠绕铝包带露出夹口小于或等于 10mm。 （6）安装间隔棒：安装距离偏差在±30mm；线夹螺栓由下向上穿；按规定拧紧螺栓，平垫圈、弹簧垫圈齐全，弹垫应压平	50	未正确使用双保险安全带扣 15 分； 进入工作点撞击导线附件，每次扣 5 分； 拆除旧间隔棒过程，每项不正确扣 5 分； 传递材料过程，每项不正确扣 5 分； 缠绕铝包带不正确扣 10 分； 安装间隔棒过程，每项不正确扣 5 分； 扣完为止		
3	下塔	（1）上横担：沿绝缘子串上至横担；不得失去保险绳的保护。 （2）取下传递绳：取下传递绳并下塔；无危险动作	10	失去保险绳保护扣 5 分； 取下传递绳过程，每项不正确扣 5 分，扣完为止		
4	安全文明生产	操作过程熟练，工具、材料存放整齐，现场清理干净	5	未在规定时间完成，每超时 1 分钟扣 2 分； 未清理考场扣 2 分； 高处落物一次扣 3 分； 扣完为止		
5	现场恢复	清理现场，交还工器具	5	未清理现场或交还工器具扣 5 分		
合计			100			

Jc0005241028　导线耐张管压接标准工艺要求。（100 分）

考核知识点：导线耐张管压接标准工艺

难易度：易

技能等级评价专业技能考核操作工作任务书

一、任务名称

导线耐张管压接标准工艺要求。

二、适用工种

架空线路工技师。

三、具体任务

简述《国家电网有限公司输变电工程标准工艺（架空线路工程分册）》中对导地线耐张线夹压接的工艺标准要求及关键工序控制。

四、工作规范及要求

按照《国家电网有限公司输变电工程标准工艺（架空线路工程分册）》中对导地线耐张线夹压接的工艺标准要求描述。

五、考核及时间要求

（1）本考核时间为 30 分钟，时间到停止考评。

（2）字迹清晰。

（3）考试过程中不得翻阅相关书籍和使用电子设备。

技能等级评价专业技能考核操作评分标准

<table>
<tr><td>工种</td><td colspan="5">架空线路工</td><td>评价等级</td><td colspan="2">技师</td></tr>
<tr><td>项目模块</td><td colspan="4">线路技术管理—线路施工管理</td><td>编号</td><td colspan="3">Jc0005241028</td></tr>
<tr><td>单位</td><td colspan="2"></td><td>准考证号</td><td colspan="2"></td><td>姓名</td><td colspan="2"></td></tr>
<tr><td>考试时限</td><td>30 分钟</td><td>题型</td><td colspan="3">单项操作</td><td>题分</td><td colspan="2">100 分</td></tr>
<tr><td>成绩</td><td></td><td>考评员</td><td></td><td>考评组长</td><td></td><td>日期</td><td colspan="2"></td></tr>
<tr><td>试题正文</td><td colspan="8">导线耐张管压接标准工艺要求</td></tr>
<tr><td>需要说明的问题和要求</td><td colspan="8">（1）要求考试人员独立完成答题。
（2）考试过程中不得翻阅相关书籍和使用电子设备。
（3）书写干净，字迹清晰</td></tr>
<tr><td>序号</td><td>项目名称</td><td colspan="2">质量要求</td><td>满分</td><td colspan="2">扣分标准</td><td>扣分原因</td><td>得分</td></tr>
<tr><td>1</td><td>导地线耐张线夹压接关键工序控制</td><td colspan="2">（1）核对耐张线夹、压模型号。
1）压接前必须对压接管、液压设备等进行检查，不合格者严禁使用。
2）施工操作人员必须经过培训并持有压接操作证，作业过程中应进行见证并及时记录。
（2）清洗耐张线夹、导线。穿管前耐张线夹、引流板应用汽油、酒精等清洁剂清洗干净，导线连接部分外层铝股在擦洗后应均匀地涂上一层电力复合脂，并用细钢丝刷清刷表面氧化膜，保留电力复合脂进行连接。
（3）画印、割线、穿管。
1）钢锚环与耐张线夹铝管引流板的连接方向调整至规定的位置，且两者的中心线在同一平面内。</td><td>40</td><td colspan="2">未答出或回答错误，每条扣 15 分，酌情扣除，扣完为止</td><td></td><td></td></tr>
</table>

续表

序号	项目名称	质量要求	满分	扣分标准	扣分原因	得分
1	导地线耐张线夹压接关键工序控制	2）割线印记准确，断口整齐，不得伤及钢芯及不需切割的铝股，切割处应做好防松股措施。大截面导线的液压部位在断线前应调直，并在距切断点 20mm 处加装防止导线散股的卡箍，切割断面应与轴线垂直。 3）导地线与压接金具在穿管时应设置合适的压接预留长度，以补偿压接后的伸长量。钢芯在穿钢锚时，应确保钢芯穿到位。钢锚凸凹部位与铝管重合部分定位标记应准确。I 型耐张管穿管时，钢绞线端部露出管口 5mm，型耐张线夹穿管时，应确保钢绞线触到钢锚底端。 （4）压接施工。 1）压接过程中，压接钳的缸体应垂直、平稳放置，两侧管线处于平直状态，钢管相邻两模重叠压接不应少于 5mm，铝管相邻两模重叠压接不应少于 10mm，1250mm^2 大截面导线铝管压接铝管相邻两模叠模压接应不小于 25mm。液压机压力值应达到额定工作压力后维持 3～5s。压后耐张线夹棱角顺直，有明显弯曲变形时应校直。校直后的压接管如有裂纹应切断重接。 2）大截面导线耐张线夹压接宜采用倒压法，即从耐张线夹铝管的拔梢端开始。 3）耐张线夹、引流板压接后应去除飞边、毛刺，钢管压接部位，皆涂以富锌漆。对清除钢芯上防腐剂的钢管，压后应将管口及裸露钢芯涂以富锌漆，以防生锈。铝压接管应锉成圆弧状，并用 0 号以下细砂纸磨光。 4）铝包钢绞线耐张线夹钢管压接完成后，在铝管压接前将铝衬管安装到位，铝衬管端头与铝管端头接近平齐，衬管超出铝管不大于 5mm。 5）压接完检查合格后，在铝管的不压区打上操作人员、监理人员的钢印。 （5）测量压后值。用精度不低于 0.02mm 并检定合格的游标卡尺测量压后尺寸。耐张线夹压接后三个对边距只允许有一个达到最大值，超过此规定时应更换模具重压	40	未答出或回答错误，每条扣 15 分，酌情扣除，扣完为止		
2	导地线耐张线夹压接工艺标准	（1）耐张线夹、引流板的型号和引流板的角度应符合图纸要求。 （2）导地线的连接部分不得有线股绞制不良、断股、缺股等缺陷。压接后管口附近不得有明显的松股现象。 （3）铝件的电气接触面应平整、光洁，不允许有毛刺或超过板厚极限偏差的碰伤、划伤、凹坑及压痕等缺陷。热镀锌钢件，镀锌完好不得有掉锌皮现象。 （4）压接后耐张线夹其弯曲变形应小于耐张线夹长度的 2%（大截面导线为 1%），否则应校直，如无法校正或校正后有裂纹时应割断重新压接。钢管压后表面应进行防腐处理。 （5）握着强度不小于设计使用拉断力的 95%。 （6）导地线耐张线夹压接后在耐张线夹出口处喷涂红漆标识，便于观测耐张线夹运行状态。 （7）按照“三跨”段内耐张线夹总数量 10%的比例开展 X 射线无损检测	60	未答出或回答错误，每条扣 5～7 分，酌情扣除，扣完为止		
合计			100			

Jc0005241029 导地线接续管压接标准工艺要求。（100分）

考核知识点：导地线接续管压接标准工艺

难易度：易

技能等级评价专业技能考核操作工作任务书

一、任务名称

导地线接续管压接标准工艺要求。

二、适用工种

架空线路工技师。

三、具体任务

简述《国家电网有限公司输变电工程标准工艺（架空线路工程分册）》中对导地线接续管压接的工艺标准要求及关键工序控制。

四、工作规范及要求

按照《国家电网有限公司输变电工程标准工艺（架空线路工程分册）》中对导地线接续管压接的工艺标准要求描述。

五、考核及时间要求

（1）本考核时间为30分钟，时间到停止考评。

（2）字迹清晰。

（3）考试过程中不得翻阅相关书籍和使用电子设备。

技能等级评价专业技能考核操作评分标准

工种	架空线路工					评价等级	技师
项目模块	线路技术管理—线路施工管理				编号		Jc0005241029
单位			准考证号			姓名	
考试时限	30分钟		题型	单项操作		题分	100分
成绩		考评员		考评组长		日期	
试题正文	导地线接续管压接标准工艺要求						
需要说明的问题和要求	（1）要求考试人员独立完成答题。 （2）考试过程中不得翻阅相关书籍和使用电子设备。 （3）书写干净，字迹清晰						

序号	项目名称	质量要求	满分	扣分标准	扣分原因	得分
1	导地线接续管压接的工艺标准	（1）接续管的型号应符合图纸要求。在不允许接头档内，严禁接续。 （2）导地线的连接部分不得有线股绞制不良、断股、缺股等缺陷；压接后管口附近不得有明显的松股现象。 （3）铝件的电气接触面应平整、光洁，不允许有毛刺或超过板厚极限偏差的碰伤、划伤、凹坑及压痕等缺陷。热镀锌钢件，镀锌完好不得有掉锌皮现象。 （4）接续管压接后其弯曲变形应小于接续管长度的2%（大截面导线为1%），如无法校正或校正后有裂纹时应割断重新压接。钢管压后表面应进行防腐处理。 （5）握着强度不小于设计使用拉断力的95%。 （6）接续管压接后在接续管两侧出口导地线上喷涂红漆标识，便于观测接续管运行状态	30	未答出或回答错误，每条扣5分，酌情扣除，扣完为止		

续表

序号	项目名称	质量要求	满分	扣分标准	扣分原因	得分
2	导地线接续管压接的关键工序控制	（1）核对压接管、压膜型号。 1）压接前必须对压接管、液压设备等进行检查，不合格者严禁使用。 2）施工操作人员必须经过培训并持有压接操作证，作业过程中应进行见证并及时记录。 （2）清洗接续管、导线。穿管前应用汽油、酒精等清洁剂清洗干净，导线连接部分外层铝股在擦洗后应均匀地涂上一层电力复合脂，并用细钢丝刷清刷表面氧化膜，保留电力复合脂进行连接。 （3）画印、割线、穿管。 1）当接续管钢芯使用对穿管时，应在线上画出 1/2 管长的印记，穿管后确保印记与管口吻合。 2）割线印记准确，断口整齐，不得伤及钢芯及不需切割的铝股，切割处应做好防松股措施。大截面导线的液压部位在断线前应调直，并在距切断点 20mm 处加装防止导线散股的卡箍，切割断面应与轴线垂直。 3）导地线与压接金具在穿管时应设置合适的压接预留长度，以补偿压接后的伸长量。导线接续管钢芯使用搭接管时，钢芯两端分别伸出钢管端面 12mm，地线搭接穿管时，钢芯两端分别伸出钢管端面 5mm，铝包钢绞线钢管压接完成后，在铝管压接前将两侧铝衬管安装到位，铝衬管端头与铝管端头接近平齐不大于 5mm。 （4）压接施工。 1）压接过程中，压接钳的缸体应垂直、平稳放置，导地线接续管压接施工工艺流程图侧管线处于平直状态，钢管相邻两模重叠压接应不小于 5mm，铝管相邻两模重叠压接不应小于 10mm。$1250mm^2$ 大截面导线铝管压接铝管相邻两模叠模压接应不小于 25mm。液压机压力值应达到额定工作压力后维持 3～5s。压后接续管棱角顺直，有明显弯曲变形时应校直，校直后的压接管如有裂纹应切断重接。 2）大截面导线接续管压接宜采用顺压法，从牵引场向张力场方向，即第一段从牵引场侧直线接续管铝管的管口开始连续施压至压接定位印记；第二段从压接定位印记开始连续施压至另一侧管口。 3）接续管压接后，应去除飞边、毛刺，钢管压接部位，皆涂以富锌漆，对清除钢芯上防腐剂的钢管，压后应将管口及裸露钢芯涂以富锌漆，以防生锈，铝压接管应锉成圆弧状，并用 0 号以下细砂纸磨光。 4）压接完成检查合格后，在铝管的不压区打上操作人员、监理人员的钢印。 （5）测量压后值。用精度不低于 0.02mm 并检定合格的游标卡尺测量压后尺寸。接续管压接后三个对边距只允许有一个达到最大值，超过此规定值时应更换模具重压	70	未答出或回答错误，每条扣 5～7 分，酌情扣除，扣完为止		
合计			100			

Jc0005242030 导地线展放施工标准工艺要求。（100 分）

考核知识点：导地线展放施工标准工艺

难易度：中

技能等级评价专业技能考核操作工作任务书

一、任务名称

导地线展放施工标准工艺要求。

二、适用工种

架空线路工技师。

三、具体任务

简述《国家电网有限公司输变电工程标准工艺（架空线路工程分册）》中对导地线展放施工的工艺标准要求及关键工序控制。

四、工作规范及要求

按照《国家电网有限公司输变电工程标准工艺（架空线路工程分册）》中对导地线展放施工的工艺标准要求描述。

五、考核及时间要求

（1）本考核时间为30分钟，时间到停止考评。

（2）字迹清晰。

（3）考试过程中不得翻阅相关书籍和使用电子设备。

技能等级评价专业技能考核操作评分标准

工种	架空线路工					评价等级	技师
项目模块	线路技术管理—线路施工管理				编号	Jc0005242030	
单位			准考证号			姓名	
考试时限	30分钟		题型	单项操作		题分	100分
成绩		考评员		考评组长		日期	
试题正文	导地线展放施工标准工艺要求						
需要说明的问题和要求	（1）要求考试人员独立完成答题。 （2）考试过程中不得翻阅相关书籍和使用电子设备。 （3）书写干净，字迹清晰						

序号	项目名称	质量要求	满分	扣分标准	扣分原因	得分
1	导地线展放施工的工艺标准	（1）导地线及金具表面应清洁无污染，无断股、松散及损伤，扩径导线无凹陷、变形。 （2）同一档内每根导线或地线只允许各有一个接续管和两个修补管。在不允许接头档内，严禁接续。 （3）各类管与耐张线夹出口间的距离不应小于15m，接续管或补修管出口与悬垂线夹中心的距离不应小于5m，接续管或补修管出口与间隔棒中心距离不宜小于0.5m；碳纤维复合材料芯导线等特殊导线按相关标准确定。 （4）导地线展放完毕后要及时进行紧线，附件安装时间不应超过5天，档距大于800m时应优先安装。因特殊原因致使附件安装5天内不能完成时，应采取临时防振措施。 （5）对于特高压线路“三跨”，跨越档内导地线不应有接头；对于其他电压等级“三跨”，耐张段内导地线也不应有接头。 （6）应采取有效的保护措施，防止导地线放线、紧线、连接及安装附件时受到损伤	30	未答出或回答错误，每条扣6分，酌情扣除，扣完为止		

续表

序号	项目名称	质量要求	满分	扣分标准	扣分原因	得分
2	导地线展放施工的关键工序控制	（1）施工准备。 1）架线前、后，地脚螺栓和铁塔螺栓必须进行紧固，且符合设计紧固力矩和防松、防卸要求，严禁在地脚螺母紧固不到位时进行架线施工。 2）导地线展放前应进行抽样检测，确认导地线直径、表面状况、节径比及绞向符合相关规范要求。同时检查 OPGW 及 ADSS 光缆由厂家进行的单盘测试记录。架线施工前应由具有资质的检测单位对试件进行连接后的握着强度试验，试件不得少于 3 组，并覆盖全部厂家，握着强度不得小于设计使用拉断力的 95%。 3)张力放线区段不宜超过 20 个放线滑车，当难以满足规定时应采取防护措施。 4）合理布线，接头避开不允许接头档，尽量减少接续管数量。精确控制接续管位置，确保接续管位置满足设计及规范要求。 5）不同金属、不同规格、不同绞制方向的导线或架空地线严禁在一个耐张段内连接。 6）展放施工应合理选择牵张设备及场地，合理控制牵张力，确保导地线满足对地及跨越物的安全距离。展放导线的张力机主卷筒槽底直径 $D \geqslant 40d-100$mm（d 为导线直径），其中，碳纤维复合材料芯导线等特殊导线张力机主卷筒槽底直径，按相关规范执行；展放光缆的张力机主卷筒槽底直径大于等于 $70d$（d 为光缆直径），且不得小于 1.0m。 7）在运输、展放、紧线、附件过程中，导地线应采取保护措施。 （2）悬挂放线滑车。 1）导线放线滑车宜采用挂胶滑车或其他韧性材料。导线滑车轮槽底直径不宜小于 $20d$（d 为导线直径），其中，碳纤维复合材料芯导线等特殊导线滑轮槽底直径按相关标准确定。 地线滑车轮槽底直径不宜小于 $15d$（d 为地线直径），光纤复合架空地线滑车轮槽底直径不应小于 $40d$（d 为光缆直径），且不得小于 500mm。 2）当垂直荷载超过滑车的最大额定工作荷载、接续管及保护套过滑车的荷载超过其允许荷载可能造成接续管弯曲，导线在放线滑车上的包络角超过 30°时，每相（极）应挂双放线滑车，其中碳纤维复合材料芯导线按 25°包络角控制；光纤复合架空地线在放线滑车上的包络角超过 60°时，应悬挂槽底直径不小于 800mm 的滑车或使用 600mm 的组合滑车。 3）展放过程中线绳上扬的塔位应设置压线滑车。 （3）展放导线、光缆。同相（极）分裂导线宜采用一次或同次展放。分次展放时，时间间隔不宜超过 48h，或采取技术措施解决导线蠕变对弧垂的影响。 （4）导地线连接。接续管的保护钢甲应有足够的刚度，确保过滑车后不弯曲	70	未答出或回答错误，每条扣 5～7 分，酌情扣除，扣完为止		
合计			100			

Jc0005242031　导地线弧垂控制标准工艺要求。（100 分）

考核知识点：导地线弧垂控制标准工艺

难易度：中

技能等级评价专业技能考核操作工作任务书

一、任务名称

导地线弧垂控制标准工艺要求。

二、适用工种

架空线路工技师。

三、具体任务

简述《国家电网有限公司输变电工程标准工艺（架空线路工程分册）》中对导地线弧垂控制的工艺标准要求及关键工序控制。

四、工作规范及要求

按照《国家电网有限公司输变电工程标准工艺（架空线路工程分册）》中对导地线弧垂控制的工艺标准要求描述。

五、考核及时间要求

（1）本考核时间为 30 分钟，时间到停止考评。

（2）字迹清晰。

（3）考试过程中不得翻阅相关书籍和使用电子设备。

技能等级评价专业技能考核操作评分标准

工种	架空线路工					评价等级	技师
项目模块	线路技术管理—线路施工管理				编号	Jc0005242031	
单位			准考证号			姓名	
考试时限	30 分钟		题型	单项操作		题分	100 分
成绩		考评员		考评组长		日期	
试题正文	导地线弧垂控制标准工艺要求						
需要说明的问题和要求	（1）要求考试人员独立完成答题。 （2）考试过程中不得翻阅相关书籍和使用电子设备。 （3）书写干净，字迹清晰						

序号	项目名称	质量要求	满分	扣分标准	扣分原因	得分
1	导地线弧垂控制的工艺标准	（1）导线弧垂偏差应符合下列规定： 1）35kV 线路紧线弧垂在挂线后允许偏差为 5%～2.5%；110kV 线路紧线弧垂在挂线后允许偏差为 5%～2.5%；220kV 及以上线路紧线弧垂在挂线后允许偏差不超过±2.5%。 2）跨越通航河流的大跨越档弧垂允许偏差不超过±1%，其正偏差不大于 1m。 （2）各相（极）间的相对偏差最大不应超过下列规定： 1）档距不大于 800m，35kV 线路相（极）间弧垂允许偏差值不大于 200mm，110kV 线路相（极）间弧垂允许偏差值不大于 200mm，220kV 及以上线路相（极）间弧垂允许偏差值不大于 300mm。 2）档距大于 800m 线路相（极）间弧垂允许偏差不大于 500mm。	30	未答出或回答错误，每条扣 10 分，酌情扣除，扣完为止		

续表

序号	项目名称	质量要求	满分	扣分标准	扣分原因	得分
1	导地线弧垂控制的工艺标准	（3）同相（极）子导线的弧垂应一致，其相对偏差应符合下列规定： 1）不安装间隔棒的垂直双分裂导线，同相(极)子导线间的弧垂的正偏差不得大于100mm。 2）安装间隔棒的其他形式分裂导线同相（极）子导线的弧垂允许偏差应符合下列规定：220kV 及以下的正偏差不得大于 80mm，330kV 及以上的正偏差不得大于 50mm。 （4）挂线时对孤立档、较小耐张段及大跨越的过牵引长度应符合设计要求。 （5）ADSS 弧垂与其他建筑物、树木、通信线路最小垂直净距： 1）与街道垂直净距：平行时 4.5m，交越时 5.5m（最低缆线到地面）。 2）与公路垂直净距：平行时 3.0m，交越时 5.5m（最低缆线到地面）。 3）与土路垂直净距：平行时 3.0m，交越时 4.5m（最低缆线到地面）。 4）与铁路垂直净距：平行时 3.0m（最低缆线到地面），交越时 7.5m（最低缆线到地面）。 5）与房屋建筑垂直净距：交越时 0.6m（距屋脊）/1.5m（距平顶）。 6）与河流垂直净距：交越时 1.0m（最低缆线距最高水位时最高桅杆顶）。 7）与树木垂直净距：交越时 1.5m（最低缆线到枝顶）。 8）与郊区垂直净距：交越时 7.0m（最低缆线到地面）。 9）与其他通信线路垂直净距：交越时 0.6m（一方最低缆线到另一方最高缆线）	30	未答出或回答错误，每条扣 10 分，酌情扣除，扣完为止		
2	导地线弧垂控制的施工关键控制工序	（1）紧线。 1）紧线前应确保紧线档内通信畅通、障碍物以及导线地线跳槽等处理完毕、分裂导线未相互绞扭、各交叉跨越处的安全措施可靠。 2）导线展放完毕后应及时进行紧线。 3）同相间子导线应同时收紧，弧垂达标后应逐档进行微调。 4）OPGW 紧线时应使用 OPGW 专用夹具或耐张预绞丝。OPGW 耐张预绞丝重复使用不得超过两次。ADSS 紧线时应使用 ADSS 专用夹具。 （2）观测弧垂。 1）应合理选择观测档。弧垂宜优先选用等长法观测，并用经纬仪观测校核。 2）弧垂观测时，温度应在观测档内实测。温度计必须挂在通风背光处，不得曝晒。温度变化达到 5℃时，应及时调整弧垂观测值。 3）连续上（下）山坡时的弧垂，应按设计规定的施工弧垂进行观测，直线塔附件安装时按设计值调整悬垂线夹位置，并应按竣工弧垂检查附件后的导、地线弧垂。 （3）调整相间及子线。 1）子导线弧垂偏差超过允许值时，应做相应调整。 2）画印时，各塔宜同时进行。 （4）锚线（或压接挂线）。 1）紧线弧垂在挂线后应随即在该观测档进行检查，并符合设计要求。 2）紧线后应测量导线对被跨越物的净空距离，计入导线蠕变伸长换算到最大弧垂时应符合设计规定	70	未答出或回答错误，每条扣 7 分，酌情扣除，扣完为止		
	合计		100			

Jc0005243032　掏挖基础施工标准工艺要求。（100分）

考核知识点：掏挖基础施工标准工艺

难易度：难

技能等级评价专业技能考核操作工作任务书

一、任务名称

掏挖基础施工标准工艺要求。

二、适用工种

架空线路工技师。

三、具体任务

简述《国家电网有限公司输变电工程标准工艺（架空线路工程分册）》中对掏挖基础施工的工艺标准要求及施工要点。

四、工作规范及要求

按照《国家电网有限公司输变电工程标准工艺（架空线路工程分册）》中对掏挖基础施工的工艺标准要求描述。

五、考核及时间要求

（1）本考核时间为30分钟，时间到停止考评。

（2）字迹清晰。

（3）考试过程中不得翻阅相关书籍和使用电子设备。

技能等级评价专业技能考核操作评分标准

<table>
<tr><td>工种</td><td colspan="5">架空线路工</td><td>评价等级</td><td>技师</td></tr>
<tr><td>项目模块</td><td colspan="5">线路技术管理—线路施工管理</td><td>编号</td><td>Jc0005243032</td></tr>
<tr><td>单位</td><td colspan="2"></td><td>准考证号</td><td colspan="2"></td><td>姓名</td><td></td></tr>
<tr><td>考试时限</td><td colspan="2">30分钟</td><td>题型</td><td colspan="2">单项操作</td><td>题分</td><td>100分</td></tr>
<tr><td>成绩</td><td></td><td>考评员</td><td></td><td>考评组长</td><td></td><td>日期</td><td></td></tr>
<tr><td>试题正文</td><td colspan="7">掏挖基础施工标准工艺要求</td></tr>
<tr><td>需要说明的问题和要求</td><td colspan="7">（1）要求考试人员独立完成答题。
（2）考试过程中不得翻阅相关书籍和使用电子设备。
（3）书写干净，字迹清晰</td></tr>
</table>

序号	项目名称	质量要求	满分	扣分标准	扣分原因	得分
1	掏挖基础施工原材料的标准	（1）水泥宜采用通用硅酸盐水泥，强度等级大于等于42.5。 （2）细骨料宜采用中砂，选用的天然砂、人工砂或混合砂相关参数应符合JGJ 52—2006《普通混凝土用砂、石质量及检验方法标准（附条文说明）》的规定。不得使用海砂。 （3）粗骨料采用碎石或卵石，相关参数应符合JGJ 52—2006《普通混凝土用砂、石质量及检验方法标准（附条文说明）》的规定。 （4）宜采用饮用水或经检测合格的地表水、地下水、再生水拌和及养护，不得使用海水。 （5）外加剂、掺合料品种及掺量应根据需要，通过试验确定。	20	未答出或回答错误，（1）～（5）每条扣2分，（6）、（7）每条扣5分，酌情扣除，扣完为止		

续表

序号	项目名称	质量要求	满分	扣分标准	扣分原因	得分
1	掏挖基础施工原材料的标准	（6）冬期施工的混凝土，应优先选用硅酸盐水泥或普通硅酸盐水泥。水泥强度等级不应低于 42.5，浇筑 CI5 以上强度等级混凝土时，最小胶凝材料用量应符合 JGJ 55—2011《普通混凝土配合比设计规程》的规定，且最小水泥用量不宜低于 280kg/m^3，水胶比不应大于 0.55	20	未答出或回答错误，（1）～（5）每条扣 2 分，（6）、（7）每条扣 5 分，酌情扣除，扣完为止		
2	掏挖基础施工工艺标准	（1）地脚螺栓及钢筋规格、符合设计要求，加工质量符合规范且制作工艺良好。安装位置符合设计要求。钢筋表面干净，不得使用表面有颗粒状、片状老锈或有损伤的钢筋。 （2）易发生坑壁坍塌的基坑应按设计要求采取可靠的护壁措施。 （3）混凝土密实，表面平整、光滑，棱角分明，一次成型。 （4）当转角、终端塔设计要求采取预偏时，同一基基础的四个立柱顶面应按预偏值抹成斜平面，并应共在一个整斜平面或平行平面内。 （5）允许偏差。 1）孔深不应小于设计值。 2）成孔尺寸应不小于设计值，且底部应保证设计锥度和高度。 3）立柱及承台断面尺寸：－1%。 4）钢筋保护层厚度：－5mm。 5）基础根开及对角线：一般塔±2‰，高塔±0.7‰。 6）基础顶面高差：5mm。 7）同组地脚螺栓对立柱中心偏移：10mm。 8）整基基础中心位移：顺线路方向 30mm，横线路方向 30mm。 9）整基基础扭转：一般塔 10′，高塔 5′。 10）地脚螺栓露出混凝土面高度：10mm，－5mm	16	未答出或回答错误，（1）～（4）每条扣 2 分，（5）每小条扣 1 分，酌情扣除，扣完为止		
3	掏挖基础施工的关键工序控制	（1）直孔钻进、人工掏挖。 1）基础放样时应核实边坡稳定控制点在自然地面以下，并保证基础埋深不小于设计值。 2）掏挖施工应根据地形、地质条件，尽可能采用机械掏挖。当采取人工掏挖方式时应采用一体化装置等安全保证措施，对孔壁风化严重或砂质层应采取护壁措施。 （2）钢筋绑扎。 1）钢筋加工符合 GB 50204—2015《混凝土结构工程施工质量验收规范》要求，钢筋箍筋、拉筋的末端应按设计要求做弯钩。弯钩的弯折角度、弯折后平直段长度应符合标准规定。 2）钢筋绑扎牢固、均匀、满扎，不得跳扎。钢筋连接应符合 JGJ 18—2012《钢筋焊接及验收规程》和 JGJ 107—2016《钢筋机械连接技术规程》要求，在同一连接区段内纵向受力钢筋的接头面积百分率应符合设计要求；设计无要求时，受拉接头不宜大于 50%，受压接头可不受限制。 3）钢筋保护层厚度控制符合设计要求。 （3）混凝土浇筑。 1）地脚螺栓安装前应对螺杆、螺母型号匹配情况进行检查。 2）现场浇筑混凝土应采用机械搅拌，并应采用机械捣固。在有条件的地区，应使用预拌混凝土。	64	未答出或回答错误，（1）、（2）每小条扣 3 分，（3）每小条扣 7 分，酌情扣除，扣完为止		

续表

序号	项目名称	质量要求	满分	扣分标准	扣分原因	得分
3	掏挖基础施工的关键工序控制	3）混凝土下料高度超过3m时，应采取防止离析措施。 4）冬期施工应采取防冻措施，混凝土拌和物的入模温度不得低于5℃。高温施工时混凝土浇筑入模温度不应高于35℃。雨季施工基坑或模板内采取防止积水措施，混凝土浇筑完毕后应及时采取防雨措施。基础混凝土应根据季节和气候采取相应的养护措施。 5）基础混凝土应一次浇筑成型，内实外光，杜绝二次抹面、喷涂等修饰。 6）浇筑完成的基础应及时清除地脚螺栓上的残余水泥砂浆，并对基础及地脚螺栓进行保护	64	未答出或回答错误，（1）、（2）每小条扣3分，（3）每小条扣7分，酌情扣除，扣完为止		
合计			100			

第五部分 高级技师

第九章　架空线路工高级技师技能笔答

Jb0001111001　基础施工紧急救护的基本原则有哪些？（5分）

考核知识点：紧急救护的基本原则

难易度：易

标准答案：

紧急救护的基本原则是在现场采取积极措施保护伤员生命，减轻伤情，减少痛苦，并根据伤情需要，迅速联系医疗部门救治。急救的成功条件是动作快、操作正确。任何拖延和操作错误都会导致伤员伤情加重或死亡。

Jb0001111002　跨越不停电电力线路，对“退出重合闸”的注意事项有哪些？（5分）

考核知识点：重合闸

难易度：易

标准答案：

（1）跨越不停电电力线路，在架线施工前，施工单位应向运维单位书面申请该带电线路“退出重合闸”，许可后方可进行不停电跨越施工。

（2）施工期间发生故障跳闸时，在未取得现场指挥同意前，不得强行送电。

Jb0001111003　作业负责人若因故暂时离开工作现场时，应遵守哪些规定？（5分）

考核知识点：作业负责人职责

难易度：易

标准答案：

作业负责人若因故暂时离开工作现场时，应指定能胜任的人员临时代替，离开前应将工作交代清楚，并告知作业班成员。原工作负责人返回工作现场时，也应履行同样的交接手续。

Jb0001111004　专项施工方案的编制、审核、批准是怎样规定的？（5分）

考核知识点：专项施工方案审批

难易度：易

标准答案：

专项施工方案应由项目部技术负责人组织编制，并经施工单位技术、质量、安全等管理部门审核，施工单位技术负责人批准。专业分包单位编制的专项施工方案经专业分包单位审批完成后报总包单位的技术负责人审核签字。

Jb0001112005　简要分析跨越施工可能出现的安全风险。（5分）

考核知识点：跨越施工

难易度：中

标准答案：

（1）跨越架材料力学性能不确定性带来的风险。悬索式跨越架一般由不同规格的纤维绳构成，不同厂家、不同规格的纤维绳力学性能差异大，其纤维绳自身动态破断力小于静态破断力。事故状态下，跨越架存在保护作业失效风险。

（2）搭设或拆除跨越架带来的风险。在跨越架搭设或拆除等施工过程中，若跨越架及操作人员碰到下方被跨越物（如带电线路、高速公路），会出现电力线路短路或交通事故等分险。

（3）放线系统的工器具故障带来的风险。导线放线经过跨越段时，若牵张设备、牵引绳、牵引板、旋转连接器等出现故障等事故，会出现工器具冲击跨越架的风险。

Jb0001112006 工程项目职业健康安全管理应遵循哪些程序？（5分）

考核知识点：工程项目职业健康安全管理

难易度：中

标准答案：

（1）识别并评价危险源及风险。

（2）确定职业健康安全目标。

（3）编制并实施项目职业健康安全技术措施计划。

（4）职业健康安全技术措施计划实施结果验证。

（5）持续改进相关措施和绩效。

Jb0001112007 起重工作人员应注意哪些安全事项？（5分）

考核知识点：起重作业安全注意事项

难易度：中

标准答案：

（1）起重用的一般设备工具，如起重机、滑轮与滑轮组、卷扬机、钢丝绳、千斤顶、桅杆等，要按照载重说明书或试验结果规定其起重能力。

（2）起重作业开始前，指挥人员必须与司机等有关人员研究方案，确定操作步骤和方法，统一行动与信号，以确保安全作业。

（3）起重作业开始前，起重人员必须详细检查被吊设备的捆绑是否牢固，重心是否找准以及附近是否有其他障碍物等。

（4）起吊设备前，必须明确所吊设备的实际质量，如不明确必须经过核算，绝对不允许被吊设备的质量超过起重机具的允许载重量。

（5）在被吊设备下面禁止站人，在起吊时不许任何人靠近被吊设备，更不允许将头伸进被吊设备下面观察情况。

（6）吊车司机与起重工在工作中不得擅离岗位。将设备吊起后，更不准离开，若必须离开时，应将设备放下或采取防护措施。

（7）用起重机起吊设备时，吊钩钢丝绳应保持垂直状态，不得用吊钩钢丝绳从倾斜方向拖拉设备或斜吊。

（8）当起重机设有主钩和副钩时，主钩和副钩不能同时并用。

（9）起重机司机和起重工均需考试合格后，方能正式担任工作。

Jb0001112008 捆绑起吊操作的要点是什么？（5分）

考核知识点：起重作业吊点布置

难易度：中

标准答案：

（1）捆绑物件或设备之前，应根据物件或设备的形状及其重心的位置确定适当的绑扎点。一般情况下，构件或设备都设有专供起吊的吊环。未开箱的货件常标明吊点位置。搬运时，应该利用吊环和按照指定吊点起吊。起吊竖直细长的物件时，应在重心两侧的对称位置捆绑牢固。起吊前应先行试吊，如发现倾斜，应立即将物件落下，重新捆绑后再起吊。

（2）捆绑重物，还必须考虑起吊时吊索与水平面要具有一定的角度，一般以60°为宜。角度过小，吊索所受的力过大；角度过大，则需很长的吊索，使用也不方便。同时，还要考虑吊索拆除是否方便，重物就位后，会不会把吊索压住或压坏。

（3）捆绑有棱角的物件时，应垫木板、旧轮胎、麻袋等物，以免物件棱角和钢丝绳受到损伤。

（4）起吊过程中，要检查钢丝绳是否有拧劲现象，如有应放松钢丝绳使其恢复平顺，以防拧劲处损伤。

（5）起吊各种零散物件时，如麻袋包、货箱、生铁块、钢板、钢管等，须采用与其相适应的捆缚夹具，以保证吊运平稳安全。

（6）一般不得用单根吊索悬吊重物，以防重物旋转而将吊索扭伤。使用两根或多根吊索悬吊重物时，应避免吊索并列，否则，吊索由于长短不同，短吊索受力过大，容易断裂。正确的方法应使用两根吊索，并有适当的角度。

Jb0002111009　普通硅酸盐水泥初凝时间一般不得早于45分钟，终凝时间不迟于多少？（5分）

考核知识点：普通硅酸盐水泥的初凝及终凝时间

难易度：易

标准答案：

终凝时间不迟于600分钟。

Jb0002111010　普通钢筋混凝土基础的混凝土强度等级不应低于多少？（5分）

考核知识点：混凝土强度等级

难易度：易

标准答案：

（1）普通钢筋混凝土基础的混凝土强度等级不应低于C20。

（2）当基础采用等级为400MPa及以上的钢筋时，混凝土强度等级不应低于C25。

Jb0002111011　GB 50233—2014《110kV～750kV架空输电线路施工及验收规范》中基础施工强制性条文规范是如何规定的？（5分）

考核知识点：基础施工强制性条文

难易度：易

标准答案：

基础混凝土中严禁掺入氯盐。

Jb0002111012　冬期施工期限划分的原则是什么？（5分）

考核知识点：冬期施工

难易度：易

标准答案：

根据当地气温多线气象资料统计，当日平均气温连续5天稳定低于5℃即进入冬期施工，当室外日平均气温连续5天高于5℃即解除冬期施工。

Jb0002111013　影响钢丝绳强度的因素有哪些？（5分）

考核知识点：钢丝绳强度影响因素

难易度：易

标准答案：

（1）钢丝绳弯曲。

（2）钢丝绳疲劳。

（3）钢丝绳磨损。

（4）滑轮槽型。

Jb0002111014　钢丝绳的编插工艺要求有哪些？（5分）

考核知识点：钢丝绳的插接工艺要求

难易度：易

标准答案：

（1）破头长度为钢绳直径的45～48倍。

（2）插接长度为钢绳直径的20～24倍。

（3）每股穿插次数不少于4次。

（4）使用前125%的超负荷试验合格。

Jb0002111015　混凝土和钢筋之间存在的黏着力，黏着力的产生主要原因有哪些？（5分）

考核知识点：钢筋混凝土构件的受力分析

难易度：易

标准答案：

（1）混凝土收缩将钢筋紧紧握裹而产生的摩擦力。

（2）混凝土颗粒的化学作用而产生的混凝土与钢筋之间的胶合力。

（3）钢筋表面凹凸不平与混凝土之间产生的机械咬合力。

Jb0002111016　线路防护设施质量检查主控项目是哪些？（5分）

考核知识点：线路防护

难易度：易

标准答案：

基础护坡、防洪堤、挡土墙。

Jb0002111017　架空线的振动形成的原因是什么？（5分）

考核知识点：导线振动知识

难易度：易

标准答案：

（1）架空线受到均匀的微风作用。

（2）架空线背后形成一个以一定频率变化的风力涡流。

（3）风力涡流对架空线冲击力的频率与架空线固有的自振频率相等或接近。

（4）架空线在竖直平面内因共振而引起振动加剧。

Jb0002111018　高压输电线路的导线为什么要进行换位？（5分）

考核知识点：导线换位

难易度：易

标准答案：

（1）在高压输电线路上，当三相导线的排列不对称时，各相导线的电抗就不相等。

（2）即使三相导线中通过对称负荷，各相中的电压降也不相同。

（3）由于三相导线不对称，相间电容和各相对地电容也不相等。

Jb0002111019　导线换位的措施是什么？（5分）

考核知识点：导线换位

难易度：易

标准答案：

（1）可在每条线路上进行循环换位，即让每一相导线在线路的总长中所处位置的距离相等。

（2）可采用变换各回路相序排列的方法进行换位。

（3）可以利用直线塔进行滚式换位。

（4）可以利用跳线在耐张塔上直接换位。

Jb0002111020　孤立档施工影响因素有哪些？（5分）

考核知识点：孤立档施工影响因素

难易度：易

标准答案：

（1）安装时要根据杆塔能承受的强度进行过牵引。

（2）安装时要根据构架能承受的强度进行过牵引。

（3）施工安装难度大。

Jb0002112021　线路测量在线路工程设计阶段有什么作用？（5分）

考核知识点：线路测量的作用

难易度：中

标准答案：

测定线路路径，进行定线测量及平断面图测绘等工作，为线路设计提供基础资料，以使线路设计经济合理、安全方便。

Jb0002112022　提高构件的抗弯曲强度的方法有哪几种？（5分）

考核知识点：构件的抗弯曲强度

难易度：中

标准答案：

（1）提高抗弯截面模量。

（2）减少弯矩。

（3）结构补强。

Jb0002112023　哪些抱杆可采用分段法兰式连接？（5分）

考核知识点：法兰连接

难易度：中

标准答案：

钢管抱杆、铝合金抱杆、角钢抱杆。

Jb0002112024 在线路运行管理工作中，防雷的主要措施包括哪些？（5分）

考核知识点：防雷措施

难易度：中

标准答案：

（1）落实防雷保护措施。

（2）完成防雷工作的新技术和科研课题及应用。

（3）测量接地电阻，对不合格者进行处理。

（4）完成雷雨电流观测的准备工作，如更换测雷参数的装置。

（5）增设测雷电装置，提出明年防雷措施工作计划。

Jb0002111025 平臂抱杆组塔应遵守哪些规定？（5分）

考核知识点：平臂抱杆组塔

难易度：易

标准答案：

（1）抱杆各部件间应连接牢固，并设置附着和配重。

（2）抱杆应有良好的接地装置，接地电阻不得大于4Ω。

（3）构件应组装在起重臂下方，且符合起重臂允许起重力矩要求。

（4）应配置力矩、风速等监控装置，作业前检查应处于正常状态。

（5）起重小车行走到起重臂顶端，终止点距顶端应大于1m。

Jb0002111026 直升机组塔及设备应满足哪些规定？（5分）

考核知识点：直升机组塔

难易度：易

标准答案：

（1）吊装组塔宜使用双发直升机。

（2）直升机应配备防扭转装置，防止吊件在空中旋转。

（3）吊件的吊点钢绳长度（以四点考虑）应能保证吊点钢绳与吊件水平面的夹角不小于30°，并能保持吊件的平衡性和稳定性。

（4）吊点钢绳与吊件的连接件安全系数应不小于4.0。

（5）机上人员、塔上人员及指挥人员应配备具有双向通信能力且调试正常的通信设备。

Jb0002112027 选用铁塔主要考虑哪些因素？（5分）

考核知识点：铁塔选用知识

难易度：中

标准答案：

（1）荷载。

（2）电气间隙。

（3）保护角。

（4）与其他杆塔配合。

（5）便于施工，尽量减少占地。

Jb0002113028　何为地线的保护角？其大小对杆塔有哪些影响？（5 分）

考核知识点：保护角

难易度：难

标准答案：

地线的保护角是指导线悬挂点与地线悬挂点连线同铅垂线间的夹角。

保护角越小，地线对导线的保护效果越好。

Jb0002113029　架空线的平断面图包括哪些内容？（5 分）

考核知识点：平断面图内容

难易度：难

标准答案：

沿线路的纵断面各点标高及塔位标高，沿线路走廊的平面情况，平面上交叉跨越点及交叉角，线路里程，杆塔类型及档距、代表档距等。

Jb0002131030　钢丝绳的最小破断拉力 T_p 为 31.2kN，其安全系数为 K=5，钢丝绳的允许使用拉力为多少？（5 分）

考核知识点：钢丝绳“破断力”“允许使用拉力”

难易度：易

标准答案：

钢丝绳的允许使用拉力

$$T=T_p/K=31.2/5=6.24\text{（kN）}$$

答：钢丝绳的允许使用拉力为6.24kN。

Jb0002131031　某现场施工时，需用撬杠把重物移动，问人对撬杠施加多大的力时，200kg 的重物才能被撬起来？（5 分）

已知撬杠长度为2m，重物与支点距离为0.2m（撬杠质量及宽度不计）。

考核知识点：力矩平衡原理

难易度：易

标准答案：

已知 $L_1=2\text{m}$，$L_2=0.2\text{m}$

$$G=mg=200\times 9.8=1960\text{（N）}$$

$$L_3=L_1-L_2=2-0.2=1.8\text{（m）}$$

根据力矩平衡原理，知 $GL_2=FL_3$，所以 $F=\dfrac{GL_2}{L_3}=\dfrac{1960\times 0.2}{1.8}=217.93\text{（N）}$

答：人对撬杠施加217.93N时，200kg的重物才能被撬起来。

Jb0002131032　白棕绳的最小破断拉力 T_p 为 31 200N，其安全系数 K 为 3.12。试求白棕绳的允许使用拉力 T 为多少？（5 分）

考核知识点：允许使用拉力计算

难易度：易

标准答案：

$$T = T_p/K = 31200/3.12 = 10\,000\text{（N）}$$

答：白棕绳的允许使用拉力 10 000N。

Jb0003111033　基础测量时常用计量器具有哪几种？（5 分）

考核知识点：计量器具

难易度：易

标准答案：

游标卡尺、钢卷尺、经纬仪、接地电阻仪、回弹仪。

Jb0003112034　线路复测档距、转角度数及横线路方向允许误差分别为多少？（5 分）

考核知识点：线路复测允许误差

难易度：中

标准答案：

（1）以设计勘测钉立的两个相邻直线桩为基准，其横线路方向偏差不大于 50mm。

（2）当采用经纬仪视距法复测距离时，顺线路方向两相邻杆塔位中心桩间的距离与设计值的偏差不大于设计档距的 1%。

（3）转角桩的角度值，用方向法复测时与设计值的偏差不大于 1′30″。

Jb0003112035　简述架空输电线路复测时，杆塔直线性、档距及高程的误差范围。（5 分）

考核知识点：线路复测

难易度：易

标准答案：

（1）直线性：塔位中心横线路偏移值不大于 50mm。

（2）档距：误差值不大于设计档距的±1%。

（3）高程：相邻两基高差的误差±0.5m。

Jb0003112036　工程所使用的原材料及器材应符合哪些规定？（5 分）

考核知识点：原材料及器材规定

难易度：中

标准答案：

（1）应有该批产品出厂质量检验合格证书。

（2）应有符合国家现行标准的各项质量检验资料。

（3）对砂、石等无质量检验资料的原材料，应抽样并经检验资质的单位检验，合格后方可采用。

（4）当对产品检验结果有怀疑时，应按规定重新抽样并经有检验资质的单位检验，合格后方可采用。

Jb0003112037　原材料及器材存在哪些情况时，应重新检验，并依据检验结果确定是否或降级使用？（5 分）

考核知识点：原材料及器材使用

难易度：中

标准答案：

（1）保管期限超过规定者。

（2）因保管不良有变质可能者。

（3）未按标准规定取样或试件不具有代表性者。

Jb0003112038　全站仪线路复测时遇到障碍物，不能通视，试举两种绕桩复测方法。（5分）

考核知识点：线路复测方法

难易度：中

标准答案：

有两种比较简便的方法：等腰三角形法和矩形法（平行四边形法）。

Jb0003112039　全站仪测距采用什么原理？（5分）

考核知识点：全站仪测距

难易度：中

标准答案：

全站仪测距采用相位法原理进行测距。

Jb0003112040　输电线路复测时，GPS的定位作业模式是什么？基准坐标系统是什么？（5分）

考核知识点：GPS定位作业模式，基准坐标系统

难易度：中

标准答案：

（1）GPS的定位作业模式是相位差分定位。

（2）GPS定位的基准坐标系统是WGS84坐标。

Jb0003112041　阐述提高GPS线路复测准确性的具体措施。（5分）

考核知识点：GPS线路复测准确性

难易度：中

标准答案：

（1）采用规划设计部门提供的线路复测段落内的任意3个标准点，建立匹配三点的坐标系，匹配的精度越高，复测时的准确性越高。

（2）直接采用勘查定位人员提供的各桩位点坐标进行复测。

（3）参考基站最好选择在高而开阔的位置，保证电台信号发射的通畅。

（4）建立转换坐标系的3个控制点所连区域尽量能够覆盖整个复测段落。

（5）将基站电台的发射频率调至高频。

（6）采用不同的转换坐标系复测同一点，尤其是相邻复测段落的衔接点。

Jb0003112042　输电线路复测时，GPS的定位作业模式是什么？（5分）

考核知识点：GPS定位

难易度：中

标准答案：

相位差分定位。

Jb0003113043　导线严重损伤时，应将损伤部分全部锯掉，并应用接续管或带金刚砂的预绞丝将导线重新连接的情况有哪些？（5分）

考核知识点：导线损伤处理

难易度：难

标准答案：

（1）强度损失超过设计计算拉断力的 8.5%。

（2）截面积损伤超过导电部分截面积的 12.5%。

（3）损伤的范围超过一个预绞丝允许补修的范围。

（4）钢芯有断股。

（5）金钩、破股和灯笼已使钢芯或内层线股形成无法修复的永久变形。

Jb0003113044　架空输电线路直线塔附件安装时一般需要哪些工器具？（5 分）

考核知识点：附件安装工具

难易度：难

标准答案：

手扳葫芦、提线器、钢丝绳套、吊绳、起重滑车、卸扣等。

Jb0003121045　如图 Jb0003121045 所示，在不等高塔腿基础分坑中，短腿与长腿之间的根开为 b_2，请问 b_2 的值为多少？（5 分）

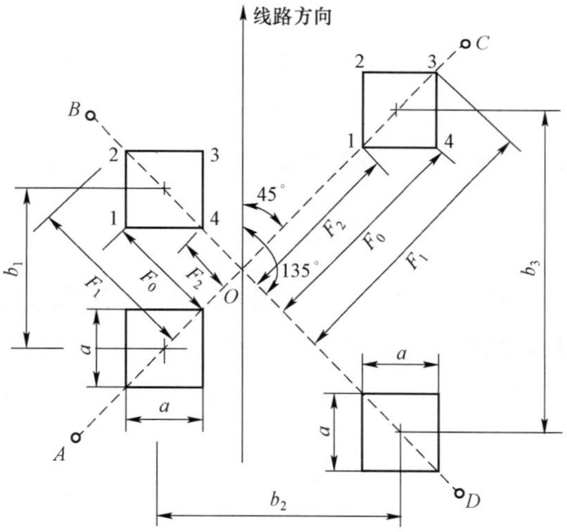

图 Jb0003121045

考核知识点：基础分坑

难易度：易

标准答案：

$$b_2=（b_1+b_3）/2$$

Jb0003131046　坑口尺寸是根据基础底面宽、坑深、坑底施工操作裕度以及安全坡度进行计算，如图 Jb0003131046 所示，基础底面宽度为 2.0m，坑底施工操作裕度为 0.2m，坡度系数为 0.3:1，设计坑深 h=2.5m，坑口尺寸为多少？（5 分）

考核知识点：基坑坑口尺寸计算

难易度：易

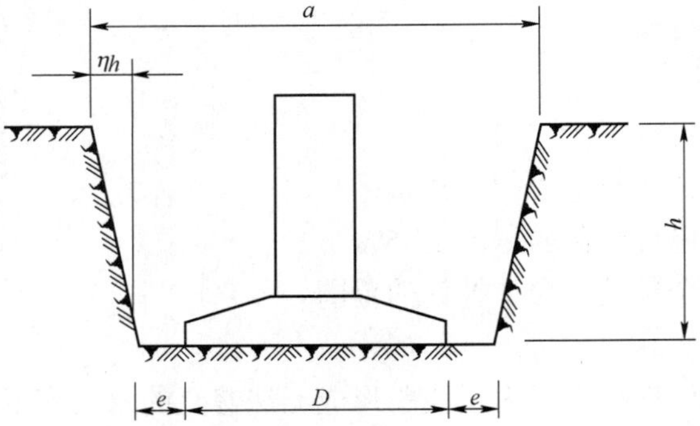

图 Jb0003131046

标准答案：

$$a = D+2e+2\eta h = 2+2\times 0.2+2\times 0.3\times 2.5 = 3.9\text{（m）}$$

答：坑口尺寸为3.9m。

Jb0003131047　某一铁塔的基础根开为5800mm（正方形地脚螺栓式），浇制完毕后，测量其对角线实际尺寸为8215mm，试计算是否超过允许误差值，并附计算过程。（5分）

考核知识点：基础根开计算

难易度：易

标准答案：

（1）按设计值基础对角线长度应为：5800×1.414＝8201（mm）。

（2）允许误差值为±2‰：8201×（±2‰）＝±16.4（mm）。

（3）对角线允许尺寸范围为8184.6～8217.4mm以内，而实际尺寸8215mm在允许误差范围内，没有超过允许误差，合格。

Jb0003131048　某330kV线路杆塔全高 H＝40m，杆顶横线路方向倾斜值为 X＝0.3m，顺线路倾斜值 Y＝0.4m，求杆塔结构的倾斜值为多少？（5分）

考核知识点：杆塔倾斜

难易度：易

标准答案：

$$\text{杆塔结构的倾斜值} = \frac{\sqrt{X^2+Y^2}}{H} = \frac{\sqrt{0.3^2+0.4^2}}{40} = 0.0125$$

答：杆塔结构的倾斜值为0.0125。

Jb0003132049　输电线路工程进入导地线展放施工阶段，已知导线单位重为 W＝0.598kg/m，导线展放长度为 L＝1000m，放线起点与终点高差为 h＝+5m，摩擦系数 μ＝0.05，计算放线牵引力 P_c（5分）

考核知识点：牵引力计算

难易度：中

标准答案：

解：根据公式 $P=(\mu WL \pm Wh)\times 9.8$，得

$P=(0.05\times 0.598\times 1000+0.598\times 5)\times 9.8=322.32$（N）

答：放线牵引力为322.32N。

Jb0003132050　已知某110kV线路有一耐张段，其各直线档档距分别为 $l_1=260$m，$l_2=310$m，$l_3=330$m，$l_4=280$m，在最高气温时比载为 36.51×10^{-3}N/（m·mm^2），由耐张段代表档距查得最高气温时的弧垂 $f_0=5.22$m 耐张段的代表档距为多少？在最高气温条件下 l_3 档的中点弧垂为多少？（5分）

考核知识点：代表档距、弧垂

难易度：中

标准答案：

解：耐张段的代表档距为

$$l_0=\sqrt{\frac{\Sigma l_i^3}{\Sigma l_i}}=\sqrt{\frac{l_1^3+l_2^3+l_3^3+l_4^3}{l_1+l_2+l_3+l_4}}$$
$$=\sqrt{\frac{260^3+310^3+330^3+280^3}{260+310+330+280}}=298.66\text{(m)}$$

l_3 档的中点弧垂

$$f_3=f_0\left(\frac{l_3}{l_0}\right)^2=5.22\times\left(\frac{330}{298.66}\right)^2$$
$$=6.373\text{(m)}$$

答：耐张段的代表档距为298.66m，在最高气温气象条件下 l_3 档的弧垂为6.373m。

Jb0003132051　图Jb0003132051所示为某220kV的架空输电线路的一个弧垂观测档，其观测档档距为 $l=350$m，仪器置于距 A 端杆塔 $l_1=20$m。用角度法观测弧垂，测得图中数据如下：$\alpha=45°$，$\beta=15°$，$\theta=10°$，则该档导线的弧垂为多少米？（保留3位小数）（5分）

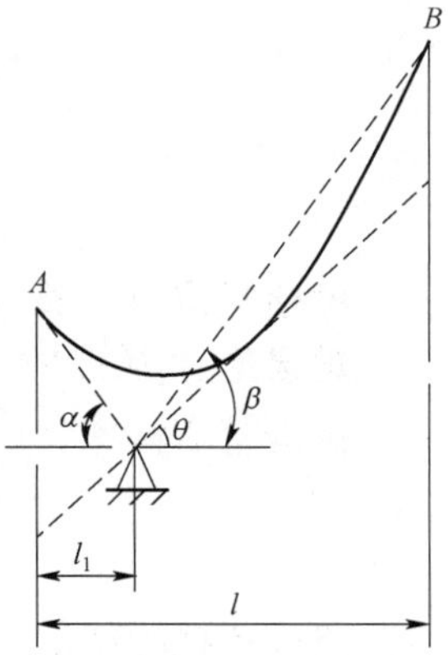

图 Jb0003132051

考核知识点：弧垂计算

难易度：中

标准答案：

$$a=l_1(\tan\alpha+\tan\theta)=20(\tan 45°+\tan 10°)=23.526\text{(m)}$$
$$b=(l-l_1)(\tan\beta-\tan\theta)=(350-20)(\tan 15°-\tan 10°)=30.235\text{(m)}$$
$$f=\frac{1}{4}(\sqrt{a}+\sqrt{b})^2=\frac{1}{4}(\sqrt{23.526}+\sqrt{30.235})^2=26.774\text{(m)}$$

答：该档导线的弧垂为26.774m。

Jb0003132052　已知某架空线路的档距 l=312m，悬点高差Δh=10m，已知在施工紧线气象条件导线的弧垂为 f= 6m，用平视法进行弧垂观测，试确定两端弧垂板的距离，高悬点端和低悬点端分别为多少米？（保留3位小数）（5分）

考核知识点：弧垂计算

难易度：中
标准答案：
正确答案：

$$高悬点端a = f\left(1+\frac{\Delta h}{4f}\right)^2 = 6\left(1+\frac{10}{4\times 6}\right)^2 = 12.042（m）$$

$$低悬点端b = f\left(1-\frac{\Delta h}{4f}\right)^2 = 6\left(1-\frac{10}{4\times 6}\right)^2 = 2.042（m）$$

答：高悬点端和低悬点端分别为 12.042m、2.042m。

Jb0003132053　图 Jb0003132053 所示为某 35kV 的架空输电线路的一个弧垂观测档，其中 $a=4$m，则该档导线的弧垂为多少米？（5 分）

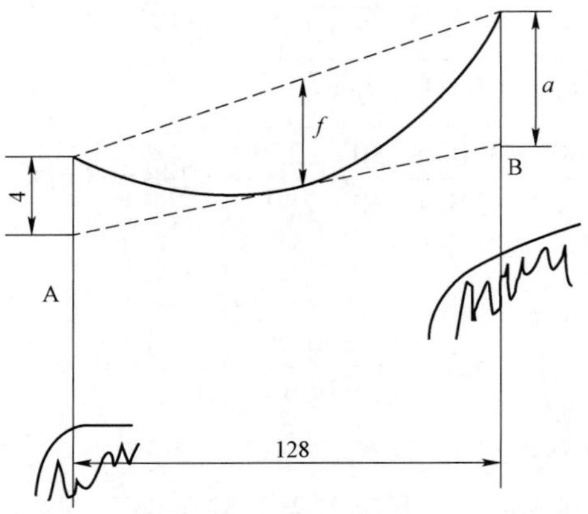

图 Jb0003132053

考核知识点：弧垂计算
难易度：中
标准答案：

$$f = \frac{1}{4}(\sqrt{a}+\sqrt{b})^2 = \frac{1}{4}(\sqrt{4}+\sqrt{4})^2 = 4（m）$$

答：该档导线的弧垂为 4m。

Jb0003132054　用经纬仪测视距，已知上丝读数为 $a=3$m，下丝读数 $b=1.66$m。望远镜视线水平，且视距常数 $K=100$。经纬仪测站至测点间的水平距离为多少米？（5 分）

考核知识点：水平距离测量
难易度：中
标准答案：

$$D = K(a-b) = 100(3-1.66) = 134（m）$$

答：经纬仪测站至测点间的水平距离为 134m。

Jb0003132055　如图 Jb0003132055 所示某线路两杆塔之间有高差，当采用仪器进行视距测量时，塔尺读数上丝 M 为 4.4m，下丝 N 为 1.1m，仰角 $\alpha=30°$。计算该档档距。（视距常数 $K=100$，结果保留 1 位小数）（5 分）

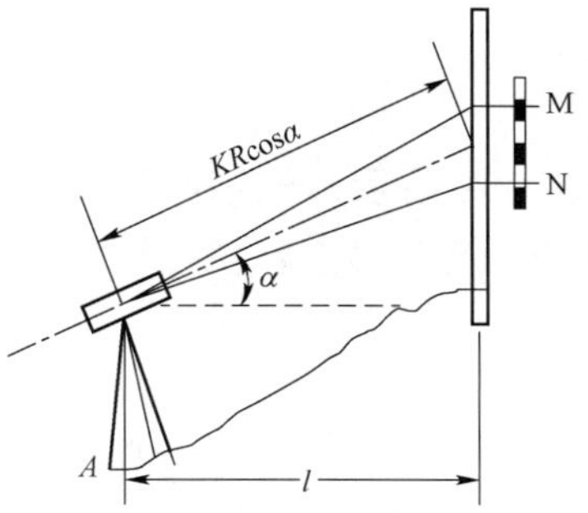

图 Jb0003132055

考核知识点：经纬仪使用

难易度：中

标准答案：

$$l = KR\cos^2\alpha = K(M-N)\cos^2\alpha = 100(4.4-1.1)\cos^2 30 = 247.5\text{（m）}$$

答：该档档距为 247.5m。

Jb0003132056　测量导线与被跨越的通信线间的距离。仪器至线路交叉点的水平距离为 50m，观测线路交叉处导线时的仰角为 14°15′，观测线路交叉处通信线的仰角是 5°18′，计算线路交叉跨越距离 H。（5 分）

考核知识点：交跨距离计算

难易度：中

标准答案：

$H = 50\times$（tan14°15′ − tan5°18′）$= 50\times$（0.2540 − 0.0928）$= 50\times 0.1612 = 8.06$（m）

答：线路交叉跨越距离为 8.06m。

Jb0003132057　试计算 JL/GIA－630/45－45/7 导线的自重比载。（导线单位质量 $q_1 = 2079.2$kg/km，面积 $S = 674\text{mm}^2$，直径 $d = 33.8$mm）（5 分）

考核知识点：导线的自重比载计算

难易度：中

标准答案：

自重比载 $g_1 = q_1/S\times 10^{-3} = 2079.2\times 10^{-3}/674 = 3.085\times 10^{-3}$[kg/（m·mm²）]

答：导线的自重比载 3.085×10^{-3}[kg/（m·mm²）]。

Jb0003132058　220kV 耐张转角塔，一侧在紧挂线时，需对该塔做反向临时拉线。已知导线最大紧张力 $H = 2250$N，临时拉线对地夹角 $\alpha = 45°$，临时拉线与导线的水平夹角 $\beta = 10°$，临时拉线平衡导线紧挂线张力的平衡系数 $K = 0.5$，计算单根临时拉线的静张力 P。（5 分）

考核知识点：临时拉线的静张力计算

难易度：中

标准答案：

临时拉线的静张力

$$P = \frac{KH}{\cos\alpha\cos\beta} = \frac{0.5\times 2250}{\cos 45°\times\cos 10°} = \frac{1125}{0.707\times 0.9848} = 1616\text{（N）}$$

答：单根临时拉线的静张力1616N。

Jb0003132059　如图 Jb0003132059 所示，已知拉线与地面的夹角为 $\alpha=58°$，拉线挂线点距地面 12m，拉线盘埋深为 2.2m。则拉线长度为多少？拉线坑中心距杆塔中心水平距离为多少？（结果保留 2 位小数）（5 分）

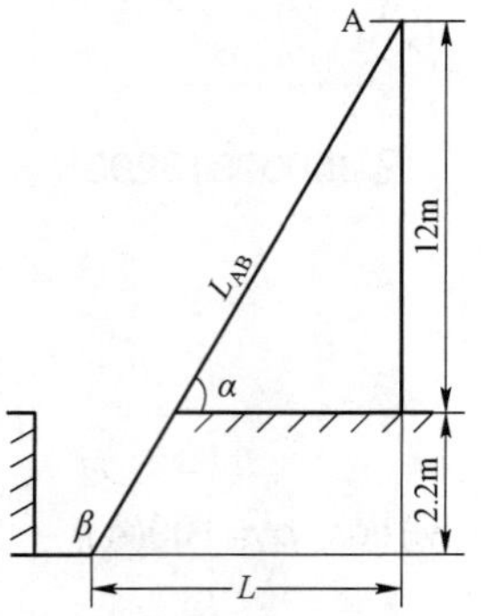

图 Jb0003132059

L_1—拉线挂线点距地面距离；L_2—拉线盘埋深；L—拉线坑中心距杆塔中心水平距离；L_{AB}—拉线长度

$$L=(L_1+L_2)/\tan\alpha$$
$$L_{AB}=(L_1+L_2)/\sin\alpha$$

考核知识点：距离计算

难易度：中

标准答案：

$$L_{AB}=\frac{L_1+L_2}{\sin\alpha}=\frac{12+2.2}{\sin 58°}=16.74\text{（m）}$$
$$L=\frac{L_1+L_2}{\tan\alpha}=\frac{12+2.2}{\tan 58°}=8.87\text{（m）}$$

答：拉线长度为16.74m，拉线坑中心距杆塔中心水平距离为8.87m。

Jb0003132060　某耐张段如图 Jb0003132060 所示，若档距 $l_1=250$m，$l_2=260$m，$l_3=240$m。则 2 号杆的水平档距 l_h 为多少？（5 分）

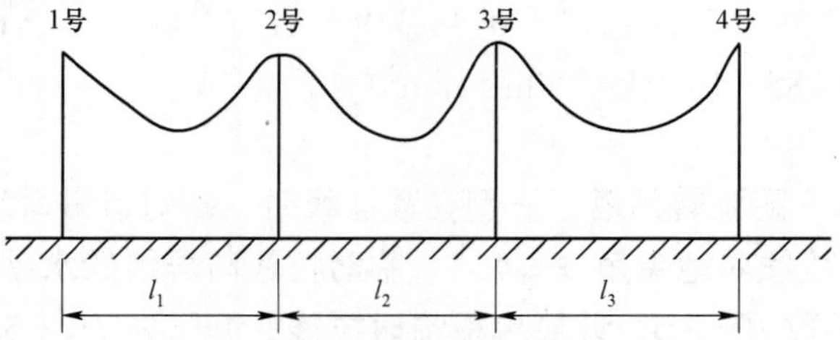

图 Jb0003132060

考核知识点：水平档距

难易度：中

标准答案：

$$l_h=\frac{l_1+l_2}{2}=\frac{250+260}{2}=255\text{（m）}$$

答：2 号杆的水平档距 l_h 为 255m。

Jb0003132061　220kV 线路某孤立档距 l 为 400m，采用 LGJ－400/35 型导线，温度在 0℃时的弧垂 f 为 9.1m，求孤立档中导线的长度 L。（5 分）

考核知识点：孤立档导线长度计算

难易度：中

标准答案：

$$L = l + \frac{8f^2}{3l} = 400 + \frac{8\times9.1^2}{3\times400} = 400.552\text{（m）}$$

答：孤立档中导线的长度为 400.552m。

Jb0003132062　某一 220kV 线路，已知实测档距为 l = 400m，耐张段的代表档距 l_0 = 390m，导线的线膨胀系数 $\alpha = 19\times10^{-6}$，实测弧垂 f = 7m，测量时气温 t = 20℃。当最高气温 t_{max} = 40℃时的最大弧垂为多少米？（5 分）

考核知识点：弧垂计算

难易度：中

标准答案：

$$f_{max} = \sqrt{f^2 + \frac{3l^4}{8l_0^2}(t_{max} - t)\alpha}$$

$$= \sqrt{7^2 + \frac{3\times400^4}{8\times390^2}\times(40-20)\times19\times10^{-6}} = 8.54\text{（m）}$$

答：当最高气温 t_{max} = 40℃时的最大弧垂为 8.54m。

Jb0003133063　已知某架空线路的档距为 l = 400m，悬点高差 Δh = 10m，导线为 JL/G1A－400/50，在某气象条件导线最低点的应力 σ_0 = 109.84MPa，比载 g = 32.77×10^{-3}N/（m·mm²），则该档距导线弧垂为多少米？（5 分）

考核知识点：弧垂、导线承载力

难易度：难

标准答案：

$$f = \frac{gl^2}{8\sigma_0} = \frac{32.77\times10^{-3}\times400^2}{8\times109.84} = 5.97\text{（m）}$$

答：该档距导线弧垂为 5.97m。

Jb0003133064　某一线路耐张段，有四个档距，分别为 l_1 = 190m、l_2 = 200m、l_3 = 210m、l_4 = 220m（不考虑悬挂点高差的影响）。此耐张段代表档距为多少？（结果保留 2 位小数）（5 分）

考核知识点：代表档距

难易度：难

标准答案：

$$l_0 = \sqrt{\frac{\sum l_i^3}{\sum l_i}} = \sqrt{\frac{l_1^3 + l_2^3 + l_3^3 + l_4^3}{l_1 + l_2 + l_3 + l_4}} = \sqrt{\frac{190^3 + 200^3 + 210^3 + 220^3}{190 + 200 + 210 + 220}} = 205.91\text{（m）}$$

答：耐张段代表档距为205.91m。

Jb0003133065　用经纬仪测量时，望远镜中上线对应的读数为 a=2.261m，下线对应的读数为 b=1.741m，测量仰角 α=45°，中丝切尺 c=2m，仪高 d=1.5m，已知视距常数 K=100，测站与测点接尺之间的水平距离为多少？（结果保留2位小数）(5分)

考核知识点：水平距离计算

难易度：难

标准答案：

$$D = K(a-b)\cos^2\alpha = 100\times(2.261-1.741)\times\cos^2 45^\circ = 26\text{(m)}$$

答：测站与测点接尺之间的水平距离为26m。

Jb0003133066　已知某线路弧垂观测档一端视点 A_0 与导线悬挂点距离 a 为1.5m，另一视点 B_0 与悬挂点距离 b 为5m，则该观测档弧垂 f 是多少？（保留3位小数）(5分)

考核知识点：弧垂计算

难易度：难

标准答案：

$$f = \frac{1}{4}(\sqrt{a}+\sqrt{b})^2 = \frac{1}{4}\times(\sqrt{1.5}+\sqrt{5})^2 = 2.994\text{m}$$

答：该观测档弧垂 f 是2.944m。

Jb0003133067　使用经纬仪进行交叉跨越测量，望远镜中丝切尺 c=2m，上、下线对应读数相差 Δd=0.7m，测量仰角 α=30°，仪高 d=1m，测站与测点接尺之间的水平距离为多少？高差为多少？（视距常数 K=100，保留3位小数）(5分)

考核知识点：交叉跨越计算

难易度：难

标准答案：

$$D = K\Delta d\cos\alpha = 100\times0.7\times\cos30^\circ = 52.5\text{(m)}$$

$$h = D\tan\alpha - c + d = 52.5\times\tan30^\circ - 2 + 1 = 29.311\text{(m)}$$

答：测站与测点接尺之间的水平距离为52.5m。测站与测点接尺之间的高差为29.311m。

Jb0004111068　日平均气温低于多少时，不得浇水养护混凝土？（5分）

考核知识点：基础养护内容

难易度：易

标准答案：

日平均气温低于5℃时，不得浇水养护。

Jb0004111069　混凝土灌注过程中，导管底端埋入混凝土的深度不应小于多少？（5分）

考核知识点：混凝土工程知识

难易度：易

标准答案：

混凝土灌注过程中，导管底端埋入混凝土的深度不应小于1.5m。

Jb0004111070 冬季钢筋焊接宜在室内进行，当在室外焊接时，其最低气温不宜低于多少？（5分）

考核知识点：钢筋焊接要求

难易度：易

标准答案：

冬季钢筋焊接宜在室内进行，当在室外焊接时，其最低气温不宜低于－20℃。

Jb0004111071 水下灌注的混凝土应具有良好的和易性，坍落度宜为多少？（5分）

考核知识点：混凝土工程知识

难易度：易

标准答案：

坍落度宜为180～220mm。

Jb0004111072 在工程使用的砂中规定，不得使用什么砂？（5分）

考核知识点：基础材料要求

难易度：易

标准答案：

不得使用海砂。

Jb0004111073 铁塔基础坑开挖深度超过设计规定+100mm时，其超深部分应怎么处理？（5分）

考核知识点：基础坑开挖超深处理

难易度：易

标准答案：

铁塔基础坑开挖深度超过设计规定+100mm时，其超深部分应进行铺石灌浆处理。

Jb0004111074 什么是“三干四湿”的搅拌方法？（5分）

考核知识点：混凝土人工搅拌

难易度：易

标准答案：

“三干四湿”是指水泥和沙子先干拌2次，加入石料后干拌1次，加水后湿拌4次。

Jb0004111075 张力放线过程中，导线与地面及被跨越物的距离应符合哪些规定？（5分）

考核知识点：导线与地面及被跨越物的距离

难易度：易

标准答案：

（1）一般区段，导线距离地面不应小于3m。

（2）通过行人及少量车辆的道路，设岗监护而不搭设跨越架施工时，导线距离路面不应小于5m。

（3）风沙较大区段，导线距离地面不应小于5m。

（4）平衡锤距离跨越架架顶网杆不应小于1m。

Jb0004111076 张力放线前的重点检查的内容有哪些？（5分）

考核知识点：张力放线

难易度：易

标准答案：

（1）跨越架的位置和牢固程度是否符合要求。

（2）场地布置和施工机械锚固情况是否符合要求。

（3）临时接地是否符合要求。

（4）岗位工作人员是否全部到岗，通信联络是否畅通。

（5）受力系统连接情况是否符合要求。

（6）机械无载启动、空载运转后，应检查是否符合使用要求。

（7）需对液压油预热的机械，启动前应进行温车。

（8）在所有放线滑车上牵引绳是否均位于正确槽位。

Jb0004111077　牵引机、张力机操作应符合哪些规定？（5分）

考核知识点：张牵机操作

难易度：易

标准答案：

（1）牵引机、张力机等应由持证专业人员专人操作。

（2）牵引机开始牵引前，应启动张力机并打开刹车，停止牵引时应先停牵引机，后停张力机。

（3）应按张力机特性选择张力调整方式、尾线、尾绳应保持有足够的尾部张力。

（4）张力应缓慢升高，避免牵引绳、导线产生大幅度波动。

（5）牵引机接到由任何岗位发出的停车信号时，均应立即停止牵引。

Jb0004111078　子导线紧线应符合哪些规定？（5分）

考核知识点：紧线

难易度：易

标准答案：

（1）宜先收紧线档中间搭在其他子导线之上的子导线。

（2）应对称收紧子导线。

（3）宜先收紧弧垂较小的子导线。

（4）应考虑风向的作用，并应避免在紧线过程中子导线因风力作用造成相互驮线而绞线。

（5）同相（极）子导线应同时收紧，且收紧速度不宜过快。

Jb0004111079　锚线作业应符合哪些规定？（5分）

考核知识点：锚线施工

难易度：易

标准答案：

（1）应按承受紧线张力选择临锚工器具。

（2）锚线时不应使紧线操作塔上的印记位置移动过多。

（3）锚线方向应与线路方向一致。

（4）锚线布置应便于松锚作业，且应符合杆塔设计条件。

Jb0004111080　导地线压接升空操作，应符合哪些规定？（5分）

考核知识点：压接升空

难易度：易

标准答案：

（1）松锚前应先压接相邻两紧线段的接续管。

（2）在地面的放线临锚附近应安装卡线器，并应接入牵引滑车或其他牵引工具作为松锚工具。

（3）放松松锚工具后，应用压线装置控制导地线高度，待松锚工具完全不受力后方可将其拆除。当紧线段内有重要跨越物时，应派专人监护。

（4）松锚时应避免子导线相互缠绕，同一相（极）的各子导线应对称松锚，应使放线滑车保持平衡。

（5）余线较多时，不宜将一根线一次松完后再松另一根线，宜分几次交替放松各子导线。

Jb0004111081 导线临锚应采取的保护措施有哪些？（5分）

考核知识点：锚线施工

难易度：易

标准答案：

（1）临锚绳宜选用包胶钢绞线。未包胶临锚绳与导地线接触的部位均应套上胶管。

（2）安装卡线器前，应核对其型号，并应检查其强度符合要求，且钳口钳体应圆滑。

（3）卡线器安装及拆除时，不得在线上滑动、滚动。安装时应事先测量好位置，并应一次安装成功，安装后应立即在卡线器后部导地线上安装胶管。

（4）临锚时，卡线器后端的尾线应用软绳绑吊，尾线不得在卡线器处产生硬弯和松股。子导线的尾线应分开。

（5）临锚时间不宜过长，附件及间隔棒安装时间不应超过5天，否则应采取临时防振措施。

（6）在同一根导地线上安装过轮临锚和线端临锚时，应带一定张力，不得因振动引起卡线器松动磨伤导地线。

（7）临锚地锚应设置在导地线展放的方向，张力机出口与邻塔悬挂点的高差不宜超过15%。

（8）线端临锚时，各子导线弧垂不宜等高。

（9）高处临锚时，相邻子导线之间临锚索具应错开布置，且与索具靠近的导线应套胶管。

（10）过轮临锚的锚绳应与导地线分离，不应共用放线滑车上的导地线轮槽。

Jb0004111082 防止多分裂导线鞭击，应采取什么措施？（5分）

考核知识点：防止导线鞭击措施

难易度：易

标准答案：

（1）应尽量缩短放线、紧线、附件安装各工序的施工间隔和减少导线在滑车中的停留时间。

（2）临锚时，各子导线应作不等高排列，临锚张力应考虑导线防振要求。

Jb0004111083 紧线施工有哪些质量要求？（5分）

考核知识点：紧线施工

难易度：易

标准答案：

（1）卡线器应在导地线上错开安装，并应与滑车保持足够距离。

（2）锚绳、紧线钢丝绳等工具不得在导地线上拖动，接触部分应套胶管。

（3）不得在子导线相互缠绕或导地线跳槽的情况下继续收紧导地线。

（4）临锚、松锚、收紧等作业均不应动作过猛和速度过快，不应使导地线张力发生急剧变化。

（5）应限制导线、地线在各种紧线滑车上的包络角。

Jb0004111084　附件安装有哪些质量保护措施？（5 分）

考核知识点：附件安装

难易度：易

标准答案：

（1）紧线完毕后，应尽快进行附件安装，不得使导地线因振动和鞭击产生损伤。

（2）安装附件及间隔棒时，应将导地线上的全部缺陷，包括线夹两侧、临锚点和牵张场导地线升空处未处理的局部轻微损伤处理完毕。

（3）提线挂钩应包胶，提线钩与导地线的接触长度应不小于 2.5 倍的导地线直径。

（4）安装附件时，应用记号笔划印，不得用钳子、扳手等硬物在导地线上划印。

（5）拆除放线滑车时，宜用保护胶管，滑车和钢丝绳不得磨损导地线。

（6）应使用软绳传递附件，传递的工具和材料不得碰撞导地线。

（7）不得用硬物敲击导地线。

（8）飞车轮槽和开口部分应包胶完好，并应刹车可靠。

（9）安装或拆除飞车时，应在导线上预先安装护线胶管。

（10）应经常检查飞车，车轮应转动灵活，飞车活门处铁件应包胶或盘绕胶带。

Jb0004111085　张力放线通信联络应迅速可靠，通信联络应符合哪些要求？（5 分）

考核知识点：张力放线通信联络

难易度：易

标准答案：

（1）各岗位工作人员应经过通信技术培训，并应掌握通信知识和设备操作要领、能正确使用和保管通信工具。

（2）选择的通信工具应可靠，并应在每次工作开始前核对各通信点相互间信号畅通。

（3）信号语言应及时、明确、清晰、简短、语种统一，施工期间不得传递与工作无关的信息。

（4）传递、接受、执行信息的程序应合理，并应明确信号与指令的区别。

（5）通信缺岗不得进行牵放作业。

Jb0004111086　紧线施工中，导地线升空、紧线、挂线过程采取的安全措施有哪些？（5 分）

考核知识点：张力放线

难易度：易

标准答案：

（1）升空作业时应使用压线装置，不得直接使用人力压线。

（2）导地线升空作业应与紧线作业密切配合，并应逐根子导线进行。

（3）压线滑车应设控制绳，压线钢丝绳应有足够长度，且钢丝绳回松应缓慢。

（4）紧线前应保证通信顺畅，且传递信号应及时、清晰。导地线跳槽应处理完毕，导线不得相互扭绞，各处交叉跨越安全措施应可靠。

（5）升空及紧线过程中，不得站在悬空导地线的下方。

（6）紧线用卡线器的规格应与线材规格匹配，并应设置防止跑线的备用保护。

（7）割断后的导地线应在当天挂接完毕，不得在高处临锚过夜。

（8）对正在进行平衡挂线作业的导线，不得同时在该线其他部位进行其他作业。

（9）挂线时，当连接金具靠近挂线点时，应在停止牵引后，作业人员方可从安全位置到挂线点操作。

（10）挂线后应缓慢回松牵引绳，并应在调整拉线的同时观察耐张金具串和杆塔的受力情况。

Jb0004111087 附件安装采取的安全措施有哪些？（5分）

考核知识点：附件安装

难易度：易

标准答案：

（1）在重要交叉跨越两侧杆塔上安装附件时，应做好防止导地线坠落的保护措施。

（2）提线工器具应挂在横担的施工孔上提升导线；无施工孔时，承力点位置应符合作业指导书的规定，并应在绑扎处衬垫软物。

（3）不得同时在相邻杆塔同相（极）安装附件，作业点垂直下方不得有人。

（4）附件安装时，安全绳或速差自控器应拴在横担主材上。

（5）在带电线路.上方的导线上测量间隔棒距离时，应使用干燥的绝缘绳或仪器测量，不得使用带有金属丝的测绳、皮尺。

Jb0004111088 X射线检测部位一般为金具所有压接位置，包括哪些部位？（5分）

考核知识点：X光探伤的应用

难易度：易

标准答案：

（1）钢锚与外部铝套管压接区域。

（2）芯线与锚管或芯线接续管压接区域。

（3）外部铝管和绞线或中间套管压接区域。

Jb0004111089 在张力架线全过程中应对导线、地线及OPGW采取哪些保护措施？（5分）

考核知识点：导地线保护措施

难易度：易

标准答案：

（1）机具的材料选用、外形设计和使用方法均应有利于对导线、地线及OPGW的保护。

（2）应正确悬挂放线滑车以改善导线、地线及OPGW在滑车中的通过性。

（3）应选择使导线、地线及OPGW处于架空状态的放线张力，且张力不宜过大。

Jb0004111090 确定张力架线施工段，应符合哪些规定？（5分）

考核知识点：张力放线

难易度：易

标准答案：

（1）放线段不宜超过20基杆塔。超过时，应采取相应的安全质量保证措施。

（2）牵、张场地位置应便于牵张设备和材料的运达及布置，牵张场两侧杆塔应满足过轮锚线要求。

（3）耐张塔单侧紧挂线时，应按设计要求安装临时拉线。

（4）耐张段金具组合形式应适合耐张塔附件安装作业。耐张段长度小于1500m时，应按过牵引200mm验算耐张塔。耐张组装串中应具有长度调整的金具。

Jb0004111091　导引绳、牵引绳应符合哪些规定？（5 分）

考核知识点：引绳要求

难易度：易

标准答案：

（1）宜采用编织防扭钢丝绳，端头宜采用插接式绳扣，插接长度不应小于绳节距的 4 倍。

（2）编织防扭钢丝绳的编织质量应符合现行行业标准，并应进行定期检验。

（3）使用前应进行专项检查，并应符合现行行业标准规定。

Jb0004111092　放线滑车应符合哪些规定？（5 分）

考核知识点：放线滑车

难易度：易

标准答案：

（1）应与牵放方式相匹配。牵引绳通过滑车的专用轮槽时，滑车应保持平衡稳定。

（2）牵引板应与放线滑车相匹配，并应保证牵引板的通过性。

（3）放线滑车应符合现行行业标准的规定。

（4）OPGW 放线滑轮槽底直径不应小于 OPGW 直径的 40 倍，且不得小于 500mm。

（5）槽形和轮槽宽度应能顺畅通过接续管、接续管保护套及各种连接器。

Jb0004111093　什么情况下每相（极）需挂双放线滑车？（5 分）

考核知识点：放线滑车安装

难易度：易

标准答案：

（1）垂直荷载超过滑车的最大额定工作荷载。

（2）接续管及接续管保护套过滑车时的荷载超过其允许荷载，可能造成接续管弯曲。

（3）放线张力正常时，导线在放线滑车上的包络角超过 30°。

Jb0004111094　悬挂双滑车应符合哪些规定？（5 分）

考核知识点：放线滑车安装

难易度：易

标准答案：

（1）当悬垂绝缘子串下适宜挂双滑车时，宜将一组双滑车挂在绝缘子串下方。

（2）当悬垂绝缘子串下不适宜挂双滑车时，宜将两个滑车利用钢丝绳、拉棒等挂具分别挂在横担一片桁架的下主材具备挂滑车条件处。

（3）双滑车宜用支撑杆连接，支撑杆的有效长度应与两滑车在横担上的挂点间距基本相同。

Jb0004111095　放线滑车与横担下平面相碰时，应采取的措施有哪些？（5 分）

考核知识点：放线滑车安装

难易度：易

标准答案：

（1）适当加长挂具长度。

（2）利用压线滑车压线。

（3）适当减小放线张力。
（4）增设临时挂架或其他方法悬挂滑车。

Jb0004111096　架线区段的选择，应符合哪些规定？（5分）
考核知识点：张力放线
难易度：易
标准答案：
（1）应考虑放线质量要求、设计条件、线路的地形和交通条件、环境条件、技术条件、放线效率等主要因素的影响。
（2）宜采取减少架线施工区段，减少接续管数量，缩短电力线路、铁路、高速公路等跨越施工时间的方案。
（3）架线中有上扬的杆塔时，宜选上扬杆塔作架线段起止塔。

Jb0004111097　牵引场、张力场的布置，应符合哪些规定？（5分）
考核知识点：张牵场布置
难易度：易
标准答案：
（1）牵引机、张力机宜布置在线路中心线上。
（2）牵引机、张力机进出口仰角不宜大于15°。
（3）牵引机卷扬轮、张力机导线轮、导线线盘、导引绳及牵引绳卷筒的受力方向应与其轴线垂直。
（4）导线线盘、钢丝绳盘的堆放不应影响放线作业。
（5）小牵引机的布置不应影响牵放牵引绳和牵放导线同时作业。
（6）锚线地锚宜布置在接近弧垂最低点。
（7）张力场不宜转向布置。
（8）牵引场、张力场应按规定设置接地。

Jb0004111098　张力放线布线应符合哪些规定？（5分）
考核知识点：张力放线布线
难易度：易
标准答案：
（1）可有效控制接续管位置，接续管数量应减至最少。
（2）紧线后余线应最少。
（3）直线松锚后放线区段内导线不应落地。
（4）放线中产生的不能继续使用的短线头应最少。
（5）转场时余线转运量应较少。

Jb0004111099　张力放线直线管压接的方法是什么？（5分）
考核知识点：压接管操作
难易度：易
标准答案：
（1）线轴上尚剩6圈导线时应停止牵引，张力机应制动。

（2）应将尾线临时锚固，锚固力应为导线尾部张力；将线轴上的余线放出后换线轴，放出的线尾与新轴线头应用双头网套连接器临时连接，余线应全部盘绕到新线轴上，并应恢复线轴制动，拆除尾线临锚。

（3）打开张力机制动，牵引机应慢速牵引。当网套连接器到达压接操作点时应停止牵引，张力机应制动。

（4）在压接操作点前应将导线临时锚固，锚固力应为放线张力；打开张力机刹车，放出一段导线，可拆除双头网套连接器，进行压接作业，压接完成后应在接续管外安装保护套。

（5）拆除临锚，拆除方法宜使用张力机回盘导线。临锚拆除后，应打开张力机制动，继续牵引。

Jb0004112100　紧线前应做哪些准备工作？（5分）

考核知识点：紧线

难易度：中

标准答案：

（1）检查各子导线在放线滑车中的位置，消除跳槽现象。

（2）检查各子导线不应相互缠绕，当有相互缠绕情况时，应先将各子导线分离后再收紧导线。

（3）检查接续管位置应合适，当有不合适时，应处理后再紧线。

（4）现场核对弧垂观测档，应设立观测标志。

（5）紧线时应保留放线滑车的临时接地，并应检查确认接地良好。

（6）单相（极）并列悬挂多个滑车时，应消除直线塔同相（极）放线滑车的高差和迈步现象。

Jb0004112101　组塔过程中应遵守哪些规定？（5分）

考核知识点：杆塔组立

难易度：中

标准答案：

（1）吊件坠落半径内不得有人。

（2）在受力钢丝绳的内角侧不得有人。

（3）在杆塔上有人时不得通过调整临时拉线来校正杆塔倾斜或弯曲。

（4）分解组塔过程中，塔上与塔下人员通信联络应畅通。

（5）钢丝绳与金属构件绑扎处，应衬垫软物。

（6）组装杆塔的材料及工器具不得浮搁在已立的杆塔和抱杆上。

（7）组立的杆塔不得用临时拉线固定过夜，需要过夜时，应对临时拉线采取安全措施。

（8）铁塔组立过程中及电杆组立后，应及时与接地装置可靠连接。

（9）杆塔的临时拉线应在永久拉线全部安装完毕后方可拆除，拆除时应由现场指挥人统一指挥。不得安装一根永久拉线随即拆除一根临时拉线。

（10）杆塔组立前，应核对地脚螺栓与螺母型号是否匹配。铁塔组立后，地脚螺栓应拧紧并做好防卸措施。

Jb0004112102　紧线的准备工作应遵守哪些安全规定？（5分）

考核知识点：紧线的准备工作

难易度：中

标准答案：

（1）杆塔的部件应齐全，螺栓应紧固。

（2）紧线杆塔的临时拉线和补强措施以及导、地线的临锚应准备完毕。

Jb0004112103　拆除旧导线、地线应遵守哪些安全规定？（5分）

考核知识点：拆除旧导线、地线规定

难易度：中

标准答案：

（1）不得带张力断线。

（2）松线杆塔做好临时锚固措施。

（3）旧线拆除时，采用控制绳控制线尾，防止线尾卡住。

Jb0004112104　高处压接应遵守哪些规定？（5分）

考核知识点：高处压接知识

难易度：中

标准答案：

（1）压接前应检查起吊液压机的绳索和起吊滑轮完好，位置设置合理，方便操作。

（2）宜采用高处压接平台进行作业。

（3）液压机升空后应做好悬吊措施，起吊绳索作为二道保险。

（4）高处人员压接工器具及材料应做好防坠落措施。

（5）导线应有防跑线措施。

Jb0004112105　牵张设备运输应符合哪些规定？（5分）

考核知识点：机具运输规定

难易度：中

标准答案：

（1）长距离转运非自行式且无消振装置的牵引机、张力机时，应装载在汽车上运输。

（2）短距离转场运输时可拖运，并应限制行车速度，在平坦的道路上速度不得超过 30km/h，在不平坦的道路上速度不得超过 15km/h。

（3）运输前应调查桥梁、涵洞、沟道等沿途道路的通行情况，并应满足运输条件。

（4）应将机身上的活动零部件临时固定，并应接通行车部分的刹车和信号灯。

（5）应以机身吊运环、吊运孔起吊。

Jb0004112106　混凝土施工中应注意哪些事项？（5分）

考核知识点：混凝土施工

难易度：中

标准答案：

（1）使用合格的原材料。

（2）严格控制水灰比。

（3）正确掌握砂、石配合比。

（4）合理的搅拌、振捣。

（5）规范养护。

Jb0004112107　整体立杆使用倒落式抱杆应符合哪些要求？（5分）

考核知识点：电杆组立

难易度：中

标准答案：

（1）两抱杆根部应保持水平，并用钢丝绳连牢。

（2）两抱杆受力不一致时，应及时调整。

（3）在冰雪和解冻的土地上支立，应采取防滑措施。

（4）抱杆根部的制动绳应及时拆除。

（5）抱杆脱落绳应通过脱落环绑牢，抱杆脱落后由脱落绳控制将抱杆缓慢放下。

Jb0004112108　电杆在起吊过程中应注意哪些问题？（5 分）

考核知识点：电杆组立

难易度：中

标准答案：

（1）电杆横担起吊离开地面 0.5m，停止牵引，在杆上做冲击试验，检查各部受力情况是否正常，各绳扣是否牢固可靠，锚坑表面土有无松动现象，电杆有无裂纹，吊点和吊绳是否合适，两抱杆受力是否均匀，根部有无滑动、下沉，然后松开抱杆制动绳，继续起吊。

（2）起吊过程中随时注意杆身及抱杆受力情况，随时调整。两侧拉线调整杆身，电杆起吊到 40° 左右时，将杆根调整对准底盘。

（3）抱杆脱落前，应使杆根进入底盘，抱杆失效时，停止牵引，使抱杆缓缓落地。

（4）电杆到 70° 停止牵引，收紧四面临时拉线，反方向拉线尤为重要，以后起吊速度放慢，起立到 80° 时，停止牵引，用临时拉线和牵引系统将杆调正，反面拉线收紧并固定。

（5）杆立直后，用经纬找正，固定四面拉线，基坑回填夯实。

Jb0004112109　人字抱杆整体拆除杆塔的施工顺序是什么？（5 分）

考核知识点：抱杆拆除

难易度：中

标准答案：

（1）准备工作就绪后，松开杆塔永久拉线，轻压反向拉线，使杆塔向放倒侧倾斜，使牵引系统处于受力状态。

（2）慢慢放松牵引钢丝绳，使杆塔徐徐倒下，同时随时拨动人字抱杆的根部位置，使它向放倒侧移动。

（3）当杆塔放倒至与地面夹角成 50° ～70° 时，使抱杆处于受力状态，抱杆两落脚点位置应符合施工设计要求，并适当加以支垫，以防抱杆下沉。

（4）在杆根离开底盘前，应使制动绳处于良好的受力状态，以严格控制杆根位置。

（5）在杆塔与地面夹角小于 30° 时，抱杆各部受力都较大，应逐渐放慢速度，现场作业人员应集中精神，听从指挥，直至杆塔落地放稳。

Jb0004112110　用钢圈连接的钢筋混凝土杆，在焊接时应遵守哪些规定？（5 分）

考核知识点：电杆焊接

难易度：中

标准答案：

（1）钢圈焊口上的油脂、铁锈、泥垢等污物应清除干净。

（2）钢圈应对齐，中间留有 2～5mm 的焊口缝隙。

（3）焊口合乎要求后，先点焊 3～4 处，点焊长度为 20～50mm，然后再行施焊。点焊所用焊条应与正式焊接用的焊条相同。

（4）电杆焊接人员必须持证上岗。

（5）雨、雪、大风中只有采取妥善防护措施后方可施焊，当气温低于–20℃时，焊接应采取预热措施（预热温度为 100～120℃），焊后应使温度缓慢地下降。

（6）焊接后的焊缝应符合规定，当钢圈厚度为 6mm 以上时应采用 V 形坡口多层焊接，焊缝中要严禁堵塞焊条或其他金属，且不得有严重的气孔及咬边等缺陷。

（7）焊接的钢筋混凝土杆，其弯曲度不得超过杆长的 2‰，如弯曲超过此规定时，必须割断调直后重新焊接。

（8）接头焊好后，应根据天气情况，加盖，以免接头未冷却时突然受雨淋而变形。

（9）钢圈焊接后将焊渣及氧化层除净，并在整个钢圈外露部分进行防腐处理。

（10）施焊完成并检查后，应在上部钢圈处打上焊工代号的钢印。

Jb0004112111　铁塔现浇基础对模板支护有什么要求？（5 分）

考核知识点：模板支护

难易度：中

标准答案：

（1）所用模板应有一定强度，内表面光滑，接缝严密，几何尺寸正确。

（2）支模前应校核档距、转角、根开、对角线，并平整坑底。

（3）模板要安装牢固，位置正确，每隔 1m 支撑一周，以保浇注时不发生移动。

（4）模板在浇注前要涂刷一层隔离剂，涂刷时注意不要碰触钢筋。隔离剂一般多用废机油和柴油的混合料。

（5）钢筋骨架网与模板间应有一定的保护层间隙，底板钢筋网应垫起一定的高度。

Jb0004112112　基础隐蔽工程包括哪些项目？（5 分）

考核知识点：基础隐蔽工程项目

难易度：中

标准答案：

（1）基础坑深及地基处理情况。

（2）现浇基础中的钢筋和预埋件的规格、数量、尺寸、位置、保护层厚度、底座断面尺寸以及混凝土的浇制质量。

（3）预制基础中的钢筋和预埋件的规格、数量、安装位置、立柱倾斜与组装质量。

（4）岩石基础的成孔尺寸、孔深、埋入铁件及混凝土浇制质量。

（5）基础钢筋直螺纹套管的连接。

Jb0004112113　采用外拉线抱杆组塔时，应满足的安全工作要求有哪些？（5 分）

考核知识点：外拉线抱杆组塔

难易度：中

标准答案：

（1）升降抱杆时，塔下不得有人，塔上人员应站在安全的位置上。

（2）固定抱杆必须绑扎牢固。抱杆倾斜度不宜超过 15°，否则应采取安全措施。

（3）提升抱杆时，应听从指挥，均匀放出每根拉线。

（4）抱杆拉线的布置和起吊钢丝绳的规格应符合技术要求。

（5）起吊钢丝绳与铁件接触处，应垫软物或硬木。

（6）吊件的外侧应用白棕绳或钢丝绳控制。

（7）在起吊过程中，严禁将手脚伸入吊件的空隙内。

（8）吊件接近就位时，牵引速度应减慢，上下应密切配合。

（9）吊件就位的连接次序应先低腿后高腿。

（10）主材和侧面大斜材未全部接牢之前，不得到吊件上作业。

Jb0004112114　倒落式人字抱杆整体立塔施工中对抱杆的技术要求是什么？（5 分）

考核知识点：倒落式人字抱杆整体立塔

难易度：中

标准答案：

（1）抱杆结构形式及截面：抱杆采用钢结构，一般选用正方形截面，呈对称布置的四棱锥形角钢格构式。抱杆采用分段形式，各段之间用螺丝或内法兰连接。

（2）抱杆高度：宜控制为铁塔重心高度的 0.8～1.1 倍的范围内。

（3）抱杆根开：控制两根抱杆夹角在 25°～30° 为宜。

（4）抱杆坐落位置：抱杆宜坐落在中心桩与塔脚板之间离开塔脚板内边缘 2～3m 的位置。

（5）抱杆的初始倾角：一般以 60°～70° 为宜。

Jb0004112115　采用硅酸盐水泥或普通硅酸盐水泥配置的混凝土，在受冻前抗压强度如何规定？（5 分）

考核知识点：混凝土强度

难易度：中

标准答案：

在受冻前抗压强度不应低于混凝土强度设计值的 30%。

Jb0004112116　在混凝土拌和及养护用水有什么要求？（5 分）

考核知识点：验收规程内容掌握

难易度：中

标准答案：

不得使用海水。

Jb0004112117　黄土地基有哪些主要不良地质现象？（5 分）

考核知识点：地质

难易度：中

标准答案：

（1）湿陷：黄土在外荷作用下，当水浸入其内产生的一种特殊变形，造成塔基歪斜、杆塔倾覆等。

（2）陷穴：有些黄土受地下水的腐蚀作用，会在其中形成暗沟、暗穴和天然桥等洞穴现象。

（3）沟谷：沟谷在黄土中较多，尤其是高原及丘陵地区，每当暴雨发生或急剧融雪而形成的间歇性急流，对黄土具有强烈的切割破坏作用，常出现各种沟谷。

Jb0004112118　超过 80m 高的铁塔基础，基础根开及对角线尺寸在基础回填夯实后允许偏差如何规定？（5 分）

考核知识点：基础根开及对角线尺寸允许偏差

难易度：中

标准答案：

超过 80m 高的铁塔基础，基础根开及对角线尺寸在基础回填夯实后允许偏差为±0.7‰。

Jb0004112119　混凝土强度可根据原材料和配合比的变化来选择和掌握，水泥强度等级与混凝土强度等级的关系是什么？（5 分）

考核知识点：混凝土强度

难易度：中

标准答案：

水泥强度等级大于混凝土强度等级，一般比值为 1.5～2.5 倍。

Jb0004112120　水泥强度等级、水灰比对混凝土强度的影响是什么？（5 分）

考核知识点：混凝土强度

难易度：中

标准答案：

水泥强度等级高，水灰比小，混凝土强度高。

Jb0004112121　掏挖基础钢筋骨架制作允许偏差是多少？（5 分）

考核知识点：钢筋制作质量要求

难易度：中

标准答案：

（1）主筋间距允许偏差应为±10mm。
（2）箍筋间距允许偏差应为±20mm。
（3）钢筋骨架直径允许偏差应为±10mm。
（4）钢筋骨架长度允许偏差应为±50mm。

Jb0004112122　混凝土拌和用水检验报告应包括哪些内容？（5 分）

考核知识点：混凝土拌和用水

难易度：中

标准答案：

（1）水源和取样地点。
（2）水的类型。
（3）取样日期。
（4）试验日期。
（5）试验室名称、试验分析人员、审核人员和试验负责人姓名。
（6）水的外观。
（7）水的 pH 值、不溶物、可溶物、氯化物、硫酸盐及硫化物含量。

（8）凝结时间差。
（9）抗压强度比。
（10）结论意见。

Jb0004112123　监理单位应参加哪些检查，并应对施工单位的工程质量自评结果进行审查？（5分）
考核知识点：
难易度：中
标准答案：
（1）单元工程。
（2）分项工程。
（3）分部工程。
（4）单位工程。
（5）隐蔽工程的检查。

Jb0004112124　塔材及其他镀锌铁件质量检验检查项目有哪些？（5分）
考核知识点：
难易度：中
标准答案：
钢材材质，钢材规格、数量，镀锌质量，眼孔数量位置，构件长度，构件切角，构件火曲，焊接质量，镀锌螺栓。

Jb0004112125　简述整体起立钢筋混凝土双杆时，在刚离开地面后要停止牵引检查哪些项目？（5分）
考核知识点：杆塔组立
难易度：中
标准答案：
（1）当电杆起吊离开地面约0.5m时，应停止起吊，检查各部分受力情况及做冲击试验。
（2）检查各部分受力情况是否正常，各绳扣是否牢固可靠。
（3）各锚桩是否走动，锚坑表面土有否松动现象。
（4）主杆是否正常，有无弯曲裂纹，是否偏斜，抱杆两侧受力是否均匀，抱杆脚有无滑动及下沉。

Jb0004112126　试述安装悬垂绝缘子串的要求。（5分）
考核知识点：绝缘子安装
难易度：中
标准答案：
（1）绝缘子的规格和片数应符合设计规定，绝缘子良好。
（2）绝缘子串应与地面垂直，顺线路方向的倾斜度一般不应超过5°，最大偏移值不应超过200mm。
（3）绝缘子串上的穿钉和弹簧销子的穿入方向为：悬垂串，两边线由内向外穿。中线由左向右穿。分裂导线上的穿钉、螺栓，一律由线束外侧向内穿。
（4）穿钉开口销子必须开口60°～90°，销子开口后不得有折断、裂纹等现象，禁止用线材代替开口销子。穿钉呈水平方向时，开口销子的开口应向下。

Jb0004112127　简述绝缘子串、导线及架空地线上的各种金具上的螺栓和销钉安装时穿入方向。（5分）

考核知识点：螺栓和销钉穿向

难易度：中

标准答案：

绝缘子串、导线及架空地线上的各种金具上的螺栓、穿钉及弹簧销子，除有固定的穿向外，其余穿向应统一，并应符合下列规定：

（1）悬垂串上的弹簧销子均按线路方向穿入。使用 W 弹簧销子时，绝缘子大口均朝线路后方。使用R弹簧销子时，大口均朝线路前方。螺栓及穿钉凡能顺线路方向穿入者均按线路方向穿入，特殊情况两边线由内向外，中线由左向右穿入。

（2）耐张串上的弹簧销子、螺栓及穿钉均由上向下穿。当使用 W 弹簧销子时，绝缘子大口均应向上。当使用R弹簧销子时，绝缘子大口均向下，特殊情况可由内向外、由左向右穿入。

（3）分裂导线上的穿钉、螺栓均由线束外侧向内穿。

（4）当穿入方向与当地运行单位要求不一致时，可按当地运行单位的要求，但应在开工前明确规定。

Jb0006112128　工程施工及验收质量的检验评定工作应由哪些人员参加？（5分）

考核知识点：验收质量的检验评定

难易度：中

标准答案：

业主代表、设计代表、监理代表、施工代表、勘测代表。

Jb0006112129　质量管理的原则或质量管理体系标准的基础是什么？（5分）

考核知识点：质量管理的原则或质量管理体系标准

难易度：中

标准答案：

（1）为了成功地领导和运作一个组织，需要采用一种系统和透明的方式进行管理。针对所有相关方的需求，实施并保持持续改进其业绩的管理体系，可使组织获得成功。质量管理是组织各项管理的内容之一。

（2）八项质量管理原则已得到确认，最高管理者可运用这些原则，领导组织进行业绩改进。

Jb0006112130　分项工程的合格标准是什么？（5分）

考核知识点：分项工程的合格标准

难易度：中

标准答案：

（1）分项工程合格标准如下：

（2）分项工程中单元工程 100%合格。

第十章　架空线路工高级技师技能操作

Jc0003141001　全站仪角度测量。(100 分)
考核知识点：全站仪角度测量
难易度：易

技能等级评价专业技能考核操作工作任务书

一、任务名称

全站仪角度测量。

二、适用工种

架空线路工高级技师。

三、具体任务

使用全站仪进行两个点之间夹角的测量。

四、工作规范及要求

（1）相关工器具的准备。

（2）GTS－100N 仪器仪表的正确使用及做好安全措施。

五、考核及时间要求

（1）本考核操作时间为 15 分钟，时间到停止考评。

（2）考评过程中如果由于测试人员操作不规范，有可能引发不安全因素的，停止考评，该项考核项目不得分，但不影响其他项目。

技能等级评价专业技能考核操作评分标准

工种	架空线路工				评价等级	高级技师
项目模块	基本技能—经纬仪及其他测绘仪器的使用			编号	Jc0003141001	
单位		准考证号			姓名	
考试时限	15 分钟	题型	单项操作		题分	100 分
成绩		考评员		考评组长	日期	
试题正文	全站仪角度测量					
需要说明的问题和要求	（1）要求单人操作，完成全站仪支设。 （2）一人操作，一人配合，完成角度测量。 （3）熟练掌握 GTS－100N 全站仪角度测量方法					

序号	项目名称	质量要求	满分	扣分标准	扣分原因	得分
1	安装仪器					
1.1	仪器支设	（1）旋松三脚架升降螺旋，使其高度齐胸并旋紧。将三脚架立在测站点上，架尖在地面上基本呈 60～70cm 的等边三角形，仪器放在上面并用中心螺旋固定。 （2）将一只脚架尖踩入土中，另两只脚架由两手撑浮，眼睛盯住光学对中器，观测者一只脚抬浮在测站标桩上方来回晃动，使自己尽快在视野内发现标桩，并使仪器尽量对中标桩，然后轻轻放下两脚架。该步骤称为“粗对中”。使圆水准器中气泡大致居中。	30	操作不正确每项扣 6 分，扣完为止		

续表

序号	项目名称	质量要求	满分	扣分标准	扣分原因	得分
1.1	仪器支设	（3）利用踩三脚架踏板或调整脚架升降螺旋，使圆水准器中气泡大致居中。该步骤称“粗整平”。 （4）检查光学对中器对中情况，若有偏差，略松中心固定螺旋，平行移动仪器底座，使仪器中心完全对准测站中心目标，然后再将中心螺旋旋紧。在轻移仪器时不要让仪器在架头上有转动，以尽可能减少气泡的偏移，该步骤称“细对中”。 （5）利用3只底脚螺旋在相互垂直方向调整长水准器，达到仪器旋转至任意方向都处于水平位置。该步骤称“细整平”	30	操作不正确每项扣6分，扣完为止		
2	水平角（右角）和垂直角测量					
2.1	确认模式	开机，应先调节仪器处于角度测量模式	10	未确认模式扣10分		
2.2	测量	（1）瞄准第一个目标A。 （2）设置目标A的水平角为0°0′0″，按F1（显示“置零”）键，根据提示再按F3（显示[是]）键。 （3）瞄准第二个目标B，显示目标B的V/H	30	操作不正确每项扣10分，扣完为止		
3	水平角（右角/左角）的切换					
3.1	切换	（1）按F4（显示“↓”）键两次转到第3页功能。 （2）按F2（显示“R/L”）键，从右角模式（HR）切换到左角模式（HL）。 （3）以左角HL模式进行测量	20	操作不正确每项扣5～8分，扣完为止		
4	收仪器	长按开关键，关机。松开所有旋钮，将仪器放入仪器盒中	10	方法不正确每项扣2分，扣完为止		
合计			100			

Jc0003141002　全站仪距离测量。（100分）

考核知识点：全站仪距离测量

难易度：易

技能等级评价专业技能考核操作工作任务书

一、任务名称

全站仪距离测量。

二、适用工种

架空线路工高级技师。

三、具体任务

使用全站仪进行距离测量。

四、工作规范及要求

（1）相关工器具的准备。

（2）GTS－100N仪器仪表的正确使用及安全措施。

五、考核及时间要求

（1）本考核操作时间为15分钟，时间到停止考评。

（2）考评过程中如果由于测试人员操作不规范，有可能引发不安全因素的，停止考评，该项考核项目不得分，但不影响其他项目。

技能等级评价专业技能考核操作评分标准

工种	架空线路工					评价等级	高级技师
项目模块	基本技能—经纬仪及其他测绘仪器的使用				编号	Jc0003141002	
单位			准考证号			姓名	
考试时限	15分钟		题型	单项操作		题分	100分
成绩		考评员		考评组长		日期	
试题正文	全站仪角度测量						
需要说明的问题和要求	（1）要求单人操作，完成全站仪支设。 （2）一人操作，一人配合，完成角度测量。 （3）熟练掌握GTS－100N全站仪距离测量方法						

序号	项目名称	质量要求	满分	扣分标准	扣分原因	得分
1	安装仪器					
1.1	仪器支设	（1）旋松三脚架升降螺旋，使其高度齐胸并旋紧。将三脚架立在测站点上，架尖在地面上基本呈60～70cm的等边三角形，仪器放在上面并用中心螺旋固定。 （2）将一只脚架尖踩入土中，另两只脚架由两手撑浮，眼睛盯住光学对中器，观测者一只脚抬浮在测站标桩上方来回晃动，使自己尽快在视野内发现标桩，并使仪器尽量对中标桩，然后轻轻放下两脚架。使圆水准器中气泡大致居中。该步骤称为“粗对中”。 （3）利用踩三脚架踏板或调整脚架升降螺旋，使圆水准器中气泡大致居中。该步骤称“粗整平”。 （4）检查光学对中器对中情况，若有偏差，略松中心固定螺旋，平行移动仪器底座，使仪器中心完全对准测站中心目标，然后再将中心螺旋旋紧。在轻移仪器时不要让仪器在架头上有转动，以尽可能减少气泡的偏移，该步骤称“细对中”。 （5）利用3只底脚螺旋在相互垂直方向调整长水准器，达到仪器旋转至任意方向都处于水平位置。该步骤称“细整平”	30	操作不正确每项扣6分，扣完为止		
2	水平角（右角）和垂直角测量					
2.1	确认模式	开机，应先调节仪器处于测角模式	10	未确认模式扣10分		
2.2	测量	（1）辅助人员持棱镜竖直立于目标点上方，操作人员瞄准棱镜中心。 （2）按◢键，距离测量开始，屏幕显示测量的距离。 （3）再次按◢键，显示变为水平角（HR）、垂直角（V）和斜距（SD）	30	操作不正确每项扣10分，扣完为止		
3	距离测量（*N*次测量/单次测量）					
3.1	切换	（1）开机后，在模式设置中选择*N*次测量，测量次数选择0～99中数字，确定测量次数（当输入次数为1，为单次测量，仪器不显示平均值，仪器出厂设置为单次测量）。 （2）瞄准棱镜中心。按◢键，连续测量开始（GTS－100N将按设置的次数进行测量，并显示出平均值）。	20	操作不正确每项扣5～8分，扣完为止		

续表

序号	项目名称	质量要求	满分	扣分标准	扣分原因	得分
3.1	切换	（3）当不再需要连续测量时，可按 F1（显示“测量”）键，“*”标志消失并显示平均值。当光电测距（EDM）正在工作时，再按 F1（显示“测量”）键，模式转变为连续测量模式	20	操作不正确每项扣 5～8 分，扣完为止		
4	收仪器	长按开关键，关机。松开所有旋钮，将仪器放入仪器盒中	10	方法不正确每项扣 2 分，扣完为止		
合计			100			

Jc0003142003　GTS－100N 全站仪悬高测量（REM）。（100 分）

考核知识点：全站仪悬高测量

难易度：中

技能等级评价专业技能考核操作工作任务书

一、任务名称

GTS－100N 全站仪悬高测量（REM）。

二、适用工种

架空线路工高级技师。

三、具体任务

使用全站仪进行悬高测量。

四、工作规范及要求

（1）相关工器具的准备。

（2）GTS－100N 仪器仪表的正确使用及安全措施。

五、考核及时间要求

（1）本考核操作时间为 15 分钟，时间到停止考评。

（2）考评过程中如果由于测试人员操作不规范，有可能引发不安全因素的，停止考评，该项考核项目不得分，但不影响其他项目。

技能等级评价专业技能考核操作评分标准

<table>
<tr><td>工种</td><td colspan="5">架空线路工</td><td>评价等级</td><td>高级技师</td></tr>
<tr><td>项目模块</td><td colspan="4">基本技能—经纬仪及其他测绘仪器的使用</td><td>编号</td><td colspan="2">Jc0003142003</td></tr>
<tr><td>单位</td><td colspan="2"></td><td>准考证号</td><td colspan="2"></td><td>姓名</td><td></td></tr>
<tr><td>考试时限</td><td colspan="2">15 分钟</td><td>题型</td><td colspan="2">单项操作</td><td>题分</td><td>100 分</td></tr>
<tr><td>成绩</td><td></td><td>考评员</td><td></td><td>考评组长</td><td></td><td>日期</td><td></td></tr>
<tr><td>试题正文</td><td colspan="7">GTS－100N 全站仪悬高测量（REM）</td></tr>
<tr><td>需要说明的问题和要求</td><td colspan="7">（1）要求单人操作，完成全站仪支设。
（2）一人操作，一人配合，完成悬高测量。
（3）熟练掌握 GTS－100N 全站仪测量方法</td></tr>
</table>

续表

序号	项目名称	质量要求	满分	扣分标准	扣分原因	得分
1	安装仪器					
1.1	仪器支设	（1）旋松三脚架升降螺旋，使其高度齐胸并旋紧。将三脚架立在测站点上，架尖在地面上基本呈60～70cm的等边三角形，仪器放在上面并用中心螺旋固定。 （2）将一只脚架尖踩入土中，另两只脚架由两手撑浮，眼睛盯住光学对中器，观测者一只脚抬浮在测站标桩上方来回晃动，使自己尽快在视野内发现标桩，并使仪器尽量对中标桩，然后轻轻放下两脚架。使圆水准器中气泡大致居中。该步骤称为“粗对中”。 （3）利用踩三脚架踏板或调整脚架升降螺旋，使圆水准器中气泡大致居中。该步骤称“粗整平”。 （4）检查光学对中器对中情况，若有偏差，略松中心固定螺旋，平行移动仪器底座，使仪器中心完全对准测站中心目标，然后再将中心螺旋旋紧。在轻移仪器时不要让仪器在架头上有转动，以尽可能减少气泡的偏移，该步骤称“细对中”。 （5）利用3只底脚螺旋在相互垂直方向调整长水准器，达到仪器旋转至任意方向都处于水平位置。该步骤称“细整平”	30	操作不正确每项扣6分，扣完为止		
2	棱镜支设	将棱镜架设于目标点所在铅垂线上任意高度	5	未在目标点铅锤线上，扣5分		
3	无棱镜高度情形测量					
3.1	程序选择	（1）开机，按MENU键，再按F4（显示“P↓”）键，进入第2页菜单。 （2）按F1（显示“F1：程序”）键。 （3）按F1（显示“F1：悬高测量”）键。 （4）按F2（显示“F2：无需镜高”）键	10	操作不正确每项扣2～3分，扣完为止		
3.2	确定棱镜位置	瞄准棱镜中心点P。 按F1（显示“测量”）键开始测量，屏幕显示测站点与棱镜之间的水平距离。 测量完毕，棱镜位置即被确认	10	操作不正确每项扣3～5分，扣完为止		
3.3	棱镜地面点G位置确定	瞄准棱镜地面点G，按F4（显示“设置”）键，G点的位置即被确定	10	未确定G点扣10分		
3.4	目标点悬高测量	瞄准目标点K显示高差（VD）	10	未测量结果扣10分		
4	有棱镜高度情形测量					
4.1	输入镜高	在2.1、2.4时选择按F1（显示“F1：输入镜高”）键。 输入镜高，然后按F4（显示[ENT]）确认键	10	操作不正确每项扣5～8分，扣完为止		
4.2	目标点悬高测量	按2.2、2.4顺序操作，显示目标K垂直距离（VD）	10	操作不正确每项扣5～8分，扣完为止		
5	收仪器	长按开关键，关机。松开所有旋钮，将仪器放入仪器盒中	5	方法不正确每项扣2分，扣完为止		
合计			100			

Jc0003142004　GTS－100N全站仪对边测量（MLM）。（100分）

考核知识点：全站仪对边测量

难易度：中

技能等级评价专业技能考核操作工作任务书

一、任务名称

GTS－100N 全站仪对边测量（MLM）。

二、适用工种

架空线路工高级技师。

三、具体任务

测量两个目标棱镜之间的水平距离、斜距、高差和水平角。

四、工作规范及要求

（1）相关工器具的准备。

（2）GTS－100N 仪器仪表的正确使用及安全措施。

五、考核及时间要求

（1）本考核操作时间为 15 分钟，时间到停止考评。

（2）考评过程中如果由于测试人员操作不规范，有可能引发不安全因素的，停止考评，该项考核项目不得分，但不影响其他项目。

技能等级评价专业技能考核操作评分标准

工种	架空线路工			评价等级	高级技师
项目模块	基本技能—经纬仪及其他测绘仪器的使用		编号	Jc0003142004	
单位		准考证号		姓名	
考试时限	15 分钟	题型	单项操作	题分	100 分
成绩		考评员		考评组长		日期	
试题正文	GTS－100N 全站仪对边测量（MLM）				
需要说明的问题和要求	（1）要求单人操作，完成全站仪支设。 （2）一人操作，一人配合，完成对边测量。 （3）熟练掌握 GTS－100N 全站仪测量方法				

序号	项目名称	质量要求	满分	扣分标准	扣分原因	得分
1	安装仪器					
1.1	仪器支设	（1）旋松三脚架升降螺旋，使其高度齐胸并旋紧。将三脚架立在测站点上，架尖在地面上基本呈 60～70cm 的等边三角形，仪器放在上面并用中心螺旋固定。 （2）将一只脚架尖踩入土中，另两只脚架由两手撑浮，眼睛盯住光学对中器，观测者一只脚抬浮在测站标桩上方来回晃动，使自己尽快在视野内发现标桩，并使仪器尽量对中标桩，然后轻轻放下两脚架，使圆水准器中气泡大致居中。该步骤称为“粗对中”。 （3）利用踩三脚架踏板或调整脚架升降螺旋，使圆水准器中气泡大致居中。该步骤称“粗整平”。 （4）检查光学对中器对中情况，若有偏差，略松中心固定螺旋，平行移动仪器底座，使仪器中心完全对准测站中心目标，然后再将中心螺旋旋紧。在轻移仪器时不要让仪器在架头上有转动，以尽可能减少气泡的偏移，该步骤称“细对中”。 （5）利用 3 只底脚螺旋在相互垂直方向调整长水准器，达到仪器旋转至任意方向都处于水平位置。该步骤称“细整平”	30	操作不正确每项扣 6 分，扣完为止		

续表

序号	项目名称	质量要求	满分	扣分标准	扣分原因	得分
2	无坐标数据对边测量					
2.1	程序选择	（1）开机，按 MENU 键，再按 F4（显示“P↓”）键，进入第 2 页菜单。 （2）按 F1（显示“F1：程序”）键。 （3）按 F2（显示“F2：对边测量”）键。 （4）选择不使用坐标文件，按 F2（显示“F2：不使用文件”）键。 （5）选择不使用坐标格网因子，按 F2（显示“F2：不使用”）键。 （6）按 F1［显示“F1：MLM－1（A－B，A－C）”］键［MLM－2（A－B，B－C）模式的测量过程与 MLM－1 模式完全相同］	30	操作不正确每项扣 5～8 分，扣完为止		
2.2	确定 A 点棱镜位置	（1）瞄准棱镜中心点 A。 （2）按 F1（显示“测量”）键开始测量，屏幕显示测站点到 A 点棱镜之间的平距（HD）。 （3）测量完毕，A 点棱镜位置即被确定	10	未确定 A 点扣 10 分		
2.3	确定 B 点棱镜位置	（1）瞄准棱镜中心点 B。 （2）按 F1（显示“测量”）键开始测量，屏幕显示测站点到 B 点棱镜之间的平距（HD）。 （3）测量完毕，屏幕显示棱镜 A 与 B 之间的平距（dHD）和高差（dVD）	10	未确定 B 点扣 10 分		
2.4	AB 斜距	按◢键，可显示斜距（dSD）	5	无测量结果扣 5 分		
2.5	测量 A－C 距离	（1）若测量 A－C 之间的距离，按 F3（HD）。 （2）瞄准棱镜中心点 C。 （3）按 F1（显示“测量”）键开始测量，屏幕显示测站点到 C 点棱镜之间的平距（HD）。 （4）测量完毕，屏幕显示棱镜 A 与 C 之间的平距（dHD）和高差（dVD）。 （5）测量 A－D 之间的距离，重复以上 2.5 操作	5	无测量结果扣 5 分		
3	收仪器	长按开关键，关机。松开所有旋钮，将仪器放入仪器盒中	10	方法不正确每项扣 2 分，扣完为止		
合计			100			

Jc0003142005　GTS－100N 全站仪测量点到直线的距离。（100 分）

考核知识点：全站仪距离测量

难易度：中

技能等级评价专业技能考核操作工作任务书

一、任务名称

GTS－100N 全站仪测量点到直线的距离。

二、适用工种

架空线路工高级技师。

三、具体任务

测量 P 点到点 A、B 所在直线的垂直距离。

四、工作规范及要求

（1）相关工器具的准备。

（2）GTS－100N 仪器仪表的正确使用及安全措施。

五、考核及时间要求

（1）本考核操作时间为 15 分钟，时间到停止考评。

（2）考评过程中如果由于测试人员操作不规范，有可能引发不安全因素的，停止考评，该项考核项目不得分，但不影响其他项目。

技能等级评价专业技能考核操作评分标准

工种	架空线路工			评价等级	高级技师
项目模块	基本技能—经纬仪及其他测绘仪器的使用		编号	Jc0003142005	
单位		准考证号		姓名	
考试时限	15 分钟	题型	单项操作	题分	100 分
成绩		考评员		考评组长		日期	
试题正文	GTS－100N 全站仪测量点到直线的距离				
需要说明的问题和要求	（1）要求单人操作，完成全站仪支设。 （2）一人操作，一人配合，完成距离测量。 （3）熟练掌握 GTS－100N 全站仪测量方法				

序号	项目名称	质量要求	满分	扣分标准	扣分原因	得分
1	安装仪器					
1.1	仪器支设	（1）旋松三脚架升降螺旋，使其高度齐胸并旋紧。将三脚架立在测站点上，架尖在地面上基本呈 60～70cm 的等边三角形，仪器放在上面并用中心螺旋固定。 （2）将一只脚架尖踩入土中，另两只脚架由两手撑浮，眼睛盯住光学对中器，观测者一只脚抬浮在测站标桩上方来回晃动，使自己尽快在视野内发现标桩，并使仪器尽量对中标桩，然后轻轻放下两脚架。使圆水准器中气泡大致居中。该步骤称为“粗对中”。 （3）利用踩三脚架踏板或调整脚架升降螺旋，使圆水准器中气泡大致居中。该步骤称“粗整平”。 （4）检查光学对中器对中情况，若有偏差，略松中心固定螺旋，平行移动仪器底座，使仪器中心完全对准测站中心目标，然后再将中心螺旋旋紧。在轻移仪器时不要让仪器在架头上有转动，以尽可能减少气泡的偏移，该步骤称“细对中”。 （5）利用 3 只底脚螺旋在相互垂直方向调整长水准器，达到仪器旋转至任意方向都处于水平位置。该步骤称“细整平”	30	操作不正确每项扣 6 分，扣完为止		
2	点到直线距离测量					
2.1	程序选择	（1）开机，按 MENU 键，再按 F4（显示“P↓”）键，进入第 2 页菜单。 （2）按 F1（显示“F1：程序”）键。 （3）按 F4（显示“P↓”）键，进入程序菜单 2/2。 （4）按 F2（显示“F2：点到线测量”）键	30	操作不正确每项扣 5～8 分，扣完为止		
2.2	确定 A、B 点位置和以 A 为原点的定向角方向	（1）输入仪器高度，按 F4（显示[ENT]）键确认。瞄准棱镜中心点 A。 （2）输入棱镜 A（P1），按 F4（显示[ENT]）键确认。	20	操作不正确每项扣 4～6 分，扣完为止		

续表

序号	项目名称	质量要求	满分	扣分标准	扣分原因	得分
2.2	确定A、B点位置和以A为原点的定向角方向	(3) 瞄准棱镜P1(原点),按F3(显示[是])键进行测量,显示B点(P2)反射镜高输入屏。 (4) 按F1(显示"输入")键,输入B点(P2)反射镜高,按F4(显示[ENT])键确认。 (5) 瞄准B(P2)点,按F3(显示[是])键进行测量,计算仪器的坐标与定向角并设置在仪器上,显示A-B之间的距离。平距d_{HD}、高差d_{VD}和斜距d_{SD}。 (6) 按F1(显示"坐标")键,测量其他目标点	20	操作不正确每项扣4~6分,扣完为止		
2.3	确定P点坐标测量值	瞄准棱镜中心点P。 按F4(显示"测量")键进行坐标测量,显示以A为坐标原点,AB方向为N方向时P点坐标测量值。 屏幕显示棱镜P与A之间的水平距(N)和垂直距(E)和斜距(Z)	10	未确定B点扣10分		
3	收仪器	长按开关键关机。松开所有旋钮,将仪器放入仪器盒中	10	方法不正确每项扣2分,扣完为止		
合计			100			

Jc0003142006 GTS-100N 全站仪面积计算。(100分)

考核知识点: 全站仪面积计算

难易度: 中

技能等级评价专业技能考核操作工作任务书

一、任务名称

GTS-100N全站仪面积计算。

二、适用工种

架空线路工高级技师。

三、具体任务

测量3个以上点围成的区域面积。

四、工作规范及要求

(1) 相关工器具的准备。

(2) GTS-100N仪器仪表的正确使用及安全措施。

五、考核及时间要求

(1) 本考核操作时间为15分钟,时间到停止考评。

(2) 考评过程中如果由于测试人员操作不规范,有可能引发不安全因素的,停止考评,该项考核项目不得分,但不影响其他项目。

技能等级评价专业技能考核操作评分标准

<table>
<tr><td>工种</td><td colspan="4">架空线路工</td><td>评价等级</td><td>高级技师</td></tr>
<tr><td>项目模块</td><td colspan="3">基本技能—经纬仪及其他测绘仪器的使用</td><td>编号</td><td colspan="2">Jc0003142006</td></tr>
<tr><td>单位</td><td colspan="2"></td><td>准考证号</td><td></td><td>姓名</td><td></td></tr>
<tr><td>考试时限</td><td>15分钟</td><td>题型</td><td colspan="2">单项操作</td><td>题分</td><td>100分</td></tr>
</table>

续表

成绩		考评员		考评组长		日期	
试题正文	GTS－100N 全站仪面积计算						
需要说明的问题和要求	（1）要求单人操作，完成全站仪支设。 （2）一人操作，一人配合，完成面积测量。 （3）熟练掌握 GTS－100N 全站仪测量方法						

序号	项目名称	质量要求	满分	扣分标准	扣分原因	得分
1	安装仪器					
1.1	仪器支设	（1）旋松三脚架升降螺旋，使其高度齐胸并旋紧。将三脚架立在测站点上，架尖在地面上基本呈 60～70cm 的等边三角形，仪器放在上面并用中心螺旋固定。 （2）将一只脚架尖踩入土中，另两只脚架由两手撑浮，眼睛盯住光学对中器，观测者一只脚抬浮在测站标桩上方来回晃动，使自己尽快在视野内发现标桩，并使仪器尽量对中标桩，然后轻轻放下两脚架。使圆水准器中气泡大致居中。该步骤称为“粗对中”。 （3）利用踩三脚架踏板或调整脚架升降螺旋，使圆水准器中气泡大致居中。该步骤称“粗整平”。 （4）检查光学对中器对中情况，若有偏差，略松中心固定螺旋，平行移动仪器底座，使仪器中心完全对准测站中心目标，然后再将中心螺旋旋紧。在轻移仪器时不要让仪器在架头上有转动，以尽可能减少气泡的偏移，该步骤称“细对中”。 （5）利用 3 只底脚螺旋在相互垂直方向调整长水准器，达到仪器旋转至任意方向都处于水平位置。该步骤称“细整平”	30	操作不正确每项扣 6 分，扣完为止		
2	面积计算					
2.1	程序选择	（1）开机，按 MENU 键，再按 F4（显示“P↓”）键，进入第 2 页菜单。 （2）按 F1（显示“F1：程序”）键。 （3）按 F4（显示“P↓”）键，进入程序菜单 2/2。 （4）按 F1（显示“F1：面积”）键。 （5）不使用坐标格网因子，按 F2（显示“F1：不使用格网因子”）键	30	操作不正确每项扣 6～8 分，扣完为止		
2.2	测量各目标点围成区域面积	瞄准棱镜中心点 A。 按 F1（显示“测量”）键，进行测量。 瞄准棱镜中心点 B。 按 F1（显示“测量”）键，进行测量。 瞄准棱镜中心点 C。 按 F1（显示“测量”）键，进行测量。 当测量了 3 个以上点时，这些点围成的区域面积就会被计算，结果显示在屏幕上	30	操作不正确每项扣 4～6 分，扣完为止		
3	收仪器	长按开关键，关机。松开所有旋钮，将仪器放入仪器盒中	10	方法不正确每项扣 2 分，扣完为止		
合计			100			

Jc0003142007　全方位不等高基础分坑。（100 分）

考核知识点：基础分坑

难易度：中

技能等级评价专业技能考核操作工作任务书

一、任务名称

全方位不等高基础分坑。

二、适用工种

架空线路工高级技师。

三、具体任务

不等高基础分坑。

四、工作规范及要求

（1）本题包括测量和计算两部分。

（2）准备经纬仪、计算器、记录本、笔、花杆、皮尺、塔尺、小锤、木桩、铁钉等。

（3）分坑时，钉 4 个基础底板外角坑分角桩，不需要画坑。

塔腿编号	水平半根开（mm）	底板宽度（mm）	柱顶标高
A	$a=7533$	$K=6000$	+1500
B	$b=7730$	$K=6000$	0
C	$c=7730$	$K=6000$	0
D	$d=8218$	$K=6000$	−1500

（4）计算数据时不考虑边坡距离。

（5）操作时需 2 名作业人员配合。

（6）已知直线塔水平半根开、基础底板宽度和柱顶标高。

五、考核及时间要求

（1）本考核操作时间为 60 分钟，时间到停止考评。

（2）考评过程中如果由于测试人员操作不规范，有可能引发不安全因素的，停止考评，该项考核项目不得分，但不影响其他项目。

技能等级评价专业技能考核操作评分标准

工种	架空线路工					评价等级	高级技师
项目模块	基本技能—经纬仪及其他测绘仪器的使用				编号	Jc0003142007	
单位			准考证号			姓名	
考试时限	60 分钟		题型	单项操作		题分	100 分
成绩		考评员		考评组长		日期	
试题正文	全方位不等高基础分坑						
需要说明的问题和要求	（1）要求工器具检查完备，考评员监护。 （2）流程合理。 （3）正确测定						

序号	项目名称	质量要求	满分	扣分标准	扣分原因	得分
1	计算数据					
1.1	计算器开机，并检查是否符合使用要求	开机并检查	1	未检查扣 1 分		
1.2	计算 A 腿桩角度值	计算正确	5	计算错误扣 5 分		

续表

序号	项目名称	质量要求	满分	扣分标准	扣分原因	得分
1.3	计算中心桩至A腿桩的距离	计算正确	5	计算错误扣5分		
1.4	计算B腿桩角度值	计算正确	5	计算错误扣5分		
1.5	计算中心桩至B腿桩的距离	计算正确	5	计算错误扣5分		
1.6	计算C腿桩角度值	计算正确	5	计算错误扣5分		
1.7	计算中心桩至C腿桩的距离	计算正确	5	计算错误扣5分		
1.8	计算D腿桩角度值	计算正确	5	计算错误扣5分		
1.9	计算中心桩至D腿桩的距离	计算正确	5	计算错误扣5分		
1.10	复核上述计算结果		4	未复核扣4分		
2	测量					
2.1	检查经纬仪已校验并在有效期内	检查并有效	5	未检查扣5分		
2.2	在中心桩架设经纬仪	对中并整平	5	不熟练扣2分； 操作错误扣5分		
2.3	经纬仪归零并瞄准方向桩	正确熟练	5	不熟练扣2分； 操作错误扣5分		
2.4	拨角度并指挥钉A腿桩	正确熟练	5	不熟练扣2分； 操作错误扣5分		
2.5	指挥并钉C腿桩	正确熟练	5	不熟练扣2分； 操作错误扣5分		
2.6	拨角度并指挥钉D腿桩	正确熟练	5	不熟练扣2分； 操作错误扣5分		
2.7	指挥并钉B腿桩	正确熟练	5	不熟练扣2分； 操作错误扣5分		
3	实际操作					
3.1	检查工具齐全	检查并齐全	1	未检查扣1分		
3.2	检查量具有“CMC”标志	检查并符合	1	未检查扣1分		
3.3	钉A腿四角分角桩并钉钉子	量具正确，钉桩牢固	3	量具错误扣3分； 钉桩不牢固扣0.5分		
3.4	钉C腿四角分角桩并钉钉子	量具正确，钉桩牢固	3	量具错误扣3分； 钉桩不牢固扣0.5分		
3.5	钉D腿四角分角桩并钉钉子	量具正确，钉桩牢固	3	量具错误扣3分； 钉桩不牢固扣0.5分		
3.6	钉B腿四角分角桩并钉钉子	量具正确，钉桩牢固	3	量具错误扣3分； 钉桩不牢固扣0.5分		
3.7	钉收拾现场	清洁美观	4	未收拾扣4分； 不整齐扣2分		
4	全面检查	正确美观	2	未检查扣2分		
合计			100			

Jc0003143008　直线塔矩形铁塔基础分坑测量操作。(100 分)

考核知识点： 基础分坑测量操作

难易度： 难

技能等级评价专业技能考核操作工作任务书

一、任务名称

直线塔矩形铁塔基础分坑测量操作。

二、适用工种

架空线路工高级技师。

三、具体任务

矩形铁塔基础分坑测量操作。

四、工作规范及要求

（1）工器具选用 J2/J6 光学经纬仪、榔头、标杆、卷尺（30m）满足工作需要，并经外观检查。

（2）材料选用圆木桩、铁钉、记号笔。规格型号数量符合要求，并经外观检查。

（3）仪器架设操作熟练程度及注意事项。

（4）基础分坑，数据准确无误，坑口方正。

（5）绘制平面图干净整洁。

（6）一人操作，两人配合。

五、考核及时间要求

（1）本考核操作时间为 50 分钟，时间到停止考评。

（2）考评过程中如果由于测试人员操作不规范，有可能引发不安全因素的，停止考评，该项考核项目不得分，但不影响其他项目。

技能等级评价专业技能考核操作评分标准

工种	架空线路工					评价等级	高级技师
项目模块	基本技能—经纬仪及其他测绘仪器的使用				编号	Jc0003143008	
单位			准考证号			姓名	
考试时限	50 分钟		题型	单项操作		题分	100 分
成绩		考评员		考评组长		日期	
试题正文	直线塔矩形铁塔基础分坑测量操作						
需要说明的问题和要求	（1）要求工器具检查完备，考评员监护。 （2）流程合理。 （3）正确分坑矩形铁塔基础						

序号	项目名称	质量要求	满分	扣分标准	扣分原因	得分
1	着装	正确佩戴安全帽，穿工作服，穿工作胶鞋，戴手套	5	未正确佩戴安全帽扣 2 分； 未穿工作服扣 1 分； 未穿工作胶鞋扣 1 分； 未戴手套进行操作扣 1 分		
2	工器具、材料准备	工器具、材料选用准确、齐全，并做外观检查	10	工器具、材料缺一项扣 1 分，扣完为止		
3	检查中心桩	（1）将经纬仪放于铁塔中心桩 O 上，对中、调平、对光。 （2）将标杆插于线路方向桩上，前方、后方均要测量，检查中心桩是否正确	7	没有对中、调平、对光扣 3 分； 前后方未测量、未检查中心桩是否正确扣 4 分		

续表

序号	项目名称	质量要求	满分	扣分标准	扣分原因	得分
4	钉前后方向桩	（1）将望远镜瞄准标杆，调焦，用十字丝双丝段精密夹住标杆。 （2）瞄准前后方向桩，仪器控制方向，卷尺控制距离，钉下前后方各一桩，前A桩后B桩，使 $AO=BO=1/2(X+Y)$。X、Y 分别为矩形铁塔基础根开，X 为长，Y 为宽	8	操作不正确每项扣4分，扣完为止		
5	测水平角准备工作	（1）将经纬仪转于水平位置，手轮上标线为水平。 （2）打开水平度盘照明反光镜并调整，使镜中读数明亮。 （3）转动经纬仪目镜，使读数清晰	12	操作不正确每项扣4分，扣完为止		
6	钉垂直线路方向桩	（1）转动水平度盘手轮，读数归零。 （2）将经纬仪旋转90°，钉C桩，倒镜后钉D桩，使 $DO=CO=1/2(X+Y)$	10	操作不正确每项扣5分，扣完为止		
7	画开挖面	（1）用细铁丝连接AD，在此铁丝上量出 $DP=0.707(Y+A)$，$DQ=0.707(Y-A)$，得 P、Q 两点，A 为基坑边长。 （2）取 $2A$ 线长，将两端分别置于 P、Q 两点，拉紧的中点即得 M 点，翻转至反向方即得 N 点。 （3）沿 $NPMQ$ 在地面上画线，即得第一只基坑面。 （4）同样用细铁丝连接 AC，在此铁丝上量出 $CP=0.707(Y+A)$，$CQ=0.707(Y-A)$，得 P、Q 两点，A 为基坑边长。 （5）取 $2A$ 线长，将两端分别置于 P、Q 两点，拉紧的中点即得 M 点，翻转至反向方即得 N 点。 （6）沿 $NPMQ$ 在地面上画线，即得第二只基坑面。 （7）同样连接 BD 和 BC，得出 M、N 两点，得第三、四只基坑	21	操作不正确每项扣3分，扣完为止		
8	复核检查	认真检查一次，确保分坑尺寸正确	5	不检查扣5分		
9	仪器装箱	（1）仪器装箱。 （2）三脚架清除泥土	12	不操作扣12分		
10	安全文明	工器具在操作中归位，工器具材料不乱扔乱放	10	操作中及结束后工器具材料乱放扣5～10分		
11	否决项	经纬仪掉落，该项目不得分				
合计			100			

Jc0003142009　带转角耐张塔基础分坑的操作。（100分）

考核知识点：基础分坑

难易度：中

技能等级评价专业技能考核操作工作任务书

一、任务名称

带转角耐张塔基础分坑的操作。

二、适用工种

架空线路工高级技师。

三、具体任务

在30分钟内对带转角耐张塔基础进行分坑。

四、工作规范及要求

1. 操作要求

（1）要求单独操作，两人配合记录，画出分坑图、写计算过程。

（2）工具：

1）选用光学经纬仪，J2、J6 型均可。

2）皮尺、计算器、木桩、手锤。

3）选空旷场地。

2. 安全要求

（1）防止高处坠落。

（2）防止物体打击。

（3）防止感应电。

（4）严格遵守现场“十不干”。

五、考核及时间要求

考核时间共 30 分钟，每超过 2 分钟扣 1 分， 到 35 分钟终止考核。

技能等级评价专业技能考核操作评分标准

工种	架空线路工					评价等级	高级技师
项目模块	基本技能—经纬仪及其他测绘仪器的使用				编号	Jc0003142009	
单位			准考证号			姓名	
考试时限	30 分钟		题型	单项操作		题分	100 分
成绩		考评员		考评组长		日期	
试题正文	带转角耐张塔基础分坑的操作						
需要说明的问题和要求	（1）要求单独操作，两人配合，画出分坑图、写计算过程。 （2）要求着装正确（工作服、工作胶鞋、安全帽）						

序号	项目名称	质量要求	满分	扣分标准	扣分原因	得分
1	分坑工器具的准备					
1.1	工器具	经纬仪、计算器、木桩、手锤、皮尺	5	差一项不得分		
1.2	选定仪器的测量点	将仪器置于指定中心桩位置	5	不正确扣 5 分		
		确定架空线路方向桩位置、确定转角值	5	不正确扣 5 分		
2	调整仪器					
2.1	仪器对中、整平、对光	在观测点位置将仪器对中、整平、对光	5	不正确扣 5 分		
3	分坑、计算					
3.1	确定横、顺架空线路方向桩，根据塔基根开计算出坑口距离	将仪器竖盘照明反光镜转动使显微镜中的读数最明亮、清晰	10	不正确扣 1～10 分		
		将仪器安置在转角塔中心桩 O 点上，将水平读盘置零。然后顺时针或逆时针旋转照准部，测出 $(180^\circ-\alpha)/2$ 水平角，沿视线方向得出 D 点，打倒镜得出 C 点	20	不正确扣 1～20 分		
		将水平读盘复零，向顺架空线路旋转 90°用同样方法得出 A、B 点	10	不正确扣 1～10 分		
		从 C 点起，在 CA 方向线上用 $0.707(y-a)$、$0.707(y+a)$ 分别量出 $E1$、$E2$ 得出 N、M 点，取 $2a$ 线长使其两端与 N、M 两点重合，在此线中点拉紧得出 P 点，折向 DA 一侧得出 Q 点	20	不正确扣 1～20 分		
		用同样的方法，分别得出另外三个坑位	15	不正确扣 1～15 分		

续表

序号	项目名称	质量要求	满分	扣分标准	扣分原因	得分
4	其他要求	（1）要求着装正确（工作服、工作胶鞋、安全帽）。 （2）操作动作熟练。 （3）将仪器一次性装箱成功。 （4）清理工作现场符合文明生产要求。 （5）在规定的时间内完成	5	不符合要求，每项扣1～2分，扣完为止		
合计			100			

Jc0003142010　带位移转角塔基础分坑测量的操作。（100分）

考核知识点：基础分坑测量

难易度：中

技能等级评价专业技能考核操作工作任务书

一、任务名称

带位移转角塔基础分坑测量的操作。

二、适用工种

架空线路工高级技师。

三、具体任务

对带位移转角塔基础分坑进行测量。

四、工作规范及要求

（1）相关工器具、仪器（光学经纬仪J2、J6型均可，卷尺、标杆、锤、桩、铁丝等）的准备。

（2）平坦地面。

（3）带位移转角的正方形铁塔基础分坑图及铁塔图纸。

（4）派两人配合。

五、考核及时间要求

（1）本考核操作时间为40分钟，时间到停止考评。

（2）考评过程中如果由于测试人员操作不规范，有可能引发不安全因素的，停止考评，该项考核项目不得分，但不影响其他项目。

技能等级评价专业技能考核操作评分标准

<table>
<tr><td>工种</td><td colspan="5">架空线路工</td><td>评价等级</td><td>高级技师</td></tr>
<tr><td>项目模块</td><td colspan="4">基本技能—经纬仪及其他测绘仪器的使用</td><td>编号</td><td colspan="2">Jc0003142010</td></tr>
<tr><td>单位</td><td colspan="2"></td><td>准考证号</td><td colspan="2"></td><td>姓名</td><td></td></tr>
<tr><td>考试时限</td><td colspan="2">40分钟</td><td>题型</td><td colspan="2">单项操作</td><td>题分</td><td>100分</td></tr>
<tr><td>成绩</td><td></td><td>考评员</td><td></td><td>考评组长</td><td></td><td>日期</td><td></td></tr>
<tr><td>试题正文</td><td colspan="7">带位移转角塔基础分坑测量的操作</td></tr>
<tr><td>需要说明的问题和要求</td><td colspan="7">（1）要求工器具检查完备，考评员监护。
（2）流程合理。
（3）正确测定</td></tr>
</table>

序号	项目名称	质量要求	满分	扣分标准	扣分原因	得分
1	检查中心桩					

续表

序号	项目名称	质量要求	满分	扣分标准	扣分原因	得分
1.1	将经纬仪放于线路转角中心桩上	对中、调平、对光	3	不正确扣 1～3 分		
1.2	将标杆插于线路前后方向桩上	标杆竖直	3	不正确扣 1～3 分		
1.3	望远镜瞄准前方（或后方）标杆，调焦并将十字丝精密对准标杆	转动照准部微动手轮，用十字丝双丝段精密夹住标杆	3	不正确扣 1～3 分		
1.4	将仪器换相手轮转于水平位置	手轮上标线为水平	3	不正确扣 1～3 分		
1.5	打开水平度盘照明反光镜并调整	使读数镜中读数明亮	3	不正确扣 1～3 分		
1.6	转动读数镜目镜	使读数清晰	3	不正确扣 1～3 分		
1.7	读水平角度	读数准确，做好记录	3	不正确扣 1～3 分		
1.8	将筒镜旋转对准后（或前）方方向桩上的标杆	读出线路的转角度数	4	相差 1′30″扣 4 分		
1.9	计算转角角度，核对图纸，检查线路转角桩是否正确	计算结果要报告，回答要准确（角度相差 1′30″要查明原因）	4	不正确扣 1～4 分		
2	钉横担方向桩					
2.1	将筒镜旋转定在 1/2 内角位置上（或将筒镜转 1/2 转角度数再旋转 90° 定位）指挥钉出横担方向	转动照准部微动手轮控制角度，方向准确	4	不正确扣 1～4 分		
2.2	指挥在地上钉出横担方向桩	横担方向桩距离不能太远，需考虑好位移	4	不正确扣 1～4 分		
3	位移					
3.1	计算位移	正确	4	不正确扣 4 分		
3.2	在中心桩与横担方向桩拉紧细铁丝	操作正确	4	不正确扣 1～4 分		
3.3	用卷尺在铁丝上从中心桩向线路内角方向量出计算出的位移值，并打桩钉钉	位移桩位置准确	4	不正确扣 1～4 分		
4	定位开挖面					
4.1	将经纬仪移至位移后的铁塔中心桩上	对中、调平	4	不正确扣 1～4 分		
4.2	将镜筒对准横担方向桩，记住水平度盘读出的角度 α 值	操作正确，读数准确	4	不正确扣 1～4 分		
4.3	将镜筒旋转，使水平度盘读数为 α-45° 或 α+45°	转动照准部微动手轮控制角度，方向准确	4	不正确扣 1～4 分		
4.4	从镜筒内观测并指挥钉桩，钉出第一个基坑方向桩	方向准确	4	不正确扣 1～4 分		
4.5	按照基础图纸尺寸，仪器控制方向，钢卷尺控制距离钉出 A、B 两点（A、B 两点为单个基坑的对角点）	操作正确，A、B 两基坑的对角点正确	4	不正确扣 1～4 分		

续表

序号	项目名称	质量要求	满分	扣分标准	扣分原因	得分
4.6	皮尺取 $2d$ 长度，两端定在 A、B 两点，拉紧中点得出 M，翻至对面得 N，沿 AMBN 在地面画印（d 为基坑边长）	操作正确，画出的基坑正确	4	不正确扣 1～4 分		
4.7	镜筒倒转 180°，钉出第二个基坑方向桩，在此方向按基础图纸尺寸钉出 A、B 两点	操作正确，A、B 两基坑的对角点正确	4	不正确扣 1～4 分		
4.8	按照前面的方法在地面上画出第二个基坑	操作正确，画出的基坑正确	4	不正确扣 1～4 分		
4.9	将镜筒旋转 90°，钉出第三个基坑方向桩，并在地面上画出第三个基坑	操作正确，画出的基坑正确	4	不正确扣 1～4 分		
4.10	将镜筒倒转 180°，钉出第四个基坑方向桩，并在地面上画出第四个基坑	操作正确，画出的基坑正确	4	不正确扣 1～4 分		
5	其他要求					
5.1	每次定位要复测检查	操作正确	3	不检查扣 3 分		
5.2	仪器收起装箱	一次放成功，清理脚架	2	不整理扣 2 分		
5.3	操作动作	熟练流畅	4	不熟练扣 1～4 分		
5.4	考核时间	按时完成	2	超过时间不给分，每超 2 分钟扣 1 分		
合计			100			

Jc0004141011　编写架空线路工程搭拆跨越省道钢管跨越架施工的组织方案。（100 分）

考核知识点：钢管跨越架施工的组织方案

难易度：易

技能等级评价专业技能考核操作工作任务书

一、任务名称

编写架空线路工程搭拆跨越省道钢管跨越架施工的组织方案。

二、适用工种

架空线路工高级技师。

三、具体任务

某 330kV 架空线路基础和铁塔工程已经施工完成，根据安排，要进行张力架线施工，首先要对线路跨越点搭设跨越架。针对此项工作，要求考生编写一份架空线路工程搭拆跨越省道钢管跨越架施工的组织方案。

四、工作规范及要求

该跨越点为省道，请按以下要求完成搭拆跨越省道钢管跨越架施工的组织方案的编写，方案编写在教室内完成：

（1）人员配置分工合理、职责清楚（方案中不得出现真实单位名称及个人姓名）。

（2）工器具配置清楚。

（3）施工内容清楚。
（4）施工质量标准清楚。
（5）组织、安全、技术措施齐全。
（6）考核时间结束终止考试。

五、考核及时间要求

考核时间共60分钟，每超过2分钟扣1分，到65分钟终止考核。

技能等级评价专业技能考核操作评分标准

工种	架空线路工				评价等级	高级技师
项目模块	专业知识—导线、地线架设			编号	Jc0004141011	
单位		准考证号			姓名	
考试时限	60分钟	题型	单项操作		题分	100分
成绩	考评员		考评组长		日期	
试题正文	编写架空线路工程搭拆跨越省道钢管跨越架施工的组织方案					
需要说明的问题和要求	（1）学员集中于教室在60分钟内完成方案编写。 （2）方案中施工班组、作业人员不指定，由考生自行填写，但不得出现真实单位名称和个人姓名。 （3）该跨越点线路及省道信息。 （4）所用工具、材料由考生根据施工需要进行安排。 （5）考试采用笔答形式					

序号	项目名称	质量要求	满分	扣分标准	扣分原因	得分
1	整体要求					
1.1	标题	要写清楚被跨越省道的名称、跨越方式	5	少一项扣2分		
1.2	工作概况介绍	应对工作概况、该跨越段情况或该工作的背景进行简单描述	5	没有工程概况介绍扣5分		
2	组织措施					
2.1	工作内容	应写清楚工作的架空线路、跨越塔与被跨越省道位置关系概况、采用的跨越方法、工作内容等	10	少一项内容扣3分，扣完为止		
2.2	工作人员及分工	（1）应写清楚作业班组和人数，或者逐一填写工作人员名字。 （2）单位名称和个人姓名不得使用真实名称。 （3）应有明确分工	5	一项不正确扣2分，扣完为止		
2.3	工作时间	应写清楚计划工作时间，计划工作开始及工作结束时间均应以年、月、日、时、分填写清楚	5	没有填写时间扣5分； 时间填写不清楚扣3分		
3	施工内容					
3.1	工艺要求	应对跨越架方面有明确技术质量的要求： （1）统一规定（纵横杆间距、地面要求）。 （2）交叉、剪刀撑布置。 （3）宽度、高度、排数、位置选择	6	少一项扣2分，扣完为止		
3.2	施工方案	应对跨越架搭拆方面有明确要求： （1）材料数量。 （2）搭设宽度、高度、排数、位置选择。 （3）跨越架受力计算、拉线地锚受力计算。 （4）搭拆方式、顺序。 （5）封网、验收挂牌	20	少一项扣2分，扣完为止		
3.3	质量要求	（1）原材料检查验收。 （2）纵横杆间距、地面要求检查。 （3）拉线、地锚检查。 （4）安全标识、验收挂牌	2	少一项扣2分，扣完为止		

续表

序号	项目名称	质量要求	满分	扣分标准	扣分原因	得分
3.4	资料	应对施工记录进行检查	2	少一项扣 2 分，扣完为止		
4	安全措施					
4.1	高处作业的安全措施	（1）有防高处坠落措施。 （2）有防止高处落物伤人的措施	20	无此项内容扣 20 分； 内容不全酌情扣分，扣完为止		
5	技术措施					
5.1	实测实量的使用要求	应对受力进行计算	10	无此项内容扣 10 分； 内容不全酌情扣分，扣完为止		
6	工器具	应有工器具清单，并根据需要对工器具的型号作出一定的要求	10	没有型号要求扣 2 分； 少一项扣 2 分，扣完为止		
合计			100			

Jc0004141012　编写架空线路工程搭拆跨越 10kV 及以下电力线钢管跨越架施工的组织方案。（100 分）

考核知识点： 钢管跨越架施工的组织方案

难易度： 易

技能等级评价专业技能考核操作工作任务书

一、任务名称

编写架空线路工程搭拆跨越 10kV 及以下电力线钢管跨越架施工的组织方案。

二、适用工种

架空线路工高级技师。

三、具体任务

某 330kV 架空线路基础和铁塔工程已经施工完成，根据安排，要进行张力架线施工，首先要对线路跨越点搭设跨越架。针对此项工作，要求考生编写一份架空线路工程搭拆跨越 10kV 及以下电力线钢管跨越架施工的组织方案。

四、工作规范及要求

该跨越点为 10kV 电力线，请按以下要求完成搭拆跨越 10kV 电力线钢管跨越架施工的组织方案的编写，方案编写在教室内完成。

（1）人员配置分工合理、职责清楚（方案中不得出现真实单位名称及个人姓名）。

（2）工器具配置清楚。

（3）施工内容清楚。

（4）施工质量标准清楚。

（5）组织、安全、技术措施齐全。

五、考核及时间要求

考核时间共 60 分钟，每超过 2 分钟扣 1 分，到 65 分钟终止考核。

技能等级评价专业技能考核操作评分标准

<table>
<tr><td>工种</td><td colspan="3">架空线路工</td><td>评价等级</td><td>高级技师</td></tr>
<tr><td>项目模块</td><td colspan="2">专业知识—导线、地线架设</td><td>编号</td><td colspan="2">Jc0004141012</td></tr>
<tr><td>单位</td><td></td><td>准考证号</td><td></td><td>姓名</td><td></td></tr>
</table>

续表

考试时限	60 分钟		题型	单项操作		题分	100 分
成绩		考评员		考评组长		日期	
试题正文	编写架空线路工程搭拆跨越 10kV 及以下电力线钢管跨越架施工的组织方案						
需要说明的问题和要求	（1）学员集中于教室在 60 分钟内完成方案编写。 （2）方案中施工班组、作业人员不指定，由考生自行填写，但不得出现真实单位名称和个人姓名。 （3）该跨越点线路及电力线信息。 （4）所用工具、材料由考生根据施工需要进行安排。 （5）考试采用笔答形式						

序号	项目名称	质量要求	满分	扣分标准	扣分原因	得分
1	整体要求					
1.1	标题	要写清楚被跨越电力线的名称、跨越方式	5	少一项扣 2 分，扣完为止		
1.2	工作概况介绍	应对工作概况、该跨越段情况或该工作的背景进行简单描述	5	没有工程概况介绍扣 5 分		
2	组织措施					
2.1	工作内容	应写清楚工作的架空线路、跨越塔与被跨越电力线位置关系概况、采用的跨越方法、工作内容等	10	少一项内容扣 3 分，扣完为止		
2.2	工作人员及分工	（1）应写清楚作业班组和人数，或者逐一填写工作人员名字。 （2）单位名称和个人姓名不得使用真实名称。 （3）应有明确分工	5	一项不正确扣 2 分，扣完为止		
2.3	工作时间	应写清楚计划工作时间，计划工作开始及工作结束时间均应以年、月、日、时、分填写清楚	5	没有填写时间扣 5 分； 时间填写不清楚扣 3 分		
3	施工内容					
3.1	工艺要求	应对跨越架方面有明确技术质量的要求： （1）统一规定（纵横杆间距、地面要求）。 （2）交叉、剪刀撑布置。 （3）宽度、高度、排数、位置选择	6	少一项扣 2 分，扣完为止		
3.2	施工方案	应对跨越架搭拆方面有明确要求： （1）材料数量。 （2）搭设宽度、高度、排数、位置选择。 （3）跨越架受力计算、拉线地锚受力计算。 （4）搭拆方式、顺序。 （5）封网、验收挂牌	20	少一项扣 2 分，扣完为止		
3.3	质量要求	（1）原材料检查验收。 （2）纵横杆间距、地面要求检查。 （3）拉线、地锚检查。 （4）安全标识、验收挂牌	2	少一项扣 2 分，扣完为止		
3.4	资料	应对施工记录进行检查	2	少一项扣 2 分，扣完为止		
4	安全措施					
4.1	高处作业的安全措施	（1）有防高处坠落措施。 （2）有防止高处落物伤人的措施。 （3）有防触电措施	20	无此项内容扣 20 分； 内容不全酌情扣分，扣完为止		
5	技术措施					
5.1	实测实量的使用要求	应对受力进行计算	10	无此项内容扣 10 分； 内容不全酌情扣分，扣完为止		
6	工器具	应有工器具清单，并根据需要对工器具的型号作出一定的要求	10	没有型号要求扣 2 分； 少一项扣 2 分，扣完为止		
合计			100			

Jc0004142013　机动绞磨的使用操作。（100 分）

考核知识点：机动绞磨的使用操作

难易度：中

技能等级评价专业技能考核操作工作任务书

一、任务名称

机动绞磨的使用操作。

二、适用工种

架空线路工高级技师。

三、具体任务

使用机动绞磨进行牵引操作。

四、工作规范及要求

（1）着装规范，工器具选用满足工作需要，进行外观检查。

（2）受力绳从绞磨芯下方进入，顺时针缠绕不少于 5 圈。

（3）尾绳人员不应少于 2 人，应站在锚桩后面，不准在绳圈内。

（4）绞磨卷筒应与牵引绳的最近转向点保持 5m 以上的距离。

五、考核及时间要求

（1）本考核操作时间为 30 分钟，时间到停止考评。

（2）考评过程中如果由于测试人员操作不规范，有可能引发不安全因素的，停止考评，该项考核项目不得分，但不影响其他项目。

技能等级评价专业技能考核操作评分标准

<table>
<tr><td>工种</td><td colspan="8">架空线路工</td><td>评价等级</td><td>高级技师</td></tr>
<tr><td>项目模块</td><td colspan="7">专业知识—施工机械的使用、维护和检修</td><td>编号</td><td colspan="2">Jc0004142013</td></tr>
<tr><td>单位</td><td colspan="3"></td><td colspan="2">准考证号</td><td colspan="3"></td><td>姓名</td><td></td></tr>
<tr><td>考试时限</td><td colspan="2">30 分钟</td><td colspan="2">题型</td><td colspan="4">单项操作</td><td>题分</td><td>100 分</td></tr>
<tr><td>成绩</td><td></td><td>考评员</td><td colspan="2"></td><td colspan="2">考评组长</td><td colspan="2"></td><td>日期</td><td></td></tr>
<tr><td>试题正文</td><td colspan="10">机动绞磨的使用操作</td></tr>
<tr><td>需要说明的问题和要求</td><td colspan="10">（1）着装规范。
（2）绞磨放置，检查绞磨和锚桩。
（3）后钢丝绳与锚桩连接。
（4）调试绞磨后再进行牵引。
（5）离合器分合切实到位。
（6）熟悉指挥信号，反应迅速</td></tr>
</table>

序号	项目名称	质量要求	满分	扣分标准	扣分原因	得分
1	工作准备					
1.1	着装	正确佩戴安全帽，穿工作服，穿工作胶鞋，戴手套	5	未正确佩戴安全帽扣 2 分； 未穿工作服扣 1 分； 未穿工作胶鞋扣 1 分； 未戴手套扣 1 分		
1.2	工器具选用	选择工器具满足工作需要，工器具做外观检查（机动绞磨、桩锚或地锚、牵引绳等）	5	工器具、材料缺一项扣 1 分； 未做外观检查扣 1 分，扣完为止		
1.3	检查绞磨	（1）绞磨放置平稳。 （2）机油油面合格，汽油够用，齿轮箱油面合格。 （3）必须有可靠的地锚或锚桩	10	不平稳扣 3 分； 一项不检查扣 2 分； 不正确扣 5 分； 以上扣分，扣完为止		

续表

序号	项目名称	质量要求	满分	扣分标准	扣分原因	得分
2	准备牵引	（1）将钢丝绳与锚桩连接好。 （2）打开油管开关，按下加油按钮。 （3）变速箱挂空档，离合器处于离位。 （4）调速杆放在中偏低的位置上，视汽油机温度适当关上阻风门。 （5）拉动启动绳，使汽油机启动预热，打开阻风门	30	后钢丝绳与锚桩未连接好扣6分； 打开油管开关，按下加油按钮，操作不正确扣6分； 变速箱挂空档，离合器处于离位，操作不正确扣6分； 调速杆放在中偏低的位置上，视汽油机温度适当关上阻风门，操作不正确扣6分； 拉动启动绳，使汽油机启动预热，打开阻风门，操作不正确扣6分		
3	牵引	（1）松开挡板，将牵引钢丝绳缠上绞磨芯。 （2）尾绳人员拉紧尾绳。 （3）装上挡板并切实固定。 （4）将绞磨芯拨至自由转动位置收紧尾绳。 （5）将绞磨芯拨至牵引位置。 （6）挂上高速档，平稳合上离合器。 （7）牵引工作中尾绳应及时收紧。 （8）必要时停止牵引，移动绞磨。 （9）根据工作情况配合档位，调速器（油门大小）进行牵引工作	40	松开挡板，将牵引钢丝绳缠上绞磨芯，操作不正确扣3分； 尾绳人员拉紧尾绳，未拉尾绳扣5分； 装上挡板并切实固定，未固定扣5分； 将绞磨芯拨至自由转动位置收紧尾绳，未收紧扣5分； 将绞磨芯拨至牵引位置，操作不正确扣5分； 挂上高速档，平稳合上离合器，操作不正确扣5分； 牵引工作中尾绳应及时收紧，未及时收紧扣5分； 必要时停止牵引，移动绞磨，操作不正确扣5分； 根据工作情况配合档位，调速器（油门大小）进行牵引工作，操作不正确扣2分		
4	安全文明生产	操作过程熟练，工具、材料存放整齐，现场清理干净	5	未在规定时间完成，每超时1分钟扣2分； 未清理考场扣2分； 高处落物，每次扣3分； 扣完为止		
5	现场恢复	清理现场，交还工器具	5	未清理现场或交还工器具扣5分		
合计			100			

Jc0004143014　组织指挥导线、地线架设。（100分）

考核知识点：导、地线架设的操作

难易度：难

技能等级评价专业技能考核操作工作任务书

一、任务名称

组织指挥导线、地线架设。

二、适用工种

架空线路工高级技师。

三、具体任务

在30分钟内组织指挥导线、地线架设。

四、工作规范及要求

1. 操作要求

（1）全过程负责指挥，非张力架线。

（2）模拟技能操作，人员分工好后，指挥工作人员进行每项操作。
（3）准备施工图纸一套。
（4）现场模拟技能操作。
（5）准备部分工作人员。
2. 安全要求
（1）防止高处坠落。
（2）防止物体打击。
（3）防止感应电。
（4）严格遵守现场“十不干”。
五、考核及时间要求
考核时间共 30 分钟。每超过 2 分钟扣 1 分，到 35 分钟终止考核。

技能等级评价专业技能考核操作评分标准

工种	架空线路工				评价等级	高级技师
项目模块	专业知识—导线、地线架设			编号	Jc0004143014	
单位		准考证号			姓名	
考试时限	30 分钟	题型	单项操作		题分	100 分
成绩		考评员		考评组长		日期
试题正文	组织指挥导线、地线架设					
需要说明的问题和要求	（1）全过程负责指挥架线操作。 （2）模拟技能操作，人员分工后，指挥工作人员进行每项操作。 （3）现场模拟技能操作。 （4）准备足够的熟练工作人员					

序号	项目名称	质量要求	满分	扣分标准	扣分原因	得分
1	认真看施工图纸，了解工程概况					
1.1	架空线路架设长度	回答结果正确	0.5	错、漏一项扣 0.5 分		
1.2	导线、地线型号	回答结果正确	0.5	错、漏一项扣 0.5 分		
1.3	绝缘子、金具型号及连接方式，导线、地线不准接头情况	回答结果正确	0.5	错、漏一项扣 0.5 分		
1.4	地形情况	回答结果正确	0.5	错、漏一项扣 0.5 分		
1.5	交叉跨越情况	回答结果正确	0.5	错、漏一项扣 0.5 分		
1.6	初步选定弧垂观测档并计算观测值	回答结果正确，计算结果正确	0.5	错、漏一项扣 0.5 分		
1.7	讲出工程所需主要材料名称及数量	回答结果正确	0.5	错、漏一项扣 0.5 分		
2	模拟回答查看工作现场的内容					
2.1	查交叉跨越的电力线、通信线、公路、铁路、河流等（含需要办理申请的被跨电力线名称及电源点）	回答内容正确	0.5	错、漏一项扣 0.5 分		
2.2	查运输道路、选定紧线、挂线点及导线展放方向	回答内容正确	0.5	错、漏一项扣 0.5 分		

续表

序号	项目名称	质量要求	满分	扣分标准	扣分原因	得分
2.3	查各杆塔、拉线情况，必要时调整及加固	回答内容正确	0.5	错、漏一项扣 0.5 分		
2.4	确定临时补强拉线位置及数量	回答内容正确	0.5	错、漏一项扣 0.5 分		
2.5	查地形、地貌及特殊地形选用的特殊措施	回答内容正确	0.5	错、漏一项扣 0.5 分		
2.6	查沿线村庄和庄稼，派对外联系人进行赔偿洽谈	回答内容正确	0.5	错、漏一项扣 0.5 分		
2.7	确定弧垂测档及观测点，确定弧垂观测方法	回答内容正确	0.5	错、漏一项扣 0.5 分		
3	组织分工，确定以下人员					
3.1	作业负责人	人员安排正确	0.5	错、漏一项扣 0.5 分		
3.2	安全员	人员安排正确	0.5	错、漏一项扣 0.5 分		
3.3	停、输电联系人员	人员安排正确	0.5	错、漏一项扣 0.5 分		
3.4	对外联系人员	人员安排正确	0.5	错、漏一项扣 0.5 分		
3.5	技术负责人员	人员安排正确	0.5	错、漏一项扣 0.5 分		
3.6	质检员	人员安排正确	0.5	错、漏一项扣 0.5 分		
3.7	材料管理人员	人员安排正确	0.5	错、漏一项扣 0.5 分		
3.8	弧垂观测人员	人员安排正确	0.5	错、漏一项扣 0.5 分		
3.9	压接人员	人员安排正确	0.5	错、漏一项扣 0.5 分		
3.10	施工班组	人员安排正确、充足	0.5	错、漏一项扣 0.5 分		
4	宣讲安全措施清楚明了（模拟技能操作）					
4.1	所有被跨越电力线必须验电并做好接地，所有断路器要挂警告牌或设专人看守	指定专人负责	1	错、漏一项扣 1 分		
4.2	所有跨越架要保证高度和宽度，并要切实牢固，并派专人看守	指定专人负责，亲自检查	1	错、漏一项扣 1 分		
4.3	跨越有人通行但没有跨越架的地方有专人看守	指定专人负责看守	1	错、漏一项扣 1 分		
4.4	在有可能磨伤导线的地方、有可能挂住导线的地方，要采取措施并派人看守	指定专人负责看守	1	错、漏一项扣 1 分		
4.5	每基村塔要挂上合格的放线滑车，每基杆塔都有专人看守	指定专人负责	1	错、漏一项扣 1 分		
4.6	所有看守人员，牵引人员或人力拖线带队员、指挥人员之间的通信联络要畅通	检查通信设备良好	1	错、漏一项扣 1 分		

续表

序号	项目名称	质量要求	满分	扣分标准	扣分原因	得分
4.7	爆炸压接人员要严格按《安规》操作，起爆一定要保持安全距离	指定专人负责	1	错、漏一项扣1分		
4.8	所有紧线工用具要认真检查，不合格者严禁使用，严禁超载使用	指定安全员负责检查	1	错、漏一项扣1分		
4.9	所有工作人员不得跨在导线上或站在导线内角侧	督促所有工作人员执行	1	错、漏一项扣1分		
4.10	现场工作人员要正确着装，佩戴安全帽	督促所有工作人员执行	1	错、漏一项扣1分		
4.11	杆塔上工作人员要使用安全带，要按安规操作，杆塔下要加强监护	督促所有工作人员执行	1	错、漏一项扣1分		
4.12	现场工作人员要严守《安规》，互相关心施工安全，监督《安规》及现场安全措施的落实	督促所有工作人员执行	1	错、漏一项扣1分		
4.13	增加补充安全措施	安全员和大家发言	1	错、漏一项扣1分		
5	宣讲技术规范及要求					
5.1	放线过程中，对导线及地线应认真进行外观检查。对制造厂在线上设有的损伤或断头标志的地方，应查明情况，妥善处理	指定专人负责检查	1	错、漏一项扣1分		
5.2	放线滑车的轮槽底部直径及轮槽材料应与导线或地线相适应，保证符合国家现行标准	指定专人负责检查，保证导线、地线通过时不受损伤	1	错、漏一项扣1分		
5.3	尽力减少导线损伤，如受损伤要按规范标准进行补修处理或割断重新以接续管连接	指定专人负责检查，讲出导线损伤补修标准	1	错、漏一项扣1分		
5.4	导线、地线的弧垂不平衡偏差应在允许范围内	讲出标准	1	错、漏一项扣1分		
5.5	架线后应测量导线与被跨越物的净空距离，计入导线蠕变伸长换算到最大弧垂时，必须符合设计规定	讲出规定	1	错、漏一项扣1分		
5.6	绝缘子金具等要求检查测试合格	指定专人负责检查	1	错、漏一项扣1分		
5.7	架线后要及时进行附件安装	指定专人负责通知	1	错、漏一项扣1分		
5.8	悬垂线夹安装后，绝缘子串应垂直地面。个别情况的位移不应超过5°，偏移最大值不超过200mm	指定质检人员负责检查	1	错、漏一项扣1分		

续表

序号	项目名称	质量要求	满分	扣分标准	扣分原因	得分
5.9	各种螺栓、穿钉及弹簧销穿入方向合格	讲解穿钉及弹簧销穿入方向，指定质检要员负责检查	1	错、漏一项扣1分		
5.10	导线与线夹、导线与防振锤夹紧部应缠绕铝包带；铝包带缠绕方向应与导线外层铝股的绞制方向一致。铝包带可需露出夹口，但不应超过10mm，其端头应回夹内压住	指定质检人员负责检查	1	错、漏一项扣1分		
5.11	引流线（耐张跳线）应呈近似悬链线状自然下垂，其对杆塔及拉线等的电气间隙必须符合设计要求	指定专人负责检查	1	错、漏一项扣1分		
6	施工准备					
6.1	导、地线提前运至导线展放点，并放好线盘，要派专人看守	指挥正确，操作也正确	2	错、漏一项扣1～2分		
6.2	通过选择线轴控制压接管的位置	指挥正确，操作也正确	2	错、漏一项扣1～2分		
6.3	每基杆塔提前挂好放线滑车	指挥正确，操作也正确	2	错、漏一项扣1～2分		
6.4	耐张杆塔提前拉好临时拉线	指挥正确，操作也正确	2	错、漏一项扣1～2分		
7	跨越架搭设					
7.1	重要公路、铁路、河流等要事先联系好，搭好可靠的跨越架	指定专人负责	2	错、漏一项扣1～2分		
7.2	该搭跨越架的地方都要搭好可靠的跨越架	指定专人负责	2	错、漏一项扣1～2分		
7.3	跨越架要注意高度符合下面通行车、船安全通过限距	指定专人负责检查并亲自参与	2	错、漏一项扣1～2分		
7.4	跨越架方向要与架空线路方向垂直	指定专人负责检查并亲自参与	2	错、漏一项扣1～2分		
7.5	跨越架中心要与架空线路中心吻合	指定专人负责检查并亲自参与	2	错、漏一项扣1～2分		
7.6	跨越架宽度要经两边距离大1～1.52m	指定专人负责检查并亲自参与	2	错、漏一项扣1～2分		
8	导线、地线展放					
8.1	派专人带领人员拖导线、地线（或牵引钢丝绳）。所拖放的线要尽量走直线，而且线与线之间不能交叉	指挥正确，操作也正确	1	错、漏一项扣1分		
8.2	导线、地线拖至直线杆塔后，应及时通过放线滑轮	指定专人负责	1	错、漏一项扣1分		

续表

序号	项目名称	质量要求	满分	扣分标准	扣分原因	得分
8.3	滑轮上应挂上一根大绳，大绳一端绑住寻线或地线（或牵引钢丝绳），另一端将导线通过滑轮。注意线头一定要绑好	指定专人负责	1	错、漏一项扣 1 分		
8.4	线拉至挂线点应多拖点距离，考虑导线及耐张绝缘子串挂上杆塔	指定专人负责	1	错、漏一项扣 1 分		
8.5	导线如和地面坚硬物发生摩擦应采取措施防止导线受损	指定专人负责	1	错、漏一项扣 1 分		
8.6	如需要接头要由专人负责压接，接头检查合格要打钢印	指定专人负责	1	错、漏一项扣 1 分		
9	紧线及弧垂观测					
9.1	导线、地线挂好后，及时通知紧线	指挥正确，操作也正确	2	错、漏一项扣 1～2 分		
9.2	紧线牵引应在导线方向的直线延长线上。对地夹角一般为 30°左右，尽量不用换向滑轮	指挥正确，操作也正确	2	错、漏一项扣 1～2 分		
9.3	紧线索引受力后要通知全线检查，确没有挂住其他障碍物后方可继续紧线	指挥正确，操作也正确	2	错、漏一项扣 1～2 分		
9.4	紧线快至合格弧垂时要减慢牵引速度，听从弧垂观测人员的指挥	指挥正确，操作也正确	2	错、漏一项扣 1～2 分		
9.5	弧垂观测人员要注意气温变化。变化如超过 5℃要及时调整观测值	指挥正确，操作也正确	2	错、漏一项扣 1～2 分		
9.6	弧垂合格后要停止索引，让导线或地线稳定后再次观测，合格后再通知在牵引绳上画印	指挥正确，操作也正确	2	错、漏一项扣 1～2 分		
9.7	牵引绳放松，将牵引绳上的印记比至导线或地线上，按要求做耐张线夹	指挥正确，操作也正确	2	错、漏一项扣 1～2 分		
9.8	再次紧线将线挂上	指挥正确，操作也正确	2	错、漏一项扣 1～2 分		
9.9	再次观测弧垂并要求合格	指挥正确，操作也正确	2	错、漏一项扣 1～2 分		
9.10	重复操作至所有线全部挂上	指挥正确，操作也正确	2	错、漏一项扣 1～2 分		
10	模拟技能操作					
10.1	导线（或地线）全部挂好后就可以通知附件安装	指挥正确，操作也正确	1	错、漏一项扣 1 分		

续表

序号	项目名称	质量要求	满分	扣分标准	扣分原因	得分
10.2	一般由杆上作业人员用专用工具自行提升导线或地线，安装线夹	指挥正确，操作也正确	1	错、漏一项扣1分		
10.3	按设计要求安装防振锤，注意包好铝包带及螺栓穿入方向	指挥正确，操作也正确	1	错、漏一项扣1分		
10.4	按要求安装引流线（耐张跳线）。如果是用螺栓或耐张线夹做线夹时就要注意导线自然弧垂方向	指挥正确，操作也正确	1	错、漏一项扣1分		
11	自检工作					
11.1	认真检查工作现场并施工施工质量	质检人员组织检查	1	错、漏一项扣1分		
11.2	测量交叉距离	测量人员负责检查	1	错、漏一项扣1分		
11.3	整理工用具、拆除跨越架	指挥正确，操作也正确	2	错、漏一项扣1～2分		
11.4	被架空线路联系恢复输电	联系人员负责	1	错、漏一项扣1分		
12	其他要求					
12.1	措施要求	措施全面（要求根据现场情况补充）	3	错、漏一项扣3分		
12.2	指挥要求	指挥熟练、果断、正确	4	错、漏一项扣4分		
12.3	时间要求	按时完成	2	错、漏一项扣2分		
合计			100			

Jc0005141015　导线V形悬垂绝缘子串安装标准工艺要求。（100分）

考核知识点：绝缘子串安装标准工艺

难易度：易

技能等级评价专业技能考核操作工作任务书

一、任务名称

导线V形悬垂绝缘子串安装标准工艺要求。

二、适用工种

架空线路工高级技师。

三、具体任务

简述《国家电网有限公司输变电工程标准工艺（架空线路工程分册）》中对导线V形悬垂绝缘子串安装的工艺标准要求及施工要点。

四、工作规范及要求

按照《国家电网有限公司输变电工程标准工艺（架空线路工程分册）》中对导线V形悬垂绝缘子串安装的工艺标准要求描述。

五、考核及时间要求

（1）本考核时间为30分钟，时间到停止考评。

（2）字迹清晰。

（3）考试过程中不得翻阅相关书籍和使用电子设备。

技能等级评价专业技能考核操作评分标准

<table>
<tr><td>工种</td><td colspan="5">架空线路工</td><td>评价等级</td><td colspan="2">高级技师</td></tr>
<tr><td>项目模块</td><td colspan="4">线路技术管理—线路施工管理</td><td>编号</td><td colspan="3">Jc0005141015</td></tr>
<tr><td>单位</td><td colspan="2"></td><td>准考证号</td><td colspan="2"></td><td>姓名</td><td colspan="2"></td></tr>
<tr><td>考试时限</td><td colspan="2">30 分钟</td><td>题型</td><td colspan="2">单项操作</td><td>题分</td><td colspan="2">100 分</td></tr>
<tr><td>成绩</td><td></td><td>考评员</td><td></td><td>考评组长</td><td></td><td>日期</td><td colspan="2"></td></tr>
<tr><td>试题正文</td><td colspan="8">导线 V 形悬垂绝缘子串安装标准工艺要求</td></tr>
<tr><td>需要说明的问题和要求</td><td colspan="8">（1）要求考试人员独立完成答题。
（2）考试过程中不得翻阅相关书籍和使用电子设备。
（3）书写干净，字迹清晰</td></tr>
<tr><td>序号</td><td>项目名称</td><td colspan="2">质量要求</td><td>满分</td><td colspan="2">扣分标准</td><td>扣分原因</td><td>得分</td></tr>
<tr><td>1</td><td>导线悬垂绝缘子串安装的工艺标准</td><td colspan="2">（1）绝缘子表面完好干净。瓷（玻璃）绝缘子在安装好弹簧销子的情况下，球头不得自碗头中脱出。复合绝缘子串与端部附件不应有明显的歪斜。
（2）绝缘子串上的各种螺栓、穿钉及弹簧销子，除有固定的穿向外，其余穿向应统一。
（3）金具上所用开口销和闭口销的直径必须与孔径相配合，且弹力适度，开口销和闭口销不应有折断和裂纹等现象。当采用开口销时应对称开口，开口角度不宜小于 60°，不得用线材和其他材料代替开口销和闭口销。
（4）缠绕的铝包带、预绞丝护线条的中心与印记重合，以保证线夹位置准确。铝包带顺外层线股绞制方向缠绕，缠绕紧密，露出线夹，并不超过 10mm，端头要压在线夹内，设计有要求时应按设计要求执行。预绞丝护线条对导线包裹应紧密。
（5）各种类型的铝质绞线，安装线夹时应按设计规定在铝股外缠绕铝包带或预绞丝护线条。
（6）绝缘子串与金具连接符合图纸要求，金具表面应无锈蚀、裂纹、气孔、砂眼、飞边等现象。
（7）悬垂线夹安装后，绝缘子串应竖直，顺线路方向与竖直位置的偏移角不应超过 5°，且最大偏移值不大于 200mm。连续上（下）山坡处杆塔上的悬垂线夹的安装位置应符合设计规定。
（8）根据设计要求安装均压屏蔽环。均压环宜选用对接型式。
（9）作业时应避免损坏复合绝缘子伞裙、护套及端部密封，不应脚踏复合绝缘子；安装时不应反装均压环或安装于护套上</td><td>40</td><td colspan="2">未答出或回答错误，第（6）条扣 10 分，其他每条扣 5 分，扣完为止</td><td></td><td></td></tr>
<tr><td>2</td><td>导线悬垂绝缘子串安装的施工关键工序控制</td><td colspan="2">（1）金具外观检查、绝缘子零值检测。
1）金具、绝缘子安装前应检查，并进行试组装，严禁使用不合格品。
2）盘形悬式瓷绝缘子安装前现场应逐个进行零值检测。
（2）绝缘子串地面组装与吊装。
1）运输和起吊过程中做好绝缘子的保护工作，尤其是复合绝缘子重点做好运输期间的防护，瓷（玻璃）绝缘子重点做好起吊过程的防护。</td><td>60</td><td colspan="2">未答出或回答错误，每条扣 6 分，扣完为止</td><td></td><td></td></tr>
</table>

续表

序号	项目名称	质量要求	满分	扣分标准	扣分原因	得分
2	导线悬垂绝缘子串安装的施工关键工序控制	2）绝缘子表面要擦洗干净，避免损伤。瓷（玻璃）绝缘子安装时应检查球窝连接处锁紧装置齐备可靠。按设计要求加装异色绝缘子。施工人员沿合成绝缘子出线，必须使用软梯。合成绝缘子不得有开裂、脱落、破损等现象。瓷绝缘子表面瓷釉破损符合GB/T 1001.1—2003《标称电压高于1000V的架空线路绝缘子　第1部分：交流系统用瓷或玻璃绝缘子元件　定义、试验方法和判定准则》要求。 3）安装附件所用工器具要采取防止导线损伤的措施。 4）附件安装及导线弧垂调整后，如绝缘子串倾斜超差要及时进行调整。 5）锁紧销的装配应使用专用工具，以免损坏金属附件的镀锌层。 （3）安装后螺栓、销钉穿向检查。 1）线夹螺栓安装后露扣一致，螺栓紧固扭矩应符合该产品说明书要求。各子导线线夹应同步，避免联板扭转。 2）绝缘子、碗头挂板开口及金具螺栓、销钉穿向应符合要求	60	未答出或回答错误，每条扣6分，扣完为止		
合计			100			

Jc0005141016　软引流制作标准工艺要求。（100分）

考核知识点：引流制作标准工艺

难易度：易

技能等级评价专业技能考核操作工作任务书

一、任务名称

软引流制作标准工艺要求。

二、适用工种

架空线路工高级技师。

三、具体任务

简述《国家电网有限公司输变电工程标准工艺（架空线路工程分册）》中对软引流安装的工艺标准要求及施工要点。

四、工作规范及要求

按照《国家电网有限公司输变电工程标准工艺（架空线路工程分册）》中对软引流安装的工艺标准要求描述。

五、考核及时间要求

（1）本考核时间为30分钟，时间到停止考评。

（2）字迹清晰。

（3）考试过程中不得翻阅相关书籍和使用电子设备。

技能等级评价专业技能考核操作评分标准

工种	架空线路工					评价等级	高级技师
项目模块	线路技术管理—线路施工管理				编号	Jc0005141016	
单位			准考证号			姓名	
考试时限	30 分钟		题型	单项操作		题分	100 分
成绩		考评员		考评组长		日期	
试题正文	软引流制作标准工艺要求						
需要说明的问题和要求	（1）要求考试人员独立完成答题。 （2）考试过程中不得翻阅相关书籍和使用电子设备。 （3）书写干净，字迹清晰						

序号	项目名称	质量要求	满分	扣分标准	扣分原因	得分
1	软引流制作的工艺标准	（1）使用压接引流线时，中间不得有接头。引流线的走向应自然、顺畅、美观，呈近似悬链状自然下垂。 （2）引流线不宜从均压环内穿过，并避免与其他部件相摩擦。 （3）铝制引流连板及并沟线夹的连接面应平整、光洁。 （4）引流线间隔棒（结构面）应垂直于引流线束。 （5）引流线引流板的朝向应满足使导线的盘曲方向与安装后的引流线弯曲方向一致。 （6）引流线安装后，检查引流线弧垂及引流线与塔身的最小间隙，应符合设计规定。 （7）如采用引流线专用的悬垂线夹，其结构面应垂直于引流线束	35	未答出或回答错误，每条扣 5 分，扣完为止		
2	软引流制作的施工关键工序控制	（1）施工准备。 1）制作引流线的导线应使用未受过力的原状导线，凡有扭曲、松股、磨伤、断股等现象的，均不得使用。 2）耐张线夹引流连板的光洁面必须与引流线夹连板的光洁面接触，接触面用汽油、酒精等清洁剂清洁，先涂抹一层电力复合脂，再用细钢丝刷清除有电力复合脂的表面氧化膜。保留电力复合脂，逐个均匀地紧固连接螺栓。螺栓穿向应符合规范要求，紧固扭矩应符合该产品说明书要求。 （2）起吊、安装。提升、安装引流线过程中应采取防止其扭曲、变形的措施。安装引流线并沟线夹和间隔棒应从中间向两端安装，施工人员不得上线操作，以确保软引流线流畅美观，分裂导线间距保持一致	65	未答出或回答错误，第（4）条扣 15 分，其他每条扣 10 分，扣完为止		
合计			100			

Jc0005143017　岩石锚杆基础施工标准工艺要求。（100 分）

考核知识点：基础施工标准工艺

难易度：难

技能等级评价专业技能考核操作工作任务书

一、任务名称

岩石锚杆基础施工标准工艺要求。

二、适用工种

架空线路工高级技师。

三、具体任务

简述《国家电网有限公司输变电工程标准工艺（架空线路工程分册）》中对岩石锚杆基础施工的工艺标准要求及施工要点。

四、工作规范及要求

按照《国家电网有限公司输变电工程标准工艺（架空线路工程分册）》中对岩石锚杆基础施工的工艺标准要求描述。

五、考核及时间要求

（1）本考核时间为30分钟，时间到停止考评。

（2）字迹清晰。

（3）考试过程中不得翻阅相关书籍和使用电子设备。

技能等级评价专业技能考核操作评分标准

<table>
<tr><td>工种</td><td colspan="5">架空线路工</td><td>评价等级</td><td>高级技师</td></tr>
<tr><td>项目模块</td><td colspan="4">线路技术管理—线路施工管理</td><td>编号</td><td colspan="2">Jc0005143017</td></tr>
<tr><td>单位</td><td colspan="2"></td><td>准考证号</td><td colspan="2"></td><td>姓名</td><td></td></tr>
<tr><td>考试时限</td><td colspan="2">30分钟</td><td>题型</td><td colspan="2">单项操作</td><td>题分</td><td>100分</td></tr>
<tr><td>成绩</td><td></td><td>考评员</td><td></td><td>考评组长</td><td></td><td>日期</td><td></td></tr>
<tr><td>试题正文</td><td colspan="7">岩石锚杆基础施工标准工艺要求</td></tr>
<tr><td>需要说明的问题和要求</td><td colspan="7">（1）要求考试人员独立完成答题。
（2）考试过程中不得翻阅相关书籍和使用电子设备。
（3）书写干净，字迹清晰</td></tr>
</table>

序号	项目名称	质量要求	满分	扣分标准	扣分原因	得分
1	岩石锚杆基础施工原材料的标准	（1）水泥宜采用通用硅酸盐水泥，强度等级大于等于42.5。 （2）岩石锚杆基础的锚杆固结一般采用细石混凝土或水泥砂浆。砂宜采用中砂，石子粒径一般为5～10mm。当设计有特殊要求时应执行设计相关规定。 （3）宜采用饮用水或经检测合格的地表水、地下水、再生水拌和及养护，不得使用海水。 （4）外加剂、掺合料品种及掺量通过试验确定	20	未答出或回答错误，每条扣5分，扣完为止		
2	岩石锚杆基础施工工艺标准	（1）锚杆及钢筋规格、数量应符合设计要求，加工质量符合规范且制作工艺良好。安装位置符合设计要求。 （2）锚孔内细石混凝土（砂浆）捣固密实。 （3）承台混凝土密实，表面平整、光滑，棱角分明，一次成型。 （4）允许偏差： 1）锚杆孔深：+500mm，0mm。 2）锚杆孔垂直度：＜1% h（h 为设计锚孔深度）。 3）锚杆孔径：+20mm，0mm。 4）锚孔间距：直锚式±20mm，承台式±100mm。 5）立柱及承台断面尺寸：－1%。 6）钢筋保护层厚度：－5mm。 7）基础根开及对角线：一般塔±2‰，高塔±0.7‰。 8）基础顶面高差：5mm。 9）同组地脚螺栓对立柱中心偏移：10mm。	20	未答出或回答错误，每条扣2～3分，扣完为止		

续表

序号	项目名称	质量要求	满分	扣分标准	扣分原因	得分
2	岩石锚杆基础施工工艺标准	10）整基基础中心位移：顺线路方向30mm，横线路方向30mm。 11）整基基础扭转：一般塔10′，高塔5′。 12）地脚螺栓露出混凝土面高度：+10mm，－5mm	20	未答出或回答错误，每条扣2～3分，扣完为止		
3	钻孔、清孔施工关键工序控制	（1）岩石锚杆基础的开挖或钻孔应符合下列规定： 1）岩石构造的整体性不受破坏。 2）孔洞中的石粉、浮土及孔壁松散的活石应清除干净。锚杆孔必须采用压缩气体二次清孔。 3）成孔后应及时安装锚筋或地脚螺栓，并应浇灌混凝土。 （2）钻孔时，应定时观察钻杆倾斜角度，如发生倾斜，调节钻架斜拉杆使钻杆保持垂直	20	未答出或回答错误，每条扣5～8分，扣完为止		
4	锚孔灌浆施工关键工序控制	（1）灌注混凝土或砂浆前，应确保孔内无残渣或杂物，湿润孔壁。 （2）锚孔内混凝土或砂浆灌注时为无压力注浆，边灌注边用捣固钎捣实，并确保从孔内顺利排水、排气。灌注和捣固时不应碰撞锚杆，浇筑后禁止摇晃锚杆。 （3）浇筑后不得敲击锚杆杆体，也不得在杆体上悬挂重物。 （4）对浇灌混凝土或砂浆的强度检验应以试块为依据，试块的制作应每基取一组。 （5）对锚孔内的混凝土或砂浆应采取措施减少收缩量。 （6）浇筑后30天内，基础附近不允许进行爆破或其他对基础造成影响的作业	20	未答出或回答错误，每条扣5分，扣完为止		
5	锚杆抗拔验收施工关键工序控制	（1）锚杆基础浇筑完成7天后即可进行锚杆抗拔力试验，应根据设计要求和GB 50086—2015《岩土锚杆与喷射混凝土支护工程技术规范》相关规定，每个塔腿随机抽检不少于3根。 （2）试验时，实验设备上拔力达到设计值（杆体极限抗拉强度标准值的75%或屈服强度标准值的85%的较小值）即可停止试验。预加的初始荷载应取最大试验荷载的0.1倍，分5～10级加载到最大试验荷载。岩层中的锚杆每级持荷时间宜为5min。试验中加荷速度宜为50～100kN/min，卸荷速度宜为100～200kN/min	20	未答出或回答错误，每条扣5～10分，扣完为止		
合计			100			

Jc0005143018　架空输电线路安全事故案例分析。（100分）

考核知识点：安全事故案例分析

难易度：难

技能等级评价专业技能考核操作工作任务书

一、任务名称

架空输电线路安全事故案例分析。

二、适用工种

架空线路工高级技师。

三、具体任务

认真检查提供的事故资料或观看事故录像全过程资料，根据《国家电网有限公司输变电工程建设安全管理规定》《国家电网有限公司安全事故调查报告》进行事故分析。

四、工作规范及要求

（1）事故等级定性正确。

（2）发生事故的过程、事实和原因清楚。

（3）防范措施有针对性和可操作性。

（4）事故归属清楚，责任划分明确，处理意见依据正确。

五、考核及时间要求

（1）本考核操作时间为45分钟，时间到停止考评。

（2）考评过程中如果由于测试人员操作不规范，有可能引发不安全因素的，停止考评，该项考核项目不得分，但不影响其他项目。

技能等级评价专业技能考核操作评分标准

工种	架空线路工					评价等级	高级技师
项目模块	线路技术管理—线路施工管理				编号		Jc0005143018
单位			准考证号			姓名	
考试时限	45分钟		题型	单项操作		题分	100分
成绩		考评员		考评组长		日期	
试题正文	架空输电线路安全事故案例分析						
需要说明的问题和要求	（1）由考评人员播放事故视频资料或提供事故案例全过程资料。 （2）要求单独操作。 （3）采用笔答、答辩方式考核						

序号	项目名称	质量要求	满分	扣分标准	扣分原因	得分
1	着装	穿工作服	2	着装不规范扣2分		
2	事故等级认定	事故等级定性准确	8	事故定性错误扣8分		
3	事故原因分析	准确记录事故情况，事故原因分析清楚	25	发生事故原因不清楚，漏一项扣2分； 造成事故的直接原因不清楚扣10分； 造成事故的主要原因不清楚扣10分； 造成事故的间接原因不清楚扣2分； 事故中的违章行为不清楚，一处扣2分； 以上扣分，扣完为止		
4	防范措施	防范措施有针对性和可操作性	25	防范措施没有针对性或针对性不强扣10分； 主要防范措施，漏一项扣5分； 次要防范措施，缺一项扣5分； 防范措施不完善扣3分； 防范措施有安全缺陷，每处扣2分； 以上扣分，扣完为止		
5	提出处理意见	（1）事故归属清楚，责任划分明确。 （2）处理意见依据正确，责任明确，处理恰当	20	事故归属划分不正确扣5分； 引用的规程、规范、标准不正确扣5分； 事故责任人认定不正确扣5分； 处罚错误，一处扣5分； 以上扣分，扣完为止		
6	现场答辩	（1）问题1。 （2）问题2	20	回答不正确，每题扣10分，扣完为止		
合计			100			

Jc0006141019 通过具体案例阐述个人在工器具的创新或改进方面的能力。(100 分)

考核知识点： 工器具的创新或改进能力

难易度： 易

技能等级评价专业技能考核操作工作任务书

一、任务名称

通过具体案例阐述个人在工器具的创新或改进方面的能力。

二、适用工种

架空线路工高级技师。

三、具体任务

通过自身实施的具体案例阐述个人在工器具的创新或改进方面的能力。

四、工作规范及要求

根据以下要求，通过具体案例阐述个人在工器具的创新或改进方面的能力：

（1）工器具创新工作的背景。

（2）存在的问题描述。

（3）问题原因的分析。

（4）工具创新解决思路。

（5）工具创新的具体做法。

（6）工具创新取得的效果及推广应用情况。

五、考核及时间要求

考核时间共 60 分钟，每超过 2 分钟扣 1 分，到 65 分钟终止考核。

技能等级评价专业技能考核操作评分标准

<table>
<tr><td>工种</td><td colspan="5">架空线路工</td><td>评价等级</td><td>高级技师</td></tr>
<tr><td>项目模块</td><td colspan="4">相关知识—其他相关知识</td><td>编号</td><td colspan="2">Jc0006141019</td></tr>
<tr><td>单位</td><td colspan="2"></td><td>准考证号</td><td colspan="2"></td><td>姓名</td><td></td></tr>
<tr><td>考试时限</td><td>60 分钟</td><td>题型</td><td colspan="3">单项操作</td><td>题分</td><td>100 分</td></tr>
<tr><td>成绩</td><td></td><td>考评员</td><td></td><td>考评组长</td><td></td><td>日期</td><td></td></tr>
<tr><td>试题正文</td><td colspan="7">通过具体案例阐述个人在工器具的创新或改进方面的能力</td></tr>
<tr><td>需要说明的问题和要求</td><td colspan="7">（1）考生在教室于 60 分钟内完成个人创新能力的阐述。
（2）案例应为考生参与并已经实施完毕的真实案例。
（3）案例阐述应逻辑清晰，有理有据</td></tr>
</table>

序号	项目名称	质量要求	满分	扣分标准	扣分原因	得分
1	背景	应对工具创新工作的背景做简要介绍	20	没有背景介绍扣 10 分； 介绍不清楚酌情扣分，扣完为止		
2	提出问题					
2.1	原因分析	（1）应将存在的问题原因进行分析，应逻辑清晰，有理有据。 （2）必要时附图表或计算公式说明	20	没有原因分析扣 10 分； 分析不清楚酌情扣分，扣完为止		
2.2	提出解决的思路	（1）提出解决问题的思路，并通过理论分析证明思路的可行性。 （2）必要时附图表或计算公式说明。 （3）思路清晰，逻辑严谨，有理有据	20	漏一项扣 7 分，扣完为止		

续表

序号	项目名称	质量要求	满分	扣分标准	扣分原因	得分
2.3	解决问题的措施	（1）措施要具体，步骤应清楚。 （2）必要时附图表或计算公式说明	20	漏一项扣 10 分，扣完为止		
3	取得的效果和推广应用情况	（1）对工具创新取得效果进行说明，如经济效益、安全效益等。 （2）对推广应用情况进行介绍	20	漏一项扣 10 分，扣完为止		
合计			100			

Jc0006143020　通过具体案例阐述个人在利用创新的方法解决施工工作中难题的能力。（100 分）

考核知识点： 利用创新的方法解决难题的能力

难易度： 难

技能等级评价专业技能考核操作工作任务书

一、任务名称

通过具体案例阐述个人在利用创新的方法解决施工工作中难题的能力。

二、适用工种

架空线路工高级技师。

三、具体任务

通过自身实施的具体案例阐述个人在利用创新的方法解决施工工作中难题的能力。

四、工作规范及要求

根据以下要求，通过具体案例阐述个人在利用创新的方法解决施工工作中难题的能力：

（1）创新工作的背景。

（2）存在的问题描述。

（3）问题原因的分析。

（4）解决思路。

（5）具体做法。

（6）取得的效果及推广应用情况。

五、考核及时间要求

考核时间共 60 分钟，每超过 2 分钟扣 1 分，到 65 分钟终止考核。

技能等级评价专业技能考核操作评分标准

<table>
<tr><td>工种</td><td colspan="5">架空线路工</td><td>评价等级</td><td>高级技师</td></tr>
<tr><td>项目模块</td><td colspan="4">相关知识—其他相关知识</td><td>编号</td><td colspan="2">Jc0006143020</td></tr>
<tr><td>单位</td><td colspan="2"></td><td>准考证号</td><td colspan="2"></td><td>姓名</td><td></td></tr>
<tr><td>考试时限</td><td colspan="2">60 分钟</td><td>题型</td><td colspan="2">单项操作</td><td>题分</td><td>100 分</td></tr>
<tr><td>成绩</td><td></td><td>考评员</td><td></td><td>考评组长</td><td></td><td>日期</td><td></td></tr>
<tr><td>试题正文</td><td colspan="7">通过具体案例阐述个人在利用创新的方法解决施工工作中难题的能力</td></tr>
<tr><td>需要说明的问题和要求</td><td colspan="7">（1）考生在教室于 60 分钟内完成个人创新能力的阐述。
（2）案例应为考生参与并已经实施完毕的真实案例。
（3）案例阐述应逻辑清晰，有理有据</td></tr>
</table>

续表

序号	项目名称	质量要求	满分	扣分标准	扣分原因	得分
1	背景	应对创新方法产生的背景做简要介绍	10	没有背景介绍扣 10 分； 介绍不清楚酌情扣分，扣完为止		
2	提出问题					
2.1	原因分析	（1）应将存在的问题原因进行分析，应逻辑清晰，有理有据。 （2）必要时附图表或计算公式说明	20	没有原因分析扣 10 分； 分析不清楚酌情扣分，扣完为止		
2.2	提出解决的思路	（1）提出解决问题的思路，并通过理论分析证明思路的可行性。 （2）必要时附图表或计算公式说明。 （3）思路清晰，逻辑严谨，有理有据	20	漏一项扣 10 分，扣完为止		
2.3	解决问题的措施	（1）措施要具体，步骤应清楚。 （2）必要时附图表或计算公式说明	20	漏一项扣 10 分，扣完为止		
3	取得的效果和推广应用情况	（1）对创新方法取得效果进行说明，如经济效益、安全效益等。 （2）对推广应用情况进行介绍	30	漏一项扣 10 分，扣完为止		
合计			100			